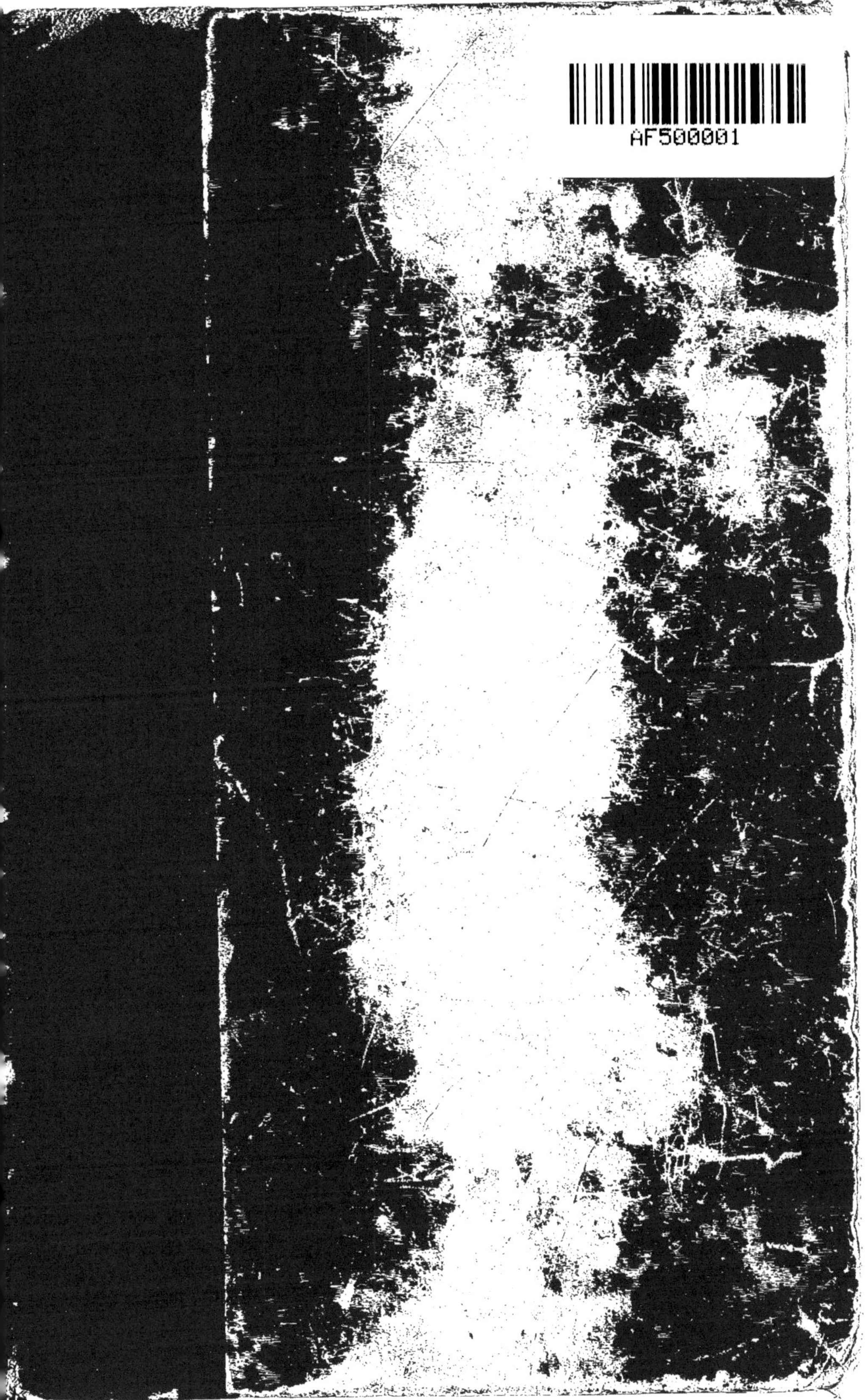

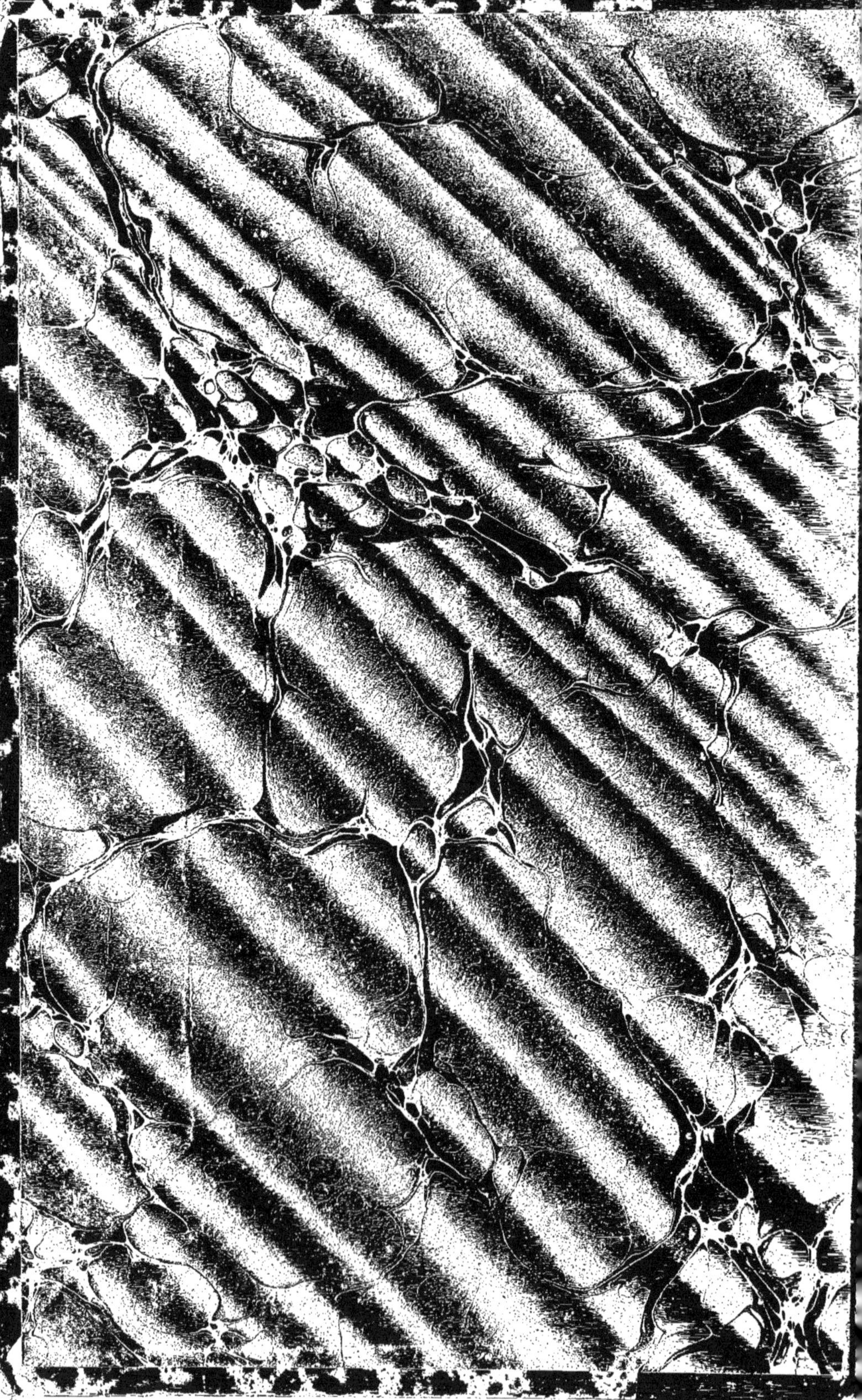

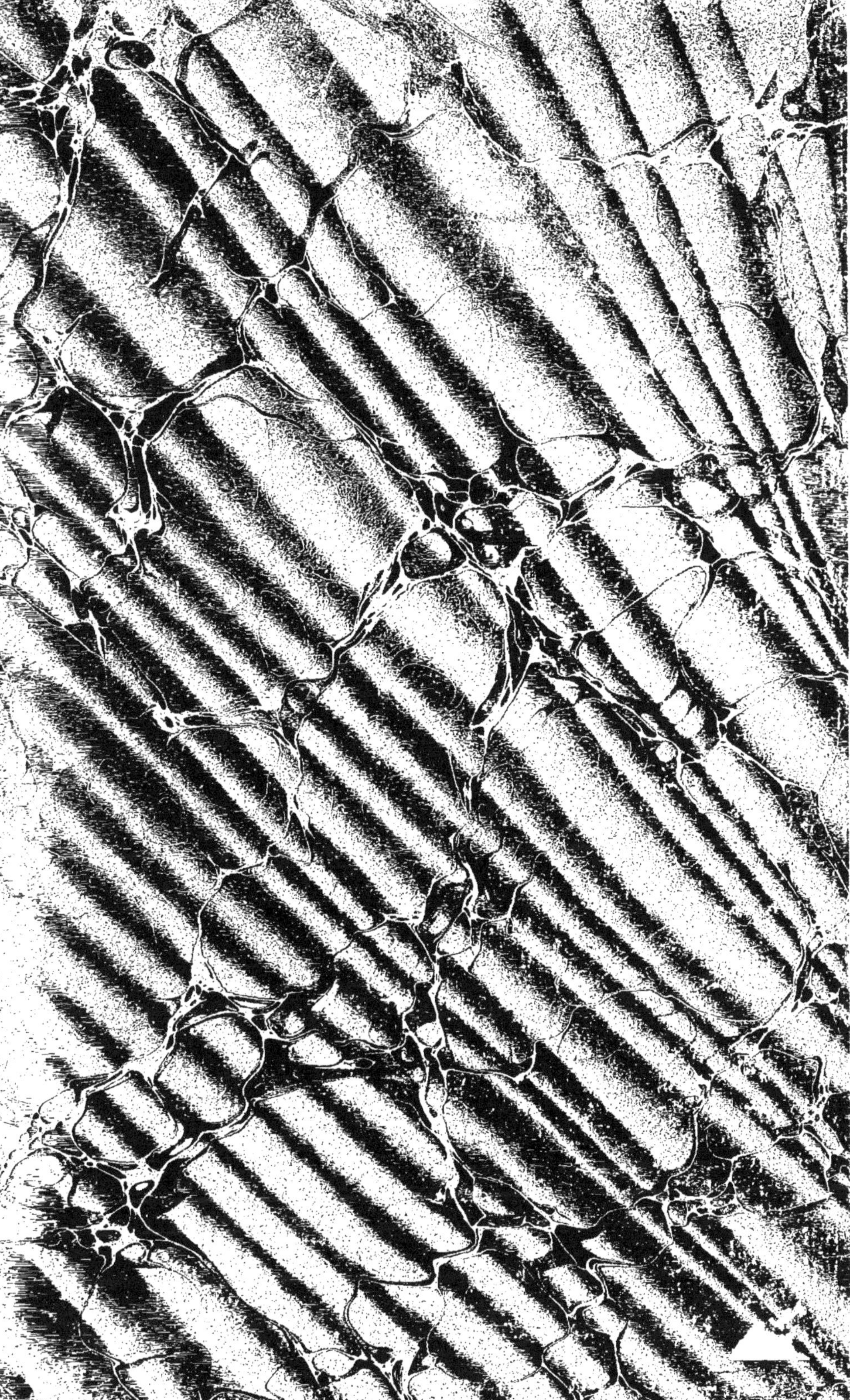

HISTOIRE

DE

LA CHASSE

EN FRANCE.

HISTOIRE

DE

LA CHASSE

EN FRANCE

DEPUIS LES TEMPS LES PLUS RECULÉS JUSQU'A LA RÉVOLUTION

PAR

Le baron DUNOYER DE NOIRMONT.

Et nules gens en tout le mont
Si volontiers Kacier ne vont
Ne en rivière com François
Et orent fet tousjours ançois.
(*Chronique de* PHILIPPE MOUSKE.)

TOME DEUXIÈME

DROIT DE CHASSE. — GIBIER. — CHIENS
VÉNERIE.

PARIS
IMPRIMERIE ET LIBRAIRIE DE Mme Ve BOUCHARD-HUZARD,
RUE DE L'ÉPERON, 5.

1868

LIVRE II.

HISTOIRE DU DROIT DE CHASSE EN FRANCE.

CHAPITRE PREMIER.

Depuis les premiers temps de la monarchie jusqu'à la fin du XVe siècle.

Droit de chasse sous les Rois mérovingiens.

Sous les Rois des deux premières races, la chasse était libre. Du moins on n'aperçoit dans les lois aucune disposition qui l'interdise en principe à personne (1). Il était seulement défendu de s'emparer du gibier pris aux piéges d'un autre ou de la bête que ses chiens avaient forcée. La loi des Visigoths, qui fut longtemps observée en Septimanie, est la seule qui interdise, de plus, de chasser sur la terre d'autrui (2). Chez les Francs, comme chez les autres Germains, les forêts constituaient une propriété collective

(1) Sauf probablement les esclaves et les serfs, encore n'en est-il fait aucune mention.

(2) Lib. VIII, 22.

dont la jouissance était commune (1). Après leur établissement dans les Gaules, elles ne passèrent que peu à peu à l'état de propriété privée. Les Rois mérovingiens se réservèrent d'abord la chasse de certaines forêts. Les grands chefs en firent de même pour des bois moins considérables, et arrivèrent à la longue à se les approprier, ou tout au moins à en acquérir la jouissance exclusive, en laissant la propriété du fonds au pouvoir souverain (2). Les Rois mérovingiens faisaient strictement garder les forêts qu'ils s'étaient appropriées. On a déjà pu en voir un exemple dans l'histoire tragique du chambellan Chundo. Les vies des saints, auxquelles il faut toujours avoir recours pour trouver quelques détails sur ces temps reculés, sont remplies d'anecdotes relatives aux persécutions que les gardes des forêts royales faisaient endurer aux pieux personnages réfugiés sous leurs ombrages solitaires. Ces forestiers, qui tendaient souvent à transformer en propriété personnelle les domaines confiés à leur garde, accusaient les moines *d'infester les chasses royales* en effarouchant le gibier, et d'en amoindrir l'étendue par leurs défrichements (3). Un des gardiens de la forêt que la Seine renferme dans ses replis près de Duclair (aujourd'hui la forêt du Trait) alla jusqu'à menacer de sa lance saint Wandregisile,

---

(1) Ozanam, *les Germains avant le christianisme.*

(2) V. les textes cités par Ducange, v° *Foresta*. — Merlin, v° *Chasse*. — *Études d'Économie forestière*, par M. Clavé. *Revue des Deux-Mondes*, 1er février 1862.

(3) *Histoire des moines d'Occident*, t. II.

fondateur de l'abbaye de Fontenelle, qui prit plus tard de lui le nom de Saint-Wandrille (647). Les collègues de ce sauvage forestier se contentaient de voler les chevaux de transport et de labour de saint Philibert, qui vint à la même époque construire, non loin de Fontenelle, l'abbaye fameuse de Jumiége (1).

Les grands chefs n'apportaient pas moins de rudesse à la conservation de leurs forêts. Jonas d'Orléans leur reproche en termes pathétiques leur passion effrénée pour la chasse et les violences qu'elle leur faisait commettre. « C'est une chose misérable et tout à fait digne de larmes, dit-il, que pour des bêtes qui n'ont point été nourries de la main des hommes, mais que Dieu fait vivre pour l'usage commun de tous, les pauvres soient dépouillés par les puissants, battus de verges, jetés dans les prisons et souffrent beaucoup d'autres violences. Ceux qui agissent ainsi peuvent alléguer la loi du monde, mais je leur demande si la loi du monde doit abroger celle du Christ? » Les Rois et Empereurs de la dynastie carlovingienne s'efforcèrent en vain d'arrêter les usurpations commises par les seigneurs dans les forêts du domaine public. Tout ce qu'ils purent faire à cet égard fut de leur interdire le droit d'instituer de nouvelles *forêts* sans leur ordre ou leur permission. On entendait alors par *forêt* tout domaine où la chasse était réservée, ce qu'on appela plus tard terre *en garenne* ou *en défense* (2).

Droit de chasse sous les Rois et Empereurs carlovingiens.

(1) *Histoire des moines d'Occident*, t. II.
(2) *Capitulaires*, liv. IV. — Ducange, v° *Foresta*.

Les Empereurs et les Rois carlovingiens continuèrent de faire garder soigneusement les forêts de leur domaine. Les Capitulaires de Charlemagne ordonnent à plusieurs reprises aux officiers impériaux de bien faire conserver le gibier du souverain, de veiller à ce que les personnes qui ont obtenu permission d'en prendre une ou plusieurs pièces n'outre-passent pas ces permissions, et d'empêcher qu'on ne tende des piéges dans les forêts domaniales. Tout homme libre qui s'est rendu coupable de ce dernier délit payera une amende ; si le délinquant est un serf, le maître en sera responsable.

Si un comte, un centenier ou autre officier public (*ministerialis*) se permet de voler le gibier impérial, il sera amené en présence de son souverain, qui prononcera sur sa punition ; toute autre personne sera rigoureusement soumise à la *composition* ou rançon du délit. Chacun est tenu de révéler les délits de chasse dont il peut avoir connaissance (1).

Les forestiers impériaux ou royaux de l'époque carlovingienne étaient des personnages considérables. Les premiers comtes de Flandre prenaient le titre de *Forestiers*, et prétendaient qu'un de leurs ancêtres avait reçu ce titre de Charlemagne. Les comtes d'Anjou se disaient descendus d'un Gallo-Romain nommé Torquatus, établi par Charles le Chauve forestier du *Nid de Merle*, forêt qui s'étendait d'Angers à Rennes,

---

(1) *Capitulaires* de 800, 802 et 813.

où il demeurait *malgré les Bretons*, vivant *de la diversité de ses engins de chasse* (1).

Droit de chasse pendant l'époque féodale. Garennes.

Après l'organisation complète du système féodal, les seigneurs qui s'étaient emparés des droits réguliers n'interdirent d'abord la chasse que dans leurs *garennes* (2). Il était alors défendu aux roturiers de chasser dans la *garenne* du seigneur, et cette défense fut sanctionnée par les établissements de saint Louis (1270). « Hons (homme) coustumiers (3) si fet 60 sols d'amende se il brise la sesine son seigneur, ou il chace en ses garennes, ou il pesche en ses estangs. »

De même le vassal noble perd son fief si, sans congé, il pêche dans les étangs ou chasse en la garenne du suzerain. Un arrêt de la même époque déclare amendable celui qui prend cerf ou biche en lieu où il y a garenne. Les anciennes coutumes du Beauvoisis portent que ceux qui dérobent des *connils* ou autres bêtes sauvages dans la garenne d'autrui, s'ils sont pris de nuit, seront pendus, et si c'est de jour payeront une amende de 60 livres pour un gentilhomme et de 60 sols si c'est un homme de *poste* ou *poeste* (*homo potestatis*, un colon presque serf). Il est à remarquer que la pénalité frappe ici nobles et non nobles, et même que l'amende infligée aux derniers

---

(1) *Code des chasses*, t. 1er. — Paris, 1720.

(2) Le mot de *garenne* (*warenna*) dérive du mot tudesque *waren* ou *wehren*, défendre; *warenna, idem quod silva defensa in quâ nempè venari nisi domino licet*, Chart. ann., 1353, ap. Ducang., v° *Warenna*. — Ce terme s'appliquait à toute chose réservée et même à la pêche de certains étangs.

(3) Paysan soumis à certains droits qui l'assimilaient presque à un serf.

est vingt fois moins forte (1). Dans les priviléges accordés par Charles V aux habitants de Mailly-le-Châtel (1371), il est dit que celui qui sera accusé d'avoir chassé en plaine dans la garenne du seigneur sera cru sur son serment. S'il refuse de prêter serment, il sera condamné à l'amende.

Droit de suite.

Le droit de suite était déjà reconnu à cette époque. Un arrêt du parlement de Paris, de l'an 1290, en fait foi. Cet arrêt condamne le maire et les jurats de la ville de Crespy en Laonnais à restituer au sire de Coucy un cerf que ses veneurs avaient forcé dans les environs de cette ville et dont les habitants s'étaient emparés (2).

On lit dans la *Somme rurale* de Bouteiller : « Aucuns font différence de leur proye et de la chasser jusque sur l'autre à voie d'œil ; à celuy appartient pour raison de la suite, et ainsi le veulent les coustumiers de présent (3). »

---

(1) En l'année 1293, les habitants des différents villages qui entourent la forêt de Montmorency se plaignirent à leur seigneur des dégâts que le gibier causait à leurs champs. Mathieu de Montmorency, faisant droit à leurs réclamations, les autorisa à tuer, à prendre et à emporter lapins, cerfs, biches, sanglier, bêtes grosses et menues et oiseaux de sa *garenne*. (*Env. de Paris*, par A. Joanne.)

En 1326, les habitants du village de Deuil, près Paris, pour obtenir de leur seigneur, Bouchard de Montmorency, la destruction de sa *garenne*, s'engagèrent à lui payer dix sols parisis par chaque arpent de vignes et de terre.

(2) L'arrêt de 1290 est cité dans tous les anciens traités sur le droit de chasse. Le texte latin en est reproduit *in extenso* dans un intéressant article sur le droit de suite, par M. A. Sorel (*Journal des Chasseurs*, XXVIe année.

(3) La *Somme rurale* de Jehan Bouteiller, conseiller au parlement de Paris, fut imprimée pour la première fois à Bruges en 1479, du vivant de l'auteur.

Ce droit, si bien constaté en théorie, était souvent peu respecté dans la pratique par les barons féodaux et leurs gens, comme nous allons le voir tout à l'heure, et ce fut justement un sire de Coucy, quelque trente ans avant l'arrêt de 1290, qui nous fournira l'exemple d'une de ses violations les plus criantes.

Forestiers féodaux.

Les grands feudataires faisaient garder leurs garennes par des forestiers héréditaires qui tenaient leur office en fief. Ces forestiers, tous gentilhommes, occupaient une place importante dans la hiérarchie féodale.

En 1273, Arnaud d'Espagne était forestier héréditaire du duché d'Aquitaine pour la forêt de Sault. S'il y trouvait quelqu'un chassant sans en avoir le droit, il était tenu de l'arrêter et de le conduire au château de Bordeaux. Le cheval et les chiens du délinquant appartenaient au forestier, et, s'il était nanti de quelque pièce de gibier, le premier quartier de la bête était remis au connétable du duché (1).

Ces forestiers exerçaient rigoureusement leur office, et la rudesse des mœurs féodales entraînait souvent des actes barbares de répression. Bien des guerres privées et des haines de famille prirent leur origine dans ces querelles de chasse. Le vieux poëme des *Loherains* (XIIe siècle) nous a conservé la tradition d'un fait de ce genre.

Begon, duc ou marquis de Belin, frère du duc de Lorraine Garin, s'est égaré en poursuivant un san-

(1) Ducange, v° *Forestarius de feodo.*

glier. Il se trouve à son insu dans la forêt de son ennemi, Fromond de Lens, où il est aperçu par le forestier, qui court prévenir le sénéchal du domaine et lui propose d'aller punir le *brenier* (1).

S'il vous plaist, sire, et m'en donnez congié
Messires (le suzerain) ait le sanglé et les chiens
Le cor divoire qui tant fait à prisier
Et vous aurez le bon courant destrier.
Ce est uns lerres (larron) qui molt est costumiers
De pors embler (voler) et de forest cerchier.

Le sénéchal envoie six hommes avec le forestier : « Allez, leur dit-il, si vous trouvez homme *qui ait forfait de rien, si l'occiez*, je vous le commande, je vous en serai garant devant toutes cours de justice. »

Le forestier et sa bande trouvent le *Loherain* assis sous un tremble, un de ses pieds posé sur le corps du sanglier; ses chiens sont couchés d'autre part, et devant lui son destrier gratte, hennit et fouille la terre du pied.

Les gens de Fromond interpellent brutalement le chasseur égaré : « Es-tu veneur, toi qui es assis sur ce tronc d'arbre? *de porcs occire qui te donna congé?* Cette forêt est à quinze *parsonniers* (copropriétaires), nul n'y chasse sans leur permission. La seigneurie en est à Fromond *le Viel.* »

Après ce discours, l'arrogant forestier veut arracher à Begon son cor d'ivoire à neuf viroles d'or.

---

(1) Ce mot avait alors le sens que nous donnons au mot *braconnier*. Le *brenier* était originairement un valet de chiens, comme le *braconnier* était le garde des *bracons* ou *brachets*. Ce mot dérive de *bren*, son, à cause du pain de son dont il nourrissait les chiens confiés à sa garde.

« A col de duc ne prendrez jamais cor ! » s'écrie le *Loherain* en le frappant d'un coup mortel. Il s'ensuit un combat où le sire de Belin périt, assassiné traîtreusement par un des gardes, et la vieille querelle des *Loherains* et de Fromond de Lens, apaisée naguère à grand'peine, recommence avec une nouvelle fureur.

Sous le règne de saint Louis, en 1259, trois nobles enfants, venus de Flandre pour étudier la langue française en l'abbaye de Saint-Nicolas-au-Bois, près de Laon, étaient un jour allés chasser des *connins* au bois de la Haye, sans chiens, avec arcs et *sagettes*. En poursuivant le gibier qu'ils avaient fait lever dans le bois de l'abbaye, ils entrèrent dans la *garenne* de messire Enguerrand de Coucy. Ils furent aussitôt saisis par les forestiers, et le farouche baron fit pendre sans forme de procès ces malheureux enfants qui ne connaissaient pas la coutume ni la langue du pays. Sur les plaintes de l'abbé et de Gilles de Trazegnies, connétable de France, parent d'une des victimes, le Roi fit arrêter messire Enguerrand et le fit enfermer dans la tour du Louvre. Il se disposait à en faire *droite justice* et à le punir *de telle mort comme il avait fait mourir les enfants*. Tout le baronage de France intervint en faveur du sire de Coucy, et obtint à grand'-peine que sa vie fût épargnée. Mais le Roi le fit condamner à dix mille livres parisis d'amende, à la privation de son droit de haute justice et du droit de garenne en toutes ses terres. Il dut, de plus, demeurer outre mer pendant trois ans pour aider à défendre la terre sainte à ses propres dépens, et fonder deux chapelles, où l'on célébra des services pour l'âme des trois enfants cruellement mis à mort (1).

Quelques seigneurs iniques et violents abusaient de leur pouvoir pour mettre *en garenne* les terres de leurs vassaux, nobles ou roturiers. Un certain Jean de Moly avait établi injustement un droit de garenne sur les vignes, blés et jardins de ses *hôtes* (c'est-à-dire des colons libres qui lui devaient une certaine redevance dite *hostise*). Il leur extorqua une somme d'argent en leur faisant promesse d'y renoncer. Malgré la foi du serment, il rétablit ce droit par violence, comme en témoigne un procès intenté contre lui à ce sujet en 1259 (2). Guy, sire de Laval, et André, sire de Vitré, sur le conseil d'un de leurs forestiers, envahirent et mirent en garenne le domaine d'un vavassor nommé Adam, lequel était enclavé dans leurs forêts ; après plusieurs années de réclamations inutiles, le pauvre diable n'obtint la restitution de son héritage que sous condition d'en faire don à l'abbaye de Saint-Serge, dans laquelle, de désespoir, il prit lui-même l'habit monastique (3).

Nos Rois n'eurent jamais recours à ces excès de pouvoir, et jamais leurs officiers ne réprimèrent les

(1) *Chroniques* de Guillaume de Nangis. — Cet acte de justice ne plut pas à tous les seigneurs ; l'un d'eux, nommé Jean Thourot, s'écria ironiquement : « Si j'étais le Roi, j'aurais fait pendre tous mes barons, car, le premier pas fait, le second ne coûte guère ! » — « Comment, Jehan, repartit Louis IX, vous dites que je devrais faire pendre mes barons ! certainement je ne les ferai pas pendre, mais je les châtierai, s'ils meffont. »

(2) *Histoire des grandes forêts*, par Alfred Maury.

(3) *Ibidem*.

délits de chasse avec cette brutalité (1). Les souverains s'efforcèrent même de mettre un terme à l'abus que faisaient les barons du droit de garenne. En 1318, 1355, 1356 et 1376, les Rois Philippe le Long, Jean et Charles V rendirent des ordonnances par lesquelles ils abolissaient toutes les garennes faites depuis quarante ans, sans même en excepter celles du domaine royal, et donnèrent congé à tout particulier d'y chasser sans amende (2).

Tandis que les Rois anglo-normands punissaient si cruellement tout délit commis dans leurs domaines, le chasseur audacieux qui se permettait de transgresser les limites des forêts royales de France en était quitte pour une amende, aux termes d'un règlement de l'an 1273. Nos souverains se montraient eux-mêmes fort respectueux des droits du voisin. En 1276, Robert le Veneur, forestier royal de la forêt de Bière (Fontainebleau), prit un cerf sur les terres de l'abbaye de Notre-Dame de Larchant, malgré l'opposition de Guillaume, maire féodal du chapitre. Une enquête s'ensuivit, et le Roi Philippe le Hardi, reconnaissant les torts de son forestier, ressaisit le chapitre du corps

---

(1) Au commencement du XIVe siècle, l'administration des forêts royales fut confiée aux *Maîtres des Eaux et forêts* : ils avaient au-dessous d'eux des *Verdiers* (officiers ayant garde et juridiction sur une certaine étendue de bois); des *Gruyers*, subordonnés aux *Verdiers* et dont la juridiction était moins étendue; et des *Sergents forestiers*.

(2) Legrand d'Aussy, t. Ier. — *Traité du droit de chasse*, par Delaunay; 1681. — En 1364, Charles V accorda aux habitants du hameau de Passy, dans la forêt de Rouvray, l'autorisation de prendre les *connils* qui feraient des dégâts dans leurs récoltes. (*Les Environs de Paris illustrés*, par A. Joanne.)

du délit au moyen de la tradition qu'il fit d'une effigie de cerf (1).

Les Rois de France accordaient des permissions de chasse dans leurs forêts avec une facilité dont on abusait souvent. Une ordonnance de Philippe de Valois (1346) contient les dispositions suivantes à ce sujet : « Item, pour ce que nous avons donné à plu-« sieurs personnes la chace d'aucunes de nos forests « pour chacier à toutes bestes, lesquelles personnes « ont donné et donnent à d'autres leurs dites chaces « en icelles ; ordonné est que nul ne pourra chacier « si ceulx à qui ils sont donnés n'y sont ou leurs gens, « et que ce soit pour eux ou en leurs noms. »

Charles VI, voyant ses forêts dépeuplées, ordonna que dorénavant aucune permission ne serait valable si elle n'était signée du duc de Bourgogne.

D'anciennes instructions sur le fait des chasses, garennes et déduits des forêts du royaume, rapportées sans date par le *Code des chasses*, mais certainement authentiques, établissent nettement les règles du droit de chasse telles qu'elles étaient fixées vers le milieu du XIVe siècle (2).

On y voit que « personnes *non nobles* peuvent chasser partout hors garennes, à chiens, à lièvres et *connins*, à lévriers ou chiens courants ou à chiens, à oiseaux et à bâtons. » Il leur est seulement interdit de

(1) *Les monuments de Seine-et-Marne*, par MM. Amédée Aufauvre et C. Fichot.

(2) *Code des chasses, etc.* Paris, 1720.

tendre des engins ou filets aux faisans et perdrix sans congé des hauts justiciers en leurs hautes justices et garennes.

Les gentilshommes peuvent chasser à connils et lièvres avec engins *hors garennes* et aux grosses bêtes dans leurs garennes et non ailleurs, *si titres ou possession n'en ont.*

Il est interdit à tous de *tendre* depuis soleil couchant jusqu'à soleil levant.

Les barons seuls ont le droit de prendre un *héron vif*, si ce n'est *à faucons ou autres oiseaux gentils*, à peine de 60 sols d'amende.

Il est défendu, sous peine d'amende, de prendre *colombs de colombier, ou privez en hostel.*

Aucun noble ou autre ne peut *voler au gibier* ni tendre de filets dans les garennes du Roi.

Les gens de métier ou de labour ne peuvent avoir en leurs maisons ou ailleurs aucun *harnois* ou filets à prendre bêtes grosses et menues, faisans ou perdrix, sous peine de confiscation desdits engins.

D'après une ordonnance de Philippe le Long (1318), nul ne peut tenir *furons* (furets) ni *rezeuls* (réseaux, filets) s'il n'est gentilhomme ou s'il n'a garenne, sous peine de 60 sols parisis d'amende ou *la volonté* du Roi ou du seigneur du lieu.

Il est défendu, sous les mêmes peines, de faire des panneaux à *connils* et à lièvres, qu'on ait garenne ou non. Tous ceux qui possèdent de ces panneaux les apporteront au *château du ressort où ils sont*, pour qu'ils soient *ards* à jour de marché devant le peuple.

Les larrons de *connils* et de lièvres seront emprisonnés et punis *asprement selon leurs méfaits.*

Il était de plus interdit par les coutumes de chasser à pied ou à cheval pendant que les récoltes sont sur pied, et de *tendre* aux perdrix et aux oiseaux de rivière depuis le 1er août jusqu'à la Toussaint.

Le gibier pris au lacet était confisqué sur les marchés, et en certains lieux des jurés étaient chargés de s'assurer de la fraîcheur de celui qui était mis en vente (1).

De tout ce qui précède, il résulte qu'il était défendu, tant aux nobles qu'aux *vilains*, de chasser sur la terre d'autrui ; mais chacun avait droit de chasser sur sa propre terre, et Boutillier pouvait encore écrire au xve siècle : « Bestes sauvaiges et oiseaux qui « phaonnent en l'air par le droit des gens sont à « celui qui peut les prendre (2). » La noblesse s'efforça de bonne heure de faire du droit de chasse un privilége en sa faveur, et elle y parvint en principe. Le Dauphin de Viennois interdit formellement la chasse aux roturiers de ses domaines, sauf celle des chamois et bouquetins, pour laquelle ils devaient payer une redevance (1335). Des lettres royaux de Charles VI touchant la chasse, promulguées en 1396, portent : que plusieurs non-nobles, laboureurs et autres qui, par eux-mêmes, n'avaient aucun droit de chasse ni aucune permission pour chasser, entretenaient cependant

(1) Monteil, t. III. — Ducange, vo *Vidcrogs*.
(2) *La Somme rurale*... Bruges, 1479.

chez eux chiens, furets, lacs, filets et autres engins propres à prendre grosses bêtes rouges et noires, lapins, lièvres, perdrix, faisans et autres animaux; qu'ils pénétraient dans les garennes du Roi et des seigneurs, ce qui donnait lieu à des querelles, exposait les délinquants à être mis en prison et à payer de grosses amendes, les détournait du labourage et du commerce, et les conduisait insensiblement à devenir larrons et meurtriers. De plus, lorsque le Roi et sa noblesse voulaient prendre le plaisir de la chasse, ils trouvaient leurs bois et leurs garennes entièrement dépeuplés. Pour remédier à ces abus, Charles VI défend aux non-nobles qui n'auraient point de privilége spécial pour la chasse, ou qui n'auraient point obtenu de permission des personnes compétentes, de chasser à bêtes grosses ou menues, ni à oiseaux en garenne, ni dehors, et d'avoir en leurs maisons chiens, furets ou engins. Il fut ordonné que, s'ils en avaient, les nobles ou juges des lieux où ils demeureraient ou dans lesquels ils chasseraient pourraient les leur enlever. Le droit de chasse fut cependant laissé à ceux des gens d'église à qui il appartenait *par lignage* ou par quelque autre titre, et aux bourgeois vivant de leurs héritages et rentes. Il fut aussi permis aux gens de labour d'avoir des chiens pour écarter de leurs cultures les *porcs* et autres bêtes sauvages, à condition que, s'ils prenaient un de ces animaux, ils le porteraient au seigneur ou au juge. Faute de le faire, ils étaient condamnés à l'amende et au payement de la valeur de la bête. Ces lettres sont adressées à Guillaume, vicomte de Melun, souverain maître et général réformateur des eaux et forêts par tout le royaume, et à tous les autres maîtres et enquêteurs des eaux et forêts (1).

Des dispositions analogues furent prises par tous les suzerains féodaux. Dès le XIIIe siècle, les forestiers fieffés du duché d'Aquitaine avaient mission d'arrêter tout individu trouvé chassant dans les forêts ducales, s'il n'en avait permission spéciale ou s'il n'était pas gentilhomme. Au XVe siècle, le duc de Bretagne, François II, interdit la chasse, sous peine de prison, à tous les roturiers de ses États (2).

L'interdiction ne fut jamais absolue; les bourgeois d'un grand nombre de communes conservèrent le droit de chasse qu'ils possédaient en vertu de priviléges immémoriaux ou de concessions spéciales plus récentes (3). Ces permissions étaient généralement

---

(1) *Ordonnances des Rois de France*, t. VIII. — Sainte-Palaye.

(2) *La Bretagne ancienne et moderne*, par M. Pitre Chevalier.

(3) Voici l'indication et la date de quelques-uns de ces priviléges octroyés aux communes :

Château-Thierry, XIIe siècle.

Marseille, XIIIe siècle. (Ce fut en vertu d'un traité conclu de puissance à puissance avec Charles d'Anjou que cette fière et puissante commune conserva son droit de chasse dans les îles voisines.)

La Ferté-Milon, 1250 (privilége confirmé en 1290).

Auch, 1312.

Coynau, 1312.

Joigny, 1324-1368-1369.

Sablé, 1326.

Toulouse et Revel, 1357.

Saint-Antonin et Montauban, 1370.

Tonnay, 1374.

Beauvoir, 1397.

Aigueperse, 1462.

(V. Merlin. — Lavallée, *Chasse à tir*, — Legrand d'Aussy. — Monteil.)

accordées moyennant la réserve honorifique d'une portion des bêtes tuées. Il en était ainsi dans la coutume du Berry que la tradition faisait remonter au règne de saint Louis. Les habitants de la châtellenie de Montignac devaient au comte de Périgord le quartier de devant de chaque bête rouge, et de chaque bête noire la tête et les quatre pieds.

Les bourgeois de Saint-Palais en Berry chassaient toute espèce d'animaux dans la forêt voisine de leur ville, à la charge seulement, quand ils prenaient un cerf, un sanglier ou un chevreuil, de le présenter au prévôt (1).

Les habitants du bailliage de Revel et de la sénéchaussée de Toulouse, s'étant plaints du dégât que causaient à leurs récoltes les animaux qui sortaient de la forêt de Vaur, obtinrent du Roi, en 1357, l'autorisation de chasser cerfs, sangliers, chevreuils, loups, renards, lièvres, lapins et autres bêtes, même en se servant de *ramiers (cum ramerio seu rameriis)* (2), soit dans les bois qui leur appartenaient, soit dans la forêt de Vaur, à condition de remettre au maître des eaux et forêts de Toulouse la hure avec trois doigts au-dessus du col et au-dessus des oreilles de tous les sangliers tués, et la moitié du quartier de derrière avec les pieds des cerfs et chevreuils. Ce privilége

(1) Ducange, v[is] *Filatum* et *Feræ forestæ*.

(2) Ces *ramiers* étaient, suivant Ducange, des baliveaux courbés auxquels on attachait un fort collet. L'arbre, en se redressant, étranglait les animaux pris au passage. Suivant M. Peigné-Delacour (*Chasse à la Haie*), c'étaient des affûts ou abris de feuillage qui servaient à masquer les tireurs.

s'étendit à tous les habitants du Languedoc (1). Les anciennes coutumes du comté de Comminges accordaient également aux habitants de Bagnères-de-Luchon et de quelques vallées voisines le droit de tuer les grosses bêtes, moyennant hommage d'une portion de l'animal (2). Par lettres royaux de 1397, Charles VI octroye aux habitants de Beauvoir en Béarn la permission de chasser, en retenant pour lui ou ses représentants la hure et la trace des sangliers, la *hanche* et les pattes des ours, l'épaule des cerfs et biches, et les aires de tous les oiseaux nobles (3).

Les bourgeois de la commune d'Aigueperse pouvaient chasser même la bête rousse, aux termes des lettres royaux de 1462. Ceux de Château-Thierry, en vertu de priviléges qui remontaient jusqu'au XIIe siècle et qu'ils avaient obtenus en échange du bois de Barbillon, jouissaient du droit de chasser avec chiens et arbalètes dans une forêt située sur la rive gauche de la Marne.

Le droit de chasser au lévrier et à l'épagneul, la *baguette à la main* et sans armes, dans la forêt de Villers-Cotterets, appartenait, dès le règne de saint

---

(1) Merlin. — *Code des chasses*, t. I. — *Histoire des grandes forêts.* Par transaction en date du 14 février 1459, passée entre le seigneur des terres du Pujol et Mourcayrol et les habitants desdits lieux, ceux-ci avaient droit de chasser toute espèce de bêtes à la charge d'offrir au seigneur, de chaque cerf la tête et demi-quartier derrière du cimier, et du chevreuil la tête avec l'épaule, côte et côtillon, et la hure de chaque sanglier (*Code des chasses*, t. I).

(2) *Les Pyrénées*, par le Dr Lambron.

(3) *In venationibus Aprorum retinemus nobis caput et ungulas et in venationibus ursorum enchiam et plantas, cervorum et bicharum espaulas... et omnes nidos avium nobilium...*

Louis, aux bourgeois de la Ferté-Milon. Ce droit leur fut confirmé par Philippe le Bel et Henri IV (1).

Les dispositions qui réglementaient la manière de chasser étaient assez fréquentes dans ces actes de concession. Ainsi la charte par laquelle le Dauphin Jean accorde le droit de chasse aux bourgeois de Coynau porte qu'ils pourront chasser de toutes les manières qu'ils voudront à toutes espèces de bêtes sauvages et d'oiseaux, à l'exception des perdrix et des faisans, qu'ils ne pourront prendre qu'avec des oiseaux de proie (2).

Dès le XIIIe siècle, les bourgeois des bonnes villes possédaient des fiefs et jouissaient de tous les droits attachés à cette possession, y compris le droit de chasse. Le nombre de ces fiefs possédés par la bourgeoisie alla toujours croissant, et avec eux le nombre des bourgeois chasseurs.

Enfin nous venons de voir les lettres royaux de 1396 excepter des défenses prononcées en général contre les roturiers, les bourgeois *ayant privilége spécial* ou *vivant de leurs héritages et rentes*.

Dès les temps les plus reculés, les paysans étaient réduits en servage pour la plupart, et le droit de chasser leur était interdit, sauf quelques exceptions déjà signalées. Cette interdiction, qui résultait de leur état presque général de serfs attachés à la glèbe et incapables de posséder des terres, est confirmée ex-

---

(1) Carlier, *Histoire du Valois*. — Lavallée, *Journal des chasseurs*, VIIe année.

(2) *Libertés de la ville de Coynau*, citées par Ducange, v° *Faganus*.

plicitement par les lettres royaux de 1396, lorsque le servage commençait à être aboli en beaucoup de lieux.

En cas de contravention, les peines infligées aux vilains étaient d'ordinaire laissées à l'arbitraire des seigneurs, qui exerçaient sur eux un droit illimité de haute, basse et moyenne justice. Quelquefois, ces pénalités étaient réglées par des coutumes locales dont la rigueur variait étrangement d'une seigneurie à l'autre. La coutume du Beauvoisis, précédemment citée, n'inflige qu'une amende de 60 sols au vilain qui chasse même dans la garenne de son seigneur. Dans le Béarn, le paysan qui prend une perdrix en est quitte pour une amende de 6 sols prononcée par la *cour des Chênes* (1) ; tandis que, dans la province limitrophe de Bigorre, la coutume locale prononçait des peines cruelles : « Ceux qui ont emblé bestes menues, la première fois qu'on leur taille le nez, une seconde fois qu'on leur taille le pied, une tierce fois qu'ils soient pendus (2). »

Habituellement, les barons féodaux n'entendaient pas raillerie en fait de chasse, quoiqu'on ne trouve dans nos chroniques aucune trace de ces supplices bizarrement cruels infligés en pareil cas par les seigneurs d'Angleterre et d'Allemagne (3).

---

(1) Mary Lafon, *De l'État des personnes*, dans *le Moyen âge et la Renaissance*, ouvrage publié par M. F. Seré, t. I.

(2) *Ibidem*.

(3) En Allemagne, on vit jusqu'au XVIe siècle quelques seigneurs attacher des braconniers aux bois d'un cerf ou les coudre dans une peau de bête et les faire déchirer par leurs chiens. (V. Fleming.)

Dans le *Roman du Renart* (1), l'animal subtil, voulant rançonner un vilain, le menace de le dénoncer au comte de Champagne Thibaut ou à ses forestiers comme *ayant en sel* la venaison prise dans le *défois* (défense, garenne) du comte. « Certes, lui dit-il, je te ferai pendre au plus haut chêne de ces bois. »

Ne porras raençon avoir,
De toi nule pitié n'aura
Si tost com le voir (vrai) en saura
Li Quens (comte) que volentiers destruit
Celui qui chace sanz conduit (permis)
Et bois, et sa venoison emble (vole).

Cet ordre de choses était, du reste, adopté sans grande résistance. Le *braconnage* (2) ne prit jamais en

---

(1) Tome II, édition de Méon.

(2) Nous employons ce terme faute d'un meilleur. Le mot de *braconnier*, qui est fort ancien, n'a signifié pendant tout le moyen âge qu'un veneur subalterne, chargé de mener les *bracons* ou *brachets* (V. ci-dessous). Le roman de Garin le Loherain qualifie même de *Braconnier mestre* le premier veneur du Roi Pepin :

Atant ont Renart escrié
Li *braconnier* qui l'ont véu
Et li brachet sont esméu.
(*Roman du Renart*, t. Ier)

Mais là le sage *braconnier*
Doit savoir com bon costumier
Sil a chien qui se pregne garde
Du change et celuy ayme et garde.
(*Trésor de Vanerie* de Hardouin de Fontaines-Guérin.)

Voir une note curieuse de M. le baron Pichon sur ce mot, *ibid.*, p. 87.

A la fin du XVIe siècle, Blaise de Vigenère qualifie encore de *braconniers* ceux qui prennent soin des *braques* du grand turc. (*Illustrations sur Chalcondyle*, t. Ier.)

France les proportions qu'il atteignit en Angleterre sous la législation sanguinaire des rois normands et angevins, lorsque les bandes d'Outlaws du redoutable Robin Hood et de William de Cloudesly ravageaient les forêts de la couronne en dépit des shériffs et des *regardeurs royaux*. Le vilain du pays de France se bornait à dérober *à la cropie* (1) les lapins de son seigneur et à murmurer quand passait un gentilhomme, l'oiseau sur le poing : « Ah ! ce milan mangera une poule aujourd'hui et mes enfants s'en régaleraient bien tous (2). » Nos annales ne mentionnent qu'une seule circonstance où la liberté de la chasse ait figuré dans le programme d'une insurrection populaire, c'est la révolte des vilains de Normandie en 996. Les nobles normands, encore à moitié Scandinaves à cette époque, traitaient leurs serfs bien plus durement que les barons du reste de la France, surtout en ce qui concernait la chasse.

« Mettons-nous hors de leur *dangier* (pouvoir), disaient les orateurs de la *commune;* nous sommes hommes comme ils sont ; jurons de nous défendre l'un l'autre, et nous pourrons arbres trancher, pêcher dans les viviers et chasser dans les forêts à notre volonté (3). »

Lorsque Henri V, Roi d'Angleterre, envahit la

---

(1) En son chapitre quatre-vingt-quatrième, Gaston Phœbus enseigne à prendre les lièvres à la *croupie*, c'est-à-dire en *s'accroupissant* pour se cacher, ou se mettant à l'affût.

(2) *Des vingt-trois manières de vilains*, opuscule du XIIIe siècle. — *Li vilains cropères* et *li vilains kiénins*.

(3) *Roman* de Rou, t. I.

France en 1420, il n'essaya même pas de faire vibrer cette corde de la liberté de la chasse pour exciter le peuple des campagnes à se soulever contre les seigneurs nationaux, et, s'il fit appel à leurs rancunes sur ce point, ce fut uniquement au point de vue des charges que les *vilains* avaient à supporter pour l'entretien des équipages de chasse. « Il estoit tout conclu, dit un chroniqueur, de préserver le menu peuple contre les grandes intortions qu'ils faisoient en France et en Picardie et par tout le royaume, et par espécial n'eust plus souffert qu'ils eussent gouverné leurs chevaulx, chiens et oiseaulx sur le clergé ne sur le menu peuple (1). »

A peine la noblesse avait-elle réussi à s'emparer du droit exclusif de chasse, que les Rois et les grands feudataires essayèrent à leur tour de se l'attribuer et d'en disposer à leur fantaisie. Dès 1335, Humbert II, Dauphin de Viennois, prétendit ôter le droit de chasse à tous ses sujets indistinctement; mais il dut bientôt céder à l'opposition énergique des gentilshommes et leur rendre un privilége dont les roturiers restèrent seuls exclus. La coutume de Hesdin porte que, lorsque le seigneur du pays (le comte d'Artois) ou son châtelain de Hesdin veulent chasser dans la forêt voisine, les seigneurs des environs ne peuvent chasser dans leurs bois que trois jours après la chasse du suzerain, afin que, pendant ledit temps, l'officier de ladite

(1) *Chronique* de Pierre de Fénin. Ces belles promesses n'eurent aucun succès.

châtellenie puisse *rechasser* les bêtes en ladite forêt, « lesquelles, au moïen de ladite chasse, se seroient espavisées et allées esdits bois voisins (1). »

Lorsque le cruel Hagenbach gouvernait, au nom de Charles le Téméraire, le Brisgau et le comté de Férette, il poussa la tyrannie jusqu'au point de vouloir interdire tout droit de chasse, même à la noblesse (2). Le Dauphin Louis, fils de Charles VII, essaya à son tour d'interdire la chasse à la noblesse dauphinoise et ne fut pas plus heureux que Humbert. Il fut obligé de révoquer sa défense en 1463 (3). Étant monté sur le trône sous le nom de Louis XI, ce prince ne tarda pas à vouloir étendre à son royaume un projet qui lui souriait si fort comme chasseur passionné et comme politique ; en concentrant dans ses mains une prérogative aussi exorbitante, il était sûr, en effet, d'augmenter sa popularité près des classes laborieuses, souvent vexées au nom du droit de chasse par leurs seigneurs, grands ou petits. Il comptait de plus recueillir de grosses sommes d'argent en vendant des permissions. Le Roi commença par interdire la chasse dans ses domaines directs et par faire brûler, partout où il put les faire saisir, les

---

(1) *Code des chasses*, t. 1er.

(2) *Réunion de l'Alsace à la France*, par le comte Hallez-Claparède.

(3) « Naguère, par le Maistre des Eaux et Forests, a esté faicte deffense générale audict pays de chasser à aucunes bestes... s'il vous appert que lesdits nobles ayent de toute ancienneté accoustumé chasser et pescher en nostre dit pays de Dauphiné, que les habitants ayent droit ou leur ait autrefois par nous esté permis de chasser et pescher moyennant le payement de ladicte rente ou droicts, permettez et souffrez, etc. » *Ordonnance des Rois de France*, 11 juin 1463.

engins et ustensiles servant à cet exercice. « Environ ce temps aussi, dit Georges Chastellain, Loys, Roy de Franche feit par toute l'Isle-de-France et environ, brusler tous les retz, fillets ou engins qui appartiennent à la chasse et vollerie, tant pour prendre grosses bestes comme perdrix, faiseans et autres bestes et oiseaulx, et n'y en eust nuls à qui on ne les bruslat, fussent nobles, chevaliers ou barons, réservé à aucunes garennes des princes de Franche (1). » Le bruit se répandit aussitôt que le Roi Louis aimait si fort la chasse qu'il voulait désormais chasser seul dans tout le royaume, et qu'il avait défendu la chasse sous peine de la corde, même aux gentilshommes. On raconta qu'invité à chasser chez le sire de Montmorency, il avait fait brûler, séance tenante, les engins préparés en son honneur. Les malveillants ajoutaient qu'un gentilhomme de Normandie ayant pris un lièvre sur sa propre terre, Louis XI l'avait fait arrêter et lui avait fait couper une oreille. « Il fit, dit l'évêque Claude de Seyssel, écho des rumeurs populaires, les défenses de chasse dont il se délectoit si âpres et si sévères, qu'il estoit plus remissible de tuer un homme qu'un cerf ou un sanglier. »

Toute la noblesse, exaspérée de cette atteinte à ses droits les plus chers, courut aux armes et se réunit aux princes rebelles sous la bannière menteuse du

(1) On voit que cette campagne était surtout dirigée contre les filets et engins. Il est assez probable que Louis XI avait surtout en vue d'interdire ces moyens de destruction peu loyale.

Bien public (1). Louis XI semble avoir plié en apparence devant cette levée de boucliers, sans renoncer formellement à ses projets ; car, après sa mort, en 1484, les nobles réclamèrent avec énergie la prérogative dont ils avaient été dépouillés. Ils représentèrent aux états généraux qu'ils avaient été privés, par *l'exécution* des commissaires et *gens de petit estat*, de la liberté, incontestée jusque-là, de chasser dans leurs bois et dans la gruerie du Roi, et que les biens de la terre étaient abandonnés aux bêtes sauvages, *plus franches que les hommes*. Ils se plaignirent que, dans plusieurs provinces, les veneurs du Roi chassaient pour leur propre compte dans les forêts des gentilshommes, et obligeaient même les vassaux de ceux-ci de concourir à ces chasses, faites au préjudice de leurs seigneurs.

Les députés de la noblesse déclarèrent qu'elle consentait volontiers à tout, lorsqu'il s'agissait des plaisirs du Roi, mais ils demandèrent formellement que les veneurs royaux ne pussent chasser sur ses terres, sinon lorsqu'ils accompagnaient Sa Majesté en personne.

Charles VIII fit droit à ces réclamations, dont il reconnut la justice. L'ordonnance de 1485 défend au grand veneur et à ses officiers de chasser sur les

---

(1) Le duc de Berry, frère du Roi, ne manqua pas de mettre en avant ce grief dans le manifeste qu'il publia en se réunissant à la Ligue. « *Cum sanctiores sint in sylvis feræ quas violare capitale sanxerit Rex, quam sacerdotes, quos pro libidine agat feratque.* » Paul *Amil. Vit. Lud. XI*, cité par le *Code des chasses*, t. 1.

terres de la noblesse et de requérir pour leurs chasses les *hommes* des seigneurs, à moins que le Roi ne se trouve présent.

CHAPITRE II.

Du droit de chasse et des capitaineries sous les Valois et les Bourbons.

Ce fut sous les Valois que s'introduisit à petit bruit dans notre jurisprudence cet axiome que le droit de chasse est un des attributs de la royauté, que tous les sujets tiennent ce droit du Roi, soit par concession, soit par inféodation, et qu'il peut le restreindre comme bon lui semble.

Louis XI avait naguère soulevé contre lui toute la noblesse en posant résolûment ce principe et en voulant mettre en pratique toutes ses conséquences. François Ier et ses successeurs, dans leurs ordonnances, le sous-entendirent comme chose reconnue, et affectèrent en même temps de n'user de leur droit absolu que pour en réserver l'exercice aux possesseurs de fiefs, à l'exclusion des roturiers et *gens mécaniques* (1). Aussi personne ne s'avisa de réclamer.

---

(1) Dans l'ordonnance de 1515, ceux qui chassent sans droit sont accusés de *commettre larcin* et de *frustrer le Roi du déduit et passe-temps qu'il prend à la chasse*.

C'est dans ces termes que sont conçues les ordonnances de 1515, 1533, 1578, 1581, 1601 et 1607 sur la chasse (1). Ces deux derniers règlements et la grande ordonnance des eaux et forêts de 1669 fixèrent le droit de chasse tel qu'il exista jusqu'à la révolution.

Il resta donc établi que le Roi possède seul le droit primitif de chasse, et qu'il aurait même le pouvoir légitime de défendre toute espèce de chasse à ses sujets ; mais, dans sa munificence, il veut bien accorder aux seigneurs, gentilshommes et possesseurs de fiefs, le droit de chasser *noblement*, c'est-à-dire à force de chiens et d'oiseaux, et de *tirer en volant* dans l'étendue de leurs hautes justices et de leurs fiefs, pourvu qu'ils soient situés à une certaine distance des *plaisirs* de Sa Majesté.

Les gentilshommes qui n'ont ni justice ni fief ne peuvent chasser que dans l'enclos de leurs maisons (2).

Quant aux non-nobles qui n'ont pas droit de chasse

---

(1) « Considéré que les nobles, après avoir exposé leurs personnes, tant au fait des guerres qu'ailleurs en nostre service, et autour de nostre personne, n'ont autre ébat, récréation ny exercice approchant celuy des armes, sinon ès chasses... » (Préambule de l'ordonnance de 1533.)

Voyant et estant journellement averty d'infinis désordres et abus qui se commettent contre l'expresse teneur et deffences portées par les ordonnances et déclarations de nos prédécesseurs et nous sur le fait des chasses, de manière que le plaisir qui nous doit estre reservé et aux princes, seigneurs et gentilshommes, pour se récréer en temps de paix, au retour des guerres, etc. (*Ordonnance* de 1578.)

(2) « Un gentilhomme sans fief n'a aucun droit de chasse, quoiqu'un roturier possesseur d'un fief puisse constamment s'en éjouir. » (Leverrier de la Conterie, *Traité du droit de suite*.)

comme possesseurs de fiefs ou par privilége spécial du Roi, il leur est défendu sous peine d'amende arbitraire par l'ordonnance de 1515, d'avoir chiens, collets, filets, linières, tonnelles, lacs ou autres engins à chasser, et de prendre lièvres, hérons, perdrix, faisans ou autres gibiers. Une ordonnance de Henri III, du 10 décembre 1581, renchérit encore sur celle de 1515, et prononce la peine de *la hart* contre les non-nobles et roturiers qui osent « contrevenir aux ordonnances, s'entremettre du fait des chasses en aucune sorte que ce soit, et tenir furets ou autres engins quelconques servant au fait desdites chasses. »

La peine de mort ne figure plus dans les ordonnances de 1600 et 1601. En revanche, il y est fait *inhibition* et défense très-expresse aux non-nobles et roturiers, tant d'église que marchands, artisans, laboureurs, paysans et autres sortes de telles gens, encore qu'ils soient serviteurs forestiers, receveurs ou fermiers d'aucuns seigneurs, de tirer de l'arquebuse, *escoupette*, arbalète et autres *bâtons*, d'avoir et tenir en leurs maisons, collets, poches, filets, tonnelles et engins de chasse, oiseaux *gentils* et de proie, furets et lévriers, et de chasser au feu ni aucunement aux grosses et menues bêtes et gibier, en quelque sorte et manière que ce soit, si ce n'est en présence des seigneurs et gentilshommes leurs maîtres, sous peine de 6 écus deux tiers d'amende la première fois (1), et,

---

(1) 6 écus 2/3 ou 20 livres tournois valaient alors environ 73 fr. 20 c. d'après l'évaluation de M. Bailly, *Histoire financière de la France*, t. II.

faute de payer, d'un mois de prison, au pain et à l'eau.

En cas de récidive, ils payeront le double de ladite amende, et, faute de payer, les délinquants seront battus de verges *sous la custode,* et mis au carcan trois heures, à jour et heure de marché; la troisième fois, outre lesdites amendes, ils seront battus de verges autour des garennes, bois, buissons et autres lieux où ils auront *délinqué,* et bannis à 15 lieues.

Les motifs allégués pour justifier ces rigueurs sont toujours d'empêcher les laboureurs et *gens mécaniques* de perdre leur temps *en délaissant leur agriculture et artifice, sans lesquels la chose publique ne pourrait être substantée,* et de devenir ainsi fainéants, vagabonds et inutiles, surtout de réserver aux princes et à la noblesse un plaisir qui doit leur appartenir exclusivement (1).

L'ordonnance de janvier 1629 fait encore défense à tous roturiers de chasser et de porter arquebuses ; elle révoque, de plus, tous priviléges prétendus par les habitants d'aucunes villes de chasser sur les terres voisines.

La grande ordonnance de 1669 défend également aux marchands, artisans et bourgeois, de quelque état et qualité qu'ils soient, non possédant fiefs, seigneurie et haute justice, de chasser en quelque lieu, sorte et manière que ce puisse être (2), à peine de

(1) *Ordonnances* de 1515, de 1553, de 1581, 1600 et 1601.

(2) Au milieu du siècle suivant, un jurisconsulte estimé, nommé Jousse, s'avisa de soutenir que le droit de chasse peut être exercé par

100 livres d'amende pour la première fois, du double pour la seconde, et pour la troisième fois d'être attachés trois heures au carcan à jour de marché, et bannis, durant trois années, du ressort de la maîtrise, sans que, pour quelque cause que ce soit, les juges puissent remettre et modérer la peine.

Il fut même interdit aux propriétaires de parcs, jardins et clos en censure et roture, joignant immédiatement leurs habitations, de chasser ni faire chasser dans lesdits parcs, enclos et jardins (1). Ils sont, en outre, tenus d'y laisser chasser le seigneur du fief dominant et de souffrir les visites dudit seigneur et de ses gardes (2).

C'est pour cela que, dans une des plus charmantes fables de La Fontaine, l'honnête jardinier, *demi-bourgeois, demi-manant,* qui voit ses choux ravagés par un

---

les bourgeois vivant noblement de leurs rentes, ou exerçant des professions honorables comme juges, avocats (vous êtes orfèvre, M. *Jousse!*), médecins, etc. « J'aurois beaucoup de peine à me persuader, dit-il, que le ministère public pût empêcher un artisan qui auroit un bien en roture de chasser chez lui quelques moments, puisque, lorsqu'il possède un bien à la campagne, il est censé pouvoir jouir de l'amusement qui est attaché à la propriété de ce bien, et que ce n'est pas ici le cas d'appliquer la règle que les artisans ne doivent point s'occuper de la chasse et quitter leur travail. J'aurais peine à me persuader, ajoute le naïf commentateur, que le seigneur du fief dominant fût même fondé à l'empêcher. » (*Commentaire sur l'ordonnance des eaux et forêts.* Paris, 1772.)

Il faut voir avec quelle hauteur le futur conventionnel Merlin, empruntant les arguments d'un autre jurisconsulte nommé Gayot, foudroie ce malheureux roturier qui se permet de vouloir chasser et l'écrase sous le texte de l'impitoyable ordonnance de 1669. (*Rép. de jurispr.*, v° *Chasse.*)

(1) Arrêt prononcé en 1760 en faveur du Sr de Montaran, seigneur de Lissés, contre le Sr de Fromonville, son censitaire.

(2) Merlin.

maudit lièvre, est obligé d'avoir recours, pour s'en débarrasser, à cet endiablé *seigneur du bourg*, qui vient mettre en *si piteux équipage* sa maison, son potager, ses *carreaux* et *sa pauvre haie* (1).

Les coutumes locales qui conservaient le droit de chasse à la bourgeoisie de certaines villes étaient presque partout tombées en désuétude. Une ordonnance de François Ier, du 6 août 1533, déclara même formellement abolis tous priviléges de ce genre donnés par lui et ses prédécesseurs, notamment ceux dont jouissaient, de temps immémorial, tous les habitants de la province de Languedoc et qui avaient été confirmés par Louis XII en 1501. Le Roi se vit obligé, deux ans après, de rendre aux non-nobles du Languedoc le droit « de chasser, et prendre, par tout ledit pays, toutes manières de bêtes, oiseaux et volatilles et connils hors garennes et lieux défendus, colombes, ramiers, grives, ostardes, oies sauvages, canards, fouïnes, tourterelles, pluviers, étourneaux, vanelles, calendres, renards, loups, cailles sans chasser au chien couchant, et autres gibiers, bêtes et oiseaux quelconques, excepté seulement les grosses bêtes rousses et noires, lièvres, perdrix, faisans, hérons et cailles au chien couchant (2). » Mais partout ailleurs les priviléges locaux furent considérés comme définitivement abolis.

Sous l'empire de la terrible ordonnance de 1669,

(1) *Le Jardinier et son seigneur*. Fable 4, liv. IV.
(2) *Code des chasses*, t. I.

les habitants de Montmorillon voulurent arguer d'un privilége particulier qu'ils disaient posséder anciennement pour chasser dans la banlieue de leur ville. Leur droit fut trouvé incertain, et tout ce qu'ils purent obtenir fut la remise de la moitié de l'amende qu'ils avaient encourue comme n'ayant commis qu'une *erreur innocente* (1).

Lorsque la ville de Cambray fut rendue à Louis XIV en 1677 par une capitulation qui réservait formellement tous ses anciens priviléges, les habitants demandèrent à jouir de la liberté de la chasse dans tout le Cambresis *comme ils avaient fait de toute ancienneté*. Le Roi répondit qu'il ferait examiner leurs droits à cet égard et qu'il y pourvoirait ensuite en la plus favorable manière que sa justice lui pourrait permettre.

En fait, on n'y eut nul égard. Au XVIIIe siècle il ne restait plus le moindre vestige de ces droits, et un arrêt du parlement de Flandre, rendu le 12 août 1760 à la requête de plusieurs seigneurs du Cambresis, défend la chasse à tous ceux qui n'en auraient pas le droit suivant les règles ordinaires, à peine de 100 livres d'amende.

Le parlement de Toulouse fut le seul qui sut conserver, pendant quelque temps, le privilége de chasser aux non-nobles de son ressort autres que les laboureurs et artisans. Ce ne fut qu'avec cette réserve qu'il consentit à enregistrer l'ordonnance de 1601.

---

(1) *Nouvelle jurisprudence des chasses*, 1688.

Dans le Comtat venaissin, qui ne fut définitivement réuni à la France qu'en 1790, le gouvernement papal, beaucoup plus libéral que celui des Rois de France, permettait la chasse à tous les habitants, sauf les restrictions suivantes. Il était défendu de chasser lièvres, cerfs, sangliers et chevreuils *avec l'instrument des rhetz ou filets*, et les perdrix *au feu* et à *la tonne* (tonnelle). De plus, un bref du pape Jules II, en date du 22 mai 1519, permit de *vener* et de chasser toutes bêtes et oiseaux indistinctement, avec quelques instruments et engins que ce fût, dix jours avant les fêtes de la Nativité de Notre-Seigneur et dix jours après. Le *recteur de la comté* pouvait, en outre, octroyer des licences pour chasser et pêcher de toutes manières *pour causes de nopces* et *pour funérailles de trespassés*. Enfin *les lieux montueux, remplis de bois et aspres, auxquels les chevaux ne peuvent courir, ni les oiseaux et faucons à plaisir voler* n'étaient pas compris dans les prohibitions (1).

Droits de chasse des seigneurs de fiefs et des hauts justiciers,

Le seigneur du fief, noble ou non, a pleinement le droit de chasse comme *droit réel, inhérent à la glèbe* et *fruit casuel*, mais seulement sur son fief et non sur les terres qu'il tient en *roture*. Le seigneur haut justicier n'a ce droit que par privilége personnel sur toute l'étendue de sa haute justice et de son ressort, et il n'en doit user que modérément pour lui et sa compagnie. Il ne peut conduire sur les fiefs qui relè-

(1) *Statuts de la comté de Venaiscin*, Avignon, 1560. — Cité par Blaze, *chasseur au chien courant*, t. II.

vent de sa haute justice aucun garde ou domestique, encore moins empêcher le seigneur du fief de chasser, lui, ses enfants, ses amis et ses gens (1).

Le droit du haut justicier s'étendait jusque sur les parcs et enclos des fiefs soumis à sa haute justice.

Le jurisconsulte René Chopin rapporte que le seigneur de Montsoreau, en Anjou, se disant seigneur suzerain de la terre de Gisieux, qui appartenait alors à la maison du Bellay, prétendit avoir, depuis un temps immémorial, le droit de chasser sur cette seigneurie jusqu'aux portes de la maison seigneuriale et dans le parc même de cette maison. Le seigneur de Gisieux allégua en vain qu'il serait honteux à un homme de sa naissance de souffrir une telle servitude, que d'ailleurs plusieurs héritages dépendant de son domaine avaient été récemment enclos de murailles, et qu'il serait absurde de vouloir rétablir les choses dans l'état primitif. Plusieurs arrêts maintinrent le seigneur de Montsoreau dans le droit de chasser à l'avenir sur les terres de Gisieux, comme il y avait chassé depuis trente ans, en avertissant le seigneur trois jours à l'avance (2).

Un droit encore plus exorbitant fut possédé jusqu'au XVIIe siècle par le seigneur de Thouars sur la terre d'Oiron. Toutes les fois qu'il plaisait à ce seigneur, il pouvait mander à celui d'Oiron qu'il chasserait tel jour dans son voisinage, et qu'il eût à abattre une certaine quantité de toises du mur de son

---

(1) Arrêts du 23 décembre 1566 et du 17 mars 1573. — Merlin.
(2) *Commentaire sur la coutume d'Anjou*, 1581.

parc, pour ne point trouver d'obstacles au cas où la chasse s'adonnât à y entrer. « On comprend, dit Saint-Simon, que c'est un droit si dur qu'on ne s'avise pas de l'exercer; mais on comprend aussi qu'il se trouve des occasions où on s'en sert dans toute son étendue, et alors que peut devenir le seigneur d'Oiron (1)? »

Les seigneurs de la Grange-Leroy, en Brie, avaient le même droit de venir chasser dans le parc du seigneur de Suisnes, leur feudataire; mais il paraît que ce droit avait été restreint à un jour dans l'année.

Dans le ressort de quelques parlements, et surtout en Bourgogne, les seigneurs ne pouvaient cependant chasser ni faire chasser dans les enclos de leurs justiciables, même *censitaires* (2).

Le droit de suite était généralement reconnu par les coutumes. « La beste mute de la chasse d'aucuns ayant droit et pouvoir de faire chasser se peut poursuivre en autre justice ou seigneurie, » dit la coutume du comté de Bourgogne. En effet, comme le dit la coutume d'Amiens, « s'il estoit seulement licite à chacun de chasser au dedans de son fief, terre ou seigneurie, il n'y aurait pas grand exercice (3). » Droit de suite.

La coutume du comté de Bourgogne ajoute que, si la bête a été prise et abattue sur la terre d'autrui, elle devra être rendue au premier *de qui la chasse est*

(1) *Mémoires* de Saint-Simon, t. 11. — Cette terre d'Oiron appartenait aux XVIe et XVIIe siècles aux ducs de Roannois.
(2) Merlin.
(3) V. Delaunay.

meute, si elle est poursuivie par les chasseurs et par les chiens, *dedans vingt-quatre heures après qu'elle sera abattue : et doit être gardée ladite bête sans démembrer lesdites vingt-quatre heures durant.*

Dans l'Artois et autres provinces des Pays-Bas qui furent réunies au XVIIe siècle à la monarchie française avec réserve de leurs anciennes coutumes, le droit de suite était soumis à quelques formalités, relatées en ces termes par un *placard* ou règlement du 31 août 1613.

« Item si quelqu'un avoit lancé quelque beste sauvage en lieu permis et non défendu et en le pourchassant à chaude chasse elle gagnât quelque forêt, bois, garenne ou autre lieu où il ne seroit permis au veneur de chasser, il mettra sa trompe au premier arbre qu'il trouvera en tel bois ou lieu, et ce fait, pourra librement poursuivre la proie, sinon il fourfera 60 royaux d'amende; mais si ledit veneur et les chiens avoient abandonné la beste, encore que le veneur la trouvât par après ès lieux susdits, il ne la pourra poursuivre, sous la mesme peine de 60 royaux d'amende, ne fust qu'il puisse suivre à la route sa dernière brisée. »

Le droit de suite est confirmé par des arrêts du parlement de Paris en date du 14 décembre 1566 et du 17 mars 1573, et par un arrêt du parlement de Toulouse du 2 juin 1608 (1). Plus tard, il paraît avoir

(1) Pierre Pithou, célèbre jurisconsulte du XVIe siècle, parlant d'un différend survenu entre le sieur de Beaumont et son suzerain le baron de Saligny, au sujet d'un sanglier, lancé sur le fief du vassal et pris

subi quelques restrictions. Un commentateur en parle en ces termes, au sujet de l'ordonnance de 1669 : « J'ay veu en tels cas qu'il n'est pas permis de poursuivre son gibier et passant d'une seigneurie à l'autre suivant ses chiens que l'on ne peut souvent rompre, ou qui sont déjà bien avant dans l'autre seigneurie, ou qui y ont pris quelquefois le gibier devant que l'on soit arrivé à eux ; j'ay veu, dis-je, que l'on envoyoit un veneur à la maison ou au château du seigneur luy dire ce qui se passoit et que l'on n'avoit pu empêcher les chiens. Quelquefois c'est un gentilhomme qui se détache de la chasse pour aller faire le compliment au seigneur, gentilhomme ou autre de la terre, et ceci s'appelle un droit de bienséance, parce qu'on n'entreprend telle chasse sur autruy que dans l'espoir d'en vouloir souffrir autant (1). Mais, quand

---

sur les terres du suzerain, ajoute seulement que l'arrêt qui intervint donne tacitement à entendre que *la poursuite ne lui appartenoit si avant*, « et à la vérité, poursuit-il de lever une bête tout auprès de son seigneur et la courir et poursuivre sur icelle, il semble qu'il y auroit un peu d'entreprise. » (*Code des chasses*, ch. I.)

(1) Leverrier de la Conterie dit de même que, lorsque votre bête vous conduit près du château d'un seigneur de haute dignité, « vous devez suivre sans appuyer ni sonner tant que vous pouvez en être entendu, même recoupler vos chiens, s'il arrive qu'ils tombent en défaut. La politesse veut encore que vous, ou en votre absence, quelqu'un de vos gens se détache pour aller assurer ce seigneur combien vous êtes fâché que votre bête vous ait amené si près de son château. Si ce seigneur est en cour, la démarche n'est pas moins bonne à faire, et cette assurance bonne à reporter à son intendant qui, pour faire sa cour à vos dépens et montrer de l'exactitude dans les petites choses, ne manqueroit point de l'indisposer contre vous. Si votre bête se laisse prendre à peu de distance, vous proposerez au seigneur d'en faire le transport dans la cour pour en voir faire la curée..... S'il l'accepte, vous donnerez secrètement ordre à votre piqueux d'en lever proprement le pied droit que vous lui présenterez vous-même. »

des voisins ne sont pas bien ensemble, comme il arrive souvent pour la chasse seulement, pour lors cela ne se doit plus faire, et il faut renvoyer quérir ses chiens ; cela est dit pour des gens qui chassent *à bruit*, mais pour de petits chasseurs qui, avec leur fusil, mènent un chien ou deux et ayant fait lever sur leur territoire un lièvre, etc., le veulent suivre partout, disant qu'il vient de dessus leurs terres, qu'il est à eux et qu'il leur appartient, je ne croy pas qu'ils l'eussent marqué à leurs armes, tant qu'il s'en trouve contre lesquels on rend plainte à la Table de marbre, autant fait-on défense de suivre dorénavant leur gibier, parce que de là arrivent de grands inconvénients, comme de battre des valets, de tuer des chiens et de s'en faire un point d'honneur, pour lequel appaiser il faut que S. M. intervienne et que MM. les maréchaux de France en vuident le différent (1). »

Tous les anciens auteurs reconnaissent, en effet, que le droit de suite n'existe que pour la *noble chasse à cor et à cri*. Leverrier de la Conterie se moque beaucoup « de la *monstrueuse erreur* où sont ceux qui s'imaginent avoir le droit de suivre et d'assassiner à coups de fusil sur les terres de leurs voisins une bête qu'ils ont lancée avec quelques briquets sur leur fief. »

C'était à propos de quelque chasse de ce genre ou d'une chasse au faucon qu'était survenu entre M. de

---

(1) *La nouvelle jurisprudence des chasses*. Paris, 1688.

Miramont, seigneur d'Aignan, et M. de Montesquiou, seigneur de Marsan, un procès par-devant le parlement de Toulouse; celui-ci décida que, si le gibier levé par le seigneur d'Aignan et poursuivi par ses chiens et oiseaux passait dans la terre de Marsan, le seigneur d'Aignan devait s'arrêter sur la limite et envoyer un de ses domestiques sans armes au seigneur de Marsan pour l'avertir qu'il entrait dans ses terres seulement pour rompre ses chiens ou réclamer et prendre ses oiseaux. Dans le cas où le gibier poursuivi viendrait à être pris avant qu'on eût pu rompre les chiens ou réclamer l'oiseau, le seigneur d'Aignan était tenu d'envoyer un de ses valets offrir le gibier tué au seigneur de Marsan et de se retirer ensuite avec ses chiens couplés et son oiseau sur le poing (1).

Quelques jurisconsultes en vinrent à nier le droit de suite, et à soutenir que ce droit, admis anciennement, avait été tacitement aboli parce qu'on avait reconnu qu'il était la source d'une foule d'abus et d'inconvénients (2).

Tel n'était pas l'avis de Louis XIII, quelque jaloux qu'il pût être de ses chasses.

Salnove rapporte que, étant à Saint-Germain-en-Laye, *il voulut avoir la bonté* de prendre connaissance d'un pareil différend mû entre deux gentilshommes qui étaient de ses domestiques, et décida que les

(1) Boutaric, *Traité des droits seigneuriaux et matières féodales.*

(2) Merlin. — Toute cette question de l'ancien droit de suite vient d'être traitée d'une façon très-complète par M. A. Sorel, dans le *Journal des chasseurs*, xxvie année.

chasseurs à cor et à cri n'étaient pas tenus de rompre leurs chiens lorsqu'ils franchissaient les limites de la terre de leurs voisins, vu que ce respect n'est dû qu'aux Rois, et encore dans les cantons réservés à leurs plaisirs particuliers.

Louis XIV, malgré la déférence profonde qu'il exigeait de tous en ce qui touchait à la dignité de sa personne, alla plus loin que Louis le Juste en matière de droit de suite. Lorsque M. de Popipou vint, à dix heures du soir, prendre dans la cour du château de Versailles le cerf qu'il avait attaqué à sept heures du matin dans la forêt de Navarre, près Évreux, le grand Roi ne témoigna que la satisfaction que lui donnait cet exploit extraordinaire (1). La tradition attribue un haut fait semblable à M. d'Oilliamson, gentilhomme normand, d'origine anglaise, sous le règne de Louis XV, et ce monarque montra la même tolérance que son prédécesseur (2).

---

(1) Cette anecdote est citée par Ferrières dans son *Commentaire sur les Institutes de Justinien* (1772). Ferrières ajoute qu'une ordonnance de Henri IV avait consacré le droit de suite. L'aventure de M. de Popipou est aussi relatée par Leverrier de la Conterie. (*Traité du Droit de suite.*)

(2) Nous aurions voulu placer ici la jolie historiette du *triple hallali*, fort agréablement racontée par M. J. Lavallée dans son livre de la *Chasse à courre en France*, et par M. Chapus dans ses *Chasses princières*, mais l'authenticité en a été vivement attaquée. Cependant le fond au moins en est vrai, comme le prouve un passage des *Souvenirs d'un chevau-léger de la garde*, par M. de Belleval. Il y est dit « comment à la Saint-Hubert 1771, Mgr. le prince de Condé étant exilé à Chantilly, de concert avec M. d'Yauville, commandant de la venerie du Roi, il (Antoine de Belleval, gentilhomme du prince de Condé, capitaine de ses chasses et lieutenant des chasses de la capitainerie royale d'Halatte) avoit arrangé une chasse qui devoit réunir à l'hallali Sa Majesté et le prince aux étangs de Saint-Hubert, dans la forêt de

Longtemps auparavant, le connétable Henri de Montmorency disait « qu'il falloit permettre à un gentilhomme de poursuivre le gibier qu'il auroit fait lever sur sa propre terre, et qu'en ce cas il laisseroit prendre un lièvre jusque dans sa salle. »

Cette reconnaissance du droit de suite était d'autant plus significative dans la bouche du connétable, qu'il n'était que trop disposé à abuser de sa position et de ses droits de haut justicier pour tyranniser, en matière de chasse, des voisins trop faibles pour lui résister. Le maréchal de Brézé (1) fut aussi *le plus grand tyran du monde pour la chasse;* il prétendait empêcher ses feudataires, même gens de qualité, d'avoir chez eux un chien et une arquebuse, et de chasser dans les parcs joignant leurs maisons. Une fois, ayant entendu tirer dans un parc, il en fit enfoncer la porte, et ses gens tuèrent les chiens et brisèrent les arquebuses. La Dervois, sa maîtresse, pour lui complaire, fit attacher un prêtre au pied d'un arbre, où on le laissa tout le jour avec un lièvre qu'il avait tué pendu au col (2).

Un des abus de pouvoir que se permettaient certains hauts justiciers consistait à renfermer les terres de leurs *sujets* dans leurs *garennes*, et quelques jurisconsultes semblent même disposés à leur accorder ce Garennes.

Rambouillet; à la faveur de cette réunion, on espéroit les réconcilier. La chose fut si bien conduite, qu'elle arriva en effet, et avec le résultat heureux que M. d'Yauville et M. de Belleval s'étoient proposé. »

(1) Voir plus haut, règne de Louis XIV.

(2) Tallemant des Réaux, t. II.

droit exorbitant, sauf indemnité. Mais le président Bouhier, dans ses observations sur la coutume de Bourgogne, affirme que ce prétendu droit est une erreur, *aucune coutume du royaume ne portant une disposition si extraordinaire* (1).

Au XVIe siècle, le mot de *garenne* ne s'appliquait plus qu'à des bois, clos ou non, servant à la multiplication des lapins. Diverses coutumes locales accordaient le *droit de garenne*, soit aux seigneurs des fiefs, soit aux hauts justiciers. Lorsque les garennes étaient ouvertes, c'était un privilége fort incommode pour les voisins. « Il y a très-peu de terres en France, dit Champier (2), il n'y a point de gentilhommière fieffée qui n'ait une garenne ; c'est là un de ces revenus que les seigneurs se font aux dépens de leurs vassaux. Les jardins et les moissons de ceux-ci en sont dévorés, mais on n'y a nul égard. »

Les sages ordonnances de nos Rois avaient en vain tenté d'arrêter ces abus. Un arrêt du 14 avril 1539 décida que personne ne pourra avoir de garenne ouverte s'il n'en a obtenu du Roi la concession dûment enregistrée en la chambre des comptes (3).

L'ordonnance des eaux et forêts de 1669 établit formellement que, pour jouir du droit de garenne,

(1) Merlin, v° *Garenne*.

(2) *De Re cibariâ*, lib. XII. Lyon, 1560.

(3) Suivant l'article 211 de la coutume de Meaux « aucun ne peut tenir garenne jurée, supposé qu'il ait haute justice en sa terre, s'il ne l'a par permission du Roi, titre particulier et exprès, ou de telle et si longue jouissance qu'il ne soit mémoire du consentement ni du contraire. »

il fallait en avoir la possession fondée sur des aveux et dénombrements ou autres titres suffisants, comme permission particulière du Roi, accordée par lettres patentes enregistrées au parlement, à la table de marbre et à la chambre des comptes. Cet enregistrement n'avait lieu qu'après enquête *de commodo et incommodo*, où devaient être entendus les curés, syndics, échevins et notables habitants du lieu (1).

De plus, il fallait que le propriétaire de la garenne justifiât avoir des terres en quantité suffisante pour nourrir les lapins qui en sortaient.

Ceux qui ruinaient les *halots* et *rabouillères* dans une garenne légalement établie étaient punis comme voleurs.

Pour prévenir les vols de lapins dans les garennes, les ordonnances de 1601 et 1603, comme celle de 1318, ne permettent qu'aux gentilshommes et à ceux qui ont droit de garenne d'avoir en leurs mains des furets et poches à prendre les lapins.

Les roturiers n'avaient pas le droit d'établir de garennes, même fermées, lorsqu'ils n'étaient pas seigneurs de fiefs, parce que c'eût été se former un canton de chasse où ils auraient pu détruire du *gibier*

(1) Ces enquêtes avaient lieu avant l'ordonnance de 1669.

En 1614, le seigneur de Villenausse ayant obtenu du Roi l'autorisation d'établir une garenne, les habitants s'y opposèrent, alléguant le dommage que les lapins causeraient dans leurs vignes; un arrêt rendu le 6 mai, sur les conclusions de l'avocat général Le Bret, défendit au seigneur de Villenausse de continuer. (Merlin, v° *Garenne*.)

L'ordonnance de 1669 prononce la peine de 500 livres d'amende pour établissement sans titre d'une garenne ouverte.

de plume. Ils étaient toutefois autorisés à tirer des lapins dans les bois qu'ils tenaient *en censive*, les lapins n'étant pas considérés comme gibier, mais comme animaux domestiques qui sont un objet de profit pour le propriétaire comme les pigeons dans un colombier et les poissons dans un étang.

La garenne était de *garde* et *défense* dans toutes les saisons de l'année, et le seigneur dominant ne pouvait y chasser.

En général, les propriétaires voisins n'avaient pas le droit de tuer les lapins qui sortaient des garennes pour attaquer leurs récoltes (1), mais ils pouvaient réclamer des indemnités.

Indemnités pour dégâts causés par le gibier.

Le principe d'indemnité était du reste admis de tout temps pour les dégâts commis soit par le gibier, soit par les chasseurs. Les Rois et les princes eux-mêmes ne refusaient pas de se soumettre à cette juste obligation. Philippe le Bel et son fils Charles IV ordonnèrent, en mourant, qu'il fût distribué des indemnités aux laboureurs voisins des forêts royales en dédommagement du tort que leur avaient causé les bêtes *rousses* et *noires*. Les comptes de dépense de Louis XI contiennent assez souvent des mentions d'indemnités pour faits de chasse (2). Au XIVe siècle, un Dauphin de Viennois accorde à ses vassaux divers

(1) L'ordonnance d'Orléans (1561) défend aussi aux cultivateurs de tuer les bêtes noires et rousses qui vont au gagnage sur leurs terres.

(2) Voir le tome précédent. — Il s'agit surtout d'animaux domestiques tués par les chiens du Roi.

priviléges en dédommagement du tort qu'il a pu leur faire en chassant dans leurs récoltes (1).

Dans les comptes de François Ier on trouve cet article : « A deux pouvres hommes auxquels on avoit gasté leur blé en courant le cerf, 41 sols (2). » D'Yauville nous apprend que, de son temps, le Roi cessait de chasser dans les *buissons* voisins de Versailles lorsque les blés commençaient à devenir grands (3), quoiqu'il eût soin de faire amplement dédommager les particuliers du tort qu'on leur faisait en passant dans leurs grains (4). L'avant-dernier prince de Condé payait tous les ans de généreuses indemnités pour les dégâts commis par le gibier de ses capitaineries (5).

Une anecdote intéressante, rapportée par le marquis de Valfons, nous montre à la fois l'esprit de justice qui animait Louis XVI dès son enfance et le sentiment de respect qui lui avait déjà été inculqué pour les droits des cultivateurs. « M. le Dauphin (6) étant à la chasse avec ses frères, le cerf se jeta à l'eau. M. le comte d'Artois criait très-vivement de prendre le plus court. Le cocher allait obéir en traversant un champ plein de grains. M. le Dauphin, se

---

(1) Valbonnays.

(2) *Archives curieuses de l'Histoire de France*, t. III.

(3) En septembre 1707, le Roi étant à Fontainebleau « avait expressément défendu qu'on entrât dans les vignes pendant aucune chasse, de crainte qu'on ne fît tort à la vendange des particuliers. » (Dangeau, t. XI.)

(4) *Traité de Vénerie*.

(5) *Biographie universelle* des frères Michaud, article *Condé*.

(6) Ce prince était encore tout enfant.

mettant à la portière, ordonna au cocher de prendre le plus long pour sauver le grain, ce qui fâcha beaucoup M. le comte d'Artois. « Mon frère, lui dit M. le Dauphin, avez-vous de l'argent pour indemniser le maître du champ de la perte que nous lui causerions ? Il ne faut point détruire ce qui est si cher à faire venir (1). »

Les formalités à suivre pour obtenir des indemnités furent réglées par un arrêt du parlement de Paris en date du 21 juillet 1778, peu d'années après l'avénement du prince dont nous venons de signaler l'humanité. Il y est dit que tous ceux qui auront des demandes à former pour réparation de dégâts causés par le gibier et les bêtes fauves aux grains et aux vignes seront tenus de se pourvoir devant les juges des eaux et forêts pour faire procéder par experts à trois visites consécutives des terres prétendues endommagées (2).

Dans son livre des ***Ruses du braconnage mises à découvert***, La Bruyère nous parle, en effet, de procès en indemnités intentés continuellement aux seigneurs par les fermiers dont le gibier dévastait les récoltes. Souvent l'intendant de la province, sur leurs réclamations, présentait un mémoire au conseil et faisait

---

(1) *Souvenirs* du marquis de Valfons.

(2) Merlin, v° *Gibier*. — On voit ce qu'il faut penser des allégations de quelques écrivains modernes qui font passer les meutes du Roi sans indemnités à travers les récoltes. On regrette de trouver cette accusation trop légèrement admise dans une note curieuse des *Mémoires* de Barbier sur les chasses de Louis XV.

prononcer un arrêt allouant des dommages-intérêts et ordonnant la destruction des lapins.

Destructions des lapins.

L'ordonnance de 1669 veut également que les officiers des chasses ou des maîtrises fassent renverser tous les terriers de lapins dans les forêts du Roi, à peine de 500 livres d'amende et de la suspension de leurs charges. Cette ordonnance ayant été mal exécutée, un arrêt du conseil du 21 janvier 1776 renouvela ses dispositions, en ordonnant le renversement des terriers et la destruction des lapins dans l'étendue des capitaineries. Les officiers des capitaineries étaient tenus de se transporter sur les lieux à la réquisition du syndic de la communauté, et pour les terrains plantés en vignes ou bois, d'une étendue moindre de 100 arpents, il était permis aux propriétaires du terrain, et à ceux des terres adjacentes, de procéder eux-mêmes à la destruction en présence des gardes à ce requis (1).

Interdiction de chasser dans les récoltes.

Dans l'intérêt de l'agriculture, il était interdit à tout gentilhomme ou autre de chasser dans les terres ensemencées depuis que le blé est en tuyau jusqu'après la moisson, et dans les vignes depuis le 1er de mai jusqu'à la vendange (ordonnances d'Or-

(1) Louis XVI, voulant apporter son tribut personnel de soulagement aux habitants des campagnes, avait rédigé et écrit de sa main un arrêt du conseil pour la destruction des lapins dans les capitaineries royales et l'avait apporté à Turgot en lui disant : Vous voyez que je travaille de mon côté. Cet arrêt, monument de la bienfaisance personnelle du Roi qui devait être un martyr, porte la date du 31 janvier 1776. » (Louis XVI et Turgot, par M. de Larcy. — *Gazette de France* du 29 août 1866.) — Voir aussi Merlin, v° *Garenne*.

léans et de Blois, 1560 et 1579; ordonnances de 1596 et 1600). Les contrevenants devaient être condamnés à des dommages-intérêts. L'ordonnance de 1669 y ajoute une amende de 500 livres et la privation du droit de chasse (1).

Prohibitions en faveur du gibier.

D'autres prohibitions étaient dans l'intérêt de la conservation et de la multiplication du gibier.

Défense d'enlever les œufs.

Ainsi il était défendu, comme nous l'avons vu, de ruiner les rabouillères dans les garennes (2). L'ordonnance de 1669 défend de prendre en aucun lieu les œufs de caille, de perdrix et de faisans, sous peine de 100 livres d'amende pour la première fois, du double pour la seconde, et du fouet et bannissement à 6 lieues de la forêt pendant cinq ans pour la troisième. Il était défendu, sous les mêmes peines, d'acheter et de vendre aucun de ces œufs.

Défense de vendre du gibier sauf sous certaines conditions.

Les ordonnances de 1549, 1567, 1577 défendent de plus aux rôtisseurs, pâtissiers et autres vendeurs et revendeurs de vendre perdrix, lièvres et hérons, si ce n'est *en plein marché*. Les officiers de la Table de marbre ajoutèrent à ces dispositions divers règlements (3) portant défense auxdits rôtisseurs et pâtissiers d'acheter, vendre, débiter ni mettre en pâté

(1) Pour les *Pays-Bas* réunis à la France, le *placard* de 1613 porte défense de chasser et de *mener aucuns chiens hors lesse* dès le premier jour de mars jusqu'au jour de sainte Marie-Magdeleine, le 22 juillet, à peine de *fourfaire* 10 royaux d'amende, et de payer tous dommages-intérêts pour dégâts causés aux grains. — Semblable défense de *voler* hérons, faisans, etc., pendant le même temps.

(2) Sauf les cas expliqués précédemment.

(3) 15 mars 1556, 31 décembre 1658, 18 avril 1659, 19 février 1668, 17 avril et 16 juillet 1674, 1er mars 1706.

aucunes bêtes fauves, rousses ou noires, ni quartiers d'icelles, à peine de 120 livres d'amende et de 250 livres s'il s'agit d'un cerf (1). Les pâtissiers pourront seulement mettre en pâté la venaison provenant de personnes connues. Il leur est, de plus, interdit d'acheter, vendre ou exposer des lièvres depuis le premier jour de carême de chaque année jusqu'au 30 juin, et des perdrix jusqu'au 15 août, sous peine de confiscation et de 20 livres d'amende.

Il était même défendu d'élever en captivité des perdrix et des faisans.

Chasses prohibées.

Divers modes de chasse, considérés comme trop destructifs, étaient sévèrement interdits par les ordonnances. Telles étaient les chasses nocturnes, *à feu* ou à tir, et toutes celles qui se font avec *lacs, tirasses, tonnelles, traîneaux, bricolles de cordes et fil d'archal, pièces de pans de rets, colliers, halliers de fil ou de soie* (2). Les contrevenants étaient condamnés pour chasse nocturne à 100 livres d'amende et punition corporelle s'il y a lieu ; pour chasse avec piéges, ils étaient condamnés au fouet pour la première fois, et, pour la seconde, fustigés, flétris et bannis pour cinq ans hors l'étendue de la maîtrise, que le délit

Chasses nocturnes. Piéges et engins.

(1) La jurisprudence des chasses cite plusieurs procès intentés à des particuliers chez lesquels on avait trouvé des pâtés de venaison et de la venaison salée.

(2) Ordonnances de 1601 et 1669. Le parlement de Toulouse, en enregistrant la première de ces ordonnances, maintient les seigneurs et toutes personnes autres que laboureurs et artisans dans le droit de chasser à la *tirasse* et aux chiens couchants.

eût été commis sur le domaine royal ou sur les terres des particuliers (1).

Armes à feu. Le port des armes à feu avait été défendu par de nombreuses ordonnances à partir du commencement du XVIe siècle, sans qu'il vînt à l'idée du législateur d'en interdire l'usage à la chasse, probablement parce que ces armes étaient de fort peu d'effet jusqu'à l'invention du menu plomb ou dragée qu'on ne peut guère faire remonter plus haut que 1560 ou 1580 (2). Les ordonnances de 1600 et 1601 permettent formellement l'emploi de l'arquebuse pour chasser le gibier de passage, en l'interdisant seulement pour les lièvres et les perdrix (3).

Mais, en 1603, Henri IV, alléguant que l'autorisation de se servir d'armes à feu pour la chasse *servait de couverture et de manteau* à toutes sortes de gens pour porter ces armes dans un but moins innocent, et qu'il en résultait tous les jours des meurtres et des actes de violence, défendit expressément à toutes personnes, de quelque état, qualité et condition qu'elles fussent, *de chasser ni faire chasser, à quelque sorte de chasse que ce pût être, avec l'arquebuse, en tirer ni la porter*, sous peine, pour la noblesse, d'amende arbitraire, de confiscation des armes et de quinze jours de prison pour la première fois, et de la mort

(1) Les ordonnances de 1600 et 1601 prononcent les mêmes peines pour ceux qui ont mis en vente desdits engins.

(2) Voir plus bas, liv. VIII.

(3) « Afin de donner un moïen à notre noblesse d'avoir plus de contentement en leurs maisons et adoucir leurs peines passées. » Préambule de la déclaration de 1604.

en cas de récidive. La peine capitale était prononcée dès la première fois contre les non-nobles (1).

Les réclamations de la noblesse furent si vives, que, dès l'année suivante, le Roi, après avoir vainement tenté de les faire cesser en accordant des permissions spéciales de tirer de l'arquebuse à plusieurs seigneurs et gentilshommes, se vit obligé de révoquer son règlement et de permettre de nouveau aux gentilshommes et seigneurs de fief de chasser avec les armes à feu tout gibier non défendu par les ordonnances (2).

Chasse aux chiens couchants.

La chasse aux chiens couchants est défendu comme *chasse cuisinière* par les ordonnances de 1578, 1600, 1601, 1607 et 1669 (3). L'ordonnance de 1578 prononce, en cas de contravention, la peine de *punition corporelle* pour les roturiers et menace les gentilshommes d'encourir la disgrâce du Roi. Celle de 1601 condamne les délinquants, pour la première fois, à 33 écus 1/3 (ou 100 livres) d'amende, au double pour la seconde et au triple pour la troisième, *s'ils ont de quoi*. A défaut de ce, ils seront, la première fois, battus de verges sous la custode, la seconde en place publique et la troisième bannis à toujours du lieu de leur demeure.

(1) Déclaration du 14 août 1603. — *Code des chasses*, t. I.

(2) Cette autorisation était rigoureusement personnelle. Il n'y eut d'exception que pour les nobles et seigneurs sexagénaires ou infirmes qui eurent permission de faire chasser un de leurs domestiques *en leur présence*, et *non autrement*.

(3) En enregistrant l'édit de 1600, le parlement de Toulouse réserve la chasse des cailles avec chiens couchants, qui reste permise à toutes qualités de personnes autres que laboureurs, artisans et gens mécaniques.

L'ordonnance de 1669 prononce seulement la peine de 200 livres d'amende pour la première fois, du double pour la seconde et du triple pour la troisième, outre le bannissement à perpétuité hors l'étendue de la maîtrise, sans préjudice des peines encourues par les chasseurs s'ils n'ont pas droit de chasse comme seigneurs de fiefs (1).

Cette défense n'était plus observée à la fin du XVIIIe siècle, quoiqu'elle n'eût été levée par aucune loi ; Magné de Marolles fait encore remarquer, en 1788, que la chasse aux chiens couchants est *tolérée plutôt que permise*.

Armes brisées.

Il était encore défendu de chasser avec des armes brisées par la crosse ou par le canon et avec des cannes ou bâtons creusés, et la fabrication de ces armes était prohibée, le tout sous peine d'amende, de confiscation et de punition corporelle (2).

Grenaille de fer.

L'emploi, la fabrication et la vente de la grenaille de fer pour charger les armes à feu étaient également

(1) « La plupart s'imaginent, dit le commentateur de l'ordonnance de 1669, qu'on ne peut aller à la chasse sans ces sortes de chiens couchants ; c'est ce qui est étroitement et expressément défendu par cet article, parce que c'est chasse cuisinière... L'on contrevient plus souvent à la disposition de cet article qu'à tout autre pour le plaisir que donne cette chasse : les juges ne sont pourtant pas moins sévères pour les contrevenants. Cela paroît par plusieurs jugements de la Table de marbre. » — Il cite ensuite deux particuliers condamnés en 1671 pour chasse au chien couchant.

(2) Ordonnance de 1669. — Par arrêt du 2 juin 1673, à la requête du duc de Bourbon, comte de Sancerre, Guillaume Riverdy, maître armurier en ladite ville, est condamné, pour avoir fabriqué un fusil brisé, à l'amende honorable *sèche*, c'est-à-dire seulement nu-tête et à genoux. — En 1679, un sieur Boussin fut, pour le même délit, condamné par contumace au fouet et à 130 livres d'amende.

prohibés, parce que le vil prix de cette grenaille multipliait les braconniers et que l'usage en était dangereux pour les tireurs ; de plus, les grains de fonte qui se trouvaient dans le gibier tué risquaient de casser les dents de ceux qui en mangeaient, et, s'ils les avalaient, cette grenaille, sujette à se rouiller, *était fort contraire au corps humain.* Un arrêt du conseil, en date du 4 septembre 1731, prononce des amendes de 100 à 300 livres pour fabrication et vente de ladite grenaille (1).

Le cerf était *gibier royal*, et, depuis 1526, sa chasse fut défendue *en tous lieux et de toutes les manières,* sauf autorisation (2). Les peines les plus terribles sont portées par l'ordonnance de 1601 contre ceux qui se permettent d'attenter à la vie de ce noble animal, amende double de celle qui punit le meurtre des autres grands animaux, fustigation sous la custode jusqu'à effusion de sang, en cas de non-payement de l'amende, et, en cas de récidive, nouvelles fustigations, condamnation aux galères ou au bannissement perpétuel, et enfin *le dernier supplice s'il est ainsi trouvé.*

Cerf, gibier réservé.

L'ordonnance de 1669 confirme les dispositions de

(1) Merlin, v° Fer en grenaille.

(2) François Ier, par son ordonnance de 1515, n'avait défendu la chasse des *bêtes rousses* que dans ses bois, buissons et garennes; mais à son retour d'Espagne, passant par le Poitou, il défendit, par lettres patentes du 20 avril 1526, à tous seigneurs voisins du buisson de Foularges de chasser aux bêtes rousses. Henri II, par lettres patentes du 15 septembre 1552, en permettant aux seigneurs de chasser dans les bois qui n'étaient pas de la *Gruérie* du Roi, excepte nommément les *bêtes fauves* de cette permission.

celle de 1601, à l'exception de la peine de mort. « Il paroît par cet article, dit le commentateur de cette ordonnance, combien les gentilshommes même doivent être circonspects sur le fait de la chasse au cerf et à la biche, que le Roy souhaite être conservés en quelque endroit du royaume que ce soit. »

En 1788, Magné de Marolles s'excuse de ne point parler de la chasse du cerf, parce que tout le monde sait, dit-il, qu'il est sous la sauvegarde des ordonnances (1).

Le délit d'avoir tué un cerf ou une biche était un *cas réservé,* et les officiers du Roi avaient seuls le droit d'en connaître (2).

On voit, par ce qui précède, combien étaient dures les pénalités appliquées pour faits de chasse. Nous verrons tout à l'heure que cette rigueur s'aggrave encore lorsqu'il s'agit des *plaisirs du Roi.* L'ordonnance de 1601, la plus violente de toutes, porte à la vérité cette réserve que les peines *afflictives du corps* ne seront exécutées que sur des *personnes viles* et abjectes et non autres.

Louis XIV, en maintenant dans son ordonnance de 1669 des dispositions d'une excessive sévérité,

---

(1) Nous verrons plus loin qu'au XVIe et au XVIIe siècle on obtenait assez facilement l'autorisation de chasser le cerf *à courre.*

(2) A la demande de Guillaume Ligier, lieutenant en la juridiction des eaux et forêts d'Anjou, deffense est faite aux lieutenant, procureur fiscal et greffier de la baronnie de Bourmont de prendre à l'avenir aucune connaissance de la mort par *forfaicture* des cerfs et biches à peine de 100 livres d'amende. (Arrêt du parlement. Paris, 19 avril 1625.)

eut au moins l'humanité de faire disparaître de nos lois la peine de mort pour délits de chasse. L'article 11 de cette ordonnance défend aux juges de condamner au dernier supplice pour faits de ce genre, de quelque qualité que soit la contravention, *s'il n'y a autre crime mêlé* qui puisse mériter cette peine.

La mission d'appliquer les lois et règlements sur la chasse appartenait, hors des capitaineries, aux officiers des eaux et forêts, qui étaient seuls compétents pour connaître en première instance, et à l'exception des autres juges (1), de toutes causes et procès relatifs à la chasse et aux prises de bêtes, ainsi que des querelles, excès, assassinats ou meurtres qui peuvent avoir lieu à ce sujet, tant entre gentilshommes et officiers qu'entre marchands, bourgeois et tous autres. Les appels de ces jugements étaient portés devant le tribunal de la *Table de marbre*, siége de réformation générale des eaux et forêts (2).

Dans les capitaineries, l'information première appartenait concurremment aux officiers des eaux et forêts et aux capitaines des chasses, mais l'instruction et les jugements étaient confiés aux lieutenants de *robe longue* à la poursuite des procureurs du Roi, sauf le droit des officiers des chasses, d'y assister

(1) Sauf sur les terres des seigneurs hauts justiciers dont les juges, en cas de prévention, en peuvent prendre connaissance.

(2) Cette dénomination vient de ce qu'anciennement le connétable, l'amiral et le grand maître des eaux et forêts tenaient leur juridiction sur une grande table de marbre qui occupait toute la largeur de la grand'salle du palais. (Merlin, v° *Table de marbre*.)

avec voix délibérative, *si bon leur semblait*, ainsi que les officiers des eaux et forêts.

Étaient exceptés de ces dispositions les capitaines des chasses réservées aux *plaisirs du Roi*. Ces capitaines sont maintenus par l'ordonnance de 1669 dans le droit et possession d'instruire et de juger, à la diligence des procureurs du Roi dans leurs capitaineries, toutes sortes de procès civils et criminels pour fait de chasse, à la charge d'appeler avec eux les lieutenants de robe longue et d'autres juges et avocats pour conseils (1).

Capitaineries.

On entendait par *capitainerie* une étendue de pays soumis à l'autorité d'un capitaine des chasses dont le devoir était de veiller à la conservation des chasses royales. Cet officier avait le droit d'accorder et de refuser le droit de chasse dans sa capitainerie, et veillait à ce qu'elle fût toujours suffisamment garnie de gibier, sous l'autorité suprême du grand veneur.

Les capitaines des chasses avaient sous leurs ordres des lieutenants et sous-lieutenants des chasses. Dans chaque capitainerie il y avait, de plus, un lieutenant de robe longue, un procureur du Roi, un greffier, un prévôt, des *rachasseurs*, exempts, huissiers, gardes à cheval et à pied, faisandiers, renardiers et *tonnelliers* (2).

Les *rachasseurs* étaient des gentilshommes choisis dans chaque capitainerie pour leur expérience, qui

(1) Merlin, v° *Chasse*.
(2) Pour prendre des perdrix à la tonnelle.

recevaient des gages (1) à charge d'entretenir des chiens courants pour *repousser les bêtes écartées aux buissons jusque dans leurs forêts*. Après les avoir *rechassées* jusque-là, ils devaient rompre leurs chiens et cesser la poursuite.

Les premières capitaineries furent établies par François Ier dans les cantons où il chassait d'habitude. Jusqu'au règne de Henri IV, elles paraissent avoir été peu nombreuses. On ne trouve que neuf capitaines des chasses portés sur les comptes de Charles IX.

Henri IV, qui avait à cœur le repeuplement de ses forêts dévastées pendant les guerres civiles, multiplia considérablement le nombre de ces capitaineries ; on en trouve jusqu'à vingt-quatre portées sur l'État du *paîment que le Roi a ordonné estre fait par Nicolas Trouvé au grand veneur* (2), parmi lesquelles il en est de fort éloignées des résidences ordinaires du Roi, comme les forêts d'Évreux, de Pacy, de Lyons, les bois de la montagne de Reims, Nogent, Pont-sur-Seine et du bailliage de Sézanne.

Sous Louis XIV, il y a quarante capitaineries, parmi lesquelles figurent, outre les précédentes, celles du comté de *Boisjency*, de Montargis, de Saint-Dizier, de Bar-sur-Seine, d'Orléans, de Chinon et d'Anjou (3).

Louis XIV, dans sa grande ordonnance de 1669,

---

(1) Voir les comptes de la vénerie pour l'année 1684. (Pièces justificatives, t. I.)

(2) Pièces justificatives, *ibid.*

(3) *Ibidem.*

avait essayé de restreindre le nombre des capitaineries et de conserver seulement celles qui avoisinaient les résidences royales. Trente ans après, cette mesure était encore sans exécution, les capitaines ayant toujours continué d'exercer leurs fonctions sans s'inquiéter des prescriptions de l'ordonnance (1). Enfin, en 1699, le Roi, *remarquant avec peine que le grand nombre des capitaineries établies dans son royaume prive les seigneurs de fiefs ou hauts justiciers* de la liberté de chasser qui leur est acquise par les ordonnances, dépouille leurs terres d'un de leurs principaux droits, en diminue la valeur, les expose tous les jours à plusieurs vexations et leur ôte enfin un des plus honnêtes plaisirs que la noblesse puisse avoir, supprime toutes les capitaineries du royaume, à l'exception de celles des maisons royales, de la capitainerie générale de Bourgogne, dont était pourvu le duc de Bourbon, et des capitaineries d'Orléans, qui faisaient partie de l'apanage de Monsieur (2).

---

(1) « *Lundi*, 30 *décembre* 1697, *à Versailles*. — Le matin, au conseil des dépêches, on jugea une affaire qui regarde les capitaineries *qui ne sont pas tout à fait royales*. Le maréchal de Villeroy, capitaine des chasses de Corbeil, M. le chevalier de Lorraine et M. de Marsan, qui sont ses lieutenants dans les capitaineries, prétendoient que les seigneurs hauts justiciers ne pouvoient pas chasser sur leurs terres et qu'à plus forte raison, ils n'y pouvoient mener aucun de leurs amis. Cette affaire-là avoit commencé par un démêlé qu'avoit eu M. de Maugiron, maître des requêtes, avec un garde de cette capitainerie. Le Roi a réglé que les Seigneurs hauts justiciers pourroient chasser sur leurs terres avec deux ou trois de leurs amis pourvu qu'ils n'en abusassent pas : bien entendu qu'ils ne pourront chasser avec aucun valet. » (Dangeau.)

(2) Quelques capitaines dont l'office était supprimé le conservèrent néanmoins leur vie durant. « On laisse à M. de Noailles celle de Sé-

Ces capitaineries des maisons royales, conservées par la déclaration de 1669, et communément désignées sous le nom de *plaisirs du Roi*, étaient depuis longtemps soumises à des règles encore plus rigoureuses que les autres. L'autorité des capitaines s'étendait sur toutes les propriétés comprises dans leur circonscription, hautes et basses justices, terres en roture, etc., avec une puissance illimitée. « Le droit de chasse, même des hauts justiciers, devient si inutile dans l'étendue de ces capitaineries, dit la *Jurisprudence*, qu'ils ne peuvent chasser sans une permission expresse du Roi et ne peuvent avoir de gardes ni officiers des chasses. »

Ces capitaineries étaient, en 1602, les forêts de Fontainebleau, Compiègne, Villers-Cotterets, Montfort-l'Amaury, Crécy, Orléans, Blois, Amboise, Chinon, Livry, Saint-Germain, *l'Eschelle*, Sénart, Rougeau, les bois de Notre-Dame, le *bois du Parcq, qui dépend du domaine de Brie, et la Varenne du Louvre* (1).

On entendait par *varenne du Louvre* une circonscription qui comprenait toutes les terres cultivées dans un rayon assez étendu autour de Paris, le bois de Boulogne qui forma plus tard une capitainerie spéciale, et quelques autres *buissons* (2). En 1624, l'é-

---

quigny durant sa vie, au marquis d'Effiat celle de Chilly, à M. le président de Maisons celle de Pierrelay aussi durant leurs vies. » Dangeau, t. VII.

(1) Ordonnance de 1602.

(2) La plaine Saint-Denis, qui faisait partie de la capitainerie du bois de Boulogne, en fut distraite en 1705 et forma la capitainerie de la Varenne des Tuileries.

tendue de la varenne du Louvre fut restreinte à 6 lieues autour de Paris.

Les capitaines des varennes du Louvre et des Tuileries portaient le titre de *baillis-capitaines*, et leurs premiers lieutenants, celui de lieutenants généraux. En 1763, *messire* Pierre-Augustin Caron était pourvu d'une de ces charges (1).

On ne s'attendait guère
A voir *Ulysse* en cette affaire.

L'article xx de l'ordonnance de 1669 énumère ainsi les capitaineries consacrées aux *plaisirs du Roi* sous Louis XIV : Saint-Germain-en-Laye, Fontainebleau, Chambord, Vincennes, Livry, Compiègne, le bois de Boulogne et la varenne du Louvre. L'ordonnance y joint la capitainerie de Blois, et le commentateur ajoute : « Il y a encore d'autres capitaineries qui *équipolent* à celles-ci, desquelles on prétend qu'est la capitainerie de Montfort-l'Amaury. »

Rien n'égale la rigueur des règlements auxquels

---

(1) « On aimera peut-être à pouvoir considérer sous l'aspect peu connu d'un Bridoison sérieux le personnage multiple que nous étudions, » dit M. de Loménie dans son intéressante étude sur Beaumarchais. Suit le dispositif d'une sentence qui condamne le nommé Ragondet, fermier, en 100 livres d'amende pour ne s'être point conformé à l'article xxiv de l'ordonnance du Roi de 1669 et à jeter en bas l'*hangar* et les murs de clôture mentionnés au rapport du 24 du présen mois de juillet; il se termine ainsi : « Fait et donné par messire Pierre-Augustin Caron de Beaumarchais, écuyer, conseiller du Roi, lieutenant général aux bailliage et capitainerie de la varenne du Louvre et grande vénerie de France, y tenant le siége en la chambre d'audience d'icelle, sise au château du Louvre, le jeudi 31 juillet 1766. »

étaient assujetties les propriétés enclavées dans les limites des *plaisirs du Roi* ou même dans une zone qui s'étendait, en certains cas, jusqu'à 3 lieues au delà.

Il était interdit à toutes personnes, de quelque qualité ou condition qu'elles fussent, de chasser à l'arquebuse ou avec chiens dans l'étendue de ces capitaineries, même aux seigneurs hauts justiciers ou tous autres, *quoique fondés en titre ou permissions générales ou particulières, déclarations, édits ou arrêts qui sont formellement révoqués à cet égard* par l'ordonnance de 1669.

Les seigneurs, gentilshommes et nobles ne pouvaient chasser *noblement à force de chiens et d'oiseaux* sur leurs propres terres qu'à la distance d'une lieue des *plaisirs du Roi* et aux chevreuils et bêtes noires qu'à 3 lieues.

Ils ne pouvaient *tirer de l'arquebuse* sur les oiseaux de passage et *le gibier* (1) qu'à une lieue, ni *tirer en volant* qu'à 3 lieues des plaisirs de Sa Majesté, sous peine de 200 livres d'amende (2) pour la première fois, du double pour la seconde, et du triple pour la troisième, outre le bannissement à perpétuité hors l'étendue de la maîtrise.

Défense était faite à tous les habitants domiciliés en l'étendue desdites capitaineries d'avoir en leur maison ou ailleurs fusils ou arquebuses simples ni bri-

(1) Il s'agit évidemmment ici du *gibier de poil*.
(2) 494 fr., monnaie actuelle.

sées, mousquetons ni pistolets, de s'exercer à tirer au blanc ou d'aller tirer aux prix, sans permission spéciale (1).

Tous les propriétaires et fermiers des terres situées dans les chasses et plaisirs du Roi étaient obligés de mettre et ficher en terre des épines au nombre de cinq par arpent, savoir une au milieu et les quatre aux coins pour empêcher les chasseurs de nuit d'y traîner leurs filets (2).

Les particuliers possédant parcs et jardins, vergers et autres héritages clos, ne pouvaient faire en leurs murs aucuns trous, coulisses ni autre passage susceptible de donner entrée au gibier à peine de 10 livres d'amende.

Les îles, prés ou *bourgognes* (sainfoins), sans clôture, ne pouvaient être fauchés avant la Saint-Jean-Baptiste, à peine de confiscation et d'amende arbitraire. Il était interdit de creuser des fossés et de construire à l'avenir aucuns parcs et clôtures en maçonnerie sans permission expresse du Roi (3).

---

(1) L'ordonnance d'avril 1669 leur permet seulement d'avoir chez eux des fusils à mèche pour la garde de leurs maisons.

(2) Une ordonnance du 20 août 1710 défend aux laquais d'entrer dans le bois de Vincennes, tant que les épines sont fleuries et aux joueurs de boule de se livrer à leur innocent divertissement sous ces mêmes épines, parce qu'ils commettent divers délits, coupent des branches, *enlèvent des aires et des nids et effarouchent le gibier qui fait l'ornement dudit parc.*

(3) Par une faible compensation à toutes ces défenses vexatoires, les habitants des villages compris dans la circonscription de la varenne du Louvre étaient exempts du logement des gens de guerre, même appartenant aux gardes françaises et écossaises. — Voir les déclarations du 15 mai 1597 et du 20 janvier 1598. (*Code des chasses*, t. I.)

Cependant Sa Majesté voulait bien permettre à ses sujets d'enclore, sans autorisation, les héritages situés derrière leurs maisons, dans les bourgs, villages et hameaux *hors des plaines*.

Outre les gardes à cheval et à pied attachés à chaque capitainerie qui étaient fort nombreux (1), il y avait une *compagnie de gardes à cheval des chasses et plaisirs du Roi en la vénerie pour la conservation des bêtes fauves et gibiers des plaines, bois et buissons des environs et 10 lieues à la ronde de la ville de Paris, sous la charge du grand veneur*.

Cette compagnie était composée d'un lieutenant, d'un sous-lieutenant et de six gardes ; ils exerçaient leurs fonctions dans toutes les capitaineries royales et dans les forêts ou domaines du Roi où il n'y avait point de siége de capitainerie. En ce dernier cas, ils faisaient leurs rapports et procès-verbaux au siége des chasses de la varenne du Louvre, comme premier siége des chasses du royaume.

Les fonctions d'officiers des capitaineries étaient fort recherchées, surtout dans l'étendue des plaisirs du Roi, où les seigneurs de fiefs n'avaient plus d'autre moyen de chasser sur leurs domaines que d'obtenir des places de capitaines et de lieutenants. Aussi trouvons-nous, en 1596, le seigneur d'*Auteuil* capitaine

(1) A la varenne du Louvre, 12 gardes à pied et 6 à cheval ; au bois de Boulogne, 30 à pied et à cheval ; à Saint-Germain, 20 gardes à cheval et 28 à pied ; à Fontainebleau, 1 à cheval et 30 à pied, etc. Voir les *États de la France* de 1698 et 1736.

Les gardes à cheval recevaient 300 liv. de gages et ceux à pied 60 liv.

de la varenne du Louvre, qui comprenait alors les alentours du bois de Boulogne. Pendant plusieurs générations, les Sanguin, marquis de Livry, possédèrent la capitainerie de Livry et Bondy. En 1698, au nombre des lieutenants de la même capitainerie, figure, avec Anne Hervart, seigneur de Bois-le-Vicomte, pour le canton de Bois-le-Vicomte, et M. Feydeau, sieur de Brou, M. Feray, seigneur de Gagny, dont les domaines étaient situés dans les environs.

Les Catelan, seigneurs de la Sablonnière (dans la plaine des Sablons), furent, aux XVIIe et XVIIIe siècles, capitaines de la varenne du Louvre et du bois de Boulogne (1).

Grands seigneurs capitaines des chasses.

Les plus grands seigneurs, et même les princes, attachaient une grande importance à devenir titulaires des principales capitaineries. Le duc de Saint-Simon se plaint, dans ses mémoires, d'un vrai *tour de Scapin* employé par M. le Prince (2) pour *embler* à son oncle, le marquis de Saint-Simon, les capitaineries d'Halatte et de Senlis, qu'il convoitait comme voisines de ses domaines de Chantilly. « Cet oncle, fort âgé, vivoit dans la retraite ; le prince de Condé va lui conter que le Roi, importuné des plaintes de ceux qui se trouvent enclavés dans les capitaineries royales, alloit rendre un édit pour les supprimer toutes, ex-

---

(1) *États de la France.* — De là les noms de *Pré Catelan* et de *Croix de Catelan.* Voir aussi les *Énigmes des rues de Paris,* par M. Édouard Fournier.

(2) Henri-Jules de Bourbon, devenu prince de Condé en 1686. En 1684 la capitainerie appartenait encore au marquis de Saint-Simon. (Comptes de la Vénerie de Louis XIV.)

cepté celles des maisons qu'il occupoit et des environs de Paris; que les leurs alloient être supprimées, à moins qu'elles ne fussent entre les mains du Prince; qu'eux-mêmes en demeureroient toujours les maîtres pour eux, leurs gens et leurs amis, qu'il donneroit volontiers deux ou trois cents pistoles. Les bonnes gens le crurent, pestèrent contre l'édit, donnèrent leur démission à M. le Prince, qui laissa 200 pistoles en partant et se moqua d'eux. Tout le pays, qui vivoit en paix et sans inquiétude dans cette capitainerie, fut outré de douleur. Elle devint une tyrannie entre les mains de M. le Prince, qui l'étendit encore tant qu'il put; mais il est vrai qu'il laissa ceux qu'il avoit ainsi escamotés les maîtres pour eux et leurs domestiques le reste de leur vie (1). » Les princes de Condé conservèrent ces capitaineries jusqu'en 1790, époque où elles furent toutes abolies.

Sous Henri IV, nous trouvons, parmi les capitaines des chasses, le marquis de Vitry (à Fontainebleau) et le comte de Villeroy (à Sénart).

Sous Louis XIV, le marquis de Louvois est capitaine des chasses à Châlons et le maréchal de Senecterre à Beaugency (1664). Le marquis d'Effiat a la capitainerie de la *plaine de Longboyau*, le prince de Marsillac celles de Berry et de Clermont, le duc du

(1) Saint-Simon, t. I. — Le marquis de Saint-Simon mourut en 1690. — Du temps de la faveur de Chamillart, le même prince de Condé faisait *mille bassesses* à son frère, évêque de Senlis. Chamillart disgracié, tout changea, « plus de présents de gibier et plus de liberté à ses gens de chasser, même chez leur maître. » (Saint-Simon, addit. à Dangeau, t. XV.)

Lude celle de Saint-Germain, le maréchal d'Humières celle de Compiègne, le duc de Gesvres celle de Monceaux, le chevalier de Lorraine celle de Chartres, M. de Rochechouart est lieutenant à Crécy (1679-1684). Les Villeroy conservent jusqu'au XVIIIe siècle la capitainerie de Sénart, le duc de Noailles a Sequigny, le marquis de Saint-Herem Fontainebleau, le duc d'Estrées Villers-Cotterets (1684-1698).

Nous voyons, sous Louis XV, la capitainerie de Saint-Germain-en-Laye aux mains du duc de Noailles et de son fils, le comte d'Ayen, en survivance ; celles de Monceaux et Meaux au comte d'Évreux, et en survivance, au duc de Gesvres, etc., etc. (1).

Capitaineries des princes.

Les princes du sang avaient aussi leurs capitaineries organisées à l'instar de celles du Roi. Quelques grands seigneurs obtinrent même le privilége fort envié d'instituer des capitaineries sur leurs terres (2). Par lettres du 15 avril 1666, le duc de Bouillon, comte d'Auvergne, nomme capitaine de ses chasses dans toute l'étendue de ses terres, forêts et bois du comté d'Auvergne, messire Antoine du Regnauld, sieur du Cripel. La *Nouvelle jurisprudence des chasses* cite même une autorisation accordée à Jean Morel, abbé commendataire de la fameuse abbaye de Saint-Arnould de Metz, à l'effet d'établir sur ses domaines de l'abbaye

(1) Voir les *États de la France*.

(2) La déclaration du Roi du 12 octobre 1699 supprime toutes les capitaineries que plusieurs seigneurs particuliers avaient obtenu sous les règnes précédents d'établir dans leurs terres, ainsi que celles que d'autres seigneurs s'étaient *arrogé* de créer sans aucun fondement, et que des gouverneurs de provinces ou de villes avaient usurpées.

un gruyer et capitaine des chasses, afin de pourvoir à la conservation des chasses et pêcheries, *entreprises* depuis plusieurs années *à l'occasion des guerres* et de prévenir les abus et délits qui s'y commettent, non-soulement au préjudice des droits de l'abbaye, mais au dommage des fermiers et vassaux, dont les terres, vignes et prés sont impunément gâtés par les gens, chevaux et chiens.

La cour des eaux et forêts reçut, le 8 juillet 1679, le serment de M. Claude Fors, en qualité de capitaine des chasses de l'abbaye et l'intronisa dans ses fonctions (1). « Cela est d'autant plus considérable, ajoute la *Nouvelle jurisprudence,* que tous les seigneurs n'ont le pouvoir d'établir un gruyer ni un capitaine des chasses. »

Il est facile de comprendre à quel point les capitaineries royales et princières qui s'etendaient sur une portion notable du territoire devaient peser lourdement sur les habitants grands ou petits.

Jean-Jacques Rousseau, qui résida de 1756 à 1758 à l'Ermitage, près de Montmorency, au milieu des capitaineries du comte de Charolais, ne pouvait manquer de s'élever avec amertume contre les actes d'oppression qu'exerçaient plus que partout ailleurs les officiers de ce prince brutal et tyrannique.

« A l'Ermitage, à Montmorency, dit-il, j'avois vu de près et avec indignation les vexations qu'un soin jaloux des plaisirs des princes fait exercer sur les

(1) *Jurisprudence des chasses.*

malheureux paysans forcés de subir le dégât que le gibier fait dans leurs champs, sans oser se défendre qu'à force de bruit, et forcés de passer la nuit dans leurs fèves et leurs pois avec des chaudrons, des tambours, des sonnettes pour écarter les sangliers. Témoin de la dureté barbare avec laquelle le comte de Charolais faisoit traiter ces pauvres gens, j'avois fait, vers la fin de l'*Émile*, une sortie sur cette cruauté (1). »

Les capitaineries des princes de Condé étaient également gardées avec beaucoup de sévérité. Le marquis de Girardin, seigneur d'Ermenonville (2), dont les terres étaient situées dans l'enceinte de ces capitaineries, eut à soutenir un procès contre le prince de Condé qui voulait l'empêcher de clore ses bois et faisait abattre les palissades lorsqu'il venait lui-même y chasser. M. de Girardin, ayant gagné son procès, fit élever, dans son parc, une cabane sur la porte de laquelle était cette inscription : « Charbonnier est maître chez lui. » Peu de temps après, le prince, visitant les jardins d'Ermenonville en compagnie de Stanislas de Girardin, fils du marquis, encore enfant, dit en remarquant l'inscription : « C'est tout au plus ce qu'on pourrait se permettre de dire, si l'on n'était pas en capitainerie. » « La réflexion était juste, ajoute dans ses mémoires Stanislas de Girardin ; mais, tout jeune que j'étais, elle me parut extrêmement déplacée dans

---

(1) *Confessions*, liv. XI.

(2) Ce domaine était entre ses mains depuis 1763.

la bouche du prince de Condé et me fit prendre en haine les capitaineries (1). »

Quelques années après, un vieillard de quatre-vingt-trois ans fut jeté en prison pour avoir pris un lapin au collet dans son jardin. Le bailli le fit mettre en liberté et fut appelé en duel par le capitaine des chasses du prince de Condé. Il répondit à cet officier qu'il ne voulait point se battre avec un précepteur de chiens. Le prince donna tort au capitaine et le réprimanda fortement (2).

Arthur Young, qui parcourut la France de 1787 à 1789, s'indigne, en traversant le domaine de Chantilly, du tort que la capitainerie du prince fait éprouver aux paysans. « On dit que la capitainerie a plus de 100 milles en circonférence, c'est-à-dire que, dans cette circonscription, les habitants sont ruinés par le gibier, sans avoir la permission de le détruire, afin de fournir aux plaisirs d'un seul homme. Ne devrait-on pas en finir avec ces capitaineries (3)? »

Arthur Young affirme que les capitaineries sont pour beaucoup dans l'état d'infériorité où il trouve notre agriculture ; aussi ne perd-il aucune occasion de les attaquer avec véhémence. Aux environs de la forêt de Sénart, à Montgeron, il remarque que les champs sont sans clôture, « produisant avec la récolte autant de perdrix qu'il faut pour la manger, car le nombre

(1) *Environs de Paris*, par A. Johanne.

(2) Je donne cette anecdote d'après M. Jouanne, qui n'indique pas son autorité.

(3) *Voyage en France*, t. I

en est énorme ; on peut compter en moyenne une couvée pour 2 acres, outre certaines places favorites où elles abondent beaucoup plus. » La capitainerie de Villers-Cotterets ne trouve pas davantage grâce à ses yeux, et le duc d'Orléans est accusé, comme les autres princes, de substituer les bêtes fauves aux produits de l'agriculture.

En 1790, après l'abolition des capitaineries, il les traite encore de fléau désastreux pour tous ceux qui occupaient une terre. « Lorsqu'il est question de la conservation du gibier, dit-il, il faut savoir que par gibier on entendait des bandes de sangliers, des troupeaux de cerfs, non pas renfermés par des murs ou des palissades, mais errant à leur guise sur toute la surface du pays, cause de destruction pour les récoltes, de malheur pour le paysan, qui, pour avoir essayé de conserver la nourriture de sa famille, se voyait envoyé aux galères. Rien que dans les paroisses de la capitainerie de Monceau, les dégâts du gibier s'élevaient à 184,263 livres par an pour quatre paroisses seulement. S'étonnerait-on, après cela, d'entendre le peuple dire : Nous demandons à grands cris la destruction des capitaineries et celle de *toute espèce de gibier* (1) ?

« Que penserions-nous en voyant solliciter comme une faveur la permission de nettoyer ses grains, de

---

(1) Cahiers du tiers état, généralité de Mantes et Meulan. — Dans l'approbation du vœu exprimé pour la *destruction de toute espèce de gibier*, on retrouve la haine exagérée d'Arthur Young et de ses successeurs contre toute chasse en général.

faucher les prés artificiels et d'enlever ses chaumes sans égard pour la perdrix ou tout autre gibier? Disons maintenant au lecteur anglais, pour qu'il comprenne ceci, que de nombreux édits prohibaient le sarclage et le binage, de peur de troubler les perdrix; la fumure avec des vidanges, de peur que le gibier, nourri par le grain qui en viendrait, ne prît un mauvais goût; la fenaison avant un certain temps (trop long souvent) et l'enlèvement des chaumes, pour qu'il ne restât pas sans abri. Cette tyrannie, qui s'étendait sur 400 lieues de terrain, était si grande, que bien des *cahiers* (1) s'accordaient à en demander l'abolition (2). »

Les abus des capitaineries contribuèrent beaucoup au déchaînement universel contre la chasse, qui marqua le commencement de la révolution; aussi, par l'article 3 des fameux décrets du 4 août 1789, toutes capitaineries, même royales, et toute réserve de chasse, sous quelque dénomination que ce soit, furent-elles abolies.

Conservateurs des forêts royales.

Dans les provinces qui n'étaient pas soumises au régime des capitaineries, on accordait assez libéralement aux gentilshommes du pays l'autorisation d'y chasser à courre, même le cerf. Des propriétaires voi-

(1) Cahiers présentés aux états généraux.

(2) *Voyages en France*, t. II. — On voit, en effet, l'abolition totale ou partielle des capitaineries réclamée en 1789 par les trois ordres de Montfort-l'Amaury, par le clergé de Provins, de Montereau, de Paris, de Mantes, de Laon; par la noblesse de Nemours, de Paris et d'Arras, par la noblesse et le tiers état de Péronne; par le tiers état de Meaux, de Mantes et Meulan.

sins, qui avaient les moyens d'entretenir un équipage de chasse, mais qui ne possédaient pas une étendue de bois assez considérable pour chasser souvent, se faisaient nommer *conservateurs* d'une forêt royale ou princière et y exerçaient le droit de chasse dans toute son étendue (1). Leverrier de la Conterie se plaint assez vivement de ces conservateurs, récemment nommés en Normandie, qui ne faisaient que détruire à leur profit le gibier qu'ils étaient censés conserver et vexaient toute la noblesse en l'empêchant de courre le cerf, comme on le lui permettait depuis longtemps de le faire hors des capitaineries (2).

Peines sévères prononcées pour protéger les capitaineries.

Les ordonnances ont réservé leurs pénalités les plus cruelles pour la protection du gibier qui s'accumulait dans les capitaineries et dans les domaines royaux en général (3).

L'ordonnance de mars 1515, qui forme la base de notre vieille législation en matière de chasse, est presque tout entière dirigée contre ceux qui se permettent de chasser dans les forêts, buissons et garennes du Roi et d'y prendre bêtes rousses, noires, lièvres, *connins, phaisans,* perdrix ou autres gibiers, *à*

(1) Goury de Champgrand.

(2) *École de la chasse aux chiens courants.*

(3) Dans les cantons conservés pour la chasse, on tue quelquefois 4 ou 500 lièvres dans une battue. (Buffon, art. *Lièvre.*)

Le duc de Luynes affirme, dans ses *Mémoires*, qu'en août 1739 on comptait, dans la plaine de Créteil, 1,200 compagnies de perdrix. Dans le petit parc de Versailles, le Roi tua de sa main 135 pièces en une heure et demie, et 318 pièces en trois heures. (*Mémoires* du duc de Luynes.)

chiens, arbalètes, arcs, filets, cordes, toiles, collets, tonnelles, linières ou autre engin tel qu'il soit, s'ils n'en ont privilége ou permission spéciale, octroyés par lettres authentiques.

Après que les défenses auront été publiées à son de trompe et cri public, ceux qui chasseront aux grosses bêtes dans lesdites forêts seront condamnés pour la première fois en une amende de 250 livres tournois (1) et les *engins* et *bâtons* seront confisqués. Ceux qui n'auront pas de quoi payer seront battus de verges sous la custode, jusqu'à effusion de sang.

S'ils y retournent pour la seconde fois, ils seront battus de verges autour des forêts et garennes où ils auront délinqué et bannis à 15 lieues desdites forêts sous peine de la hart.

La troisième fois, *ils seront mis aux galères par force*, ou battus de verges, ou bannis perpétuellement du royaume, et leurs biens confisqués.

S'ils étaient incorrigibles et obstinés, et récidivaient encore, enfreignant leur ban, ils seront punis du dernier supplice.

Ceux qui auraient échappé à la punition après avoir chassé *par plusieurs fois à icelles grosses bêtes* seront punis de 500 livres d'amende avec confiscation des *engins* et *bâtons;* faute de payement, ils seront battus de verges et bannis à 30 lieues.

Ceux qui prendront ou chasseront lièvres, *con-*

(1) La livre tournois, calculée suivant le prix du blé, valait sous François Ier environ 11 fr. 83 c.

nins, perdrix, faisans et autre menu gibier payeront 20 livres d'amende, et, faute de payement, demeureront un mois en prison au pain et à l'eau.

La seconde fois, ils seront battus de verges sous la custode.

La troisième fois, ils seront battus autour des forêts, buissons ou garennes et bannis à 15 lieues.

Les délinquants qui auraient échappé plusieurs fois au châtiment, après avoir pris ou chassé *menues bêtes*, payeront 40 livres d'amende ou demeureront deux mois en prison.

Il est interdit aux officiers royaux et à tous autres, demeurant à 2 lieues à l'entour desdites forêts, de porter ou d'avoir dans leurs maisons arbalètes, arcs, *échopettes*, *haquebutes*, cordes, filets, collets, tonnelles ou autres engins pour prendre le gibier (1), sous peine de 100 sols d'amende (2), de confiscation des *bâtons* et *engins*, et, pour les officiers des forêts, de la perte de leurs offices. La seconde fois l'amende sera de 30 livres, et, la troisième, les contrevenants seront bannis à 15 lieues.

A la première et seconde punition, ceux qui n'auront pu payer les amendes demeureront en prison, au pain et à l'eau, à l'arbitrage du juge.

En 1596, Henri IV, voyant que l'ordonnance de 1515, inutilement confirmée à plusieurs reprises par les successeurs de François Ier, avait cessé d'être ob-

---

(1) Ceux qui ont châteaux ou *maisons fortes et de défense* sont autorisés, toutefois, à conserver les armes nécessaires.

(2) 5 livres tournois, ou environ 59 fr. 15 c.

servée, renouvela toutes les défenses qui y sont contenues, en ajoutant aux peines précédemment prononcées 100 livres d'amende pour la première fois, avec la prison *jusqu'à plein payement;* pour la deuxième fois, les délinquants seront frappés de punition corporelle et de trois années de bannissement.

Pour la troisième fois, *ils ne recevront aucune grâce.*

Les ordonnances de 1600 et de 1601 ne font que reproduire les dispositions de celle de 1515; le taux des amendes est le même, quoique exprimé d'une façon bizarre (1) dans la plupart des cas, il est seulement réduit de moitié pour sangliers et chevreuils tués. A la peine de la prison et du fouet prononcée faute de payement contre ceux qui ont tué des *menues bêtes*, ces ordonnances ajoutent celle de trois heures de carcan *à jour et heure de marché.*

L'ordonnance de 1607, spéciale pour les forêts, bois, buissons et garennes du Roi, confirme les dispositions des précédentes, *sans qu'elles puissent être modérées en aucune façon que ce soit.*

Il y est, de plus, particulièrement interdit à tous seigneurs, gentilshommes, hauts justiciers et autres de quelques qualité et condition qu'ils soient, de chasser ni faire chasser aux bêtes fauves et noires, perdrix, lièvres, faisans et autre gibier dans les bois et forêts

---

(1) Ainsi, ces ordonnances, au lieu de prononcer une amende de 250 livres contre ceux qui ont tué des cerfs, les condamnent à 83 écus 1/3, ce qui revient au même. Il faut, de plus, remarquer que la livre tournois ne valait plus, du temps de Henri IV, que le tiers de ce qu'elle valait sous François Ier.

du domaine royal, avec chiens courants ou couchants, porter ou faire porter *bricols, pans de rets* et *pièces*, de tirer ou faire tirer de l'arquebuse en *icelles*, ni à une lieue à la ronde desdites forêts, parcs, buissons et garennes, et spécialement dans *celles* réservées aux plaisirs du Roi, à peine auxdits seigneurs et gentilshommes de *désobéissance* et d'encourir l'indignation de Sa Majesté, et, pour les roturiers, d'être menés et conduits aux galères pour six ans.

Ces pénalités furent maintenues par l'ordonnance de 1669, à l'exception de la peine de mort. Cette ordonnance ajoute que, si quelques particuliers riverains des forêts royales ou autres troublent les officiers des chasses dans l'exercice de leurs fonctions ou leur font quelque violence pour se maintenir dans le droit de chasse qu'ils pourraient avoir usurpé, ils seront condamnés, pour la première fois, en 3,000 livres d'amende et, en cas de récidive, privés de tout droit de chasse sur leurs terres riveraines, sauf, néanmoins, une peine plus sévère, *si la violence était qualifiée.*

Mesures contre les chiens.

L'ordonnance de 1515 avait fait défense aux officiers du Roi ou autres quelconques de mener des chiens non attachés dans les forêts du domaine. La première fois, leurs chiens devaient avoir les jarrets coupés; la seconde fois, ils étaient mis à mort; la troisième fois, leurs maîtres étaient punis d'amende arbitraire.

Même défense est portée dans les ordonnances de 1596, 1600 et 1601; de plus, il est interdit à tous paysans et gens des villages de tenir et avoir des chiens à une lieue près des forêts royales, s'ils ne sont attachés ou n'ont une jambe rompue.

Il est interdit à tous laboureurs ou charretiers d'en mener avec eux aux champs s'ils n'ont le jarret coupé. Les bergers devront, sous peine du fouet, tenir leurs chiens en laisse, sauf *les cas nécessaires*.

Au XVIe siècle, les officiers du Roi avaient trouvé un moyen sommaire d'empêcher les chiens des voisins de vaguer dans les forêts royales. Dans les comptes de Charles IX pour l'année 1572, on trouve l'article suivant : « A du Fay, lieutenant en la prévosté de l'Hostel, la somme de 50 livres pour luy donner moyen de supporter les frais et despenses qu'il a faict pour la nourriture de certains nombres de levriers, levrettes, mastins et autres chiens de chasse qui se seroient trouvez en la ville de Meaux, appartenant aux habitans d'icelle, lesquels Sa Majesté leur a faict oster pour les frustrer du moyen du chasser sur ses terres et iceux faict amener à Paris (1). »

Les dispositions, si hostiles à l'espèce canine, des ordonnances de François Ier et de Henri IV furent renouvelées sous Louis XIV par les règlements de 1669 et 1671, relatifs aux capitaineries, sous peine de 80 livres d'amende pour les contrevenants. Il est même défendu à tous paysans de laisser sortir de chez eux aucuns chiens *pour aller à la campagne*, soit qu'ils soient *éjarretés* ou non, à peine de 10 livres d'amende.

---

(1) *Archives curieuses de l'histoire de France*, 1re série, t. VIII.

Braconnage.

Dans le préambule de cette fameuse ordonnance de 1515 à laquelle revient le triste honneur d'avoir la première introduit dans notre législation la peine de mort pour délits de chasse, au nombre des motifs invoqués pour justifier cette sévérité barbare, figurent en première ligne les *pilleries, larcins et abus* commis non-seulement par des braconniers vulgaires, mais par les officiers des forêts eux-mêmes. Le mal ne fit que s'accroître pendant le XVIe siècle.

Si quelque chose peut excuser la rigueur excessive des ordonnances de Henri IV, qui ne font guère, d'ailleurs, que reproduire les dispositions draconiennes de celles de François Ier, c'est l'intolérable licence que les guerres civiles avaient propagée dans toutes les classes de la société et le braconnage effréné qui en était la conséquence (1). Dès l'an 1581, le préambule d'une ordonnance de Henri III nous trace le curieux tableau du désordre qui régnait partout. Le plaisir de la chasse, dit ce préambule, est devenu quasi commun à tous par la licence que chacun s'en

---

(1) Simon de Bullande, dans son poëme du *Lièvre* (1585), dit qu'au bon vieux temps

.... le vilain, alleché d'avarice
Ne cherchoit le coupis du levraut soucieux
Pour frauder son seigneur de l'honneste exercice
De la chasse, et tracer son travail ennuyeux.

Allusion évidente à la manie de braconnage qui s'était emparée de ses contemporains. Il ajoute que :

Le souldat débordé, revenu de la guerre
S'estudiant plustost à pratiquer des maux
Qu'à vouloir cultiver l'usure de la terre
Traistre, n'arquebusoit ces petits animaux.

attribue, « et osent, au mépris de nous et de nos ordonnances, aucunes personnes non nobles et roturiers, tant d'église que praticiens, marchands, artisans et gens mécaniques..., porter arquebuses, pistolles, pistollets et arbalestes, et entrer dans les bois, forêts, buissons et garennes, battre les plaines, chasser, tuer et ravager indifféremment tout ce qu'ils peuvent rencontrer, soit bestes fauves, rousses ou noires, lièvres, connils, faisans, perdrix, oiseaux de rivières et autre gibier, avec lesdites arquebuses et arbalestes, furets, chiens couchans, gros mastins, tirasses, collets, panneaux, tonnelles, escoupettes, cordes, filets et autres engins... jusqu'à battre et faire un triquetrac pour aller et faire passer le gibier à l'endroit où ils l'attendent avec lesdites arquebuses... dont s'ensuit plusieurs débauches entre les habitans et artisans des villes et autres du plat pays qui, délaissant leur estat, mestier et labourage, s'accoustument à chasser, et, outre ce, gastent en la saison les vignes et les bleds (1). »

Les résidences royales et princières n'étaient pas elles-mêmes à l'abri du plus insolent braconnage.

« Mon compère, écrivait Henri IV au connétable

---

(1) *Code des chasses*, t. I.

Ces forcenés braconniers tiraient *pareillement licencieusement* sur les étangs, ruisseaux et grandes rivières, et bien souvent sur les pigeons, « de manière que d'heure en heure et de moment en moment, on n'entend que coups d'arquebuses faisant grand meurtre et dégât desdits pigeons, lesquelz estant frapez viennent mourir dans les colombiers et fuïes; à cause de quoy il advient que les petits ne pouvant plus estre nourris meurent aussi et les colombiers et fuïes en demeurent infectez. »

de Montmorency pendant un séjour qu'il fit en 1607 à Chantilly, je fais renouveller les deffenses de la chasse, parce que je trouve que ceux de Senlis venoient chasser jusque contre la maison et qu'il n'y avoit ny lièvres ny perdrix dans la plaine, n'y ayant pu courre que un lièvre et pris fort peu de perdrix et de hérons, encore que je fusse tous les jours à la chasse (1). »

Soldats aux gardes braconniers

Les soldats mêmes qui formaient la garde du Roi ne se faisaient pas scrupule de tuer son gibier à la barbe des officiers de ses chasses et jusque sous le nez de ses chiens. Pontis avoue, dans ses mémoires, qu'en 1599, étant cadet aux gardes françaises, un jour qu'il braconnait avec trois camarades dans la forêt de Fontainebleau, ils aperçurent un grand cerf qui venait à eux. « L'ardeur de la chasse l'emporta à l'heure même, et sans me mettre beaucoup en peine si cette bête étoit privilégiée, je lui déchargeai un coup de *fusil* (2) dont je l'abattis. Je rechargeai aussitôt mon fusil de peur de surprise, et, presque dans le moment, nous entendîmes les chiens qui le suivoient et vîmes piquer à nous un cavalier qui étoit M. de Vitry (3), lequel commença à nous crier : « Allons, cadets, armes bas! » Sur ce qu'il vit que

(1) *Copies manuscrites.*

(2) Il est probable que l'arme de Pontis était une arquebuse. Les mémoires qui portent son nom, écrits au moins soixante ans après cette aventure, ont pu facilement commettre une erreur.

(3) Le marquis de Vitry était alors capitaine des chasses de Fontainebleau. — Voir les Pièces justificatives.

nous n'étions pas disposés à le faire, il mit la main au pistolet, et moi, le couchant en joue avec mon fusil en même temps, je lui criai de ne se pas approcher et de ne me pas obliger de tirer sur lui. Comme il y auroit eu de la témérité à s'avancer, il prit le plus sage parti, qui fut de tourner bride et d'aller s'en plaindre au Roi. »

Les quatre cadets, fort effrayés des suites probables de l'aventure, trouvèrent moyen, sous divers prétextes, de s'absenter de la compagnie, que le marquis de Vitry passa inutilement en revue pour les reconnaître ; mais, au bout de deux ou trois mois, Pontis étant revenu au corps et se trouvant en faction devant la porte du Louvre, M. de Vitry le reconnut en passant : « Ho, ho, cadet, lui dit-il, c'est donc vous? vous souvenez-vous du cerf de Fontainebleau ? » Pontis, très-inquiet, supplia le marquis de ne pas le perdre. Le brave Vitry lui répondit généreusement : « C'est assez que je vous connoisse, et, bien loin de vouloir vous perdre, je veux vous servir; venez me voir; je vous donne ma parole, foi de gentilhomme, qu'il ne vous arrivera aucun mal. » En effet, Pontis s'étant décidé, non sans appréhension, à lui rendre visite quelques jours après, Vitry le reçut avec de grands témoignages d'affection, l'embrassa, et le força d'accepter quelques pistoles (1).

Braconnage favorisé par les officiers du Roi.

Si les domaines royaux étaient ravagés avec cette audace, on peut aisément se figurer comment les

(1) *Mémoires* de Pontis, t. I.

choses se passaient chez les simples particuliers. Les ordonnances, renouvelées presque tous les ans (1596, 1600, 1601, 1602, 1603, 1607), ne purent supprimer entièrement ces habitudes de déprédation (1). Les officiers et gardes des chasses royales chargés de les réprimer y prêtaient eux-mêmes la main. L'ordonnance de 1581 leur avait déjà interdit le port de l'arquebuse, parce que, sous prétexte de conserver le gibier, comme c'était leur devoir, le plus souvent c'étaient eux *qui le tiroient et en faisoient leur profit*. Il en était de même sous le règne de Henri IV (2).

Louis XIII, par une ordonnance du 18 septembre 1627, se vit obligé de sévir contre les officiers de sa vénerie et de sa fauconnerie qui *assistaient* les délinquants *jusqu'à leur prêter leurs casaques des couleurs et livrées de Sa Majesté*, afin qu'ils pussent chasser avec plus de liberté et d'assurance. A l'abri de ces

(1) On lit dans le préambule de l'ordonnance de 1596 : « Entre les licences que ces guerres ont introduites en notre royaume, il n'y en a point qui se soit étendue comme celle de chasser à toutes sortes de bestes...; il n'y a pas même les moindres et plus bas de condition qui n'en fassent deux fois autant ou plus de dégâts que les gentilshommes. » Et, dans ceux des ordonnances de 1600 et 1601, « par la licence des guerres civiles, la liberté s'étant de nouveau coulée en ce roïaume, elle y a apporté autant et plus de désordre qu'au précédent. »

(2) « Mon compère, écrivait Henri IV au connétable de Montmorency, j'ai été ces jours passés à Verneuil et ai passé à Chantilly où j'ai bien appris des nouvelles qui sont que tout le monde qui veut, tire de l'arquebuse dans nos bois aux bêtes fauves et que tous les pâtés et présents qui se font aux présidents, conseillers et gens de justice de cette ville de venaison, viennent de nos forêts, mêmement que le Luat y fait tirer ; de quoi je vous ai bien voulu avertir ; ce que, si je ne l'eusse fait, Frontenac, qui en crève de dépit, vouloit faire et s'en étoit chargé. » Lettres de Henri IV, publiées à la suite de son *Journal militaire* par le comte de Valori.

casaques protectrices, de hardis braconniers parcouraient *journellement toutes les plaines ès environs de Paris avec arquebuses, chiens et oiseaux*, tirant et prenant *toute sorte de gibier défendu par les ordonnances*, voire même les pigeons des bourgs et villages dépendant de la varenne du Louvre, sans que les gardes osassent *leur dire aucune chose*. Le Roi fait *très-expresses et itératives inhibitions* à toutes personnes de chasser dans lesdites plaines ni tirer sur les pigeons, et aux officiers de sa vénerie et fauconnerie de chasser ni assister les chasseurs, ni prêter leurs casaques de livrée. Il leur est, de plus, interdit de porter les *couleurs* étant *hors de quartier* (1), le tout à peine de 500 livres d'amende (2).

D'Arcussia se plaint que, vers la même époque, dans son pays de Provence, les gens *du commun* qui s'adonnaient à *tirer en volant* étaient *supportés* des officiers qui avaient la charge d'y prendre garde (3).

Règne de Louis XIV.

En 1658, Louis XIV est encore obligé de renouveler les défenses de ses prédécesseurs contre les personnes de toutes conditions qui chassent impuné-

(1) C'est-à-dire hors de leur temps de service.

(2) Il est encore défendu aux officiers de vendre leurs casaques, et aux fripiers d'en acheter. (*Code des chasses*, t. I.)

Il paraîtrait que cet abus se renouvela sous Louis XIV, car l'ordonnance pour le règlement des chasses du mois d'avril 1669, art. IX, fait *défense à toutes personnes de quelque qualité et condition qu'elles soient, de porter ni faire porter casaques, juste au corps bleus, gallonnez ou non gallonnez, ni autres habillements des couleurs de Sa Majesté, s'ils ne sont officiers, à peine de confiscation desdites casaques et autres vêtements desdites couleurs et d'amende arbitraire*. (*Code des chasses*, t. I.)

(3) *Convy des fauconniers*, édit. de 1621 et 1643.

ment dans l'étendue des 6 lieues de son *bailliage, capitainerie et varenne du Louvre*, avec fusils, *alliers*, filets, poches, tonnelles, collets, traîneaux, chiens courants et oiseaux, tirant incessamment sur les pigeons, tant à la campagne que sur les colombiers.

Soldats aux gardes et académistes.

Ces défenses s'appliquent tout particulièrement aux *soldats et autres* du régiment des gardes et aux gentilshommes des *académies* (1). Les écuyers desdites académies seront responsables des méfaits de leurs élèves.

Officiers des chasses.

Il est également interdit aux capitaines et officiers des équipages de chasse de Sa Majesté de chasser avec lesdits équipages dans l'étendue de la varenne du Louvre en l'absence de Sadite Majesté (2).

Il paraît que cette ordonnance fit peu d'effet, car il fallut en reproduire les dispositions en 1659 et 1666. Une nouvelle ordonnance du 24 janvier 1695 accuse encore les lieutenants, sous-lieutenants et gardes des capitaineries royales de négliger leur devoir et d'abuser de l'autorité que leurs charges leur donnent pour détruire le gibier du Roi par les fréquentes chasses qu'ils font dans l'étendue desdites capitaineries (3).

---

(1) Écoles où la jeune noblesse apprenait l'équitation, l'escrime et la danse.

(2) *Code des chasses*, t. I. — Un jugement de la *Table de marbre* rendu le 16 février 1683 condamne à des amendes et dommages-intérêts un substitut de la maîtrise des Eaux et forêts de Chinon, et un archer de la maréchaussée pour avoir chassé et laissé chasser sur les terres de la capitainerie divers particuliers, parents et amis du substitut. L'argent des dommages-intérêts dut être employé en achat de menu gibier pour repeupler ladite capitainerie.

(3) *Ibid.*, t. I.

Le règlement du 4 janvier 1716 pour la discipline des troupes en marche ou en garnison défend aux officiers desdites troupes, soit en route, soit en garnison, de chasser dans les grains sous peine de dommages-intérêts et de prison, comme aussi de chasser sur les terres gardées des gentilshommes et dans les garennes. Il leur est enjoint de se retirer sur la première injonction des gardes-chasse sous peine de prison et d'une amende applicable à l'hospice du lieu le plus voisin (1).

Officiers d'armée.

Naturellement, les lois et règlements sur la chasse étaient encore plus mal observés dans les provinces. En 1666, des habitants de Langeais, en Touraine, chassant sur les terres du duc de Luynes, sans autorisation, y tuent un cerf et un faon, gibier sévèrement réservé aux plaisirs de Sa Majesté. Le procureur du Roi, qui veut intervenir, est mis à mort par ces braconniers furieux, et, lorsque les officiers de la Table de marbre veulent arrêter les coupables, la population de la ville crie aux armes et se met en rébellion ouverte. L'affaire se termina par l'octroi de lettres de pardon pour le meurtre du procureur du Roi. Les braconniers payèrent 500 livres d'amende pour le cerf et le faon, 24 livres de dommages-intérêts au duc de Luynes et 400 livres pour le pain des prisonniers (2).

Braconnage avec violence.

L'année suivante, Charles de Villiers, sieur de

(1) *Code des chasses.*
(2) *Nouvelle Jurisprudence des chasses.*

Laubardière, chevalier de Saint-Jean-de-Jérusalem, aveugle d'un coup de fusil Laurent Busson, sergent garde de la forêt de Baugé. Condamné à mort par contumace, il obtint, en 1679, des lettres de rémission pour cet attentat. Toutefois, restèrent acquises à qui de droit les sommes payées préalablement par Laubardière (1) à titre d'amende et de dommages-intérêts.

Comme nous venons de le voir, la grande ordonnance de 1669, *sur le règlement des chasses*, maintint toutes les dispositions rigoureuses des ordonnances précédentes, sauf la peine de mort; elle dut être appliquée avec vigueur sous le gouvernement de Louis XIV, alors dans toute la plénitude de sa puissance; toutefois elle ne réussit pas entièrement à prévenir les actes de braconnage avec violence (2) sur les terres du Roi et des particuliers, quoique les gardes et les officiers des chasses se montrassent assez prompts, en cas de rébellion, à faire usage de leurs armes. En 1677, le marquis de Dampierre fut menacé de mort par un sieur Lemaire de Lamothe qu'il avait surpris chassant sur ses domaines et à qui il avait voulu ôter son

---

(1) 1,000 livres d'amende, au profit des hôpitaux de Baugé et Tours et les *Feuillants d'icelle ville*, 1,000 liv. de dommages-intérêts à Busson, plus 900 livres de provision précédemment adjugées et 24 livres d'aumône pour le pain des prisonniers de la conciergerie. (*Nouvelle Jurisprudence des chasses.*)

(2) En 1672, Nicolas de Bridiers, sieur des Fourneaux, est condamné en 15 livres d'amende et 6 livres de restitution et dommages-intérêts envers le Sr de la Faye pour avoir chassé sur son fief. Sa mère et sa sœur ayant dit des *injures atroces* au sieur de la Faye, il leur est fait *défense de plus récidiver*, avec dépens. (*Ibid.*)

fusil (1). En 1679, Antoine Baude, garde-bois en la justice de l'abbaye de Breteuil, obtint des lettres de rémission pour avoir, quatre ans auparavant, tué d'un coup de fusil un délinquant *faisant rébellion*. Jean Sevin, sieur de la Pesnage, sous-lieutenant des chasses et plaisirs de Sa Majesté en la capitainerie de Séquigny, eut le bras cassé d'un coup de feu dans un combat engagé avec des braconniers qu'il allait reconnaître. Le nommé Beauvais, qui avait tiré sur lui, fut aussi blessé (1680) (2). M. de Mus, mestre de camp du régiment colonel général, fut tué en 1688 par un paysan qu'il trouva chassant sur ses terres et qu'il voulut désarmer (3).

Le parlement de Bretagne dut rendre encore, en 1682, 1684 et 1687, une série d'arrêts pour faire respecter les dispositions de l'ordonnance de 1669 par les gentilshommes et personnes de condition commune qui n'en tenaient compte, particulièrement dans la baronnie de Vitré « où l'on ne trouvoit que païsans et autres personnes de condition commune armez de fusils par les campagnes, chassans et tirans sur tous gibiers, qu'ils portent et envoïent vendre impunément aux marchez et autres jours dans la ville et fauxbourgs dudit Vitré (4). »

---

(1) Le sieur Lemaire fut condamné en 50 livres d'amende pour le Roi et 50 livres de dommages-intérêts envers le marquis. (*Nouvelle Jurisprudence des chasses.*)

(2) *Ibid.*

(3) *Ibid.*

(4) *Code des chasses*, t. I. — Les paysans bretons voyaient d'un œil peu favorable les chasses de leurs seigneurs. Lors de l'insurrection de 1675, quelques paroisses de basse Bretagne proclamèrent un *code*

Braconnage dans le petit parc de Versailles.

Le petit parc réservé de Versailles n'était pas lui-même à l'abri des entreprises des maraudeurs. Louis XV racontait au duc de Luynes « que du temps du feu Roi il y avoit eu un homme assez hardi pour tirer des faisans dans le petit Parc sans que l'on pût le reconnoître, et que les gardes n'avoient pu venir à bout de le prendre qu'après que le feu Roi eut permis de tirer, mais en recommandant qu'on ne le tirât qu'à plomb et aux jambes (1). »

Braconnage des soldats aux gardes en 1703.

A la fin du règne de Louis XIV, les soldats des gardes françaises et suisses avaient conservé leurs habitudes de braconnage dans les capitaineries royales, et s'adonnaient à tirer au fusil les cerfs et autres animaux de la forêt de Sénart et du Buisson de Verrières. Le Roi fut obligé, pour arrêter ce désordre d'enjoindre, par ordonnance du 6 juillet 1703, aux officiers desdites capitaineries de redoubler de surveillance, et au lieutenant de la compagnie du prévôt de l'Isle-de-France de faire perquisition aux portes et avenues de Paris des chairs de cerfs, daims, biches et sangliers qui pourraient y avoir été apportées par les délinquants.

Braconnage des archers de la gabelle.

Enfin, il n'était pas jusqu'aux commis et gardes de la gabelle qui, sous prétexte de l'exercice de leurs fonctions, se permettaient de braconner sur les terres du voisin, se servant, pour cet usage, des armes qu'ils

---

paysan, portant qu'à l'avenir la chasse serait défendue à tous, du mois de mars à la mi-septembre. (Voir la *Revue des Deux Mondes* du 15 août 1865.)

(1) *Mémoires* du duc de Luynes.

avaient droit de porter pour leur défense. Un arrêt de la Cour des aides, rendu, le 19 juillet 1716, à la requête du comte de Châtillon, dont les *gabelous* avaient, à ce qu'il paraît, saccagé les domaines, « fait inhibition et défense aux capitaines, lieutenans et archers des gabelles de chasser et mener aucuns chiens avec eux, ni de porter sur eux du menu plomb sous quelque prétexte que ce soit, sous les peines portées par les ordonnances et de privation de leurs emplois. » Il leur est, de plus, ordonné de ne jamais porter les armes sans être revêtus de leurs *bandolières* fleurdelisées (1).

Braconnage sous Louis XV.

Sous les règnes qui suivirent celui de Louis XIV, l'extension des capitaineries et la multiplication énorme du gibier, qui en était la conséquence, accrurent encore par l'appât d'une riche proie le nombre et l'audace des braconniers. Ces industriels étaient dès lors divisés en deux catégories : les cultivateurs qui trouvaient plus prompt et plus sûr de s'indemniser de leurs propres mains pour les dégâts causés à leurs récoltes par le gibier, et les braconniers de profession, presque tous soldats déserteurs, faux sauniers et contrebandiers sans emploi, organisés en grandes bandes et associés avec les coquetiers, cabaretiers et marchands ambulants qui se chargeaient de la vente du butin.

Labruyerre, qui avait été lui-même un des chefs les plus audacieux de ces flibustiers de terre ferme, nous

---

(1) *Code des chasses*, t. I.

initie, dans son livre des *Ruses du braconnage mises à découvert*, à tous les secrets de cette honorable corporation.

Braconnage avec divers engins.

On y voit que les braconniers avaient, dès ce temps, porté les moyens de destruction à un degré de perfection qui n'a pas été dépassé depuis.

Ils prenaient les perdrix au traîneau (1), à la pantière, au hallier, à la culte, au collet, à la tonnelle. Le hallier servait aussi pour les faisans et les cailles, le traîneau pour les bécassines.

Au moment du passage, ils tendaient de grands filets, des collets, des *sauterelles* aux bécasses, aux oisillons, aux alouettes ; ces dernières, attirées avec le miroir, étaient prises par milliers avec des gluaux et la *rets saillante*. Le collet était encore employé contre les lièvres et même contre les chevreuils, les bricoles, trappes et fosses contre les grands animaux.

Les lapins, multipliés outre mesure dans les capitaineries et dans les garennes seigneuriales, étaient l'objet d'une rude guerre. Les braconniers employaient contre eux les panneaux, les collets, les furets, la pioche, les *fumigations* et les *plumasseaux* étaient mis en œuvre pour leur faire déserter les terriers et les livrer aux *bâtonneurs*, qui les assommaient au gîte avec une adresse singulière.

Les canards sauvages et tous les oiseaux aquatiques n'échappaient point aux collets ingénieusement tendus

---

(1) On avait déjà l'usage d'épiner les terres pour se garantir du traîneau, mais l'épinage n'était souvent pas fait en temps utile. (Voir Labruyerre.)

sous l'eau, aux filets dans lesquels les attiraient les *appelants*, ou *judas* (1).

Le faisan, ce gibier royal, était la proie la plus convoitée des braconniers, comme il l'est encore. Dans les environs de Chantilly, de Versailles et autres lieux de capitaineries où ils n'osaient les tuer au fusil, ils abattaient la nuit avec de longues perches les oiseaux branchés, les perçaient avec des dards à longs manches, ou les tiraient avec des arbalètes *faites exprès* qui lançaient le plomb *presque aussi vivement qu'un fusil.* Les plus riches se servaient aussi de fusils à vent. Ils employaient encore des mèches ou des cartes soufrées pour étouffer les faisans lorsqu'ils dormaient perchés sur les arbres (2).

Braconnage au fusil.

Le braconnage au fusil se pratiquait sur une grande échelle dans les capitaineries comme chez les particuliers. Cerfs, chevreuils, sangliers (3), lièvres, lapins, faisans étaient abattus à l'affût, à la surprise, à l'appeau ; les braconniers employaient tantôt les armes or-

(1) Sur tous ces engins de destruction, voir *les Ruses du braconnage mises à découvert* et le livre IX de cet ouvrage.

(2) La possibilité de ce moyen de destruction est niée par Labruyerre qui dit en avoir tenté l'expérience. Magné de Marolles dit, au contraire, qu'il a été employé avec succès, à sa connaissance personnelle, dans le parc de Richelieu en Poitou. On lit, dans les *Mémoires* du duc de Luynes, que, le « 10 janvier 1738, M. le comte de Noailles et le grand prévôt ont rendu compte au Roi de deux hommes qui ont été arrêtés par les gardes-chasse et par ceux de la prévôté en flagrant délit, prenant des faisans dans le petit Parc (de Versailles) avec des machines de fer-blanc faites comme des lanternes avec un bout pointu en haut et du soufre qu'ils brûloient au-dessous de cette lanterne et dont la fumée se communiquoit aux faisans perchés qui tomboient enivrés de cette vapeur. J'ai vu apporter au Roi une de ces lanternes. »

(3) Les braconniers savaient attirer le sanglier avec un appât ou *pâté en terre*. Voir Labruyerre et le livre VI.

dinaires, tantôt ces armes brisées qu'interdisaient avec raison les ordonnances. Pour écarter les gardes des cantons où ils voulaient tirer, ils employaient des ruses ingénieuses, complaisamment racontées par Labruyerre (1); d'autres se faisaient éclairer par des chiens bien dressés à éventer leurs ennemis.

Braconniers d'occasion.

Outre les braconniers de profession et les fermiers et cultivateurs, bon nombre de gens d'états divers s'adonnaient au braconnage par occasion. Les bergers assommaient les lièvres au gîte et les prenaient à l'aide de leurs moutons et de leurs chiens (2); les charretiers étaient aussi des *gaillards habiles à tirer un lièvre au gîte*. Ils les approchaient facilement sur leurs chevaux et les tuaient avec leurs curoirs ou avec des pistolets qu'ils tenaient cachés dans les colliers de leur attelage (3). Les voituriers qui venaient du pays de Luxembourg, et qu'on appelait *tirachiens*, et les habitants des forêts, sabotiers, charbonniers, *fendeurs*, bûcherons cachaient des fusils dans les bois et profitaient, pour tirer les grands animaux, de la confiance qu'inspiraient à ceux-ci l'habitude de les voir au travail et le voisinage de leurs chevaux. Les gardes eux-mêmes

(1) Voir la curieuse histoire de celui qui semait de place en place de vieux pommeaux d'épée remplis de poudre et munis de mèches de différentes longueurs. Les explosions successives de ces machines attiraient et occupaient les gardes, pendant qu'il faisait sa chasse dans un autre canton. (Labruyerre.)

(2) Certains bergers de la Brie savent encore entourer avec leur troupeau un lièvre gîté et le faire prendre par leurs chiens dans le cercle formé par les moutons.

(3) Labruyerre.

leur prêtaient souvent des armes dans les pays où les seigneurs n'avaient pas l'autorisation de chasser le cerf (1), et partageaient avec eux le butin.

La passion de la chasse entraînait même parfois des amateurs forcenés à courir les terribles dangers auxquels s'exposaient les braconniers dans les capitaineries. Labruyerre raconte avoir rencontré à Caen un Anglais qui lui raconta comment lui et plusieurs autres seigneurs de sa nation s'y prenaient pour tuer des faisans à Saint-Germain et dans d'autres lieux (2).

Parmi les gens de la campagne, il en était qui détruisaient le gibier uniquement par esprit de vengeance et sans en tirer aucun profit. Vexés par leur seigneur, ou maltraités par les gardes, ils écrasaient les nids de perdrix, tuaient les couveuses, les levrauts, les lapereaux. Dans les endroits où les lapins, trop nombreux, dévoraient leurs récoltes, ils les faisaient périr en semant à leur portée une espèce de blé barbu nommé en certains lieux *scourgeon*. Labruyerre prétend que, lorsque les lapins ont mangé de ce blé, il s'engendre dans leur corps un ver *ciselé et plat, un peu plus large qu'un lacet* et long d'une douzaine d'aunes, qui ne manque pas de faire périr le lapin dans l'année.

Si le profit était grand, le péril n'était pas moindre.

---

(1) Labruyerre.

(2) Labruyerre fait mystère des moyens employés par ce *gentleman poacher*, moyens qu'il n'aurait jamais employés, dit-il, mais auxquels il voyait néanmoins beaucoup de possibilité. Il semble insinuer que l'Anglais se servait du soufre.

A la vérité, la peine de mort était abolie et celle du fouet tombée à peu près en désuétude; mais on envoyait les braconniers aux galères, on les jetait dans des *culs-de-basse-fosse* où on les laissait pourrir pendant des années, on les déportait aux colonies sans autre forme de procès. L'avocat Lebeau, partant pour s'embarquer à la Rochelle en 1729, rencontra près de cette ville dix-sept malheureux enchaînés par le col et conduits par la maréchaussée. Quelques-uns étaient des braconniers arrêtés sur les terres du comte de Toulouse, qu'on allait jeter sur des navires pour être transportés au Canada (1).

Violences des gardes et des braconniers.

Les officiers des chasses et les gardes soit des princes, soit des particuliers ne ménageaient guère les braconniers, et n'attendaient pas toujours la provocation pour faire usage de leurs armes. Ils traquaient les délinquants comme des bêtes fauves.

Pour prendre un soldat déserteur qui chassait en plein jour sur la capitainerie de Fontainebleau et sur les terres de MM. de Trudaine et de Machault, plus de 60 hommes, gardes, cavaliers de maréchaussée et autres, le poursuivirent pendant quinze jours sans pouvoir le joindre. Enfin, à Machault, sur la brune, ils le virent se jeter dans une mare; un garde à cheval, l'ayant aperçu, lui tira un coup de fusil et le vit aller au fond; son chapeau resta flottant sur l'eau. On chercha inutilement le corps (2). Gardes et cavaliers

(1) *Aventures du sieur Lebeau, avocat au parlement.* — *Magasin pittoresque*, XVIIIe année.

(2) « Voici, dit l'auteur *des Ruses du braconnage*, les *caractères*

étaient entrés dans un cabaret, et se réjouissaient d'en avoir fini avec cet insaisissable ennemi, lorsqu'il enfonça les vitres de la croisée, et leur apparut, tenant son fusil en joue. Il leur cria qu'il allait les tuer tous, puis, après s'être amusé de leur frayeur, il tira ses deux coups en l'air et se retira sans leur faire de mal (1).

Dans les forêts de Sénart et de Rougeau, « on a du plaisir, dit encore Labruyerre, à voir galoper les braconniers par les gardes; ceux-ci, lorsqu'ils en ont quelques-uns en vue, les chassent dans les règles, en enveloppant les enceintes où ils sont; ceux qui sont à pied fouillent le bois et les contreignent de débûcher.

« Cette chasse dure quelquefois cinq à six heures; les gardes y prennent bien du plaisir, surtout quand ils ont affaire à quelques madrés; il n'y a point de ruses que les uns et les autres n'emploient pour tromper leur ennemi. »

Lorsque les braconniers étaient pris, on les garrottait parfois de façon à empêcher la circulation du sang, et, quand ils tombaient en faiblesse, on les assommait à coups de crosse.

(magiques) dont il s'étoit servi dans cette occasion. Il y avoit des nénuphars ou nymphes d'eau, dont les feuilles sont larges comme un chapeau détroussé. Il s'étoit couvert la tête d'une de ces feuilles, après avoir caché son fusil et ses munitions dans des buissons impraticables. »

(1) Ce braconnier fut ensuite trahi par son hôtesse, arrêté, reconduit à son bataillon et envoyé aux galères comme déserteur. — Voir Labruyerre.

Quelquefois des fuyards feignaient d'être atteints par les coups de fusil que leur tiraient les gardes, et, lorsque ceux-ci s'approchaient pour voir l'effet de leur balle, les prétendus morts se relevaient et leur brûlaient la cervelle à bout portant (1). Un garde de M. de Chauvelin, seigneur de Grosbois, ayant aperçu un affûteur, fit feu sur lui à l'instant; l'autre jeta un grand cri, en disant : « Ah! malheureux, tu m'as tué, » et se laissa tomber en se débattant. Le garde, enchanté de son coup, rechargeait tranquillement son fusil, lorsque le braconnier, voyant la baguette dans le canon de l'arme, se releva, et, le couchant en joue : « Voilà, lui dit-il, comme on s'y prend quand on veut tuer son homme. » Le coup partit, le garde tomba mortellement atteint, et le meurtrier disparut sans qu'on ait jamais pu savoir son nom (2).

La brutalité de la répression était proportionnée à l'audace des délinquants. Dans les récits de Labruyerre, qui cache mal une certaine partialité pour ses anciens camarades, on voit ceux-ci fort disposés en toute occasion à mettre l'épée à la main ou le fusil à l'épaule (3). Il avoue qu'un braconnier charge rarement

(1) Les seigneurs se mettaient quelquefois de la partie, et on leur attribue bien des actes de cruauté en ce genre dont la plupart n'ont rien d'authentique. C'est ainsi que vers 1790 le bruit se répandit dans le village de Coubert en Brie qu'un paysan, braconnier émérite, avait été tué dans le parc du château par le ci-devant seigneur et qu'on avait vu sur le mur des empreintes de sa main sanglante. Les paysans se ruèrent sur le château et le mirent à sac. Le propriétaire fut obligé de se cacher et de s'enfuir, quoique rien ne fût venu confirmer les soupçons.

(2) Labruyerre.

(3) Labruyerre, soldat déserteur comme beaucoup de ses compa-

son fusil à plomb seulement. « Il met presque toujours une balle par-dessus, pour se précautionner contre tout événement. Quelquefois il tient la balle dans la bouche, toute prête à la couler dans le fusil. Il y en a beaucoup qui font des cartouches, et comme ils ont bientôt chargé, les gardes croient qu'ils sont plusieurs tireurs. »

« Il y a, dit-il plus loin, des braconniers qui, par la crainte d'être renfermés toute leur vie dans une infâme prison, même des gens mariés, s'exposeront plutôt pendant la nuit à tuer trois ou quatre hommes, que d'attendre le jour s'ils se voient cernés... »

Tout l'échafaudage des ordonnances et du vieux droit de chasse s'est écroulé dans la nuit mémorable du 4 août 1789. Capitaineries, maîtrises des eaux et forêts, Table de marbre, ont disparu pour jamais dans les ténèbres du passé; il ne nous est resté que les braconniers, race immortelle qui a survécu à toutes les révolutions, et qui continue sa malfaisante industrie à travers toutes les péripéties de la France nouvelle, avec plus de bénéfices et moins de dangers que jamais.

---

gnons, braconnait volontiers l'épée au côté. — Voir les *Mémoires d'un braconnier*.

LIVRE III.

DES ANIMAUX CHASSÉS EN FRANCE.

Nous allons maintenant passer en revue tous les animaux qui ont été chassés en France depuis les temps les plus reculés jusqu'à nos jours. Nous nous arrêterons plus longtemps aux espèces qui ont disparu ou qui sont sur le point de disparaître de nos contrées. Nous donnerons sur celles-ci et sur la manière dont on les chassait tous les détails qu'il nous sera possible de recueillir. Quant aux autres, à l'exception de quelques animaux qu'on ne chasse qu'accidentellement ou dans des circonstances particulières, nous nous bornerons à signaler leurs variétés, les localités qu'ils habitaient et les propriétés naturelles que leur attribuaient nos ancêtres, leur chasse devant être exposée d'une façon circonstanciée dans la suite de cet ouvrage.

PREMIERE SECTION.

MAMMIFÈRES.

Parmi les espèces de mammifères qui ont habité dans les temps post-diluviens la contrée appelée autrefois la Gaule transalpine et que nous nommons la France, il en est qui ont entièrement disparu ou qui sont devenues excessivement rares. Les espèces éteintes sont le cheval sauvage (1), l'élan, l'urus et le bison. Le castor, le lynx et le bouquetin ne comptent plus dans nos contrées que quelques individus clair-semés dont l'apparition est toujours signalée comme un événement digne de remarque.

Les autres espèces ont continué d'habiter nos bois, nos plaines et nos montagnes, et d'offrir un but à l'adresse de nos chasseurs, des aliments recherchés à

---

(1) Nous n'en dirons pas plus sur le cheval sauvage, qui paraît avoir cessé de bonne heure d'exister dans les Gaules et sur la chasse duquel nous ne possédons pas le moindre renseignement. Son existence dans les Alpes est attestée par Polybe. (Ap. Strabon., lib. IV.)

S'il faut en croire le *livre des Bénédictions* d'Eckhard, il y avait encore des chevaux sauvages en Helvétie au XIe siècle.

nos tables ou des dépouilles utiles à notre industrie.

De ces mammifères, les uns sont répandus sur toute la surface de notre territoire en plus ou moins grand nombre, les autres sont cantonnés dans des régions particulières. Quelques espèces sont nombreuses, d'autres sont réduites à très-peu d'individus, sans être aussi complétement rares que celles dont nous venons de parler. Ces individus sont tantôt dispersés au loin, tantôt réunis dans un espace étroit. Ainsi le lapin et le lièvre sont assez communs presque partout (s'il est un seul gibier qu'on puisse dire commun de nos jours). La loutre se rencontre dans tous les pays marécageux et n'est commune nulle part; les quelques ours qui existent en France ne vivent que dans les montagnes les plus élevées; les chamois n'habitent également que les montagnes, mais y sont encore assez nombreux.

CHAPITRE PREMIER.

§ 1er. ESPÈCES DISPARUES : L'ÉLAN, LE BISON ET L'URUS.

L'élan. L'historien Polybe, le contemporain et l'ami des Scipions, raconte « qu'il naît dans les Alpes (1) un animal d'une forme singulière ; il ressemble à un cerf, si ce n'est que par le col et le poil il tient du sanglier. Cet animal porte sous le menton une caroncule de la forme d'un cône, velue à l'extrémité, longue à peu près d'un empan et aussi grosse que la queue d'un cheval (2). »

Cette description, qui nous a été conservée par

(1) M. Troyon a trouvé, en effet, des bois d'élan dans les débris des habitations lacustres de la Suisse. On rencontre aussi des ossements d'élan dans les cavernes des environs de Dinant (Belgique). (*Revue britannique*, février 1865.)

(2) La caroncule gutturale est un des caractères les plus remarquables de l'élan. Linné, qui connaissait bien cet animal en sa qualité de Suédois, le qualifie de *cervus cornibus acaulibus palmatis, caruncula gutturali*. Le mâle porte seul cette caroncule.

Strabon (1), est infiniment plus exacte que celle de l'*alce* de la forêt Hercynienne, donnée par César. Le vainqueur des Gaules fait de son *alce* un animal de la taille du chevreuil, à robe mouchetée comme celle d'un faon (2) et privé de cornes, tandis que l'élan est aussi grand qu'un cheval de carrosse, de poil uniformément noirâtre, et que les bois plats et dentelés, insigne du mâle, sont les plus vastes de tout le genre cerf (3).

Pausanias parle de l'*alké* comme d'un animal qui tient du cerf et du chameau, et dont le mâle porte des cornes au-dessus des sourcils, tandis que la femelle en est dépourvue. Cet animal naît *chez les Celtes* (4).

Nous avons déjà reproduit (t. I, p. 33) ce que dit Pausanias sur la manière dont les Gaulois chassaient l'*alké*. Il en résulte que l'élan était déjà fort rare dans les Gaules au IIe siècle (5).

Depuis, on n'en rencontre plus aucune mention dans nos contrées ni dans les pays voisins, sauf l'élan

(1) *Géographie*, liv. IV.

(2) Les faons même de l'élan sont d'une couleur uniforme.

(3) Il est fort singulier que ni Polybe ni Pline ne parlent de ces bois si remarquables, et que César en nie formellement l'existence.

(4) Pausanias *in Æliacis et Bœoticis*. — Buffon, art. *de l'élan et du renne*. — Les bois de l'élan sont, en effet, plantés beaucoup plus près des sourcils que ceux du cerf et du daim. Ses longues jambes, son garrot très-élevé et sa lèvre supérieure avancée lui donnent une ressemblance vague avec le chameau.

(5) Calpurnius, qui écrivait ses *Éclogues* au IIIe siècle, dit de même que l'*alce* était devenu rare dans les forêts dépendantes de l'empire romain : *Raram, silvis etiam quibus editur alcen.*

que le héros Sigfrid tua dans l'Odenwald, selon le poëme des *Niebelungs* (1).

A une époque excessivement reculée, contemporaine des premiers vestiges de l'homme, le renne habitait nos climats; ses ossements et ses bois, portant des marques évidentes du travail humain, ont été recueillis en abondance dans plusieurs cavernes (2). Il paraît avoir cessé d'exister en deçà du Rhin avant les temps historiques.

Buffon, et plusieurs autres naturalistes après lui, ont prétendu que Gaston Phœbus chassait le renne ou *rangier* dans les Pyrénées au XIVe siècle. Ils ont été induits en erreur par une mauvaise leçon de l'édition qu'Antoine Vérard a donnée du livre de cet illustre veneur (3). Il n'est pourtant pas impossible que le

---

(1) On trouve dans *la Chasse au chien d'arrêt* d'E. Blaze une anecdote assez amusante au sujet d'un élan chassé par le général Friant dans les environs d'Osterode, en Prusse, pendant la campagne de 1806. Je tiens d'un témoin oculaire qu'un élan, probablement le même, fut apporté alors à la cuisine du quartier général de l'Empereur.

Dans un de ces livrets où M. de Girardin enregistrait les chasses de Charles X, on trouve qu'un élan fut tué par le Roi le 31 août 1829, dans la forêt de Saint-Germain. Je n'ai pu découvrir par quel concours de circonstances les officiers des chasses avaient réussi à offrir au royal chasseur cette magnifique proie.

(2) Voir les travaux si remarquables de MM. Lartet et Christy. — La *Revue des Deux Mondes* des 1er mai 1863 et 1er avril 1867, et la *Revue britannique* de février 1865.

(3) Dans cette édition qui date de la fin du XVe siècle, on fait dire à Gaston Phœbus parlant du *rangier* : « J'en ay veu en *Morienne* et *Puedene*, oultre mer, mais en romain pays en ay je *plus* veu. » Les manuscrits portent : « J'en ay veuz en *Nourrègue* et en *Xuedene* et en la oultremer, mès en Romain pays en ay je *pou* veuz. » (Voir la très-bonne édition de la *Chasse de Phœbus*, publiée par M. J. Lavallée en 1854.) De cette faute grossière il est encore résulté que du Fouilloux place les *rangiers* de Gaston en *Mauritanie!!*

renne, qui du temps de César semble avoir étendu ses courses jusqu'à la forêt Hercynienne (1), soit alors descendu dans nos forêts septentrionales pendant les grands hivers (2).

Le bison et l'urus.

La Gaule nourrissait dans ses forêts séculaires deux espèces au moins de bœufs sauvages, l'*urus* et le bison (3).

Ce dernier est l'animal que les Allemands modernes appellent *auerochs* (bœuf des landes) et auquel les naturalistes ont par erreur attribué le nom d'*urus*. Les Germains le nommaient *wyssent*. C'était un bœuf de grande taille, remarquable surtout par son épaisse crinière et la barbe touffue qui pendait à son menton (4). Ses cornes étaient médiocres, son poil laineux et de couleur brune, ses jambes longues ; le garrot s'élevait en forme de bosse, surtout chez les vieux mâles qui exhalaient une forte odeur du musc (5); le bison ou aurochs avait quatorze paires

---

(1) Le renne descend en hiver jusque sur les bords de la Kouma, bien au sud d'Astrakan. (*Revue des Deux Mondes*, t. XXXII.)

(2) On croit que le renne a vécu en Angleterre jusqu'à l'époque saxonne. (Sharon Turner, *Hist. of the Anglo-Saxons*, t. III.)

(3) On a retrouvé les ossements de ces deux espèces bien distinctes, sur plusieurs points de notre territoire et dans les lacs de la Suisse, parmi les débris des habitations lacustres. (Voir Cuvier, *Recherches sur les ossements fossiles*, t. IV. — *Id.* Notes sur Pline, *lib.* VIII. — Troyon, *habitations lacustres.*) — Une troisième espèce a été reconnue dans les lacs suisses et dans les marais tourbeux de la Somme. On la nomme *bœuf des tourbières*. Quelques naturalistes y voient l'ancêtre de l'espèce domestique, d'autres combattent cette hypothèse. Il est reconnu aujourd'hui que le bœuf domestique ne descend ni de l'*urus* ni du bison.

(4) *Jubatos bisontes*. Pline, lib. VIII. Calpurnius, dans sa VIIe *Éclogue*, nous a laissé une description aussi exacte que poétique du bison.

(5) Du nom du *bison*, dérive, à ce qu'on croit, le mot allemand *Bi-*

de côtes tandis que le bœuf domestique n'en a que douze, et son front était convexe, au lieu d'être concave.

L'*urus* était, d'après César et Pline, un animal d'une force et d'une vitesse prodigieuses; sa taille ne le cédait qu'à celle de l'éléphant, et ses cornes étaient d'une grandeur démesurée (1). Il était semblable au taureau commun pour la forme et la couleur.

Dès le temps de Pline, le *vulgaire ignorant* donnait à l'*urus* le nom de *bubalus*, dont nous avons fait *buffle* (2). (Il appartenait légitimement à une espèce d'antilope (*antilope bubalis*), à qui la science moderne l'a restitué.)

César et Pline ont décrit les premiers l'*urus* de la forêt Hercynienne et le bison de la Germanie (3).

---

sam, musc. Il ne faut pas confondre ce bison d'Europe avec le *buffalo* ou bison américain (*bos americanus*).

(1) *Cæsar, de bello Gall.*, lib. VI. — Pline, *Histoire naturelle*, lib. VIII. Au dire de ces deux écrivains, les Germains aimaient à boire dans des cornes d'*urus* garnies de métaux précieux. Selon Pline, deux cornes d'*urus* pouvaient contenir une *urne* de liquide (environ 12 pintes, ancienne mesure de Paris, 11l,60).

Le naturaliste Gessner dit avoir mesuré une corne d'*urus*, suspendue depuis des siècles dans la cathédrale de Strasbourg et lui avoir trouvé 4 coudées romaines de longueur.

Un crâne trouvé près de Dirschau, en Prusse, portait des cornes d'un pied et demi de circonférence à la base, et la distance entre elles était d'un pied 4 pouces allemands.

La grosseur des pivots osseux adhérents aux têtes d'*urus* trouvées en Suisse atteste la longueur et la grosseur énorme des cornes qu'ils supportaient autrefois. (Voir la *Bibliothèque historique et critique* et Troyon, *habitations lacustres*.)

(2) *Quibus imperitum vulgus bubalorum nomen imponit.*

(3) Les Romains se servaient de cornes d'urus garnies d'argent, comme instrument de musique militaire.

Strabon, d'après Polybe, parle des bœufs sauvages qui habitaient les vallées des Alpes sans en spécifier les caractères distinctifs (1). Servius, grammairien du ve siècle, à propos d'un vers des *Géorgiques*, où l'*urus* se trouve mentionné (2), nous apprend que de son temps cet animal existait dans les Pyrénées. « Les *urus* sont des bœufs sauvages qui naissent dans les monts Pyrénées, entre la Gaule et l'Espagne. Ils sont plus grands que tous les autres animaux, excepté l'éléphant. Leur nom vient, ἀπὸ τῶν ὄρων, c'est-à-dire des montagnes qu'ils habitent (3). »

Macrobe, ami et collaborateur de Servius, soutient avec plus de vraisemblance que le mot d'*urus* est d'origine gauloise (4).

Le *buffle* est déjà signalé comme rare au vi^e siècle dans les forêts du Maine, où nous avons vu Childebert Ier lui donner la chasse.

---

(1) Selon le *liber benedictionum* écrit en vers latins au commencement du xie siècle par Eckhard, moine de Saint-Gall en Helvétie, et cité par M. de Tschudi dans son beau livre des *Alpes*, il existait au xie siècle, dans les montagnes voisines du couvent de Saint-Gall, trois espèces de bœufs sauvages, l'*urus*, le *wyssent*, et le bœuf des bois. M. de Tschudi croit que ce dernier est le bœuf ordinaire, vivant dans les bois à l'état sauvage. Ce pourrait être encore le bœuf des tourbières.

(2) *Sylvestres uri assiduè capreæque sequaces.* (*Georg.*, lib. II.) — *Mauri Servii Honorati commentarii in Bucolica, Georgica et Æneidem Virgilii.*

(3) Les ossements conservés au musée de Bagnères-de-Bigorre témoignent de la vérité de cette assertion de Servius.

(4) *Macrob. Saturnal.*, lib. VII. — On croit généralement que ce mot vient d'*Ur-ochs*, en allemand *bœuf primitif*, ou d'*Auer-ochs*, *bœuf de landes*. M. H. Martin, conformément à l'assertion de Macrobe, croit pouvoir en trouver l'étymologie dans le gaélique *uraz*, *force*. (*Histoire de France*, t. I.)

La fureur sanguinaire que soulève chez le bon Roi Gontran le meurtre d'un de ses *buffles* semble prouver qu'il n'était pas non plus commun dans ses domaines.

Fortunat, évêque de Poitiers, qui vivait sous le règne de Clotaire Ier, décrit dans ses vers le *buffle* robuste frappé au milieu du front par la lance d'un veneur franc (1). Vers la même époque Saint-Pol de Léon fait rentrer dans les forêts de la Domnonée un *buffle* qui avait renversé et mis en pièces, à coups de cornes, la cabane construite par un moine auprès de la fontaine où venait s'abreuver cette bête sauvage (2). Le légendaire, auteur de la *Vie de saint Ferréol* qui convertit, au IIIe siècle, les habitants de la Séquanie, prétend trouver l'étymologie du nom de Besançon (*Vesuntio*) dans celui d'un bison ou *wyssent*, rencontré sur la montagne déserte où s'éleva plus tard cette ville (3).

La loi salique, rédigée au VIIe siècle, punit de 12 sols d'or d'amende le meurtre d'un *bison* ou d'un *buffle* apprivoisé.

Les récits du moine de Saint-Gall et d'Ermold le Noir nous ont fait voir Charlemagne et Louis le Débonnaire chassant des *urus* et des bisons (4) aux environs d'Aix-la-Chapelle.

---

(1) *Seu validi bufali ferit inter cornua campum.* — Ducange, gloss., v° *Bufalus.*

(2) *Histoire des moines d'Occident,* t. II.

(3) *Silvester adhuc cum locus esset, Vison ibi fera reperta est.* (*Acta S. Ferreoli* cités par Ducange, gloss., v° *Vison.*)

(4) « *Carolus... ad venationem bisontium vel urorum in nemus ire parat.* » (*Mon. S. Gall.*) — Il paraîtrait qu'il n'y avait plus guère à cette

C'est la dernière fois que nous ayons connaissance de ces animaux sur la rive gauche du Rhin (1). Il est même probable que dès cette époque il ne s'en trouvait plus que dans les parcs et dans des forêts réservées aux chasses du souverain. C'est dans cette condition que les aurochs existaient en Allemagne au XVIIIe siècle et que les derniers survivants de cette antique espèce ont été conservés jusqu'à nos jours en Lithuanie, sous les futaies de la forêt de Bialowiecz (2).

Autant qu'on en peut juger par les récits assez confus des chroniqueurs et des hagiographes, les Francs chassaient le *buffle* dans toutes les règles, à cheval, avec des meutes de chiens courants qui lançaient le terrible animal ; une fois sorti de son fort, on le faisait coiffer par des chiens de Germanie, aussi agiles que robustes. Les veneurs le frappaient alors de leurs lances et de leurs épées ou le perçaient de leurs flèches (3).

Albert le Grand, évêque de Ratisbonne au XIIIe siè-

époque dans les États de Charlemagne, excepté dans les montagnes de l'Helvétie, que des bisons ou *aurochs*, que l'on confondait déjà avec l'*urus* des anciens. Cependant le poëme des *Niebelungs* mentionne sous des noms différents le bison (*wisent*), et l'*urus* (*ur*) dans le *Waskenwald*.

(1) D'après la vie de Saint-Otton, évêque de Bamberg, les *buffles* abondaient encore en Poméranie au XIIe siècle. (Voir Ducange, v° *Ferina*.

(2) Voir un article des plus curieux sur l'aurochs ou bison d'Europe, publié par M. Viennot dans le *Bulletin de la Société d'acclimatation*, octobre 1862.

(3) Les peaux rouges du *Far-West* chassent aussi à cheval le bison des prairies, cousin-germain du bison d'Europe, et lui lancent, à bout portant, des flèches courtes et aiguës.

cle (1), dans son commentaire sur l'*Histoire des animaux* d'Aristote, parle du bison (*wisent*), qu'il confond, du reste, avec l'*urus*, en lui prêtant des cornes énormes. Il dit qu'on ne le prend guère que dans des fosses (2). Quelquefois, cependant, un chasseur audacieux va seul attaquer le monstre l'épieu en main. Le bison le charge avec furie; le chasseur évite sa poursuite en tournant autour d'un gros arbre et le perce de son épieu à coups redoublés (3).

§ 2. ESPÈCES DEVENUES TRÈS-RARES : CASTOR, BOUQUETIN, LYNX.

Le castor. Le castor ou bièvre (4) a autrefois habité toute la partie de l'Europe située au nord du Danube et à l'occident des Alpes, y compris l'Espagne et les îles Britanniques (5). Quoique aucun auteur de l'antiquité n'ait parlé spécialement des castors de la Gaule, à défaut d'autre témoignage les noms de plusieurs de nos rivières et de diverses localités suffiraient pour attester leur présence. Nous citerons, entre autres, la

(1) Né en 1193, mort en 1280.

(2) Comme les Germains du temps de César et les Péoniens de Pausanias.

(3) *Bibliothèque historique et critique.* — Au XVIe siècle, les Polonais chassaient de la même manière le *zubr* ou bison. (*Voyage* du baron de Herberstein, 1517-1526, cité par M. Viennot.)

(4) Dans le dialecte des Francs, *bibar*, en allemand moderne *biber*, en latin du moyen âge *bever*, *beuvrum*.

(5) D'après les triades galloises, les castors (*afank*) étaient au nombre des animaux qui peuplaient l'île de Bretagne avant l'arrivée des kymrys. Leur présence y est encore indiquée par les noms de localités nombreuses et par les traditions galloises où l'*afank* joue un rôle fabuleux. Il en a aussi existé en Ecosse jusqu'au moyen âge. (*Pennant's tour in Wales*, t. II. — *Id. tour in Scotland*, t. Ier.)

rivière et le village de *Bièvre* dans les environs de Paris (1), une autre rivière de *Bièvre* dans le département de la Meurthe, *Bièvre* en Laonnais, le *Beuvron* en Sologne et la *Beuvronne* en Brie, *Beuvron* en Auge et Saint-James de *Beuvron* en Normandie, *Beuvry* dans le Nord et le Pas-de-Calais, *Bevray* près d'Autun, etc. (2).

De nombreux ossements de castors ont été trouvés dans les tourbières de la Somme, où quelques individus de l'espèce se sont maintenus, dit-on, jusqu'à une époque assez récente ; les dents tranchantes et dures de l'architecte aquatique étaient souvent employées comme outils par les peuplades inconnues de *l'âge de la pierre* (3).

Les Rois carlovingiens comptaient, parmi les officiers de leur vénerie, des *beverarii* chargés probablement de prendre des castors dont la fourrure était fort recherchée (4).

La queue écailleuse de ces amphibies était considérée comme aliment maigre dès le XIIIe siècle, comme

(1) M. Lequay a trouvé des ossements de castor près d'une *allée couverte* reconnue par lui non loin d'Argenteuil, et ce n'est pas la première fois qu'on a signalé des vestiges de cet animal dans les environs de Paris. (*Moniteur* du 25 avril 1867.)

(2) Quelques auteurs croient que Bevray tire son nom de l'ancienne *Bibracte*. Mais pourquoi *Bibracte* et la ville de *Bibrax* (aujourd'hui Bièvre près de Laon) n'auraient-elles pas emprunté leur nom aux castors (en langue celto-bretonne *befer*) ?

(3) Boucher de Perthes, *Antiquités celtiques et antédiluviennes*. — Boitard, *Jardin des Plantes*. — *Dictionnaire des sciences naturelles*, publié par Levrault, Strasbourg, 1817.

(4) Les termes employés par Ducange : « *Beverarii quibus castorum cura et custodia incumbit* » sembleraient indiquer qu'on gardait des castors en captivité. Mais on ne trouve ailleurs aucune trace de ce fait. — Gloss., v° *Bever*.

l'expose dans son *Rational* Guillaume Durand, évêque de Mende en 1287. « Le bièvre, dit-il, peut être mangé en temps de jeûne en prenant la partie par où il semble poisson (1). » Plusieurs de nos provinces avaient des castors du temps de Liébaut, et la Lorraine plus que toutes les autres (2).

Au XVIIIe siècle, on en trouvait en petit nombre sur les bords du Rhône inférieur, du Gardon et de la Cèse (3). Les habitants leur avaient déclaré une guerre acharnée à cause des dégâts commis par ces amphibies dans les saules et les osiers qui sont un des principaux revenus des riverains ; mais on avait perdu l'habitude de tirer parti de leur chair. En 1749, un chartreux s'avisa d'en servir un en étuvée à ses confrères comme ragoût maigre ; il fut trouvé excellent, et l'exemple gagna. « Depuis ce temps, dit Legrand d'Aussy, tout le monde mange du bièvre dans nos provinces méridionales ; on le met en ragoût, en pâté, on en conserve les cuisses dans de l'huile comme on le fait pour l'oie, et ces cuisses sont devenues, comme les cuisses d'oie, un objet de commerce ou de présent. Cependant il n'a point encore gagné dans

(1) Ducange, Gloss., v° *Bever*.

(2) *Maison rustique*, 1570.

(3) Magné de Marolles. — Legrand d'Aussy, t. II. — D'après Magné de Marolles, ils habitaient les rives du Rhône et les îles, surtout depuis Beaucaire jusqu'au Pont-Saint-Esprit, la Cèse jusqu'à une demi-lieue de son embouchure en remontant, et le Gardon depuis son embouchure jusqu'à Alais. — Le P. Charlevoix (*Journal historique d'un voyage de l'Amérique*, lettre V) dit qu'au commencement du XVIIIe siècle il y avait des castors en France sur le Rhône, l'Isère et l'*Oise*. Cette dernière rivière doit avoir été ajoutée par une erreur provenant de son nom latin (*Isara*), qui est le même que celui de l'Isère.

la capitale, et probablement, avant qu'il ait le temps d'y pénétrer, les castors, déjà si rares, auront été détruits en France (1). »

« C'est ce qui est arrivé depuis la publication de cet ouvrage, ajoute en note M. de Roquefort ; pendant nos troubles politiques, on les a tellement recherchés, qu'il en existe à peine quelques-uns (2). »

Le castor de France pèse d'ordinaire de 25 à 30 kilogrammes. Sa fourrure, d'un brun roux uniforme, est moins belle que celle des castors d'Amérique, parce qu'il vit dans des terriers et que son dos est pelé par le frottement de la voûte souterraine. Cet terriers sont creusés avec une intelligence remarquable. L'entrée en est ouverte sous l'eau dans une berge escarpée ; le terrier va en montant, puis, à un pied ou deux au-dessus du niveau ordinaire de l'eau, est une chambre assez spacieuse où le castor se loge ; au-dessus s'élèvent plusieurs étages de chambres communiquant entre elles par des boyaux, où le locataire ingénieux peut successivement se retirer pendant les grandes crues, avec un soupirail supérieur. Tous ces appartements sont jonchés de copeaux de bois minces qui servent de lit au castor. Nos bièvres vivent isolés dans leurs terriers. Rien n'indique qu'ils aient jamais construit ces cabanes, qui ont donné lieu à tant de récits merveilleux. Il n'en faudrait pas

---

(1) *Histoire de la vie privée des François*, t. II.

(2) *Ibidem*. — Cette note fut écrite en 1815. — En 1810, un castor envoyé au préfet des Bouches-du-Rhône fut servi par erreur sur la table de ce fonctionnaire.

conclure, avec quelques naturalistes, que ces curieuses constructions sont restées inconnues jusqu'à la découverte de l'Amérique septentrionale. Jacques de Vitry, qui écrivait au commencement du XIIIe siècle, raconte que le castor, ne pouvant vivre longtemps sans avoir sa queue dans l'eau, construit sa maison sur les rivières et y fait plusieurs étages, de façon à pouvoir monter aux étages supérieurs lorsque les eaux s'élèvent et descendre à l'étage le plus bas lorsqu'elles décroissent (1).

« Le castor, dit Albert le Grand, a des dents très-fortes ; il sort souvent la nuit de son terrier sur le bord des rivières, coupe les branches des arbres qui avoisinent les eaux et s'en construit des cabanes (2). »

Les Francs chassaient le bièvre avec des chiens terriers dressés exprès (*bibar-hunt*, chien à castor) qui allaient le relancer dans sa demeure souterraine et le forçaient à s'offrir aux coups de ses persécuteurs (3).

Au XVIIIe siècle, dans les temps de sécheresse, lorsque l'entrée inférieure du terrier se trouvait à sec, on introduisait de même des chiens dans l'orifice supérieur en l'élargissant avec la pioche. Le castor, forcé par les chiens de sortir du côté de l'eau, était tué à coups de fusil ou assommé avec des bâtons ; s'il échappait à sa sortie, il allait se prendre dans un filet tendu sous l'eau (4).

---

(1) *Histoire des croisades*, liv. I, coll. Guizot.

(2) Pline, édition Lemaire, notes du livre VIII, chap. XLVII.

(3) Loi des Bavarois. — *Canis bibar-hunt qui sub terrâ venatur.*— Ducange, v° *Canis*.

(4) Magné de Marolles.

Quelquefois on défonçait le terrier à coups de pioche et l'on obligeait l'animal à déguerpir sans l'aide de chiens (1).

Pendant les inondations, les castors, contraints de déserter leurs terriers, se réfugiaient dans les endroits les plus élevés des îles ou sur les tas de bois ; les habitants les poursuivaient alors en bateau pour les tuer à coups de fusil. Cette chasse était pénible et réussissait rarement ; le bateau, entraîné par le courant, ne pouvant suivre l'amphibie dans ses détours, et le castor, excellent nageur, se tenant entre deux eaux et ne se montrant que le moins possible.

En général, on chassait peu les castors au fusil. En temps ordinaire, on leur tendait plutôt des piéges. Cependant, quelques chasseurs les guettaient la nuit à l'affût lorsqu'ils sortaient de l'eau pour ronger l'écorce des saules. « Il y a eu autrefois à Valabrègues (2), dit Magné de Marolles, un homme fort au fait de cette chasse et qui en tuait assez fréquemment tant sur les lieux où ils coupent le bois que sur les graviers où ils viennent manger. »

De nos jours, les castors ont disparu dans les îles

(1) Les Allemands chassaient le castor de la même façon en 1761. Voir Ridinger : *die von verschidenen arthen der Hunde behæzte jagtbare Thiere.* — Une chasse analogue est encore pratiquée par les Samoïèdes : « Pour prendre les castors, dit Sonnini, les Samoïèdes se servent de chiens dressés à cette chasse qu'ils font entrer dans les terriers qu'ils ont entourés auparavant avec des pieux plantés devant l'entrée qui est du côté de la mer (?) ; le chien saisit le castor avec ses dents et l'amène hors du terrier en le tirant par les jambes de derrière. » (*Hist. nat.*, art. *Castor*.)

(2) Grande île du Rhône, près de Beaucaire.

Britanniques et en Espagne; ils sont devenus rares en Allemagne (1) et très-rares en France. Les derniers survivants de l'espèce habitent le long du Rhône et du Gardon. On nourrissait encore, il y a peu d'années, au jardin des Plantes, un castor venu des bords de cette dernière rivière. En 1856, un castor, tué dans le département de Vaucluse, fut envoyé au *Journal des chasseurs*, qui en donna la figure. Au château de Caderousse, situé dans le même département sur les bords du Rhône, on conserve empaillés des castors tués assez récemment dans les environs.

Le bouquetin. Les grandes chaînes de montagnes qui bornent la France à l'est et au midi ont été autrefois l'asile de deux espèces de bouquetins (2) (*capra ibex* et *capra pyrenaica* des naturalistes). Confondues jusqu'à nos jours, elles portaient toutes deux, dans notre vieux

(1) Ils étaient encore assez communs dans ce pays au XVIIIe siècle, surtout sur les bords de l'Oder et du Danube. (Magné de Marolles, d'après Schwenckfeld.— Ridinger, *das Thierreich.*) Au commencement du siècle présent, la queue de castor était un objet de consommation recherché dans le pays de Saltzbourg. Aujourd'hui, selon M. Liebich (*Compendium der Jagdkunde*), il n'existe plus en Autriche qu'une colonie de castors que le prince de Schwartzenberg fait conserver précieusement dans son domaine de Frauenberg.

En Bavière, un individu de cette espèce, du poids de 40 livres, fut encore tué à Unterhausen près de Neuburg sur le Danube, en 1853. Les derniers castors ont été pris en 1825 et 1828, dans les royaumes de Hollande et de Wurtemberg.

En Suisse on trouvait des castors au XVIe siècle dans l'Aar, la Limmat et la Reuss. Quelques individus vivaient encore au siècle dernier sur les bords de ce dernier cours d'eau, de la Thiele et de la Byrse. (Troyon. —Tschudi.)

(2) Ces animaux, relégués depuis longtemps sur les sommets les plus inaccessibles, habitaient anciennement les régions inférieures des montagnes et descendaient en hiver dans les forêts des vallées. (Voir Troyon, *Habitations lacustres*.)

langage, le nom de *bouc sauvage*, de *bouc-estain* ou de *staimboucq* (1).

Gaston Phœbus donne de l'espèce des Pyrénées une description que Buffon a trouvée assez bonne pour la citer textuellement.

« Les boucs sauvaiges, dit le comte de Foix, sont bien aussi grands de corps comme un cerf (2) ; mès ils ne sont mie si longs ne si haut en jambe, mès ils ont bien autant de char..., et aucuns dient que autant d'ans comme ils ont, ils ont autant de grosses royes (raies) au travers de leurs cornes, mès je ne l'affirme mie : mès tout ainsi que un cerf met sa teste et ses cors tout einsi mettent-ilz leurs royes, toutes voyes ils ne portent fors que leurs perches, lesquelles sont grosses comme la jambe d'un homme et aucune fois comme la cuisse, selon ce qu'ils sont vieuls boucs. Ils ne giètent, ne muent point leurs têtes, ne n'ont point de meules, comme font cerfs ou autres bestes. Et on plus ha de royes en ses corns, et plus les cors sont longs et plus gros, plus vieil est le bouc. Ils ont grans barbes et sont bruns de poil de lou et bien veluz et ont une roye noire parmi l'eschine tout au long : et les fesses et le ventre fauves. Les jambes

(1) Ces deux mots dérivent de l'allemand *stein-buck*, bouc des rochers. Sélincourt (1681) se sert encore de l'expression de *staimbouc*.

(2) Les bouquetins qu'on trouve aujourd'hui sont notablement plus petits que le cerf. « Le plus grand bouquetin que nous ayons mesuré, dit M. de Tschudi, avait, du bout du nez à la racine de la queue, 4 pieds 9 pouces (allemands) ; ses cornes à 16 nœuds avaient 21 p. allemands en ligne droite et 27 pouces en suivant leurs contours. » Il paraît, d'après les cornes que nous possédons encore des bouquetins du XVIe et du XVIIe siècle, qu'ils étaient alors beaucoup plus grands.

devant noires et derrière fauves. Leurs piez sont comme des autres boucs privés ou chièvres, et leurs trasses grosses et grandes, et reondes plus que d'un cerf. Les os tout à l'avenant d'un bouc privé ou d'une chièvre, mès qu'ilz sont plus gros (1). »

L'espèce des Alpes diffère de celle des Pyrénées par l'absence de la barbe et la forme des cornes. Celles-ci ont deux arêtes longitudinales, traversées de stries régulières, tandis que chez le bouquetin des Pyrénées la coupe transversale des cornes est en forme de poire et striée irrégulièrement (2).

Dans les deux espèces les cornes du mâle sont très-grandes et mesurent souvent de $0^m,66$ à $0^m,88$ (3).

Elles ont quelquefois jusqu'à $0^m,24$ de circonférence à la base; celles de la femelle sont beaucoup plus petites ($0^m,16$ environ) et moins noueuses (4).

Les bouquetins parcouraient les Alpes en troupes nombreuses du temps des Romains, qui en prenaient souvent cent ou deux cents en vie pour les faire paraître dans les jeux du cirque (5). Au XVIIe siècle ils

---

(1) G. Phœbus, ch. IV : *Du bouc et de toute sa nature.*

(2) Tschudi.

(3) Les cornes du bouquetin des Alpes pèsent de 7 1/2 à 8 kilog. (Tschudi.)

(4) Magné de Marolles.

(5) Si l'on peut s'en rapporter au poëte Venantius Fortunatus, il y avait des bouquetins au VIe siècle dans les Ardennes et dans les Vosges :

> *Ardenna an Vogasus, cervi, capræ, ibicis, ursi*
> *Cæde sagittiferâ sylva fragore tonat.*

On trouve, en effet, des os de bouquetins dans les cavernes de Dinant (Belgique).

étaient encore assez communs dans les Alpes dauphinoises, au dire de La Colombière et de Chorier (1). A la fin du siècle suivant, ils étaient devenus extrêmement rares dans ces montagnes ainsi que dans les Pyrénées, où, dès le temps de Phœbus, *ils n'étaient pas commune beste que chascun cognoisse* (2).

D'étranges préjugés se sont de tous temps attachés à l'espèce du bouquetin. Son sang passait pour un spécifique merveilleux contre la pleurésie et le vertige. Le bouquetin cerné par les chasseurs savait se soustraire à leur pouvoir par une mort volontaire ; il appuyait ses cornes contre un bloc de pierre, tournait autour jusqu'à ce qu'elles fussent usées entièrement et tombait mort. Il savait d'ailleurs s'échapper par les plus affreux précipices en se laissant tomber d'une hauteur prodigieuse sur ses cornes, qui proté-

(1) « Un prestre du bourg d'Oisans en Dauphiné me donna la teste d'un de ces animaux qu'il avoit luy mesme tué sur une des plus froides montagnes des Alpes. » (*La science héroïque*, par Marc de Vulson, Sr de la Colombière. Paris, 1644.) — *Histoire générale du Dauphiné*, par N. Chorier. Grenoble, 1661.

(2) Gaston Phœbus.

Avant l'annexion de la Savoie à la France, le bouquetin pouvait être compté parmi les espèces éteintes dans notre pays. Il n'y en a plus dans les Alpes dauphinoises, et ceux qui se montrent de temps en temps dans nos Pyrénées viennent du versant espagnol. L'espèce alpine a disparu presque partout. En Suisse, il ne se rencontre guère que quelques individus clair-semés, venus des montagnes savoisiennes. Dans le Saltzbourg et le Tyrol, ils n'existent plus depuis des siècles, malgré les règlements conservateurs de l'empereur Maximilien et la protection des archevêques. Les Karpathes ont également perdu leurs bouquetins. L'espèce s'est maintenue jusqu'ici sur la chaîne qui s'étend du mont Blanc au mont Rose, entre la Savoie, le Valais et le Piémont, grâce à la défense rigoureuse de chasser les bouquetins, promulguée en 1821 dans ce dernier pays à l'instigation du professeur Zumstein. (Voir *les Alpes*, par M. de Tschudi.)

geaient tout le corps du choc (1). Quelques naturalistes modernes admettent la vérité de ce dernier détail, déjà indiqué par Pline (2).

Le bouquetin a toujours été chassé comme le chamois, avec lequel il partage les sommets glacés des Alpes et des Pyrénées. Nous renvoyons donc à l'article des chasses de montagne. Il faut seulement observer que le bouquetin, plus robuste que le chamois et muni de cornes considérablement plus grosses et plus longues, est plus disposé que lui à charger le chasseur lorsqu'il ne trouve aucune issue pour s'échapper, et infiniment plus dangereux lorsqu'il prend ce parti désespéré. « Le bouc ne fet point de playe, dit Gaston Phœbus, mès il blesse du coup qu'il donne, non pas du bout de la teste, mais du milieu, tant que j'ay veu qu'il rompoit à un homme son bras et à un autre sa cuysse, et s'il tenoit un homme encontre un arbre ou encontre terre, il le tueroit ou romproit tout, sans ce qu'il ne li feroit jà playe. »

Le lynx ou loup-cervier.

Les premiers loups-cerviers qui aient été vus à Rome avaient été apportés des Gaules pour les jeux offerts au peuple romain par le grand Pompée (3).

---

(1) Gessner, *Histor. animal. Tiguri*, 1551. — La Colombière. — Phœbus.

(2) Voir Boitard. — Le capitaine Mayne Reid, dans ses amusants récits de chasse (*the Hunters feast*) affirme avoir vu le mouflon d'Amérique s'élancer dans un précipice la tête entre les jambes et faire ainsi plusieurs culbutes sur ses cornes.

(3) Une espèce très-voisine du loup-cervier, et souvent confondue avec lui, le lynx *parde* (*felis pardina*), existe encore en Calabre et en Sicile. On est étonné de voir que les Romains ont connu les lynx des Gaules avant ceux-ci, et avant ceux dont Xénophon signale la présence dans les montagnes de la Thrace.

Ces animaux, que les Gaulois appelaient *raphins* ou *rufinus*, avaient, d'après Pline, la taille du loup et et les taches du léopard (1).

Il faut descendre ensuite jusqu'au XIVe siècle pour trouver mention du lynx de France : Gaston Phœbus dit qu'il *est assez commune beste* et que *pou de gens sont qui bien n'en ayent veuz*, ce qui s'applique particulièrement aux Pyrénées. Il ajoute que les uns appellent ces animaux *lous serviers* et les autres *chatz lous*, ce qui est mal dit. « On les pourroit mieulx apeler *chatz liépars* que autrement, quar ils trayent plus près à liépard (léopard) que à autre beste (2). »

A Fontainebleau, dans la galerie de Henri II, on voit un tableau du XVIe siècle représentant un guerrier cuirassé (3) qui combat un loup à robe mouchetée, un *loup-cervier*, conformément à l'idée qu'on s'en faisait à cette époque. La tradition du château veut que ce soit un gentilhomme condamné à mort qui aurait obtenu sa grâce à la condition de tuer un loup-cervier redoutable.

D'après un tableau de famille tout semblable que Millin vit, en 1804, au château de Rabutin, en Bourgogne, ce loup-cervier aurait été abattu par un frère

---

(1) Les loups-cerviers de la zone tempérée n'atteignent guère la taille du loup, les plus grands ont 2 p. 10 p. ($0^{m},758$) de longueur sans la queue; tandis que la longueur du corps d'un loup ordinaire est de 3 p. 1/2 ($1^{m},167$). Le lynx *chelason* du Nord (*f. cervaria*) est, au contraire, d'une taille égale à celle du loup. (Voir Boitard.)

(2) G. Phœbus, *Du chat et de toute sa nature*.

(3) Ce personnage, qui a l'épée à la main, porte une arbalète en sautoir.

bâtard de Hugues de Rabutin, chevalier de Malte et huissier de la chambre de Henri II (1).

Au XVIIIe siècle, les lynx ne se montraient plus que rarement dans nos montagnes. Buffon dit qu'il n'y en a plus, *si ce n'est peut-être quelques-uns dans les Alpes et les Pyrénées.* Magné de Marolles a pris soin de noter quelques exemples de lynx tués en France de son temps. En 1777, M. de Carbonnières présenta au Roi un lynx de 7 ou 8 mois, pris tout petit dans les Pyrénées par un paysan qui avait manqué la mère d'un coup de fusil (2). En 1787, il en fut tué un autre dans une battue aux loups sur les montagnes qui environnent Saint-Gaudens en Comminges. Les chasseurs du pays ne surent pas d'abord quel était cet animal. Il fut enfin reconnu par de vieux montagnards qui affirmèrent en avoir vu autrefois deux autres. Ce lynx avait 2 pieds de haut et était de la grosseur d'un dogue. Il était fauve, moucheté de noir sur tout le corps avec le ventre gris bleu (3). Il en fut tué un

---

(1) Jouanne, *Environs de Paris.*

(2) Ce fait est aussi relaté par Sonnini, notes de l'article *lynx* dans Buffon.

(3) Lettre de M. d'Agien écrite à Magné de Marolles le 17 décembre 1787.

Notre auteur remarque, à ce propos, que les lynx de France ne sont mouchetés d'ordinaire que sur les cuisses, les jambes et l'extrémité de la queue, et que le reste du corps est d'un fauve uniforme. Ridinger, dans son *Thierreich*, dit également qu'en Allemagne il y a deux espèces de lynx : les uns, appelés *berg* et *stein lüchsen* (lynx de montagnes ou de rochers), sont mouchetés ; les autres, *katzen* ou *kälberlüchsen* (lynx-chats, lynx-veaux), sont d'une couleur uniforme. On trouve les deux espèces figurées dans la planche 10, IIe partie de cet ouvrage. Des lynx mouchetés seulement sous le ventre sont aussi représentés dans les chasses de Stradan. L'espèce non mouchetée a disparu entièrement en

en 1788, aux Adrets, à 4 lieues de Grenoble, et il ne se passe point d'année, ajoute Magné de Marolles, qu'il ne s'en tue quelqu'un en Dauphiné, ce qu'il est aisé de savoir à Grenoble, attendu que les peaux y sont toujours apportées pour recevoir la prime accordée par le gouvernement, qui est la même que pour un loup.

A cette époque il y avait encore quelques lynx dans les montagnes d'Auvergne. Le sieur Ferlut fils, de Saint-Flour, en tua un en plaine, à une lieue de cette ville, et envoya sa dépouille au cabinet du Roi. Quelques années auparavant, il en avait tué deux aux environs de Mauriac, et le sieur Pierre Bayard, garde-chasse du duc de Bouillon, à Vic-le-Comte, assura Magné de Marolles qu'il en avait vu deux dans la forêt d'Oliergues. On en a également signalé dans les montagnes du Vivarais.

De nos jours l'espèce du lynx peut être considérée comme éteinte dans les Pyrénées françaises. Ceux qui s'y montrent de temps viennent du versant espagnol (1). Dans nos Alpes, les apparitions du lynx sont

---

France et en Allemagne. Les Suédois connaissent encore sous le nom de *katt-lo* (chat-lynx) une grande espèce dont le pelage gris est à peine moucheté en hiver.

(1) Un lynx a encore été tué en 1854 ou 55, dans les environs de Luchon. (Voir le *Journal des chasseurs*, 1862.) — Je tiens de Jean Latapy, fameux guide et chasseur à Cauteretz, qu'il a abattu, il y a une vingtaine d'années, sur le *Mont-Né*, le dernier lynx qu'on ait tué dans cette partie des Pyrénées. Il croit qu'il s'en tient encore un sur cette même montagne. Non loin de là, dans la forêt du Vignemale, on a entendu longtemps les hurlements d'un lynx que les chasseurs du pays n'ont pu joindre. (Voir le *Journal des chasseurs*, 1858 ; — *les souvenirs de chasse* de M. le vicomte de Dax ; — Boitard, *Jardin des Plantes*.)

plus communes. On en voit de temps en temps dans la forêt de Saou (Drôme) (1) et dans les montagnes voisines de Die (même département). Un de ces animaux a été pris au piége dans les environs de Chamouny (Savoie), en 1849. En octobre 1856, s'il faut en croire les journaux du pays, un lynx serait venu se faire tuer aux portes d'Aix, en Provence, à 30 kilomètres au moins des derniers contre-forts des Basses-Alpes. Trois lynx ont été poursuivis, en février 1858, dans les bois de Téranne (Isère) par des chasseurs qui en ont tué deux, dont on peut voir les dépouilles au musée de Grenoble. Je tiens enfin d'un témoin oculaire qu'il a été tué un lynx, en 1859, non loin de Digne (Basses-Alpes) (2), et que l'apparition, dans ces contrées, de quelqu'un de ces animaux n'est pas considérée comme chose fort extraordinaire.

Dans les Alpes suisses il y a encore quelques lynx clair-semés (3). En Allemagne, l'espèce, autrefois assez commune, a été exterminée partout, excepté dans les cantons les plus sauvages du Hartz (entre la Prusse et le Hanovre) et du Bœhmerwald (Bavière et Bohême) (4).

---

(1) Voir l'*Illustration*, 1852.

(2) Selon le *Journal de Nice*, un lynx a été tué en décembre 1863 sur le plateau qui domine le pic de Saint-Jeannet. Ce lynx était jeune, les pinceaux des oreilles commençaient à pointer et l'on distinguait sur sa robe fauve dorée les rudiments des taches noires. A ce qu'il paraît, il existe quelques couples isolés de ces animaux dans les montagnes de Tende et de la Briga.

(3) Voir *les Alpes*, par M. de Tschudi, avec une très-bonne figure de l'animal.

(4) Le relevé des chasses de l'électeur de Saxe, Jean-George Ier, constate qu'en 44 ans (de 1611 à 1655) il avait tué 217 lynx de sa main. Son successeur, Jean-George II, en tua 191 de 1656 à 1680. Le chevalier

L'extrême nord (1) et l'extrême sud de l'Europe sont, de nos jours, avec la Pologne et la Hongrie (2), les seules contrées où les lynx se soient maintenus en nombre assez considérable. Leur destruction n'est pas à déplorer, car leur chasse n'a jamais été une grande source de divertissement, et, si leur fourrure est belle et estimée, l'avantage qu'on en retire est loin de compenser les dégâts commis par ces animaux agiles et féroces.

Le lynx n'a jamais été assez commun dans nos contrées pour être l'objet de chasses spéciales. « On les chasse pou, se n'est d'aventure, » dit Gaston Phœbus. Quand le veneur en *quérant* renards, lièvres ou autres bêtes, ou sur l'indication de quelque paysan, rencontre un de ces chats qui *semblent liépars*, et que l'on nomme loups-cerviers, il doit découpler tous ses chiens courants et les faire suivre par des archers, des arbalétriers, des varlets armés de *glaives* (lances); alors il y a bonne chasse et bons abois, car le loup-

---

de Fleming, dans son *Parfait chasseur allemand* (Leipzig, 1719), se félicite de voir cette espèce malfaisante devenir rare en Saxe. Il n'en était pas de même en Prusse, en Hanovre, en Wurtemberg, en Tyrol, en Styrie. (Voir Ridinger et Buffon.) Sauf les montagnes situées entre les deux premiers royaumes, ils ont disparu depuis. Dans toutes les provinces allemandes de l'empire d'Autriche, il n'a été payé que six primes pour lynx en 1845 et 1846. Le dernier lynx du Wurtemberg a été tué en 1846 au pied de l'Alpe Souabe.

(1) En Norwége, en Suède et en Russie on trouve encore trois espèces de lynx : le *lynx boréal* (*felis borealis*), le *chelason* (*f. cervario*) et le *loup-cervier* (*f. lynx*).

(2) Le lynx *parde* (*f. pardina*) existe en Espagne, en Portugal, en Sicile, en Calabre, en Turquie.

cervier fuit *une piesse,* et se fait ensuite aboyer comme un sanglier.

Le comte de Foix termine en disant qu'après tout cette chasse n'est pas de *grande mestrise* (1).

Tous les lynx dont parle Magné de Marolles avaient été tués par des paysans ou des gardes-chasse, soit par rencontre fortuite, soit en battue.

« L'occasion de chasser le lynx se présente rarement, dit M. de Tschudi; toutefois, quand par hasard le chasseur arrive à l'improviste en face de lui, l'animal demeure immobile et peut être tiré avec facilité. Il reste tapi sur sa branche, le regard fixé sur celui qui s'approche, absolument comme le chat sauvage. Si l'on est sans armes, il suffit d'accrocher quelques vêtements à un bâton fiché en terre, et l'on a le temps d'aller chercher son fusil. Le lynx continue à regarder fixement le mannequin jusqu'au moment où il tombe frappé à mort. Mais il s'agit de bien viser! S'il n'est que blessé, il s'élance contre son ennemi, lui enfonce ses griffes tranchantes dans la poitrine et le mord sans qu'on puisse lui faire lâcher prise (2). Quelquefois le lynx commence par fondre sur le chien, et le chasseur a le temps de lui envoyer un second coup de fusil. Le chien ne peut résister à l'attaque du lynx, qui est mieux armé et plus agile que lui; aussi

(1) Ch. LVIII. — « *Ci devise comment on doit chassier et prendre le chat.* » Au XVIIIe siècle, les Allemands chassaient le lynx de la même façon. (V. Ridinger, *die von verschidenen arthen*, etc.)

(2) Le lynx tué sur le Mont-Né par Jean Latapy reçut le coup de feu qui l'abattit au moment où, blessé d'un premier coup, il s'élançait sur le frère du chasseur.

le lynx ne le craint pas. Quand il en rencontre un, il ne se hâte point de battre en retraite, et ne monte guère sur un arbre, mais s'enfonce dans quelque crevasse inabordable; il peut, à la rigueur, mettre hors de combat deux ou trois chiens de chasse (1). »

La genette.

Nous ne citerons que pour mémoire la genette, jolie bête au corsage allongé, au pelage gris semé de mouchetures noires, qui exhale, comme la civette, une odeur pénétrante de musc. Elle est si rare en France, qu'elle n'a jamais pu être considérée comme bête de chasse. Quelques zoologistes modernes ont même nié son existence dans notre pays (2); mais ce fait, prouvé du temps de Buffon par plusieurs exemples, l'a encore été de nos jours. La genette se trouvait dans le Poitou et dans le Rouergue (3).

Le passage suivant d'une lettre de l'abbé Barthélemy à la marquise du Deffand semble se rapporter à une genette, égarée dans les environs d'Amboise. « On a pris depuis trois jours au piége un animal qui est gros comme un chat, moucheté comme un tigre, la queue comme un maki, le corps et le museau

(1) *Les Alpes*, IIe partie.

(2) V. Boitard, *Jardin des Plantes*.

(3) Buffon affirme, d'après les *Affiches du Poitou*, du 10 février 1774, que la genette se montre de temps en temps dans cette province. Lui-même en reçut une tuée à Livray en Poitou, au printemps de 1775. « Depuis trente ans que j'habite la province de Rouergue, lui écrivait le Sr Delpeche, j'ai toujours vu les paysans apporter des genettes mortes, surtout en hiver, chez un marchand qui m'a dit qu'il y en avoit peu, mais qu'elles habitoient aux environs de la ville de Villefranche et qu'elles demeuroient pendant l'hiver dans des terriers à peu près comme des lapins. » (*Histoire naturelle*, art. *Genette*.)

comme une fouine et qui n'est ni un chat, ni un tigre, ni une fouine, ni un maki. Qu'est-il donc? le diable lui-même. D'abord tous les paysans l'ont cru, et vous savez bien que la voix du peuple est celle de Dieu. Ensuite il ne mange point, il grince des dents, il regarde en dessous et quelquefois de travers, et pue à faire trembler (1). »

Le *Journal des chasseurs* du 31 mars 1857 annonce la prise récente d'une genette dans le département de l'Aveyron. En 1860, une belle genette tuée en France se voyait chez un empailleur du quai Malaquais.

(1) Apparemment que l'abbé n'aimait pas l'odeur du musc. Voir *Correspondance inédite* de Mme du Deffand, t. II.

CHAPITRE II.

Mammifères chassés en France jusqu'à nos jours.

---

§ 1er. LES MAMMIFÈRES DES MONTAGNES : L'OURS, LE CHAMOIS, LE MOUFLON, LA MARMOTTE, LE LIÈVRE BLANC.

Les hautes chaînes de montagne qui couvrent une partie de notre territoire abritent quelques espèces de mammifères, que la nature a destinées à vivre exclusivement dans ces régions élevées ou qui ont été chassées du plat pays par les poursuites incessantes d'une population trop multipliée. Ces animaux peuvent tous être considérés comme relativement rares, en conséquence de l'étendue limitée de leurs domaines, quoique certaines espèces comptent un assez grand nombre d'individus. Ils forment un groupe d'autant plus distinct que, à l'exception du lièvre blanc, tous sont, en France, les uniques représentants de leur genre.

L'ours.

A tout seigneur tout honneur, en tête du groupe alpestre doit marcher l'ours, le véritable roi des montagnes, roi dépouillé, à la vérité, d'une grande partie de ses domaines, qui s'étendaient autrefois, non-seulement sur les forêts de la plaine gauloise, mais sur l'Europe entière, y compris l'île de Bretagne (1). En France, *messire Brun*, comme l'appellent les fabliaux, relégué aujourd'hui sur les cimes les plus inaccessibles des Alpes et des Pyrénées, apparaissait fréquemment dans les grands bois qui couvraient les plaines et les chaînes secondaires.

Sans parler des ours légendaires de Sainte-Richarde d'Andlau et d'Ourscamp, ni des ossements trouvés dans les tourbières de la Somme et la plupart des cavernes à fossiles, nous avons des preuves de l'existence de l'ours aux temps historiques dans des contrées assez éloignées de ses résidences modernes.

Les Mérovingiens chassaient des ours dans la forêt des Ardennes (2). Louis le Débonnaire en tuait dans les îles du Rhin (3). Saint Bernard, qui vivait au

---

(1) *Nuda Caledonio sic pectora præbuit urso.*
(Martial, *De spectac.*, IX.)

Les lois galloises du xe siècle comptent encore l'ours parmi les animaux de chasse (voir *Pennant's tour in Wales*); le vaillant chef des Bretons armoricains, Alain Barbe-torte, qui vivait à la même époque, exilé pendant sa jeunesse dans l'île de Bretagne, y exerçait son courage contre les ours et les sangliers (*apros et ursos in silvâ*, *Chron. Brioc.* D. Morice, *Histoire de Bretagne*, t. I. Preuves).

En Italie, Ovide cite les ours lucaniens :

Fœdus lucanis provolvitur ursus ab antris.
(*In fragm. halieut.*)

Ces animaux ont été entièrement détruits dans la péninsule italique, sauf sur les Hautes-Alpes, depuis le xviiie siècle. En 1720, il y avait encore à la ménagerie de Florence un ours pris sur le *monte Orsajo*, près de Pontremoli en Toscane. (Voir Magné de Marolles.)

(2) *Fortunat. carm.*, lib. VII. — Voir ci-dessus, § 2.

(3) Voir ci-dessus, liv. I.

Il est possible que ces ours fussent conservés et multipliés artificiel-

XIIe siècle, se voit obligé de demander aux moines de Guignes un volume des lettres de saint Augustin, parce qu'un ours trop studieux, ayant pénétré dans une des cellules de l'abbaye de Cluny, s'est permis de dévorer l'exemplaire sur parchemin de cette abbaye (1).

Dans les Vosges, les ours n'étaient point rares au XVIIe siècle.

D'après les règlements de la prévôté d'Arches (2), « toutes et quantes fois qu'aulcuns subjects de la dicte prévosté prennent quelques cerfs, sangliers, *ours*, ils sont tenus de payer au recebveur du chasteau d'Arches pour et au nom de Son Altesse (le duc de Lorraine), sçavoir : d'ung *ours*, la teste et l'une des pattes de devant (3). »

En 1607, les habitants de Gérardmer (4), voyant leurs troupeaux décimés par les loups, ours et autres bêtes sauvages, sollicitèrent du duc de Lorraine l'autorisation de chasser ces déprédateurs sans payer la redevance habituelle au prévôt d'Arches (5). Les ours se maintinrent longtemps dans le massif de montagnes boisées qui couvre une partie des arrondissements de Remiremont et de Saint-Dié. Le dernier de ces er-

---

lement pour les plaisirs des Empereurs francs, comme au XVIIIe siècle on voit les princes allemands avoir des *parcs à ours* (*Bærengarten*) pour cet usage. (Voir Ridinger.)

(1) *Dissertations sur l'histoire ecclésiastique*, par l'abbé Lebœuf, t. II. — *La France au temps des croisades*, t. III.

(2) A 10 kilomètres d'Épinal (Vosges).

(3) *Illustration*, t. XVIII.

(4) Petite villle du département des Vosges.

(5) Lepage et Charton, *Département des Vosges*, t. II.

mites à l'épaisse fourrure fut tué dans les bois de Remiremont en 1709 (1). La *description topographique et médicinale de la Vosge* (1777), citée par Magné de Marolles, nous apprend qu'il en avait été tué récemment dans les forêts du Val-Saint-Dié et de Bussang, mais qu'il n'en existait plus dans ces cantons.

A cette époque, l'ours ne se rencontrait plus que dans les plus hautes montagnes du Dauphiné et du Bugey, dans celles qui séparent la Franche-Comté de la Suisse, et dans les Pyrénées.

Ces animaux étaient surtout assez communs en Dauphiné, dans les bois du Villar de Lans, de la Ferrière, de Palanfrey et de Saint-Barthélemy, à peu de distance de Grenoble, et dans la forêt de la Grande-Chartreuse. Il s'en voyait aussi, mais moins fréquemment, dans le pays d'Oysans, à 5 ou 6 lieues de Grenoble (2).

Dans les Pyrénées, les cantons qu'ils fréquentaient le plus étaient les forêts montagneuses des environs de Bagnères-de-Bigorre et de Cauteretz, et celles qui avoisinent Bagnères-de-Luchon, dans le Comminges (3).

Depuis la fin du xviiie siècle, la destruction des forêts et la guerre acharnée qu'on leur fait ont rendu

---

(1) *Histoire des moines d'Occident*, t. II.

(2) Suivant une tradition rapportée par Chorier (*État politique de la province de Dauphiné*, Grenoble, 1671), deux bûcherons de la vallée de Quint (Drôme) furent anoblis en 1447 par Louis XI alors Dauphin, pour lui avoir sauvé la vie, comme il chassait l'ours dans la forêt de Malatra près d'Ambel.

(3) Magné de Marolles.

les ours rares partout, principalement dans le Jura (1).

Cependant il n'est guère d'hiver où l'on n'en tue quelques-uns dans les Alpes ou dans les Pyrénées (2).

Les ours de France appartiennent tous à l'espèce de l'ours brun (*ursus arctos*) ou à la variété de cette espèce que les naturalistes ont appelée l'ours des Pyrénées (*ursus pyrenaicus*) (3). Ceux-ci, plus petits, ont le poil blond et les pattes noires (4).

L'ours, c'est Buffon qui le dit, est non-seulement sauvage, mais solitaire. Il n'est féroce qu'à son corps défendant et carnassier que par nécessité. Il faut cependant avouer qu'une fois sorti de son régime frugal il se livre à de furieuses orgies carnivores (5), mais jamais il ne se jette sur l'homme qu'en cas de légitime défense.

Il a couru quelquefois des bruits étranges sur la moralité de l'ours, malgré la gravité tant soit peu

---

(1) En Allemagne ils ont aussi disparu de presque toutes les forêts de plaine et même d'une partie des montagnes.

(2) Jean Latapy, de Cauterctz, en était, il y a quelques années, à son vingt-septième ours; il en avait tué treize à lui tout seul. L'auteur des *Alpes et Pyrénées* est garant de ce fait, que je tiens également de la bouche de Latapy.

(3) Les deux variétés paraissent exister ou avoir existé dans les Pyrénées. Gaston Phœbus affirme que « ours sont de deux conditions, les uns grans de leur nature, et les autres petis de leur nature, pour quant qu'ils soient vieuls. »

(4) Nos aïeux croyaient, comme les anciens, que les oursons naissent informes et sans vie, mais leur mère *haleine* si fort sur eux et *les eschaufe et lèche* de sa langue *qu'elle les fait revivre*. (G. Phœbus, *De l'ours et de toute sa nature.*)

(5) Buffon croyait l'ours brun féroce et carnassier; il est reconnu aujourd'hui qu'il vit habituellement de racines et de fruits sauvages, surtout de *raisins d'ours* (baies de myrtille) et de framboises sauvages dans la saison. Sur les ravages causés par les ours dans les troupeaux pendant l'hiver, voir *les Alpes*, par M. de Tschudi.

bourrue de son humeur. Un livre assez rare, imprimé à Lyon et à Paris en 1614, nous a conservé la singulière histoire d'un ours qui se serait rendu coupable, non-seulement d'anthropophagie, mais encore de déportements de la nature la plus extraordinaire (1). L'auteur pudibond de cet opuscule déclare que ses cheveux se dressent quand il y pense, et que *sa voix attachée à son palais, lorsqu'il vient à penser de proférer des paroles si exécrables, demeure au dedans sans pouvoir former ses accents effrayez,* tant il est révolté de la *lubricité plus que monstrueuse* de *cette beste inhumaine.*

Cet ours, probablement dépravé par l'esclavage (2), sut longtemps se soustraire aux poursuites des gentilshommes du Forez, où il exerçait ses ravages, et qui le traquèrent en vain avec cinq ou six cents paysans. Il fut enfin tué par le capitaine La Halle, de Saint-Étienne de Furens, *homme duit à tel exercice et grand chasseur*, qui l'abattit à coups d'arquebuse, non sans péril de sa vie (3). « Heureux et généreux athlète,

---

(1) *Histoire prodigieuse d'un ours monstrueusement grand et espouuantable, tuant et deuorant tout ce qu'il treuuoit deuant luy et violant femmes et filles au pays de Forests : qui fut tué par le capitaine La Halle de Sainct Estienne de Furant, au bois de la Trappe, près Sainct Geny de Mallefaut* (sic). — A Paris, chez Joseph Guerreau et Joseph Boüellerot, rue Bouchère, à l'Estoille couronnée, 1614. — Jouxte la coppie imprimée à Lyon. — Réimprimée dans le *Journal des chasseurs*, VIIIe année.

(2) On le croyait échappé d'une abbaye ou de la maison d'un gentilhomme du pays.

(3) S'étant mis aux trousses du monstre avec un *abayeux* (aboyeur), La Halle le blessa plusieurs fois avec son arquebuse chargée de *balles carrées* sans pouvoir l'arrêter. La bête vint tenir au ferme dans les

s'écrie l'auteur anonyme, d'avoir si généreusement triomphé d'un tel monstre et abattu ceste peste, affranchissant le pays de ses ravages coustumiers et s'acquérant, par ce moyen, une gloire immortelle que la mémoire célébrera à jamais (1). »

Les chamois, appelés *isards* dans les Pyrénées, étaient encore très-abondants naguère dans ces montagnes et dans les Alpes dauphinoises. Les princes Dauphins, au XIVe siècle, en avaient laissé la chasse aux paysans de leurs États moyennant redevance. Gaston Phœbus les décrit sous le nom de *boucs ysarus*, et le capitaine Dompjullien de Montélimart, ayant le premier gravi le sommet escarpé du mont Aiguille ou *mont Inaccessible*, ne manque pas d'annoncer au président du parlement de Grenoble qu'il y a trouvé *belle garenne de chamois, lesquels n'en pourront jamais sortir* (2). Le Dauphinois Vulson de la Colombière vante l'agilité des chamois de son pays natal et nous

Le chamois.

---

bois de la Trappe, près Saint-Genest-Malifaux, et attaqua avec une telle furie La Halle et un sieur Verney qui était venu à son aide, qu'il leur fallut monter sur des arbres. De là ils épuisèrent leurs munitions sur l'ours sans l'achever; après avoir chargé leurs armes une dernière fois, l'un avec le *plomb de son boutefeu*, l'autre avec son tire-bourre, ils auraient été déchirés par la bête expirante sans l'arrivée de deux paysans qui l'assommèrent à coups de pioche et de hache. Il fallut encore que le greffier Corbon vint lui tirer un coup d'arquebuse à bout portant. Cet ours, peu délicat, avait huit pieds de long, quatre de hauteur et pesait sept ou huit quintaux.

(1) Quelques faits scabreux de même nature sont imputés à l'ours par Magné de Marolles et M. le vicomte de Dax (*Chasses et pêches du midi de la France.*)

(2) Lettre du 25 juin 1492. (*Magasin pittoresque*, septembre 1860.) Dompjullien ajoute : « Ils ont des petits avec eux de cette année, dont, jusqu'à ce que le Roy ait autrement ordonné, n'en veux point laisser prendre. »

apprend que son compatriote le connétable de Lesdiguières, *qui estoit né en un païs où ces animaux sont fréquents* et qui avait souvent vaincu les soldats du duc de Savoie *dans les lieux les plus scabreux* des Alpes, avait pris pour devise un chamois sautant d'un rocher sur une montagne avec ces mots : *habet pro vallibus Alpes* (1).

Du temps de Chorier (XVIIe siècle), la principale retraite des chamois en Dauphiné était la montagne de Donoluy, auprès de Rochecourbe, jusqu'à celle de Montziou, dans le Gapençois. Il en passait souvent dans ces lieux des troupes de cinquante et plus. « Ils marchent, dit l'historien du Dauphiné, sous la conduite d'un d'entre eux qui est à leur teste. Les chasseurs lui font toujours essuyer les premiers coups. Quand ils le tuent, les autres paroissent dans un si grand étonnement qu'il est aisé aux moins adroits d'en abattre plusieurs. »

A la fin du siècle suivant, il se trouvait encore beaucoup de chamois dans les montagnes du Dauphiné, principalement dans celles du val Gaudemar, de Malines, du Champsœur et du pays d'Oisans. Ils étaient moins nombreux dans le Trièves, le Diois, à la Gresse, au Villar de Lans, à Allevard, à Prémol.

Les isards étaient aussi très-communs dans les Pyrénées, depuis le Roussillon jusqu'au Béarn. Dans ces montagnes, où la chasse est moins difficile que dans les Alpes, parce qu'on n'y trouve presque pas

(1) *La Science héroïque.*

de glaciers, les paysans en faisaient des destructions prodigieuses, près desquelles les exploits des chasseurs de notre temps sont bien peu de chose. Ainsi, Magné de Marolles, très-bien renseigné sur toutes ces chasses exceptionnelles, affirme, sur le rapport de correspondants dignes de foi, qu'à Merens, près de la ville d'Ax, il y avait, en 1790, un homme appelé *Lou Barou* (Le Baron), qui avait tué plus de 700 isards, et à Auzats, village de la vallée de Vic-Dessoz (1), le fameux chasseur d'ours Joseph Naudy, surnommé *le Bavard*, en avait tué plus de 1,500. Il y eut, pendant plus de trente ans, dans cette localité, une boucherie toujours abondamment fournie de la chair de ces animaux.

« Le fait de 1,500 chamois tués par un seul homme, dit à ce propos Magné de Marolles, pourroit paroître exagéré à mes lecteurs si je n'y ajoutois une explication. Il y a quarante-deux ans que Joseph Naudy, dit *le Bavard*, fait le métier de chasseur de chamois, et il en a tué 37 à 40 chaque année l'un portant l'autre. Cet homme, le plus adroit chasseur du pays, est âgé de 59 ans. Il eut le malheur de se précipiter à la chasse au mois de septembre de l'année dernière (1790), se luxa le fémur, passa la nuit sur la place et ne fut secouru que le lendemain ; il resta estropié de cette chute. Notez qu'en ce pays tous les chasseurs de chamois ont un sobriquet, par lequel ils sont plus connus que par leur nom. »

Il n'existe pas de différence bien sensible entre

(1) Département de l'Ariége.

l'isard et le chamois des Alpes. Les chasseurs dauphinois prétendaient autrefois reconnaître deux races différentes de ces animaux : l'une, plus svelte, plus nerveuse, habitant les glaciers des grandes Alpes, l'autre plus chargée de chair, moins craintive, se tenant de préférence dans les forêts qui couvrent les pentes de la montagne (1). J'ignore si ces deux races sont encore distinguées aujourd'hui. Quant à la différence qu'un correspondant de Magné de Marolles semble vouloir établir entre les chamois à poil roux ou grisâtre et ceux presque noirs, il ignorait probablement que tous les chamois ont le poil grisâtre au printemps, roux en été, et qu'il devient, en décembre, d'un gris-brun très-foncé, qui peut même passer au noir (2).

C'est, du reste, un charmant animal qui tient dignement sa place dans le genre des antilopes dont il est le seul représentant dans l'Europe occidentale (3). Sa forme est élégante, ses yeux grands et vifs ; ses cornes, noires, luisantes et aiguës peuvent atteindre 7 ou 8 pouces ($0^m,18$ à $0^m,21$) de longueur. Elles sont droites jusqu'auprès de l'extrémité et se recourbent brusquement en arrière (4).

Les chamois possédaient, au dire des anciens auteurs, des propriétés naturelles fort extraordinaires. Leur sang avait les mêmes vertus que celui du bou-

---

(1) Magné de Marolles.

(2) Tschudi.

(3) L'antilope *saiga* se trouve dans les steppes de la Russie méridionale et de la Moldavie.

(4) Et non en avant, comme le disent à tort quelques auteurs.

quetin. On trouvait dans leur estomac des *bézoards*, qui guérissaient de tous les maux et garantissaient même des arquebusades (1). Ils savaient, dans l'occasion, se suspendre par les cornes et exécuter ainsi des bonds incroyables (2).

Dans la réalité, ils n'ont guère besoin de cette gymnastique surnaturelle pour accomplir de véritables miracles d'agilité et de vigueur. C'est un jeu pour eux de franchir des crevasses de 5 à 6 mètres de large, d'atteindre d'un seul bond le sommet d'une muraille de rochers de 4 mètres ou de descendre les parois à pic d'un précipice (3). Aussi leur chasse, comme celle du bouquetin, est-elle très-difficile, très-pénible, et exige-t-elle beaucoup d'adresse, de vigueur et de patience de la part du chasseur.

Les moyens employés pour faire la guerre à ces deux espèces d'animaux, aussi lestes que défiants, ont toujours été les mêmes. Quoique déclarant que leur chasse n'est pas de *trop grant mestrise*, Gaston Phœbus nous apprend que de son temps on faisait aux *boucs sauvages* des Pyrénées l'honneur d'assez grands préparatifs. Huit jours à l'avance, on plantait des haies et l'on tendait des panneaux au devant des passages dangereux où les chiens auraient couru risque de se pré-

(1) Scheuchzer, cité par Tschudi.

(2) Gaston Phœbus dit encore que, lorsque les *ysarus* veulent se gratter les cuisses avec leurs cornes, « aucunes fois ils boutent si fort qu'ils se les metent par les fesses et ne les peuvent rassachier (retirer) pource qu'elles sont revirées (recourbées) et picotées et einsi tombent et se rompent le col moult souvent. »

(3) Tschudi.

cipiter; dans les endroits où il était impossible de prendre ces précautions, étaient postés des hommes qui devaient *jeter des pierres d'arbalestes* pour les empêcher de gagner les roches impraticables, ou les tuer avec leurs traits s'ils ne pouvaient les arrêter autrement. Ces dispositions faites, les *boucs* étaient quêtés et détournés avec le limier comme des cerfs. Il suffisait de découpler au laisser courre dix ou douze chiens de meute, et de placer quatre relais de quatre chiens chacun dans les défilés de la montagne. Les boucs, repoussés des sommets, finissaient par battre les eaux et par s'y laisser prendre. Cette chasse avait des charmes médiocres pour les véritables veneurs, parce qu'on ne pouvait suivre ses chiens ni à pied ni à cheval (1).

Dans les planches du *Theuerdanck* (1517) et dans celles de Stradan (2), on voit représentée une chasse aux chamois assez extraordinaire. On traquait ces animaux et on les forçait de se réfugier sur une pointe de rocher où ils étaient bloqués de façon à ne leur laisser aucune issue. Les chasseurs pouvaient alors les approcher assez pour les atteindre avec de très-longues lances et les faire tomber dans le précipice. Cette chasse, pratiquée fréquemment par l'empereur Maximilien, dans les montagnes du Tyrol, suppose

---

(1) G. Phœbus: *Ci devise comment le veneur doit chassier et prendre le bouc sauvaige.*

(2) *Venationes ferarum, avium, piscium, etc., depictæ à Joanne Stradano, editæ à Philippo Gallæo, carmine illustratæ à C. Kiliano Dufflæo* (fin du XVIe siècle).

que les chamois étaient alors bien moins défiants et moins farouches qu'aujourd'hui. On se servait, dès lors, de crampons pour gravir les rochers escarpés (1).

Des piéges ou traquenards étaient aussi employés contre les chamois. On les tendait sur quelque corniche étroite de rochers longeant un précipice ; le piége, attaché à une corde, s'amarrait à un pieu. Le chamois se prenait par le pied, essayait de s'enfuir avec le piége, culbutait dans le précipice et restait suspendu. Au siècle dernier, M. de Saussure vit encore, près de Chamouni, des pieux qui avaient servi à cet usage, mais on ne les employait plus depuis longtemps. Le nombre des chamois ayant considérablement diminué, les chasseurs, obligés de venir de loin et de gravir à une grande hauteur pour visiter leur piége, avaient trouvé qu'ils n'étaient pas assez souvent récompensés de leurs fatigues (2).

De tout temps la méthode la plus usitée pour chasser bouquetins et chamois fut le tir à l'arbalète, à l'arquebuse et au fusil (3).

Le mouflon.

L'île de Corse est le seul point du territoire français où se trouve le mouflon. Cet animal, dans lequel plusieurs naturalistes ont voulu trouver la souche de nos

---

(1) Maximilien resta un jour suspendu la tête en bas après les crampons d'un de ses souliers. Ces crampons sont aussi représentés par Stradan.

(2) Magné de Marolles. Ces piéges se nomment *talaux* en patois savoyard. — Les braconniers en font encore quelque usage. Voir une série d'excellents articles sur les chasses de montagnes, intitulés *Alpes et Pyrénées*, signés *Gastibelza* et publiés par le *Journal des chasseurs*, XXIe année.

(3) Voir le livre VIII, § 4.

moutons domestiques (1), était connu des anciens sous les noms d'*ophion* et de *musmon*. Les Corses le nomment *muffolo* et les Sardes *mufione*. Il existe encore des mouflons dans l'île de Sardaigne, dans la Turquie d'Europe, dans quelques îles de l'Archipel et dans les montagnes du royaume de Murcie. Le vieux naturaliste Belon, qui avait vu un mouflon dans l'île de Crète, le décrit comme semblable en pelage au *bouc-estain*, ayant les cornes *entorses* comme un bélier, le museau, le devant du front et les oreilles *de mouton*, les fesses blanches et la queue noire. Les crins des épaules et du cou étaient longs et noirs, et formaient une espèce de barbe et de crinière (2); les narines étaient noires et le museau blanc.

En 1738, peu de temps après le débarquement des troupes françaises en Corse, le duc de Luynes, rencontrant à Versailles M. de Lussan qui arrivait de ce pays, l'interrogea sur les chasses de l'île. « Il n'y a point de chevreuils, lui répondit ce gentilhomme, mais un animal qui est plus petit que le chevreuil, le pied fait comme une chèvre, les cornes recourbées, de manière qu'ils ne peuvent faire de mal, et qui s'apprivoisent (sic) fort aisément. »

Le duc, qui avait oublié le nom de cet animal, quoique M. de Lussan le lui eût appris, ajoute qu'au

(1) C'était l'opinion de Buffon et de Cuvier. Quelques zoologistes modernes croient que le mouton est plutôt descendu de l'*argali* (*ovis argali*) ou d'une autre espèce de mouton sauvage, encore peu connue, qui habite les montagnes du Népaul. Ces deux espèces ont, du reste, la plus grande analogie avec le mouflon.

(2) Le mouflon n'a ces longs poils qu'en hiver.

dire de celui-ci, il est bon à manger, qu'il a la chair plus noire que le chevreuil et un goût différent (1).

Le mouflon a toutes les habitudes du bouquetin, quoique son intelligence soit très-inférieure. Comme lui, il habite le sommet des montagnes les plus escarpées, et Pietro Cirneo, chroniqueur corse du xve siècle, lui attribue de même l'habitude de se lancer la tête la première dans un précipice, amortissant sa chute avec ses cornes dures et épaisses. Quoi qu'il en soit, c'est un animal très-agile et très-défiant.

Du temps de Cirneo on chassait quelquefois le mouflon avec des chiens. A l'époque où écrivait Magné de Marolles, on avait à peu près renoncé à cette méthode de chasse, et les montagnards corses chassaient le mouflon au fusil, en se servant, pour l'approcher, des mêmes ruses qu'employaient contre les bouquetins et les chamois les chasseurs du continent.

Buffon croyait, en 1774, que cette espèce avait été détruite entièrement en Corse pendant les *grands mouvements de guerre* qui s'étaient récemment passés dans cette île.

Quelques années plus tard, Magné de Marolles dit qu'elle ne se trouve pas, à beaucoup près, dans toutes les hautes montagnes de la Corse et de la Sardaigne, et que le mouflon n'y est pas bien commun, puisque, dans cette dernière, il ne s'en tue au plus qu'une centaine par an.

(1) *Mémoires* du duc de Luynes, t. II.

Ils paraissent s'être fort multipliés depuis. Le livret des chasses du Roi Charles X pour l'année 1826, qui donne l'état du fauve existant dans les forêts de France, porte qu'il existait alors en Corse 2,244 *muffolis*. J'ignore absolument comment l'administration avait pu arriver à fixer si exactement le chiffre de ces animaux défiants et farouches, qui n'habitent que les parties les plus inaccessibles de la montagne.

La marmotte.

La marmotte vit en petites troupes sur les montagnes les plus élevées du continent européen. Elle est assez commune dans les Alpes dauphinoises et savoisiennes. On assure qu'il s'en trouve aussi quelques-unes dans les Pyrénées.

Cette bête a, selon Buffon, la tête, le nez et les lèvres comme un lièvre, le poil et les ongles du blaireau, les dents du castor, la moustache du chat, les yeux du loir, les pieds de l'ours, la queue courte et les oreilles tronquées.

La marmotte est célèbre par ses talents chorégraphiques et par son sommeil léthargique qui dure depuis le mois de décembre jusqu'en avril. Elle sait creuser avec beaucoup d'industrie des terriers à deux issues en forme d'Y, et y amasse pendant la belle saison des provisions de foin et de mousse qui lui servent de lit pendant l'hiver.

C'est dans cet asile que les montagnards des Alpes, qui sont très-friands de la chair des marmottes, malgré son odeur forte, vont les déterrer pendant l'hiver, en marchant sur la neige à l'aide de planches ajustées sous leurs souliers en guise de raquettes.

L'été, on les tire au fusil ou on leur tend des

piéges (1). En somme, c'est une vilaine chasse, essentiellement *cuisinière* et de *peu de maistrise*, comme auraient dit nos ancêtres (2). Cependant on voit, dans la vie de Maximilien (sous le nom du *Roi Blanc*), que cet impitoyable chasseur ne dédaignait pas de s'y livrer; il n'est pas dit de quelle manière (3).

Le lièvre blanc.

Le lièvre blanc, plus convenablement appelé lièvre changeant (*lepus variabilis*) (4) est une espèce distincte du lièvre ordinaire dont elle diffère par son genre de vie et quelques détails de conformation.

Ce lièvre est plus agile et moins craintif que son congénère; sa tête est plus ronde, son front plus convexe, son museau plus court. Les oreilles sont aussi moins longues et les mâchoires plus larges. Il a les tarses postérieurs plus allongés, la plante des pieds plus velue, et ses doigts, plus séparés, sont munis d'ongles longs et aigus qui lui facilitent l'escalade des pentes abruptes de la montagne. Les yeux sont d'une nuance plus foncée et sa taille plus petite que celle du lièvre commun.

Pendant l'été, le lièvre changeant est d'un gris brun olivâtre avec le ventre d'un blanc pur. Aux premiers froids, les poils gris tombent et sont remplacés par une fourrure d'une blancheur éclatante; la queue même est entièrement blanche, la pointe des oreilles

---

(1) Magné de Marolles.

(2) La chasse des marmottes en hiver est actuellement défendue dans la plus grande partie de la Suisse.

(3) *Der Weiss Kunig.*

(4) Les montagnards du Dauphiné le nomment *blanchon.*

seule reste noire. Au printemps, les longs poils du col, de la tête et du dos deviennent bruns, et tout le pelage, d'abord bigarré de gris et de blanc, finit par reprendre une teinte foncée uniforme (1).

Cette espèce est répandue dans le nord de l'Europe, sur le versant septentrional des Alpes et sur les sommités les plus élevées du Jura. Nous en avons quelques-uns en Savoie et en Dauphiné; les Pyrénées n'en possèdent point.

§ 2. LES BÊTES FAUVES : LE CERF, LE DAIM, LE CHEVREUIL.

Le cerf.

Parmi les hôtes de nos bois, la préséance appartient, sans conteste, au noble cerf (2), la bête royale par excellence, l'honneur de nos vieilles forêts, menacées de perdre bientôt leur monarque à la majestueuse ramure.

Dans ces âges inconnus qui ont précédé les temps historiques, les cerfs étaient répandus en grande abondance sur tout notre territoire. Il existait alors plusieurs races ou variétés de l'espèce (3); les unes d'une taille énorme, les autres plus petites que nos cerfs communs (4). Des cerfs barbus, d'une grandeur

---

(1) Tschudi. — Magné de Marolles.— D'après ce dernier, la chair du lièvre variable est moins noire et moins savoureuse que celle du lièvre commun, « et cela est si connu en Dauphiné, qu'à Grenoble les rôtisseurs estiment ce lièvre un tiers de moins. »

(2) *Edler Hirsch* des Allemands, *royal Stag* des Anglais.

(3) Sans compter, bien entendu, les daims et les chevreuils.

(4) Sans doute une variété analogue aux petits cerfs de Corse, dont la hauteur n'est guère que de la moitié de celle du cerf ordinaire. (Voir Buffon, art. *Cerf*.)

colossale, parcouraient encore les forêts voisines du Rhin, du temps des Rois Francs. C'étaient de formidables animaux, et les chefs germains n'étaient guère moins fiers d'en abattre un que de terrasser un élan ou un bison (1).

Il est souvent question de cerfs blancs dans nos vieux romans de chevalerie. S'il faut les en croire, les veneurs assez heureux pour s'emparer d'un de ces nobles animaux avaient le privilége envié d'offrir sa tête à la plus belle et d'en requérir un baiser comme guerdon.

De nos jours, on ne voit plus de cerfs blancs que dans quelques parcs d'Allemagne, où l'on en conserve précieusement la race, comme objet de grande curiosité (2).

Sous Louis XV, des cerfs à museau et à pieds blancs s'étaient multipliés dans les bois qui entourent Versailles, et cette race s'était étendue jusque dans la

---

(1) Voir les *Niebelungs*, XVIe aventure. Les anciens Allemands donnaient à ces cerfs le nom de *schelch* ou *louches*. Quelques naturalistes pensent que ces cerfs gigantesques, dont on a retrouvé les bois en plusieurs lieux, étaient les derniers survivants de l'espèce antédiluvienne du *cervus megaceros*. Ce pouvaient être aussi des animaux appartenant à la race au pelage très-foncé, ayant de longs poils sous la gorge et sur l'encolure qui se trouvait encore au siècle dernier dans le Bœhmerwald et dans les grandes forêts de la Belgique (*Brandhirsche* ou *cerfs brûlés* des Allemands, *cerfs des Ardennes* des Français). Il existait aussi dans les monts Altaï, en Sibérie, de très-grands cerfs que les Cosaques nommaient *maralis*. (Pallas, *Voyages en Russie et en Sibérie*.)

(2) J'ai vu en 1850 sept ou huit cerfs et biches entièrement blancs dans le parc royal de Moritzburg, près de Dresde. Il est plusieurs fois question de cerfs blancs dans le *Journal de Toudouze*. Rien n'indique s'il a voulu parler de cerfs entièrement blancs ou de cerfs à tête et à pieds blancs. (Voir aux Pièces justificatives.)

forêt de Fontainebleau, grâce aux soins du Roi, qui avait défendu qu'on en chassât. Les cerfs ainsi marqués étaient moins vigoureux que les autres ; ils avaient les pieds plus gros, la sole blanchâtre, le corsage épais. Dès le règne suivant, le nombre en avait beaucoup diminué. En 1788, il n'en restait plus que quelques animaux dégénérés (1).

L'espèce du cerf était autrefois commune dans toute la France, jusque dans des contrées où elle est aussi inconnue aujourd'hui que celle de l'élan ou de l'aurochs.

Le fameux Jean Chandos perdit un œil en chassant le cerf dans les landes de Bordeaux (1364).

Gaston Phœbus parle du cerf comme d'une bête assez commune dans ses états de Foix et de Béarn. D'anciennes chartes du pays de Comminges nous apprennent que les habitants des vallées voisines de

---

(1) D'Yauville, *Du cerf*, ch. IV : « On a vu, pendant neuf ou dix ans de suite, à Fosse-Repose, près Versailles, un cerf qui avoit la face et les quatre pieds blancs. Il venoit de la Haute-Forêt ou des bois de Boissy. On l'a vu plusieurs fois passer et repasser la rivière près de la machine de Marly. On ignore quelle a été sa fin. On sait seulement qu'il étoit boiteux la dernière fois qu'on l'a vu. Le Roi Louis XV n'a jamais voulu qu'on le chassât afin de conserver cette race. »

Dans les registres des chasses de Louis XV, on trouve que la grande meute prit, à Rambouillet, le 4 août 1751, « un cerf à sa troisième teste, qui avoit le nez blanc et une jambe de moins. » Le 13 avril 1756, à Fosse-Repose, des chiens séparés menèrent un cerf à sa seconde tête *à nez blanc*, dans le petit étang de Ville-d'Avray *où il se noya tout seul*. — Il est parlé plusieurs fois, dans le *Journal des chasses de Chantilly*, de cerfs et biches à têtes blanches, lâchés dans le parc d'Apremont et les bois environnants. Quelques-uns de ces animaux se sont conservés jusqu'à nos jours dans ce parc. — En 1817, il existait des cerfs à tête et pieds blancs dans le parc de Stains, près Saint-Denys. (*Dictionnaire des environs de Paris.*)

Bagnères-de-Luchon, et ceux de Bagnères même, pouvaient occire des cerfs, à condition de faire hommage au Comte « ès-parts qui lui compètent, à sçavoir la jambe gauche du cerf (1). » Ceux de la vallée d'Argelez devaient même hommage à l'abbé de Saint-Savin (2).

Les cerfs abondaient tellement dans la grande forêt de Vaur en Lauragais, que les habitants de Revel et de la sénéchaussée de Toulouse sollicitèrent et obtinrent, en 1357, la permission de leur donner la chasse (3). Au XVIe siècle, il existait encore des cerfs dans les environs de Castres, mais ils commençaient à devenir rares dans toute la province de Languedoc (4).

En Provence, dans ce pays où les palombes et les grives passent aujourd'hui pour du gros gibier, les environs de Sisteron étaient dévastés, en 1377, par une multitude de cerfs et d'autres bêtes fauves (5). Les statuts du Comtat Venaissin, cités plus haut, témoignent de l'existence de ces animaux dans le pays au XVIe siècle.

Montaigne chassait le cerf en Périgord à la même époque.

Nos crédules aïeux attribuaient au cerf mille propriétés naturelles plus extraordinaires les unes que les autres.

---

(1) Dr Lambron.

(2) Ducange, v° *Singularis*. Du temps de Buffon, il y avait plus de deux siècles que les cerfs avaient disparu des Pyrénées.

(3) *Histoire des grandes forêts*, par M. Alfred Maury. — Il y en avait en Béarn l'an 1397.

(4) Borel, *Antiquités de Castres*, 1649.

(5) Laplane, *Histoire de Sisteron*, t. I. — A. Maury, *ubi sup.*

Tous les ans, le cerf se rajeunissait en dévorant des serpents, dont le venin agissait homéopathiquement sur son organisme (1). Pour en contre-balancer les effets, il mangeait ensuite des écrevisses, et, grâce à ces procédés hygiéniques, on le voyait atteindre une vieillesse extraordinaire. Phœbus dit modestement qu'il peut bien vivre cent ans. Mais, lorsque les veneurs de Charles VI eurent pris, dans la forêt de Senlis, ce grand cerf qui portait un collier de métal doré, avec la fameuse inscription : « *Hoc me Cæsar donavit* (2). » personne ne mit en doute que cet animal n'eût été chassé quatorze cents ans auparavant par Jules César lui-même, et ne s'avisa de penser que les Empereurs allemands se donnaient en latin le même titre que les Césars de Rome (3).

Toutes les parties du corps du cerf jouissaient de vertus merveilleuses, qu'on trouve longuement énumérées dans nos vieux auteurs (4).

---

(1) Cette fable remonte jusqu'à Pline. (*Lib.* VIII.)

(2) Cette histoire est racontée par tous les chroniqueurs. Fontaines Guérin la rapporte en ces termes :

> Et dit-on pour certain qu'on vit
> Du temps trespassé un cerf prandre
> Qui avoit, comme on donne entendre
> A son col un collier doré
> Bien lettré et bien labouré.
> Et avoit desus en escript....
> « Des cerfs Julius César sui. »

(3) On montre, à la cathédrale de Lubeck, une peinture à fresque représentant un cerf lâché par Charlemagne avec un collier portant la date de sa mise en liberté, et repris 4 ou 500 ans plus tard à la place où s'élève aujourd'hui l'église. (Théoph. Gautier, *Esquisses de voyage.*)

(4) Voir tous les anciens traités, principalement Gaston Phœbus, le

La *corne guérissait autant de maladies.*

> Que de fois on la voit sur le haut de son front
> Renaistre tous les ans faisant un nouveau tronc (1).

La *corne* gauche possédait surtout les vertus les plus efficaces, mais l'animal rancunier avait soin, quand il mettait bas sa tête, de cacher cette partie de son bois, pour en priver ses persécuteurs (2).

Le cerf avait dans le cœur *un os qui portait médecine* (3). Cet os ou cartilage s'appelait *la croix du cerf;* il passait encore, au XVIIIe siècle, pour guérir les palpitations de cœur (4), particulièrement chez les femmes enceintes.

La moelle et le suif du cerf étaient fort bons contre les *gouttes venues de froides causes.*

Nous pourrions prolonger à l'infini cette énumération des propriétés médicinales du cerf, auxquelles le judicieux Leverrier de la Conterie croyait encore fermement en plein dix-huitième siècle.

Nous regrettons d'être obligé de reléguer au rang

Trésor de Vanerie, du Fouilloux, la *Chasse royale*, Salnove, d'Yauville.

(1) *La complainte du cerf à Monsieur du Fouilloux*, par Guillaume Bouchet.

(2) *La Chasse royale.* — Ce conte était tiré d'Aristote et de Pline.

(3) Gaston Phœbus.

> « Car chascun an ainsy avient
> Que l'os du cuer du cerf devient,
> Le jour de saincte Crois croisé. »
> (*Trésor de Vanerie.*)

(4) D'Yauville. — Quelques bonnes femmes de village croient encore à ses vertus. (Voir *les Chasses de Charles X*, par M. E. Chapus.)

des fables, avec toutes ces vertus pharmaceutiques, les poétiques larmes du cerf aux abois. « C'est sans fondement, dit d'Yauville, autorité irrécusable en pareille matière, que l'on prétend que le cerf pleure quand il est près d'être pris; il crie de la douleur que lui font les morsures des chiens, mais il ne pleure pas. »

Nos plus anciens auteurs contiennent des observations très-exactes sur les phénomènes qui signalent la chute et le renouvellement annuels des bois du cerf. Les noms appliqués aux différentes parties de ce bois étaient, dès le XIVe siècle, à peu près les mêmes qu'aujourd'hui. « Le premier cor qui est auprès des *meules* (1), dit Phœbus, s'apelle *antoillier*, et le second *sur-antoillier*, et les autres *chevilleures* ou cors. Et ceulx du bout de la teste s'apellent *espois* (2). Et quand il est de deux, il s'apelle *fourchié;* et, quand il est de trois ou de quatre, il s'apelle *troncheure* (3); et, quand il est de cinq ou de plus, il s'apelle *paumeure*; et, quand il est tout autour dessus chevillé comme une couronne, il s'apelle *couronnée.* »

Les termes sont identiques dans du Fouilloux, sauf de légères différences d'orthographe. Le veneur Poitevin ajoute que ce qui porte les *andoilliers*, chevilleures et espois, se doit nommer *perche* (4). Les petites

---

(1) *Meule*, « la racine de la corne du cerf. » (Du Fouilloux.)

(2) « Et tout corn de cerf se puet conter puis que (pourvu que) on y puet pendre un esperon et autrement non. » (G. Phœbus.)

(3) *Trouchures, trochures*, espois « plantés en la sommité, tous d'une hauteur, en la forme d'une *trochée* de poires ou de nouzilles (noisettes). » (Du Fouilloux.)

(4) *Perche* ou *merrain*. — Guillaume de Tuisy nous a conservé les termes un peu différents dont se servaient les veneurs anglo-nor-

fentes qui sont le long de la perche se nomment *gouttières*. « Ce qui est sur la crouste de la perche se nomme *perlure*, mais ce qui est autour de la meule en forme de petite pierre, *pierrure*. »

L'histoire de la vénerie a conservé le souvenir de quelques biches portant bois. Dans le pays de Galles, raconte l'archevêque Baudoin de Cantorbéry, un veneur perça d'une flèche une biche qui avait, *contre la coutume, des bois de douze ans, de la grosseur de ceux du mâle*. Ce phénomène fut considéré comme de mauvais augure et le chasseur mourut dans l'année (1).

Du temps de Gaffet de la Briffardière, on montrait encore, au château de Malherbe, la figure d'une biche, portant huit andouillers, qui avait été prise pour cerf par la meute de Charles IX, au grand dépit de ce prince (2).

Les habitants primitifs de la Gaule avaient fait grand usage de bois de cerf pour leurs armes et leurs outils. Le moyen âge et les siècles suivants le recherchèrent pour en fabriquer des meubles ou des ustensiles élégants ou bizarres. Les princes et les grands seigneurs se plaisaient à réunir dans leurs châteaux les bois des cerfs qu'ils prenaient à la chasse, ou ceux qui offraient quelques particularités remarquables, et

---

mands : La *porche*, l'*auntilor*, le *réal*, le *souz real*, la *forche* et la *troche*.

(1) Texte cité par E. Blaze, *La chasse au chien courant*, t. II.

(2) *Nouveau traité de vénerie*. — « Les veneurs l'ayant détournée...... l'un la vit pisser de si près, qu'il la jugea être une biche comme il n'en pouvoit douter. » Ce veneur fut cassé pour n'avoir pas fait part à son compagnon de quête de cette observation.

en formaient des galeries (1). Louis XII fit apporter au château d'Amboise les belles têtes de cerfs qui étaient à Mehun-sur-Yèvre, et *d'autres testes par-deça* (2). Ce fut probablement aussi sous son règne que la chapelle de Saint-Hubert, dans le même château, fut décorée d'une tête de cerf gigantesque, admirablement sculptée en bois, dont on peut encore contempler les débris (3), et qui a eu l'honneur d'être chantée par La Fontaine :

Quand bien ce cerf auroit été
Plus ancien qu'un patriarche
Tel animal en vérité
N'eût jamais su tenir dans l'arche (4).

François Ier fit venir en bateau, du Louvre au port de Ballevin (Valvins), près Fontainebleau, et de là, *par charroi*, audit château, *certaines testes et pieds de cerfs* (5).

Henri IV construisit, au même château de Fontainebleau, la fameuse galerie des cerfs, aujourd'hui détruite. Elle était ornée de *ramures de cerfs placées*

---

(1) Il existe encore de ces cabinets en Allemagne, notamment à Moritzburg et à Rastadt.

(2) *Inventaire des armures du château d'Amboise* (1499), publié par M. Leroux de Lincy.

(3) Voir un article d'Élzéar Blaze dans le *Journal des chasseurs*, VIIe année.

(4) *Relation d'un voyage de Paris en Limousin, lettre à Mme de la Fontaine.* — Louis XII fit aussi faire pour son château de Blois, par Antoine Juste, la figure d'une *biche* en cire, *estoffée et peinte des couleurs nécessaires*, d'après un *cerf à 24 cors* que le marquis de Bade avait pris ; cette biche, qui subsista plus d'un siècle, avait coûté 42 l. t. (*Histoire du XVIe siècle*, par P. L. Jacob.)

(5) Comptes de François Ier. — Voir aux Pièces justificatives. — Le grand veneur François de Guise faisait aussi recueillir les *mues* de cerf et *massacres* extraordinaires trouvés dans ses forêts.

sur des massacres ou simulacres en bois ou en plâtre de têtes de ces bêtes fauves, entourés de feuillages dorés (1). Ce monarque avait toujours été curieux de têtes bizarres. D'Aubigné raconte, dans ses mémoires, « qu'en l'an 1577, le Roi ayant pris entre la forêt de Thouvoie et le parc, un grand cerf qui, au lieu d'une des branches de sa teste, avait son endouillier retroussé en la meulle, en forme d'un vase, à l'autre ramure on pouvoit dire qu'il portoit dix-huict mal semé (2), il s'eschauffa longtemps à louer cette teste, à la considérer bien brunie, bien perlée, et à délibérer de l'envoyer jusques en Gascongne. Et puis, en retournant au parc pour faire la curée, il me disoit que cette rencontre devoit estre en son histoire ; et me conviant à l'escrire, je luy respondis trop fièrement, comme non content des actions passées : Sire, commencez de faire, et je commencerai d'escrire (3). »

On trouve, dans Tallemant des Réaux, que le poëte Racan s'exposa un jour à une réplique malséante de son valet, pour avoir voulu lui faire porter à cheval

---

(1) *Environs de Paris illustrés.*

C'était probablement pour l'ornement de cette galerie que la duchesse de Bar, sœur de Henri IV, voulait lui envoyer la tête d'un grand cerf chassé par son mari. (Voir plus haut.)

(2) On peut voir cités dans les auteurs divers exemples de ces têtes bizarres ou *bizardes* : « Ce que j'ay vû de plus singulier en ce genre, dit Gaffet de la Briffardière, est une tête qui n'avoit qu'une perche d'un côté et qui portoit huit endoüillers de l'autre, et une autre tête qui avoit trois perches. M. le duc de Montbazon, étant grand veneur de France, prit avec les petits chiens du Roy, dans la forêt de Dourdan, un cerf qui en portoit dix-huit ; il lui sortoit une grande dague audessous de la meule du côté droit, et il y avoit encore à cette dague une meule et des daguets qui portoient quatre branches. »

(3) *Mémoires* de d'Aubigné.

un fort beau bois de cerf, qu'un de ses voisins lui avait donné (1).

Nos pères employaient la peau des cerfs à divers usages. Elle servait de linceul aux princes et aux chevaliers, on en faisait des gants, des ceintures, des *jacques* ou pourpoints de guerre, on en reliait les livres. « Leur pel est moult bonne pour fère moult de choses quant elle est bien conrée (corroyée), et prinse en bonne saison, » dit Gaston Phœbus. Nous savons déjà quel cas on faisait de leur chair.

Le cerf joue un rôle important dans le monde légendaire et dans la littérature symbolique et allégorique du moyen âge.

Un cerf miraculeux nourrit sainte Anne enfant, en lui faisant sucer des fleurs qui croissent sur ses andouillers (2). Une biche vient offrir sa mamelle au fils de Geneviève de Brabant; tous deux amènent près de leurs nourrissons les pères barbares qui les ont exposés, et qui ont blessé de leurs flèches les fidèles animaux.

Les deux saints patrons des chasseurs, Eustache et Hubert, sont convertis par l'apparition de cerfs merveilleux, portant un crucifix entre leurs bois.

Dans une foule de légendes, des cerfs poursuivis par les chasseurs leur révèlent l'ermitage de quelque pieux cénobite, ou la sépulture d'un saint personnage.

---

(1) *Historiettes*, t. II.

(2) *L'épopée des animaux*, par M. Ch. Louandre. (*Revue des Deux Mondes*, 1853.)

Le cerf doit le rôle considérable qu'il joue dans le symbolisme chrétien à ce verset du psalmiste : « Comme le cerf désire l'eau des fontaines, ainsi mon âme vous désire, ô Seigneur ! » Verset tant admiré de Ligniville, qui déclare que : « jamais un veneur de conscience, d'art, de science, n'a parlé plus pertinemment et sciemment de vénerie. »

Le *Roy Modus* explique longuement comment les *dix brances en la teste du cerf demonstrent les dix commandements de la loy.*

La littérature profane de la Renaissance a souvent aussi choisi le cerf pour objet de ses comparaisons amoureuses, témoin cette épigramme de Clément Marot (1) :

Les cerfs en rut pour les biches se battent
Les amoureux pour les dames combattent
Ung mesme effect engendre leurs discords
Les cerfs en rut d'amour brament et cryent,
Les amoureux gémissent, pleurent, pryent
Eulx et les cerfz feroient de beaux accords,
Amans sont cerfs à deux pieds soubz un corps.
Ceulx cy à quatre, et pour venir aux testes
Il ne s'en fault que ramures et cors.
Que vous, amants, ne soyez aussi bestes.

---

(1) Jean Passerat, qui naquit quarante ans après Marot, semble avoir imité cette épigramme dans un sonnet que terminent ces vers :

O cerfs à quatre pieds, nous sommes vos parents,
Nous, les cerfs à deux pieds, qu'amour a rendu bestes
Mais vous faites tomber vos cornes tous les ans.
Nous n'avons pas ce bien, dont plus heureux vous estes,
Car depuis qu'une fois sont cornus les amans
Jamais ne font tomber les cornes de leur teste.

Ce sonnet est cité en entier dans le *Chasseur au chien courant* d'E. Blaze, t. II, et par M. Chevreul dans son édition du *Chien courant* de Jean Passerat (Paris, 1864). Le même auteur a écrit sur cette donnée un petit poëme intitulé le *Cerf d'amour*. (*Ibid.*)

Les légendes historiques font souvent intervenir le cerf. Un cerf ou une biche, de merveilleuse grandeur, enseigne à Clovis un gué pour traverser la Vienne (1). Un cerf, beaucoup plus vraisemblable, bondissant au milieu de l'armée anglaise en retraite à travers la Beauce après la levée du siége d'Orléans (1429), fait pousser une telle *huée* à ces insulaires, de tout temps *sportsmen* dans l'âme, qu'elle va frapper les oreilles des Français lancés à leur poursuite. Ceux-ci, accourant à toutes brides sous les ordres de Jeanne d'Arc, de Richemont, de Dunois et de Xaintrailles, mettent les Anglais en déroute, et, grâce à ce cerf opportun, inscrivent la victoire de Patay parmi nos gloires nationales (2).

Nos ancêtres aimaient à avoir autour d'eux des cerfs privés. Les Francs les dressaient à la chasse. Plus tard on en éleva souvent dans les fossés des châteaux dont ils devenaient les gardiens fort respectables. En 1579, le vicomte de Turenne voulut attaquer de nuit dans sa maison le seigneur de Rauzan, qu'il accusait d'avoir tenté de le faire assassiner. L'entreprise eût réussi, sans un grand cerf qui était dans le fossé et qui chargea si furieusement ceux qui y descendaient, qu'il donna l'alarme et les força de se retirer (3).

---

(1) Ce cerf miraculeux est mentionné dans l'épitaphe inscrite au XIIe siècle sur le tombeau de Clovis, à l'église de Sainte-Geneviève : *Huic per Viennam fluvium cervus miræ magnitudinis viam ostendit.* (*Monographie de l'église royale de Saint-Denis*, par le baron de Guilhermy. Paris, 1848.)

(2) Barante.

(3) Brantôme, *Discours sur les duels.*

Quelques années plus tard, un des capitaines huguenots qui avaient surpris le château d'Angers, ayant été blessé et jeté dans les fossés, fut achevé par un cerf privé qu'on y nourrissait, et qui lui passa sept ou huit fois ses andouillers à travers le corps (1).

Les cerfs étaient parfois aussi dangereux à l'état libre, surtout durant l'époque du rut. Ils se livraient alors des combats terribles (2) qui servaient de spectacle aux Rois et à leur cour, placés sur des échafauds dressés exprès dans les forêts royales. François II prenait ce plaisir à Saint-Germain, en compagnie de ses *plus familiers* et de quelques *grandes dames et filles* de sa cour. Un gentilhomme s'étant permis de gloser sur l'inconvenance de ce divertissement pour des yeux féminins, le jeune Roi prit fort mal la chose, tellement que si le médisant n'eût aussitôt *escampé, il eût esté très-mal.* Il ne put reparaître à la cour qu'après la mort de François II (3).

En octobre 1740, Louis XV se levait encore à six heures et demie du matin pour aller à la Haute-Plaine, dans la forêt de Fontainebleau, voir le rut des cerfs, en compagnie de Mmes de Mailly et de Vintimille (4).

---

(1) D'Aubigné, *Histoire universelle*.

(2) On a vu des cerfs qui, en se heurtant de la tête, avaient entrelacé leurs bois de façon à ce qu'il fût impossible de les désunir, même après leur mort. « On en trouva un jour deux ainsi entrelacés; l'un des deux étoit mort, on sauva le vivant en lui sciant la tête, mais il est arrivé plusieurs fois qu'ils étoient morts tous les deux. » (D'Yauville.)

J'ai vu de ces bois entrelacés dans la collection du château de Moritzburg.

(3) Brantôme, *Dames galantes*.

(4) *Mémoires* du duc de Luynes. — Le 21 septembre 1776, le prince et la princesse de Condé allèrent en nombreuse compagnie coucher

Des promeneurs, qui ne cherchaient nullement ce spectacle, furent chargés au bois de Boulogne, en décembre 1723, par un cerf de *six ans*. Un lieutenant aux gardes, nommé Razily, et un de ses amis, ayant mis l'épée à la main pour défendre des dames qu'ils accompagnaient, furent renversés et blessés grièvement (1).

Le daim. Le daim est le seul animal de chasse quadrupède qui ait été acclimaté dans notre pays depuis dix-huit siècles. Les contrées de l'Europe où il paraît avoir existé de tous temps à l'état sauvage sont la Pologne et la Russie méridionales, les principautés Danubiennes, la Grèce et l'Espagne (2).

Les Romains importèrent le daim en Italie et dans les Gaules, où sa présence nous est signalée au ve siècle par Sidoine Apollinaire. Ils se sont répandus de là dans le reste de l'Europe (3).

---

sous la tente dans la forêt de Chantilly, pour entendre le rut. (Voir le *Journal de Toudouze* et les Pièces justificatives.)

(1) *Journal* de Barbier, t. I. — Voyant le cerf qui les suivait à petits pas, en léchant ses narines, *marque qu'ils se mettent en colère*, ils placèrent les dames derrière des arbres et tirèrent leurs épées. Tous deux eurent successivement leurs épées cassées, furent culbutés et percés de coups d'andouillers. Ils eurent le courage de se cramponner aux bois du cerf, qu'un garde accouru à leurs cris tua dans cette posture.

(2) « L'Ibérie produit beaucoup de daims. » *Strab. Geogr.*, lib. III. — Il y a encore des daims en Barbarie, en Palestine, en Asie Mineure, en Perse et jusqu'en Chine. Ils étaient autrefois connus en Assyrie, comme le prouvent les bas-reliefs de Ninive où on les voit représentés de la manière la plus distincte (variété mouchetée). — (Voir Cuvier, *Notes sur Pline*. — *Illustrated London News*, 10 janv. 1857.)

(3) Les savants ne sont pas d'accord sur le sens à donner à un passage de Pline (liv. VIII), dans lequel il décrit le *dama* comme originaire d'*outre-mer* et différant du chamois par ses cornes *courbées en*

Les daims de notre pays appartiennent à deux variétés principales : la variété commune, d'un gris brun uniforme pendant l'hiver, porte pendant l'été une élégante livrée d'un fauve rougeâtre semé de taches blanches. La queue est noire en dessus, blanche en dessous, et les fesses sont marquées d'une large tache blanche bordée de noir.

La variété brune est en toutes saisons d'une couleur noirâtre, sans aucune marque blanche. Cette variété paraît originaire d'Espagne. Buffon dit que les daims de ce pays sont très-grands, de couleur obscure, avec la queue noirâtre, non blanche par-dessous. Les daims bruns qui existent en grand nombre en Angleterre descendent de ceux que Jacques Ier avait ramenés du Danemark lorsqu'il était allé y épouser la princesse Anne (1).

Outre ces deux variétés, il existe des daims blancs, des daims fauve paille ou bigarrés de brun et de blanc de diverses manières.

Tous les daims ont des bois aplatis et dentelés, et leur taille est intermédiaire entre celle du cerf et celle du chevreuil.

Le daim n'a jamais existé en France qu'en état de

---

avant. Buffon, et plusieurs naturalistes après lui, en ont conclu que le *dama* était l'antilope *nanguer*, qui a, en effet, les cornes courbées en avant. Cuvier, dans ses notes sur Pline, penche à croire qu'il s'agit simplement de notre daim qui existe en Barbarie et en Asie et dont les bois peuvent être, jusqu'à un certain point, considérés comme courbés en avant. Il serait, en effet, difficile d'admettre que les daims des Gaules et d'Italie aient été des *nanguers*.

(1) Voir un article de la *Revue britannique*, reproduit par le *Journal des chasseurs*, XXIIIe année.

demi-domesticité, dans des parcs ou dans des forêts réservées. Phœbus dit que « le daim est beste diverse, et que, combien que moult de gens en aient veus, les tous *n'en ont pas veus.* »

En 1047, le comte d'Anjou avait des daims dans ses forêts réservées (1). Il résulte d'une charte de l'an 1199 que le sire de Moléon ayant établi une *garenne de daims* dans l'île de Ré qui lui appartenait, ils y multiplièrent de telle façon qu'ils détruisaient les récoltes et que les habitants, au désespoir, avaient résolu de quitter leur île. L'évêque intervint, et le seigneur, moyennant finances, consentit à détruire ses daims et se réserva seulement les lièvres et les lapins (2).

Philippe-Auguste avait enfermé dans la nouvelle enceinte de son parc de Vincennes les daims que lui avait envoyés d'Angleterre ou de Normandie le jeune Henri Plantagenet (3). Leur race se propagea pendant longues années dans ce parc, qui devint la principale réserve de daims des Rois de France. En 1378, les fils de Charles V y menèrent le *Roi des Romains* Wenceslas courre *daims et connins* (4). En 1480, le fameux barbier Olivier le *Dain* (5), ayant offert un banquet au légat du pape, « le mena au bois de Vincennes esbattre et chasser aux dains (6). » Jusqu'au XVIe siècle,

(1) Ducange, v° *Fera.*
(2) *Bibliothèque de l'École des chartes*, 4e série, t. IV.
(3) En 1226, il y avait des daims dans la forêt de Cruye ou de Marly. (Ducange, v° *Caciare.*)
(4) *Histoire de Charles V* par l'abbé de Choisy.
(5) Il était alors *gruyer* de la forêt de Rouvray.
(6) *Chronique* de Monstrelet.

les habitants des villages voisins du bois de Vincennes étaient tenus de fournir des fourrages pour nourrir ces daims. Il y avait à Bry-sur-Marne un pré de 10 arpents et demi dont les foins étaient réservés pour cet usage. Comme la récolte et le transport de ces foins coûtaient par an 10 livres, les habitants de Bry et de Noisy-le-Grand offrirent au Roi, en 1404, de s'en charger moyennant l'exemption de certaines corvées. Le Roi y consentit, et cet échange fut confirmé pour Bry par François Ier en 1537 (1).

Les ducs d'Orléans entretenaient des daims à Villers-Cotterets au XIVe siècle. Le capitaine concierge de ce château leur distribuait chaque année 4 muids d'avoine (2), et l'on avait soin de ne pas les laisser manquer de femelles (3). Ces princes en avaient aussi dans le parc de Folembray, près de Coucy, qui leur appartenait également.

A Foulembroy puet grant sire manoir
Dains a ou parc, qui moult vaut de finance

dit le poëte contemporain Eustache Deschamps (4).

Sous le règne de François Ier, le vaste parc du château de Lusignan, en Poitou, était renommé pour

---

(1) Legrand d'Aussy, t. I.
(2) *Louis et Charles, ducs d'Orléans.*
(3) « Pour acheter des bestes pour les daims de mon dict seigneur estant à Villers-Costerest, xj fr. iiij s. (Comptes des archives de Blois dans *Les ducs de Bourgogne*, par M. le comte de Laborde, t. III.)
(4) *Ballade sur le château de Coucy.* — *Manuscrits françois de la bibliothèque du Roi*, par A. Paulin Pâris, 1845, t. VII.

la *très-grande foison* de daims qui y étaient renfermés (1).

En 1581, lorsque le duc d'Alençon réunissait ses partisans pour aller prendre possession des Pays-Bas, Rosny, ayant rassemblé avec la plus grande diligence ses amis et ses vassaux, les conduisit au duc, qui se tenait alors au château de Fère en Tardenois, « où chacun estrilla bien les daims du parc (2). »

Les daims blancs du parc de Chantilly ont été chantés par le poëte Théophile Viaud, qui voit en eux les amants rebutés par la belle duchesse de Montmorency (3) et métamorphosés par Diane.

Sous Louis XIV et Louis XV, il y avait des daims au bois de Boulogne, où ils étaient fréquemment chassés par le Roi et les princes. Il s'en trouvait aussi dans la forêt de Marly (4) et à Chantilly.

Le chevalier de Fleming dit que de son temps les daims étaient assez communs en France, en Angleterre et en Suisse, et rares en Allemagne (5).

La chair du daim, aujourd'hui préférée à bon droit à celle du cerf, n'était pas jugée supérieure pendant

---

(1) Voir plus haut.

(2) *Œconomies royales et politiques*, t. I.

(3) Marie-Félice Orsini, femme de l'infortuné maréchal, décapité en 1632. — Elle mourut elle-même en 1666.

(4) Voir les *Mémoires* de Dangeau, de Saint-Simon et de Luynes. — Louis XIV fit un jour lâcher 150 daims dans la forêt de Marly. D'autres fois il en faisait retirer de la même forêt pour mettre au bois de Boulogne et ailleurs. (Dangeau.) Louis XV, en 1745, fit aussi sortir des cerfs et daims de Marly par une brèche pratiquée dans le mur pour les faire passer dans les bois qui entourent Versailles. (Luynes.)

(5) *Der Teutsche Jager*, 1719.

le moyen âge. Cependant on en faisait grand cas (1). Ses bois et sa peau étaient employés aux mêmes usages que les bois et la peau du cerf. Son sang, bu tout chaud, passait pour apaiser les vertiges, son fiel était détersif et propre à emporter les cataractes, et son foie était considéré comme souverain pour arrêter le cours de ventre (2).

Le chevreuil

Le plus gracieux animal du genre cerf, le chevreuil, se trouvait autrefois dans toutes les forêts de France, du Rhin aux Pyrénées (3). L'espèce a été détruite dans tout le midi de la France, excepté dans quelques forêts de la haute Auvergne et des Pyrénées (4). Elle est sans variété dans nos climats, sauf quelques individus atteints d'albinisme (5). En Allemagne, outre ces chevreuils blancs, il y en a, dit-on, de noirs et de mouchetés (6).

Les nôtres ont tous le pelage d'un roux vif en été et d'un gris brun en hiver. La large tache blanche qu'on appelle le *mouchoir* ou la *rose* n'apparaît sur leur croupe que dans cette dernière saison (7). Le

---

(1) « On tient que sa chair est nourrissante, qu'elle fait un bon suc, qu'elle est propre pour la paralysie et pour appaiser les douleurs de la colique. » (*Dictionnaire* de Trévoux, v° *Daim.*)

(2) *Ibid.*

(3) On a trouvé des os de chevreuil parmi les débris de l'*âge de la pierre* dans les tourbières de la Somme, les lacs de Suisse, etc.

(4) Et dans une des îles d'Hyères, l'île du Levant.

(5) On conservait naguère au château de Voisin, près Rambouillet, un chevreuil empaillé tout blanc, qui y avait été envoyé de Champagne.

(6) Buffon.

(7) Presque tous les auteurs parlent de chevreuils bruns et de chevreuils roux, sans paraître se douter que ces animaux changent tous

chevreuil n'a pas de queue apparente (1); les bois du mâle, sauf quelques cas exceptionnels, ne portent guère au delà de quatre andouillers.

Le vieux chevreuil se distingue seulement du jeune parce qu'il a les *meules* près du *têt* grosses et larges, la *pierrure* grosse, les *gouttières* creuses, les *perlures* grosses et détachées, le *merrain* gros, et *l'empaumure* renversée.

La chair du chevreuil a de tout temps été très-recherchée, surtout celle du chevreuil de Bourgogne, qui a laissé son nom à une vieille fanfare. Leverrier de la Conterie dit qu'on appelle le chevreuil *la perdrix des bois*, parce que sa chair est bonne et délicate, surtout celle de la chevrette et des jeunes animaux de 12 à 18 mois. Celle des faons est mollasse.

§ 3. LES BÊTES NOIRES.

Le sanglier. La classe des bêtes noires comprenait, sous les Rois Francs, le bison, l'*urus* et l'ours; depuis longtemps elle a pour unique représentant le sanglier, encore assez commun aujourd'hui dans nos grandes forêts du nord, de l'est et de l'ouest. Dans le midi de la France, il est devenu beaucoup plus rare (2).

---

de pelage à l'automne. On a même ajouté, dans quelques ouvrages, que les chevreuils bruns avaient, comme signe distinctif, *une marque blanche au derrière*. Il est étonnant de trouver cette erreur dans Buffon, qui possédait tant de chevreuils dans ses bois.

(1) M. le comte Le Couteulx a tué dans la forêt de Lyons un chevreuil dont la queue avait environ $0^m,10$ de longueur.

(2) « Il existe des sangliers en nombre fort considérable dans tout

A part quelques différences individuelles de nuance (1), l'espèce est partout la même, et sans variétés (2). Tout le monde connaît ses soies rudes et noirâtres, son boutoir formidable, et ses terribles défenses. « Le sanglier, dit un vieil adage de vénerie, est le seul des animaux qui, d'un coup, donne la mort. » Ses atteintes étaient cependant considérées comme moins dangereuses que celles des andouillers du cerf, témoin cet autre proverbe, connu dès le XIVe siècle :

Pour le sanglier faut le *mière* (3)
Mais pour le cerf convient la bière (4).

Les Gaulois et les Germains faisaient un cas tout

---

le noyau des montagnes de l'Esterel (Var); ils passent même quelquefois à la nage les 4 lieues de mer qui les séparent de l'île du Levant, fait dont j'ai pu m'assurer à Hyères. Au-dessus de l'abbaye de la Garde-Fresnet, on en tue souvent cinq ou six dans une traque. » (Note communiquée par M. le comte Le Couteulx.)

(1) Par exemple, des sangliers d'un gris fauve assez clair. — En 1787 on tua, près de Cognac, un sanglier d'une grosseur extraordinaire. Sa hure était extrêmement longue, son groin très-pointu. Il avait les soies du corps blanches, celles de la tête d'une couleur fauve, le col marqué par une bande noire en forme de cravate. (*Journal* de Saintonge, avril 1787, cité par Buffon.)

(2) On a retrouvé dans les tourbières les ossements d'une très-petite espèce de sanglier. Peut-être appartenaient-ils aux porcs domestiques amenés dans les Gaules par les tribus primitives. Un article très-curieux du *Magasin pittoresque* (1861) tend à prouver qu'il a existé en Grèce une espèce distincte du sanglier ordinaire, à laquelle aurait appartenu le fameux sanglier d'Erymanthe.

(3) *Mire*, chirurgien.

(4) *Trésor de Vanerie*. — « C'est une orgueilleuse et fière beste et périlleuse; quar j'en ay veu aucune fois moult de maulx advenir. Et l'ay veu férir homme dès le genoill jusque au piz (poitrine) tout fendre et ruer tout mort à un cop sans parler à homme et moy meismes a il a porté moult de fois à terre moy et mon coursier, et mort le coursier. » (Gaston Phœbus.)

particulier du sanglier, dont ils mangeaient la chair avec délices, et dont la chasse leur plaisait singulièrement, à cause des périls dont elle est souvent entourée. Les premiers rendaient une sorte de culte à cet animal intrépide, et sa figure ornait leurs enseignes de guerre. Les autres adoraient également le sanglier de Freya, et en portaient l'image sur le cimier de leurs casques (1).

Le goût de la chasse au sanglier ne s'éteignit point pendant le moyen âge. On disait alors, pour louer un chef de guerre, qu'il avait défense de sanglier, poursuite de lévrier, et fuite de loup, et l'on vit au xve siècle le farouche Guillaume de la Mark se glorifier du surnom de *Sanglier des Ardennes*.

§ 4. LES RONGEURS : LE LIÈVRE, LE LAPIN, L'ÉCUREUIL.

Le lièvre.

Lièvre suis, de petite stature,
Donnant plaisir aux nobles et gentils
D'estre léger et viste de nature,
Sur toute beste on me donne le prix.

C'est en ces termes que Jacques du Fouilloux fait parler ce rongeur intéressant, qui, depuis l'époque gauloise, est en effet, de tous nos animaux de chasse, celui qui a donné le plus de divertissement à nos chasseurs, *gentils* ou non.

L'espèce du lièvre ne présente, en France, que de très-légères variétés, sauf le lièvre blanc, dont nous

(1) Hewitt, *Ancient arms and armour*, t. II.

avons parlé précédemment, et qui est tout à fait distinct. Les chasseurs savent reconnaître les lièvres de bois, plus gros et de couleur plus foncée, des lièvres de plaine, dont la chair est aussi réputée moins bonne, et des lièvres de marais, moins vites, moins velus, et reconnus à peine mangeables (1).

On prend quelquefois des lièvres dont les dents, devenues excessivement longues, sortent de la bouche. Les anciens auteurs affirment qu'il en a été vu plusieurs fois portant des cornes (2) ; mais ce fait est nié par les naturalistes modernes.

L'imagination féconde des anciens avait doué le lièvre de mille propriétés merveilleuses. Il était hermaphrodite, et l'on peut encore lire, dans des traités écrits au XVIIIe siècle, que *le mâle engendre dans son propre corps* (3), et met au monde un levraut, mais jamais plus.

« Les propriétés du lièvre se rencontrent beaucoup plus au goût qu'à la santé, » dit Salnove ; cependant, cet auteur et du Fouilloux signalent sa cervelle, son sang, et la cendre de son poil, comme spécifiques en certaines maladies (4). Son pied de devant est propre pour ceux qui sont sujets à la colique. Si c'est

---

(1) Leverrier de la Conterie. — Magné de Marolles.

(2) Un de ces lièvres cornus a été dessiné par Ridinger.

(3) Gaffet de la Briffardière.

(4) Simon de Bullandre, dans son singulier poëme du lièvre, tout en déclarant *n'approuver en rien cette erreur ancienne que le masle engendroit* (en lui-même) ne consacre pas moins de 72 vers aux merveilleuses propriétés de l'animal *pied-fourré*.

le pied droit, il faut le porter à droite, et à gauche, si c'est le pied gauche (1).

Le lièvre jouait et joue encore un rôle considérable dans les contes de sorcellerie, autrefois si répandus dans nos campagnes. Les sorcières revêtaient sa forme (2) et, ainsi métamorphosées, s'amusaient à jouer mille tours aux chasseurs et à leurs chiens. Le père René Binet, dans son livre des *Merveilles de nature,* nous a raconté, d'une manière fort réjouissante, la *gracieuse histoire* d'un de ces lièvres *charmés.*

Le plus brave chasseur de toute la noblesse de Languedoc, *monté comme un saint George,* et bien assisté, est allé courre le lièvre avec demi douzaine de lévriers excellents. La bête est lancée, les chiens lui soufflent au poil; tout à coup, les rôles changent, le lièvre tourne tête, les lévriers s'enfuient devant lui. « Quel plaisir de voir six lévriers fuir de peur d'un lièvre ! » Aux cris des piqueurs « Hare, lévriers, hare lévriers! » les chiens, *se souvenant d'être chiens,* font volte-face, et *mon lièvre de rechef à grands coups de talon.* Mais voilà l'animal endiablé qui s'arrête, et les chiens qui l'environnent sans pouvoir le prendre « le voici à la teste de tous six, le voilà à la queue, le voilà au milieu, il se glisse parmi les jambes, il vole par-

(1) « C'est ce que j'ay veu expérimenter à un gentilhomme de condition et cela sans tirer à conséquence ny blesser nostre religion catholique, apostolique et romaine. » (Salnove.)

(2) Surtout celle des lièvres blancs. On croit encore, dans quelques départements de l'ouest, qu'on reconnait ces lièvres charmés, parce que leur chair ne rend pas de sang sous le couteau.

dessus leurs testes. Les chiens, sautant et enrageant, se choquent teste contre teste, la gueule béante, au lieu de mordre le lièvre, ils s'entrelardent et s'entretuent les uns aux autres. Le valet de chiens se tue de crier, le gentilhomme meurt de rire, le lièvre meurt de peur, les chiens meurent de rage, tous y meurent de quelque chose. » Après avoir poursuivi quelque temps ces exercices, le lièvre disparaît tout d'un coup, comme si le diable l'emportait, et *aussi fait-il* (1).

Le lapin, *connil*, ou *connin*, originaire d'Espagne suivant quelques auteurs, s'est prodigieusement multiplié en France à une époque inconnue (2). C'est le seul gibier qui, par sa fécondité et la facilité qu'il trouve à se nourrir partout, ait réussi à se maintenir en assez grand nombre sur tous les points de notre territoire (3) où la nécessité de protéger les cultures contre sa voracité n'oblige pas à le détruire. Aux temps passés, les seigneurs entretenaient des quantités immenses de lapins dans leurs garennes, pour tirer parti de leur chair, alors plus estimée que celle du lièvre (4). Le lapin.

Il n'y a qu'une seule espèce de lapins sauvages en

---

(1) *Essay des merveilles de nature et plus nobles artifices*, par René François (Binet), prédicateur du Roy. Rouen, 1626.

(2) On trouve reproduite partout cette histoire merveilleuse des remparts de Tarragone minés par les lapins, et des habitants de l'île d'Iviça obligés d'appeler une légion romaine à leur secours contre les méfaits de Jeannot Lapin et de ses frères.

(3) Il n'y a pas de lapins dans nos grandes chaînes de montagnes ni dans les forêts d'Alsace.

(4) Quiqueran de Beaujeu rapporte qu'un gentilhomme provençal, avec quelques vassaux et trois chiens, prit, en un jour 600 lapins. Dans

France. Les lapins domestiques de couleurs diverses, qu'on lâche dans les garennes, ne tardent pas à se confondre avec les autres, et leur progéniture devient toute semblable à ceux-ci (1). Au XVIIe siècle, les lapins de la Roche-Guyon et de Versines jouissaient chez les gastronomes d'une réputation particulière (2).

L'écureuil.

Tous les bois qui produisent en abondance des noisettes, des faînes ou des pommes de pin servent d'asile à de nombreuses populations d'écureuils. Dans les Vosges, les Alpes et les Pyrénées, outre l'espèce rousse ordinaire, on trouve des écureuils presque noirs, et d'autres dont le pelage brun est piqueté de fauve (*sciurus alpinus*.)

On n'a jamais fait de chasse sérieuse à l'écureuil, quoique sa chair soit mangeable, et que sa peau ait servi à faire des fourrures (3). Les enfants de la bourgeoisie de Saint-Omer avaient, au XIe siècle, le privilége de chasser l'écureuil avec des arcs et des flèches, et le Roy Modus enseigne la manière de le prendre au filet, pour le punir des petits dégâts qu'il commet dans les plantations. Les autres théreuticographes

---

les îles voisines d'Arles, ajoute-t-il, un chasseur est mécontent s'il n'en prend une centaine dans sa journée.

(1) Certains lapins blancs à oreilles et museau noirs, dits à tort lapins de garenne de Russie, ont produit des petits à pelage noir. La seconde génération a été grise.

(2) *Vie de Saint-Evremont*, par Desmaiseaux.

(3) On donnait à l'écureuil ordinaire le nom de *gris-rouge*, pour le distinguer du *petit-gris*. — « Escurieux soient escorchiés, effondrés, reffais comme connins, rostis ou en pasté, mengiés à la cameline ou à la sausse de hallebrans en pasté. » (*Menagier de Paris*, t. II.)

n'ont pas daigné s'en occuper. Magné de Marolles se borne à décrire ses habitudes en quelques lignes. Il y ajoute deux ou trois mots sur le loir, qu'on mangeait avec délices en Italie, et qui n'a jamais été chassé en France.

§ 5. GRANDS ET MOYENS CARNASSIERS : LE LOUP, LE RENARD, LE BLAIREAU, LE CHAT SAUVAGE.

Le loup est le seul carnassier réellement dangereux qui existe en France. Naturellement moins commun et moins malfaisant que dans les siècles passés, il habite encore partout où il trouve des bois assez sauvages et assez épais pour lui donner un asile sûr. Le loup.

Les anciens chasseurs croyaient reconnaître deux races distinctes de loups : les loups *mâtins,* grands et épais, attaquant les plus gros bestiaux, chevaux, bœufs et vaches (1), et les loups *lévriers, bien harpés et estriqués,* qui vivaient de bêtes fauves (2). Quelques-uns admettaient même une troisième race de loups plus petits, vivant uniquement de menu bétail et de charognes (3).

---

(1) Les uns sont longs et grands, courant de violence
Harpez comme leuriers, d'autres sont plus petits
Et plus chargez de poil qui tiennent du mestis
Et autres plus goussauts d'une alleure grossière.
Comme d'autres ils n'ont la course si légère
Ains semblent des mastins : ils sont tost attrapez,
Par nos vistes leuriers aux accours pratiquez.
(*La chasse du loup,* par Habert.)

(2) Les paysans donnent à ces loups le nom de *loups chevalins* ou *loups à chevaux.*

(3) Salnove, — Leverrier de la Conterie.

Il se rencontre aussi de temps en temps des loups différant de la race commune par les teintes de leur pelage. Il y en a de jaunâtres, de gris clair et même, fort rarement, de blancs, dont l'apparition ne manque pas de produire un étonnement constaté par le vieux proverbe : « connu comme le loup blanc (1). » La variété noire (*canis lycaon*), qui habite le nord de l'Europe, se montre accidentellement sur divers points de notre territoire, surtout dans les Pyrénées. Au XVIIIe siècle, une bande de loups noirs fit de grands ravages en Normandie, et fut enfin exterminée par le fameux louvetier d'Enneval (2). De Lisle de Moncel tua des loups tout noirs près de Verdun en 1766 (3). Georges Cuvier dit en avoir vu quatre pris ou tués en France, et la ménagerie en a possédé quelques-uns, amenés le plus souvent des Pyrénées. Presque toujours on a reconnu que ceux-ci provenaient d'un ancien croisement avec le chien domestique, quoiqu'ils passent pour plus sauvages et plus féroces que les loups ordinaires.

Quant aux *loups-garous* (4), sur lesquels nos aïeux

---

(1) Une louve blanche, prise vivante dans la forêt de Fontainebleau et envoyée à la ménagerie, a été dessinée dans l'*Illustration* du 1er février 1845. — M. le comte de Le Coulteux a tué, il y a quelques années, un loup d'un blanc jaunâtre, sauf une bande grisâtre le long de l'échine. (Voir son *Traité de la chasse du loup*.)

(2) Leverrier de la Conterie. — *Méthodes et projets pour parvenir à la destruction des loups*, par M. de Lisle de Moncel. Paris, 1768.

(3) *Ibidem*.—M. de Moncel tua, à la même époque, une louve presque blanche, avec douze ou quinze raies en long sur les deux flancs et les oreilles marquées de taches blanches.

(4) Ce nom de loups *garous* ou *warous*, en Champagne *warloups*, vient du mot germanique *war*, *homme*, *war-wolf*, *homme-loup*. On a

ont fait tant de contes merveilleux, ce sont, comme le dit Gaston Phœbus, des loups qui sont si *encharnés* aux hommes, qu'ils ne veulent plus manger d'autre chair.

Les anciens n'ont pas manqué d'attribuer au loup toutes sortes de propriétés merveilleuses. Ils croyaient qu'un homme, vu par le loup avant de l'apercevoir lui-même, perdait aussitôt la voix (1). Dans les rognons des vieux loups s'engendraient des serpents qui, quelquefois, causaient leur mort, et, s'échappant ensuite du corps, devenaient fort dangereux (2).

Un accoutrement, fait avec la laine d'un mouton tué par le loup, conservait *je ne sais quoi de ce venimeux accident du loup*, et était *fort sujet à vermine* (3).

Il fallait bien se garder de garnir un luth de cordes faites de boyaux de loup, entremêlées de cordes en boyaux de mouton, ou de tendre sur un côté d'un tambour une peau de loup, et une peau de mouton sur l'autre, la dépouille du loup détruisait celle de sa défunte victime (4).

Les méfaits du loup étaient, jusqu'à un certain

---

cru, jusqu'au XVIe siècle, que ces loups étaient des sorciers qui prenaient la forme de la bête féroce pour dévorer les passants. Marie de France, femme poëte du XIIe siècle, a raconté en vers l'histoire d'un loup-garou breton ou *bisclavaret*. Mais celui-là était un chevalier changé en loup bien malgré lui.

(1) Cette fable remonte aux Romains; on la retrouve dans les *Églogues* de Virgile, dans Pline et dans Saint-Ambroise. (Voir Blaze, *Chasseur au chien courant*, t. II.)

(2) Habert.

(3) *La Chasse du loup*, par Jean de Clamorgan, seigneur de Saane, premier capitaine de la marine du Ponant. Paris, 1576.

(4) Clamorgan. — La Colombière.

point, contre-balancés par ses vertus médicinales. Son *dextre pied* de devant était salutaire pour le mal des mamelles et les bosses qui viennent aux pourceaux; sa tête, attachée aux portes des maisons, garantissait de tous charmes et empoisonnements. Ses excréments guérissaient le mal d'yeux, et son foie, la toux chronique. Si une femme en travail d'enfant mangeait de la chair de loup, *cela lui donnait bien grand allégement* (1).

....J'en passe, et des meilleurs!

Le sceptique XVIIIe siècle n'était pas, lui-même, exempt de ces croyances baroques (2).

A part ces vertus fantastiques, le loup n'a guère d'autre utilité réelle que celle que peut offrir sa fourrure, chaude, quoique grossière, et ses dents, qui servent aux doreurs, et dont on fait des hochets pour les enfants; encore les peaux de loup ont-elles perdu, de nos jours, la propriété que Clamorgan attribue aux *louvières* (3), fort à la mode de son temps, savoir: de préserver de toute espèce d'insectes, *qui fuyent le poil de loup comme le feu*, et les dents de loup, liées sur l'enfant au maillot, ne l'aident plus à faire plus tôt venir ses dents, et avec moindre douleur.

Le renard.

L'espèce du renard, encore trop commune dans toute la France, présente diverses variétés, qui n'ont d'autre différence entre elles que la teinte de leur

(1) Clamorgan. — La Colombière.
(2) Leverrier de la Conterie.
(3) Pelisses de peau de loup.

pelage. On appelle *charbonniers* des renards ayant beaucoup de poils noirs. Le renard *noble* des Suisses, dont la fourrure est presque entièrement composée de poils cendrés et noirâtres, existe dans nos Pyrénées; on trouve aussi, çà et là, quelques individus marqués d'une raie noire sur l'échine, et d'une autre raie transversale sur les épaules. On les appelle *renards croisés*.

L'instinct subtil du renard, très-exagéré par les anciens, en fait le héros de maintes fables, depuis Esope et Phèdre, jusqu'aux *bestiaires* du moyen-âge (1).

En France, ces fables, réunies et groupées, ont donné naissance au *Roman du Renard*, dont les nombreuses *branches* ont fait, pendant deux siècles, les délices de nos ancêtres, et qui a été traduit dans toutes les langues de l'Europe. Dans ce cycle satirique, le héros à longue queue, représentant la finesse et l'astuce, lutte avec succès contre la force brutale de l'ours, *messire Brun*, et d'*Isengrin* le loup. C'est à ce roman que doit son nom actuel le *vulpes* des Latins, que nos aïeux nommaient auparavant *worpix* ou *goupil*. *Renard* est son nom propre, comme *Isengrin* est celui du loup, *Thibert* celui du chat, etc.

N'en déplaise à nos bons voisins et alliés d'outre-

---

(1) « Regnard de sa nature et condicion est décevant, plein de malices, engingneur, convoiteux, rapineux, parfait en toutes mauvaisetez; Regnard a par tout le monde traisné sa queüe. Ses condiçions ont esté et sont si plaisans au monde, que le plus de gens usent de sa doctrine. » (Le *Roy Modus*.)

Manche (1), le renard a toujours été rangé, chez nous, parmi ces mauvaises bêtes dont on cherchait à se débarrasser par tous les moyens possibles; car, dit Buffon, le loup nuit plus au paysan, le renard nuit plus au gentilhomme. Ses déprédations dans les garennes, ses chasses nocturnes aux lièvres et aux lapins, la destruction qu'il fait des œufs de perdrix, de faisans et de cailles, rendent son voisinage des plus incommodes pour un chasseur.

Aussi, M. le Prince joua-t-il un vilain tour à M. Rose, secrétaire du Cabinet, lorsque, pour se venger du refus qu'il faisait de lui vendre sa terre voisine de Chantilly, le fils du grand Condé fit jeter par-dessus le mur de son parc trois ou quatre douzaines de renards vivants. Rose, justement *outré*, alla demander à Louis XIV *s'il y avait, en France, un autre Roi que lui*. Le Roi, s'étant fait expliquer l'affaire, se fâcha sérieusement, et ordonna à M. le Prince de faire reprendre tous ses renards, et de respecter désormais les propriétés de M. Rose (2).

Le blaireau. Nous éprouverions un certain scrupule à classer parmi les carnassiers l'animal que nous nommons blaireau et qu'on nommait autrefois *taisson*, *bédouault* et *grisard*, si le goût prononcé que lui attribue du Fouilloux pour la chair du cochon de lait, et ses attentats

---

(1) Eux-mêmes n'ont guère commencé à en faire cas comme bête de chasse qu'au XVIIIe siècle. Tuisy, dans son *Art de Venerie*, le traite sans façon de *vermine*. On voit, dans l'*Histoire d'Angleterre* de Mac-Aulay, qu'en 1685 le renard n'était considéré que comme une bête nuisible, qu'on détruisait par tous les moyens.

(2) Notes de Saint-Simon sur Dangeau, t. I.

journaliers, non-seulement contre les rabouillères des lapins, mais contre les nids des perdrix et des poules faisanes, ne nous autorisaient suffisamment à lui appliquer cette épithète mal sonnante. La véritable place du blaireau serait plutôt avec l'ours dont il partage les habitudes solitaires et les goûts le plus souvent frugivores (1).

La chair du blaireau passe pour être mangeable (2), et la graisse dont elle est chargée a toujours été considérée comme douée de propriétés admirables.

Les Germains se faisaient des souliers avec la peau du blaireau. Au moyen âge on s'en servait encore pour le même usage, et l'on disait qu'un enfant dont les premières chaussures avaient été de *pel de taisson* guérissait, en les montant, les chevaux malades du farcin (3).

On en faisait aussi des casques pour l'infanterie et des *carcas* ou carquois pour renfermer les traits d'arbalète (4).

Les anciens chasseurs croyaient à l'existence de deux variétés dans l'espèce du blaireau : les *porchins* et les *chenins*, ainsi nommés selon que leur museau

---

(1) Dans la méthode linnéenne, le blaireau (*ursus meles*) est classé parmi les ours.

(2) Quiqueran de Beaujeu raconte qu'ayant fait mettre un blaireau en pâté, il fut trouvé si exquis, que cet animal, auparavant dédaigné en Provence, y était devenu le gibier qu'on chassait avec le plus d'ardeur.

(3) Gaston Phœbus. — « Je ne l'afferme mie, » ajoute naïvement le comte de Foix.

(4) Du Fouilloux.

ressemblait davantage à celui d'un chien ou au groin d'un pourceau. Buffon dit n'avoir jamais pu découvrir la différence. Magné de Marolles reste dans le doute sur les récits que lui avaient faits des paysans percherons, dont le métier était de chasser les blaireaux pendant les longues nuits d'hiver avec des mâtins et des fourches de fer, et qui affirmaient connaître des taissons à museau plus ou moins court, à poils plus ou moins blanchâtres (1).

Le chat sauvage.

Le chat sauvage, anciennement dit *chat harret*, se distingue de nos chats domestiques, dont il est l'aïeul, par sa taille, la grosseur de sa queue, la couleur constamment noire de ses lèvres et de la plante de ses pieds (2).

Infiniment plus nombreux au temps où les forêts couvraient la plus grande partie du territoire, les chats harrets étaient souvent chassés par les gens de *moyen état*, comme bourgeois et moines, à qui les seigneurs abandonnaient volontiers ce passe-temps. Cette chasse se faisait habituellement avec des lé-

---

(1) Boitard admet deux espèces différentes, quoique très-voisines : le *blaireau* et le *taisson*. M. Edmond Le Masson, autorité très-compétente en telle matière, n'admet qu'une seule espèce de blaireaux commune à toute l'Europe et offrant à peine quelques légères différences de pelage et de volume. (Voir son livre sur *la Chasse du blaireau et du renard.*)

(2) « On vient d'apporter au cabinet d'histoire naturelle un très-beau chat sauvage tué dans les forêts des environs de Paris. Sa longueur, mesurée depuis le bout du museau jusqu'à la naissance de la queue, est de 22 pouces, celle de la queue est de 10 pouces. Il en a 14 à 15 de hauteur. Son pelage est d'un gris-brun assez semblable à la couleur du lièvre. Une espèce de bande noire règne le long du dos, la queue est très-velue et elle a quelques anneaux noirs. » Sonnini, note insérée dans l'*Histoire naturelle* de Buffon, art. *Chat*.

vriers (1) qui forçaient promptement le *preneur de souris* (*murilegus*) (2) à grimper sur un arbre, d'où on l'abattait avec l'arc ou l'arbalète (3).

Plus tard, on se servit de l'arquebuse, puis du fusil. Lorsqu'il est suivi par les chiens, le chat se fait battre et rebattre dans les fourrés comme un renard. Serré de trop près, s'il ne trouve pas d'arbre à sa portée, il fait tête aux chiens, leur oppose une vigoureuse résistance et saute même sur le chasseur. S'il peut atteindre un arbre, il s'élance sur une grosse branche basse, s'y couche à plat et regarde fort tranquillement passer la meute sans autrement s'en mettre en peine (4).

L'espèce du chat sauvage était devenue rare en France au XVIIIe siècle, et l'on ne le chassait plus que par hasard. « Dans certaines contrées, dit Magné de Marolles, on les connaît à peine. Il s'en trouve quelques-uns dans les forêts du Berry (5), de l'Auvergne et de la Bourgogne (6) ; mais les provinces qui en fournissent

---

(1) *Levrerii ad leporem, et vulpem et catum et texon.* — Ducang., Gloss., v° *Levrerii.*

(2) *Murilegus, catus vel cata, quia legit, id est colligit mures.* Ibid., v° *Murilegus.*

(3) Il n'était pas toujours permis de se servir de ces armes de jet. On voit, dans un passage cité par Ducange, que les procureurs d'un certain couvent sont autorisés à chasser dans leurs bois le lièvre, le renard et le *murilegus* sans rets et sans arcs. (*Ibid.*)

(4) Boitard, *Jardin des Plantes.* — Tschudi. — En Allemagne, au XVIIIe siècle, on lançait le chat sauvage avec des bassets et on le faisait coiffer par des chiens de force. (Voir Ridinger.)

(5) J'ai vu tuer un chat sauvage devant les chiens courants, il y a une vingtaine d'années, dans les bois de Lamotte-Beuvron (Loir-et-Cher).

(6) Boitard dit en avoir tué autrefois plusieurs dans les montagnes qui séparent le cours de la Loire de celui du Rhône et de la Saône ; « aujourd'hui, ajoute-t-il, il est devenu extrêmement rare, et dans

le plus sont le Languedoc et la Guienne, dans les parties voisines des Pyrénées, le Béarn, la Bigorre et autres contrées limitrophes de l'Espagne, où ils sont beaucoup plus communs qu'en France. ».

§ 6. LES MUSTÉLIENS : LA MARTE, LA FOUINE, LE PUTOIS, L'HERMINE, LA BELETTE.

Les petits carnassiers que Linné a groupés dans son genre *mustela* présentent entre eux une parfaite ressemblance de formes extérieures et d'habitudes, et ne diffèrent que par la taille et le pelage.

Tous ces animaux ont le corps long et souple, les pattes courtes, la tête petite et le museau effilé.

Tous exhalent une odeur forte qui leur a valu le nom expressif de *bêtes puantes*. La marte et la fouine sentent le faux musc. Le putois, l'hermine et la belette sentent l'ail.

Ils sont tous singulièrement malfaisants et sanguinaires, et font grand tort au gibier et aux volailles des basses-cours.

Les dégâts qu'ils commettent ne sont que fort imparfaitement compensés par la guerre incessante qu'ils font aux rats, aux souris et aux mulots. Les mustéliens sont très-courageux et se battent jusqu'à la mort contre des animaux beaucoup plus forts qu'eux. On a vu souvent des belettes se laisser emporter par

---

quelques années on ne l'y trouvera plus. » On en tue encore assez souvent en Bourbonnais.

un lièvre dix fois plus gros qu'elles et lui sucer le sang jusqu'à ce qu'il tombe, ou se défendre avec succès contre un chien de chasse.

La marte est la plus grande espèce du genre dans notre pays (1) ; elle se distingue encore de la fouine et du putois par la finesse de son poil et par la marque jaune qu'elle a sous la gorge. La marte.

Les martes n'ont jamais été très-abondantes en France (2). « Nous en avons quelques-unes dans nos bois de Bourgogne, dit Buffon. Il s'en trouve aussi dans la forêt de Fontainebleau, mais, en général, elles sont aussi rares que la fouine y est commune (3). »

« Elle diffère encore de la fouine, dit le grand écrivain, par la manière dont elle se fait chasser. Dès que la fouine se sent poursuivie par un chien, elle se soustrait en gagnant promptement son grenier et son trou. La marte, au contraire, se fait suivre assez longtemps par les chiens avant de grimper sur un arbre. Elle ne se donne pas la peine de monter jusqu'au-dessus des branches; elle se tient sur la tige et les regarde passer (4). »

Ces chasses n'ont lieu que par hasard, la marte

---

(1) La longueur est de $0^m,49$ sans la queue.

(2) Sauf en Nivernais, où il y en a encore beaucoup.

(3) « J'en ai tué plusieurs dans les montagnes qui séparent la Saône et la Loire. » (Boitard, *Jardin des Plantes.*) — Il y en a aussi dans la forêt de Lyons (Eure).

(4) Ces détails, qui sont probablement le résultat des observations faites par Buffon lui-même pendant ses chasses, sont confirmés de tout point par Boitard et Tschudi.

étant trop rare dans nos bois pour être l'objet de chasses régulières (1).

La fouine s'approche des habitations beaucoup plus que la marte, qui ne se tient qu'au fond des grandes forêts; elle ne craint même pas de fixer son domicile dans les granges et les greniers; c'est un fort mauvais voisinage, et cette bête sanguinaire est capable de tuer en une nuit toutes les volailles d'une basse-cour.

La fouine. La fouine est un peu plus petite que la marte (2). Sa gorge est blanche et son pelage moins fin et de couleur moins foncée. On rencontre cette bête nuisible à peu près partout.

Le putois. Le putois, de même taille que la fouine, a le poil noir sur les membres, et des marques blanches au front et sur les côtés du museau. Il exhale une odeur infecte. Ses habitudes sont les mêmes que celles de la fouine. S'il pénètre dans un poulailler ou dans un pigeonnier, il ne le quitte pas avant d'avoir coupé la tête à tous les habitants, qu'il transporte ensuite dans sa tanière.

La belette. La belette, le plus petit des mustéliens, hante aussi les greniers et les granges, et fait des dégâts dans les basses-cours, soit en tuant les jeunes poulets, soit en dérobant les œufs. Malgré l'exiguïté de sa taille, la belette montre une audace et une férocité singulières.

---

(1) Récemment, un lieutenant de louveterie du département de la Nièvre entretenait un équipage de 20 chiens pour marte.

(2) 1 pied 4 pouces ($0^m,42$), sans la queue.

Sans parler de ses grandes batailles contre les rats, qui ont été chantées par La Fontaine, elle attaque toute espèce de menu gibier et ne succombe jamais sans se défendre à outrance sous le bâton du paysan ou sous la dent des géants de la race canine.

Quelques belettes deviennent blanches en hiver, on les distingue de l'hermine en ce qu'elles n'ont pas l'extrémité de la queue noire comme celle-ci.

L'hermine.

On trouve des hermines, en France, dans presque tous les pays boisés, sans qu'elle soit commune nulle part. Cette élégante bête, qu'on nommait autrefois *létisse,* et que les paysans appellent *rosclet* pendant qu'elle a sa livrée brune d'été, a les mêmes mœurs que la belette ; comme elle, l'hermine hante les alentours des maisons, dérobe les œufs, tue les poussins et fait une guerre acharnée aux lapins de clapier et de garenne.

La belette et surtout l'hermine étaient l'objet de certaines croyances superstitieuses dont quelques-unes ne sont pas encore oubliées dans nos campagnes (1).

Le brave Henri de Campion, un des plus vaillants soldats de la Fronde, remarque dans ses mémoires qu'il a toujours éprouvé quelque accident malheureux

(1) On lit, dans les *Grandes Chroniques* de Saint-Denys, l'histoire merveilleuse d'un soldat franc dont l'âme allait se promener sous forme d'hermine pendant son sommeil. Le Roi Gontran, ayant vu cette hermine sortir de la bouche du soldat et y rentrer après avoir couru sur la lame de son épée, interrogea cet homme à son réveil. Le soldat raconta qu'il avait fait un rêve où il passait sur un pont de fer.

quand une belette a traversé son chemin (1). Un de ses contemporains, nommé Cuile, au moment de se battre en duel, voit passer une *espèce de petite hermine qu'on appelle bavole*. Voilà un mauvais présage pour l'un de nous, dit Cuile à son adversaire. Il fut tué en effet (2).

Dans les contes fantastiques qui font les délices des veillées chez les paysans normands et vendéens, la *létiche* devient une bête merveilleuse, douée d'une force prodigieuse et de la propriété de grandir et de diminuer sa taille à volonté (3). Ces *létiches* fantastiques sont, dit-on, les âmes de châtelaines coupables qui portaient de leur vivant des fourrures d'hermine.

Dès le XVIIe siècle, une classe particulière d'industriels s'était vouée à la destruction des *mustéliens* qui infestent les habitations rurales. Ces gens vont de ferme en ferme avec de petits chiens admirablement dressés à cette chasse et instruits à monter aux échelles, à courir sur les toits et sur les solives. Les chiens poursuivent les fouines, putois et belettes sous les toits des granges et des greniers, vont les relancer sous les sablières, dans les trous des murailles, dans les tas de fourrages ou de fagots où ils se réfugient, et les obligent à se montrer de temps en temps à leurs maîtres, qui les tirent au fusil, en ayant soin

(1) *Mémoires* de Henri de Campion.
(2) Tallemant des Réaux, t. VI.
(3) Voir *La Normandie romanesque et merveilleuse*, par Mlle A. Bosquet.

de charger leurs armes avec des bourres qui ne peuvent s'enflammer (1). Dangeau nous apprend que le grand Dauphin voulut se donner le plaisir de cette chasse dans les greniers de Versailles. Il fit plusieurs tentatives qui ne réussirent pas (2). Il chassa aussi des fouines à l'extérieur. Avant lui, Louis XIII avait déjà des chasseurs et des chiens qui poursuivaient partout ces bêtes malfaisantes (3).

§ 7. LES AMPHIBIES : LA LOUTRE, LE RAT D'EAU.

Les seuls animaux de chasse appartenant, en France, à la classe des amphibies sont, avec le castor, dont nous avons déjà donné l'histoire, la loutre et le rat d'eau.

La loutre.

Au temps passé, lorsque les rives de la plupart de nos cours d'eau étaient ombragées d'arbres ou de broussailles, lorsque chaque manoir possédait sa *garenne d'eau* et que les nombreux monastères étaient obligés d'avoir des étangs bien empoissonnés pour être toujours fournis d'aliments maigres, les loutres étaient communes et signalaient leur présence par des dégâts très-sensibles, aussi nos pères s'adonnaient-ils passionnément à la chasse de ces voleurs de poissons, chasse qui se faisait dans toutes les règles,

(1) Magné de Marolles.
(2) Dangeau, t. I.
(3) Sélincourt.

comme nous le verrons plus loin, et qui fut en grande estime jusqu'à la fin du XVIIIe siècle.

La loutre, par la forme de son corps, rappelle les *mustéliens*, dont elle diffère par sa tête arrondie et ses pattes palmées. Sa fourrure, épaisse et chaude, est recherchée depuis longtemps. Charlemagne portait un *thorax* ou gilet de peau de loutre quelque mille ans avant que cet amphibie eût l'honneur de fournir des couvre-chef à l'estimable classe des épiciers.

La chair de la loutre, quoiqu'un peu huileuse, est mangeable (1). Les chartreux en faisaient cas comme aliment maigre (2).

Le rat d'eau. C'est uniquement par égard pour Magné de Marolles que nous mentionnons ici le rat d'eau. On n'a jamais fait l'honneur d'une chasse régulière à cette vilaine bête, et c'est tout au plus si l'on daigne lui tirer un coup de fusil lorsqu'on la surprend sur les bords d'un ruisseau et qu'elle se jette à la nage pour gagner son trou de l'autre côté. « On le dit assez bon à manger, » ajoute notre auteur. Il paraît qu'il ne s'était pas soucié d'en faire l'expérience, et nous ne sommes aucunement tenté de la faire à sa place.

Le rat d'eau avait encore une autre utilité au point de vue cynégétique ; il servait à exercer les jeunes chiens qu'on destinait à chasser la loutre. A l'âge de 7 ou 8 mois, on les menait promener le long des ri-

---

(1) J'en ai fait l'expérience, il y a quelques années, dans un hôtel de Chambéry.

(2) Magné de Marolles.

vières, où ils s'amusaient à gratter les trous des rats d'eau. Ces rats se jetaient à l'eau, où les petits chiens les poursuivaient, prenant ainsi l'habitude de chasser à la nage (1).

(1) Leverrier de la Conterie.

IIe SECTION.

OISEAUX.

CHAPITRE PREMIER.

Oiseaux terrestres.

§ 1. OISEAUX DES MONTAGNES : LES TÉTRAS, LE LAGOPÈDE, LA GÉLINOTTE, LA BARTAVELLE, LA PERDRIX DE MONTAGNE.

Le grand tétras.

Les montagnes du pays de Foix, du Couserans, du Comminges et du Bigorre, dans les Pyrénées; celles du Vercors, près Die, dans les Alpes dauphinoises, et quelques forêts des Vosges, étaient au XVIIIe siècle, comme elles le sont encore, les retraites du grand tétras, ou coq de bruyère à queue pleine (1), appelé en certains lieux *faisan bruyant*, et ailleurs *paon sauvage* (2). Ces oiseaux existaient à la même époque

(1) *Tetrao urogallus*. — *Auer-hahn* des Allemands.

(2) Il est encore nommé ainsi dans une partie des Pyrénées, où il est resté plus commun que dans les Alpes. Du temps de Buffon, on ne trouvait ces oiseaux dans les Vosges lorraines qu'entre Épinal et Gérardmer.

dans quelques forêts des montagnes d'Auvergne, principalement dans celles de l'Hermitage, du mont Dore et d'Oliergues, ainsi que dans quelques bois du Forez et dans ceux de Menet, en Limousin (1). Ils ont dû jadis être assez communs dans cette dernière province, et en avoir pris le nom de *coqs-limoges* qu'on leur donnait au xve siècle (2).

Le grand tétras est, après l'outarde et le cygne, le plus grand et le plus beau des oiseaux chassés en France. Le mâle pèse 5 à 6 kilogr. et ses ailes ont 1[m],30 d'envergure. Son plumage, d'un gris foncé sur le dos, est, sur le col et la poitrine, d'un noir lustré à reflets verts, ses yeux sont bordés d'une membrane écarlate, ses pieds sont couverts de plumes jusqu'aux ongles, et sa queue carrée se relève en éventail comme celle du dindon.

La femelle, plus petite, a un plumage entièrement différent et assez semblable à celui d'une poule faisane.

La chair du grand coq de bruyères est très-bonne quand il est jeune. Elle est noire comme celle du lièvre, excepté les filets, qui sont blancs (3).

---

(1) Magné de Marolles. — Buffon. — Belon.

(2) « Le suppliant et ledit Jehan Baudelot dirent qu'ils iroient veoir dedans le bois Dessars si l'on y trouveroit aucuns qui chassoient aux cocq-limoges autrement nommez faisans. » Lettres de Remission, 1451. Du temps de Buffon, ce nom de *coq-limoges* était encore employé pour désigner le grand tétras.

(3) « Il y a trois chairs au coc de bois, car à luy auquel la poictrine est ronde et charnue, les trois muscles qui sont joincts à l'os de la poictrine semblent avoir trois divers gousts : l'on dit la première de bœuf, l'autre de perdris et la tierce de faisan. » (Belon.)

Le petit tétras.

Le petit tétras, coq de bruyère à queue fourchue, coq de bouleau ou faisan noir (1), ne se trouve en France que dans les montagnes du Bugey et dans les Alpes dauphinoises. Ses mœurs ont beaucoup d'analogie avec celles du grand coq de bruyère, dont il diffère par sa taille qui ne dépasse guère celle d'un faisan (2), par la forme de sa queue et par son plumage, presque entièrement noir chez le mâle. La femelle est à peu près semblable comme couleur à celle du grand tétras, et sa queue est à peine fourchue. Elle est une fois plus petite que le mâle, qui s'en distingue encore par la bordure écarlate de ses yeux (3).

Le maréchal de Saxe, lorsqu'il résidait à Chambord, essaya inutilement d'y acclimater le petit coq de bruyère. Tous ceux qu'il avait fait venir de Suède y moururent en peu de temps sans se perpétuer (4).

La gélinotte.

Presque tous les auteurs qui ont parlé de la gélinotte (5) empruntent au vieux naturaliste Belon la courte et vive description qu'il donne de cet oiseau : « Qui se feindra voir quelque espèce de perdrix mestive entre la rouge et la grise, et tenir je ne sais quoi des plumes du faisan, aura la perspective de la gélinotte de bois (6). » Il faut seulement ajouter qu'elle a

(1) *Tetrao grygallus.* — *Birkhahn* des Allemands. — *Moorfowl* et *blackgame* des Anglais.—Dans le Bugey on donne à cet oiseau le nom de *grianol.*

(2) Son poids est de 1 k. 50 à 2 kilog.

(3) Magné de Marolles. — Buffon. — Tschudi.

(4) Buffon.

(5) *Tetrao bonasia.*

(6) *Nature des oiseaux.*—Cet auteur ajoute que celles qu'on apportait de Lorraine et des Ardennes à Paris étaient plus estimées que les fai-

les tarses emplumés et que le mâle a pour signe distinctif des sourcils membraneux d'un rouge vif.

Quelques anciens naturalistes avancent sérieusement que les gélinottes s'accouplent par le bec et que les coqs pondent des œufs, qui couvés par des crapauds, produisent des basilics (1).

On voyait des gélinottes dans les Alpes dauphinoises vers la Grande-Chartreuse, dans les Pyrénées près de Luchon, dans les Vosges et dans les Ardennes. La chair de cet oiseau était justement estimée (2).

Le lagopède.

L'histoire naturelle de Pline cite, parmi les oiseaux qui habitent les sommités des Alpes, le lagopède (3), ou *attagen*, communément appelé perdrix blanche, quoiqu'il ne soit pas du genre des perdrix (4). Cet oiseau, que les montagnards dauphinois connaissent sous le nom de *jalabre*, se trouve aussi dans les Pyrénées. Il en existait au siècle dernier dans les montagnes de l'Auvergne (5). Partout il se tient sur les cimes les plus élevées et descend rarement au-dessous d'une hauteur de 2,000 mètres.

Son nom de *lagopède* (pied de lièvre) lui vient du duvet qui couvre entièrement ses pattes et les a fait

---

sans et se vendaient 2 écus pièce. Les pourvoyeurs des princes se hâtaient de les envoyer à la cour, ou les rôtisseurs les retenaient pour les *nopces* des grands seigneurs.

(1) Gessner cité par Buffon.

(2) Magné de Marolles.

(3) *Tetrao lagopus.*

(4) Pline fait deux oiseaux différents de l'*attagas* ou *attagen* et du *logopus*. Buffon distingue deux *attagas*, dont un blanc, du lagopède. Les changements fréquents que subit le plumage de cet oiseau ont donné lieu à ces erreurs.

(5) Buffon. — Magné de Marolles.

comparer à celles du lièvre ; sa grosseur est celle d'un pigeon domestique : pendant l'été son plumage est mêlé de brun, de noir et de blanc ; l'hiver il devient tout entier d'une blancheur éclatante, sauf les pennes noires de la queue et une marque rouge au-dessus de l'œil.

La chair du lagopède est noire et très-délicate pendant l'été, lorsqu'il se nourrit de *bluets* ou baies de myrtille. Pendant l'arrière-saison, il est réduit à manger des pousses de sapin, et prend un goût de résine.

Au XVIe siècle, le lagopède, connu sous le nom de *francolin* (1), était servi sur la table des grands. Les pourvoyeurs de François Ier en faisaient venir des montagnes du pays de Foix, pour la bouche de Sa Majesté (2).

Il semble que les *perdrix blanches* étaient anciennement bien moins farouches qu'elles ne le sont devenues depuis le perfectionnement des armes à feu. Gessner (3) dit qu'elles se laissaient tuer à coups de bâton, et Chorier, qui écrivait un siècle après, affirme que, si on les tire à terre, elles ne s'enfuient point, et s'amusent à regarder d'où le coup leur est venu (4).

La bartavelle. En général, les chasseurs confondent avec la per-

---

(1) Le nom de francolin appartient légitimement à une espèce de perdrix (*perdix francolinus*) qui n'a jamais existé en France. Comme nous le verrons tout à l'heure, ce nom a aussi été donné au ganga.

(2) Belon. — Legrand d'Aussy, t. II.

(3) Gessner écrivait vers 1550.

(4) Magné de Marolles.

drix rouge la bartavelle (1), ou perdrix grecque, qui en diffère par quelques détails de son plumage et sa taille un peu plus grande (2). Dès le XVIIIe siècle, la bartavelle ne se montrait plus que sur les montagnes d'une partie du Dauphiné, au-dessus de la région boisée. Il s'en trouve aussi quelques-unes dans le Jura.

La perdrix de montagne.

On rencontre parfois, dans les Alpes et dans le Jura, des perdrix dont le plumage est en entier d'un roux marron ; les pieds et le bec sont rougeâtres. Buffon et plusieurs autres ornithologistes en ont fait une espèce particulière, sous le nom de *perdrix de montagne*. Ils la croyaient issue d'un croisement entre la perdrix rouge et la grise. Les naturalistes modernes n'y voient qu'une variété de la perdrix grise (3).

§ 2. OISEAUX DES PLAINES ET DES PRAIRIES : LES OUTARDES, LES PERDRIX, LA CAILLE, LE GANGA, LE RÂLE DE GENÊT, LE VANNEAU, LES PLUVIERS.

La grande outarde.

Le plus gros de nos oiseaux terrestres est la grande outarde (4). Le mâle mesure jusqu'à 1[m],16 de longueur, de l'extrémité du bec à celle de la queue, et pèse de 10 à 15 kilog. La femelle est d'un tiers plus petite.

---

(1) *Perdix græca, P. saxatilis.* — Le nom de bartavelle vient du cri de cette perdrix que les Provençaux ont comparé au *bartavéou* (*babillard*) d'un moulin.

(2) Son caractère distinctif le plus apparent est son collier noir, qui n'est pas accompagné de mouchetures comme celui de la perdrix rouge.

(3) M. le baron Dériot, dans le recueil périodique intitulé *la Vie à la campagne*, raconte qu'il a tué une de ces perdrix à Vescles (Jura).

(4) *Otis tarda.*

Le plumage de la grande outarde est fauve, marqueté de noir en dessus, blanchâtre en dessous. La tête et le col sont d'un gris clair. Le mâle porte une sorte de barbe en plumes sous le bec. La chair de ce bel oiseau est bonne sans être délicate (1).

Les outardes habitaient autrefois les vastes plaines de la Champagne pouilleuse (2), certains cantons du Poitou et de la Bresse, le désert pierreux de la Crau près d'Arles, les landes du Trentain dans le Comtat Venaissin. Quelques-unes y nichaient, mais la plupart arrivaient avec l'hiver et partaient au printemps. Pendant les froids rigoureux, elles se montraient dans d'autres provinces, comme en Lorraine et en Picardie (3).

Aux beaux jours de la fauconnerie, on *volait* l'outarde avec des gerfauts, des sacres, des autours (4). Comme ces oiseaux, très-sauvages, se tiennent toujours dans des lieux découverts, on était obligé, pour les tirer avec les armes à feu, d'avoir recours aux

(1) Belon dit que l'*ostarde* est « un délicieux oyseau, lequel nous préférons maintenant à tous autres es banquets privez. »

(2) Principalement entre la Fère champenoise et Sainte-Menehould.

(3) Magné de Marolles, — Buffon. — Aujourd'hui on en voit à peine quelques-unes pendant les grands froids en Champagne et en Provence. Les outardes ont aussi presque entièrement disparu en Angleterre, où, à la fin du XVIIe siècle, on en voyait dans les dunes des troupes de cinquante ou soixante qu'on chassait avec des lévriers. (*Hist. d'Angleterre* de Mac-Aulay.)

(4) Voir Gace de la Buigne et d'Arcussia.—Le *Menagier de Paris* dit même qu'on les prenait avec l'épervier, ce qui est peu croyable. Du temps de d'Arcussia ce vol était tombé en désuétude. Il s'efforce d'en démontrer la possibilité en affirmant avoir vu des faucons sauvages prendre des outardes.

ruses employées contre les animaux les plus défiants, la hutte ambulante, la vache artificielle, la charrette, etc.

Au XVIe siècle, en Provence, on chassait l'outarde à cheval, dans les grandes plaines où elle se tenait d'habitude. Quiqueran de Beaujeu, qui en avait souvent pris lui-même à course de cheval, dans la Crau, dit que, tant qu'elles ne sont grosses que comme des chapons, on peut les forcer en deux ou trois vols. Lorsqu'elles sont devenues de la taille d'une oie, on en vient encore à bout avec beaucoup de peine, et l'on y crève des chevaux ; mais cette chasse est tout à fait impossible quand elles sont adultes.

La canepetière.

La petite outarde ou *canepetière* (1), anciennement nommée *olive*, est d'une taille notablement inférieure à la grande. Elle ne surpasse guère, en effet, les dimensions et le poids d'un faisan. Son plumage est fauve, mêlé de gris et tacheté de brunâtre. Le mâle a le col noir avec un double collier blanc (2).

Les canepetières étaient jadis assez communes en Beauce et en Berry; il s'en trouvait aussi en Normandie et en Corse (3).

---

(1) *Otis tetrax*, — *cane pétrace*, en Beauce; *cane pétrote*, en Berry; *poule de Pharaon*, en Corse; *poule de Carthage*, en Algérie.

(2) « Qui voudra avoir la perspective d'une canepetière, s'imagine voir une caille beaucoup madrée aussi grande comme une moyenne faisande. » (Belon.)

(3) Magné de Marolles, — Buffon. — L'espèce est devenue rare depuis. A ma connaissance, on en tue de temps en temps dans le Vexin, la Brie champenoise et la Champagne. On a même remarqué que l'espèce avait considérablement multiplié depuis quelques années dans cette dernière province. (*Bull. de la Soc. d'accl.*, 1855.)

Les perdrix. Nul oiseau, parmi ceux qui peuplent notre sol, ne fournit à nos chasses un contingent plus considérable que la perdrix. C'est encore celui dont la poursuite a, de tout temps, donné aux chasseurs de toute classe les plaisirs les plus vifs et les plus variés.

Outre la bartavelle, déjà mentionnée parmi les oiseaux des montagnes, nous possédons en France deux espèces de perdrix assez communes, la perdrix grise et la rouge (1). La *roquette* ou petite perdrix grise, variété mal déterminée, et qu'on croit de passage, ne se montre que de loin en loin (2). La perdrix de roche ou de Gambra, aux pieds rouges, au collier brunâtre, aux ailes marquetées d'orange et d'azur, se trouve quelquefois, par hasard, sur les côtes de la Méditerranée, et, plus souvent, en Corse (3). Elle se montre assez fréquemment dans les îles d'Hyères.

Les perdrix grises et rouges, trop connues pour qu'il soit besoin de les décrire, se partagent le territoire français (4).

Les grises en habitent seules la partie septentrionnale, et les rouges le midi. Dans une zone intermédiaire, qui comprend la Bretagne, l'Anjou (5), le Maine, la

---

(1) *Perdix cinerea, perdix rubra.*

(2) Buffon l'appelle perdrix de Damas, ou petite perdrix de passage.

(3) La perdrix de Gambra (*perdix petrosa*) est très-commune en Algérie, en Espagne, en Sardaigne, en Sicile et en Calabre.

(4) « Une moitié de la France a des perdrix rouges, l'autre moitié en a des grises, mais les cantons où se trouvent les grises ne font aucun cas des rouges, et réciproquement. » (B. Champier.)

(5) D'après Bourdigné (*Hystoire agrégative des annales et cronicque d'Anjou*, Paris, 1529), les perdrix rouges auraient été importées dans cette province par le Roi René.

Touraine, une partie de l'Orléanais (1), du Berry et de la Bourgogne, les deux espèces vivent côte à côte (2). Il en est de même sur la cime des Pyrénées.

Introduite artificiellement dans diverses chasses royales et princières, au delà de ses limites naturelles, la perdrix rouge y a toujours été conservée avec beaucoup de difficulté.

Dans les deux espèces il y a des individus albinos. Les chasseurs prétendent connaître deux, ou même trois variétés de perdrix rouges, qui ne diffèrent que par leur grosseur. La plus forte, communément appelée perdrix de roche ou *rochassière*, égale la bartavelle, avec laquelle on la confond souvent (3).

Outre les cent manières dont on chassait autrefois les perdrix, au vol, à tir, aux filets, on les a encore chassées *à force*, dans les grandes plaines de la Provence. Les rouges pouvaient se forcer pendant toute l'année, les grises de mars en septembre. Les chasseurs, bien montés, parcouraient le plat pays *en haye*, précédés d'un guetteur à cheval qui menait les chiens. Les perdrix se laissaient prendre d'ordinaire après trois vols (4).

---

(1) Principalement le Gâtinais, la Sologne et le Blaisois.

(2) En Angleterre, on nomme les perdrix rouges *perdrix de Guernesey*; du fait de leur existence dans cette île, on peut conclure qu'il y en avait anciennement dans le Cotentin. Celles que le Roi d'Angleterre, Henri VIII, avait fait venir de France en immense quantité périrent toutes en peu de temps. (B. Champier, *de re cibariâ.*)

(3) Les fameux gourmets de l'*ordre des Coteaux* ne voulaient manger que des perdrix d'Auvergne. (*Vie de saint Évremond.*) Sur les perdrix rouges d'Auvergne voyez *la Vie à la campagne*, t. III.

(4) D'Arcussia, IVe partie. — On peut en conclure qu'il y avait alors des perdrix grises en Provence.

La caille.

Les merveilleuses migrations de la caille (1) ont toujours, à juste titre, préoccupé les naturalistes comme les thèreuticographes, sans qu'on ait jamais pu bien expliquer comment cet oiseau, dont le vol est si court, peut franchir en quelques heures le trajet de mer qui sépare les côtes de l'Europe de celles de l'Afrique.

Quelques individus, malades ou blessés, passent l'hiver dans nos climats; Magné de Marolles en cite des exemples.

Les cailles arrivent en très-grand nombre sur nos côtes méditerranéennes, vers la mi-avril. Il en reste beaucoup plus dans nos provinces méridionales qu'il n'en pénètre dans le nord de la France (2).

Le râle de genêts.

Il est inutile de vanter ici la délicatesse de leur chair, qui n'est surpassée que par celle du râle de genêts (3), compagnon de leurs migrations.

Cet oiseau est souvent appelé *roi des cailles*, parce qu'il passait pour leur servir de guide et de chef.

Les râles de genêts, comme leur nom l'indique, habitent volontiers les terrains en friche et les broussailles. Cependant les prés naturels ou artificiels sont leur séjour de prédilection, et ils ne les quittent guère que chassés par la fauchaison, pour y revenir à l'époque des regains.

---

(1) *Perdix coturnix*.

(2) Les provinces situées sur le bord de la Manche faisaient, au XVIe siècle, un grand commerce de cailles avec l'Angleterre (Legrand d'Aussy, t. II).

(3) *Rallus crex*.

L'espèce est distribuée d'une manière assez inégale dans nos contrées. On en trouve en quantité dans certaines localités, tandis que les cantons voisins en sont à peu près dégarnis, sans qu'on puisse bien s'expliquer pourquoi. Magné de Marolles remarque que le pays où l'on en voyait le plus de son temps était un coin de la Normandie, comprenant sept ou huit paroisses aux environs de Carrouges (Orne).

Il y a quelquefois aussi des passages extraordinaires de râles, en certains lieux où l'on n'en voit d'habitude qu'un petit nombre.

Le ganga.

Le ganga (1), nommé dans le midi de la France *angel*, *grandoule* ou *taragoule*, est un oiseau de la grosseur d'une perdrix grise. Sa queue est longue, étroite et fourchue. Le mâle a le dessus du corps mélangé de gris, de jaune et de roux, une tache noire sous la gorge, la poitrine jaune, le ventre gris et les pattes d'un rouge clair. La femelle n'a pas la gorge noire, son plumage est plus terne et ses pieds sont jaunâtres. Tous deux ont le devant des jambes emplumé jusqu'au bout des doigts. Les gangas, quoique d'un genre distinct, semblent tenir à la fois des pigeons et des perdrix.

Ils habitent, en France, les *garigues* ou landes du Roussillon et du Languedoc, au pied des montagnes,

(1) *Pterocles setarius*, — *kata* ou *al-chata* des Arabes. Il n'est guère d'oiseau dont la nomenclature soit plus embrouillée que celle du ganga. Quiqueran de Beaujeu et Liébault le prennent pour le francolin. Buffon le nomme *gélinotte des Pyrénées*. Magné de Marolles le décrit en trois endroits sous les noms de *ganga*, de *francolin* et de *grandoule*, et attribue ce qui le concerne à trois oiseaux différents.

et aux environs de Montpellier, la *Crau* d'Arles et le *Plan de Diou*, grande plaine aride près d'Orange. Il s'en trouve aussi quelques-uns dans le Dauphiné.

Cet oiseau, très-sauvage, vole en troupes et ne se laisse approcher que difficilement. Les chasseurs ne peuvent parvenir à les tirer qu'en se cachant derrière une charrette ou en les attendant à l'affût dans des huttes, auprès des mares où ils viennent boire et se baigner soir et matin (1).

Le grand pluvier ou œdicnème.

« Il est peu de chasseurs et d'habitants de la campagne, dans nos provinces de Picardie, d'Orléanais, de Beauce, de Champagne (2) et de Bourgogne, qui, se trouvant sur le soir, dans les mois de septembre, d'octobre ou de novembre, au milieu des champs, n'aient entendu les cris répétés, *tûrrlui, tûrrlui,* du grand pluvier ou courlis de terre (3), » appelé par les naturalistes *œdicnème* ou jambes enflées, à cause de la grosseur de ses genoux (4). En Beauce, il est connu sous le nom d'*arpenteur* et, en Picardie, sous celui de *saint-germer*.

Ces courlis de terre paraissent en mars et partent en novembre. Ils habitent de préférence les terres pierreuses, sablonneuses et sèches, courent avec vitesse, partent de loin devant le chasseur et volent en rasant la terre.

---

(1) Magné de Marolles.

(2) On en voyait aussi en Brie il y a quelques années.

(3) Buffon.

(4) *Œdicnemus europæus.* Belon, qui inventa ce nom d'œdicnème, le qualifie encore d'*ostardeau* à cause de sa ressemblance avec la petite outarde.

Le poids de cet oiseau est d'environ 750 grammes. Son plumage est mêlé de gris-blanc et de brun. Il a de longues pattes verdâtres et de gros yeux saillants à iris jaune; son bec, long de deux doigts, est noir en dessus et jaune en dessous.

La chair de l'œdicnème est noire et assez bonne. A Malte, où cette espèce d'oiseaux abonde, on en faisait un tel cas, que la chasse en fut réservée au grand maître jusqu'à l'époque où l'on introduisit les perdrix rouges dans l'île, c'est-à-dire au milieu du XVIIe siècle (1).

En France on chassait quelquefois ce courlis avec l'oiseau de proie.

Les pluviers.

Les autres pluviers (pluvier doré, pluvier gris à collier, guignard) (2) sont de passage en France depuis le commencement de l'automne jusqu'au mois d'avril. A la différence du grand pluvier, ils fréquentent surtout les endroits humides, les prairies, les bords des eaux où ils trouvent le plus aisément les vers qui forment leur nourriture (3). On prend beaucoup de pluviers dorés près de Pithiviers, et de guignards près de Chartres, et ces oiseaux servent à la confection des pâtés qui font la gloire de ces deux villes (4).

Les seigneurs du XVIe siècle faisaient le plus grand cas des pluviers, moins pour leur chair que

(1) Buffon.

(2) *Charadrius pluvialis*, *charadrius hiaticula*, *charadrius morinellus*.

(3) Un grand nombre de ces oiseaux habitent les bords de la mer, ce qui les fait souvent classer parmi les oiseaux de rivage.

(4) Les guignards, dont la chair est fort estimée, se vendaient 40 sols ou 3 livres pièce, du temps de Magné de Marolles.

pour le plaisir qu'ils prenaient à leur chasse. Aussi empêchaient-ils sous les peines les plus sévères de tuer des pluviers sur leurs domaines (1), ce qui n'empêchait point qu'il arrivait parfois aux marchés de Paris de pleines charretées de ces oiseaux. On les mangeait sans les vider, comme nous faisons aujourd'hui des bécasses et bécassines (2).

Le vanneau. Le vanneau (3) a les mêmes habitudes que les pluviers à peu de chose près; seulement il arrive à la fin des gelées et part au retour du froid.

Facile à distinguer des pluviers par la beauté de son plumage, et surtout par l'aigrette élégante qui surmonte sa tête, le vanneau (4) jouit, au point de vue culinaire, d'une réputation contestée par quelques-uns (5). L'espèce abondait surtout du temps de Buffon en Brie et en Champagne.

Pluviers et vanneaux sont très-craintifs et difficiles à approcher. On les tirait à l'appeau ou à la hutte, et on les prenait surtout avec des filets à nappe ou à miroir. Malgré leur défiance naturelle, ces oiseaux sont, à ce qu'il paraît, très-curieux, et l'on peut, dit-on, attirer les vanneaux en étendant à terre un linge

---

(1) Champier, cité par Legrand d'Aussy, t. II.

(2) Belon, *ibid.*

(3) *Tringa vanellus.*

(4) On rencontre parfois, en France, une autre espèce de vanneau sans aigrette et se rapprochant des pluviers. On le nomme *vanneau-pluvier*.

(5) Qui n'a pas mangé vanneau
Ne sait pas ce que gibier vaut,

dit un vieil adage.

blanc, autour duquel se promène un chien de la même couleur. Le guignard se laisserait de même assez absorber par la contemplation de gens faisant certains gestes bizarres, pour se laisser prendre au filet (1).

§ 3. OISEAUX DES BOIS : LES FAISANS, LA BÉCASSE, LES PIGEONS SAUVAGES.

Comme le daim, les premiers faisans, originaires de la Colchide, furent importés dans les Gaules par les Romains. Les faisans.

Charlemagne en faisait élever dans ses *villas* et ne dédaigne pas de les recommander aux soins des intendants de ses domaines par des Capitulaires.

Les faisans étaient en grand honneur à l'époque féodale. Les chevaliers prononçaient des vœux sur le faisan, comme sur le paon et le héron. Les Rois et les grands feudataires, en accordant le droit de chasse aux habitants de certaines localités, en exceptaient souvent le faisan ou ne permettaient de le chasser que *noblement,* sans engins ni filets (2).

Outre les faisans dorés et argentés qui ne sont guère que des oiseaux de volière (3), et le faisan noir de l'Inde, encore excessivement rare, les principales variétés de faisans chassés en France sont les suivantes :

---

(1) Buffon, — Deyeux, *le Vieux chasseur*.

(2) Voir le *Glossaire* de Carpentier, v° *Fasanus*.

(3) Depuis quelques années, les faisans dorés se sont assez multipliés en liberté dans les bois de Sivry, près de Melun, pour y être devenus l'objet de chasses régulières.

1° Le faisan commun (1);

2° Le faisan à collier de l'Inde (2), plus petit, de nuances plus claires, avec des reflets verdâtres ;

3° Le faisan à collier, dit de Bohême, qui paraît issu d'un croisement entre les deux précédents ;

4° Le faisan cendré, qui a les marques du faisan commun sur un fond de couleur grisâtre ;

5° Le faisan blanc (3), qu'il ne faut pas confondre avec l'argenté et qui n'est qu'une variété albine du faisan commun ;

6° Le faisan panaché, né du faisan commun et du faisan blanc (4).

Toutes ces variétés étaient connues dès le xviie siècle ; elles ont été décrites par Buffon et ses collaborateurs (5), et l'on peut les voir figurées dans les tableaux de chasse de Desportes et d'Oudry. Le faisan blanc passait pour venir de Flandre. Le faisan à collier de l'Inde, depuis longtemps multiplié en Angleterre, avait été importé en France vers 1779 (6).

Les faisans abondaient, à cette époque, dans les capitaineries, où on en élevait un nombre prodigieux (7).

---

(1) *Phasianus colchicus.*

(2) *Phasianus torquatus.* Ce faisan a été élevé en grand nombre depuis quelque temps.

(3) *Phasianus albus.*

(4) *Phasianus varius.*

(5) L'*Histoire naturelle* de Buffon ne dit rien du faisan cendré, mais on le voit représenté dans un tableau d'Oudry, au Louvre. Dans une lettre adressée à M. de Wœrden pour faire venir six cents œufs de faisan de Hollande, Louvois recommande qu'il n'y en ait point de faisans blancs.

(6) Buffon, Legrand d'Aussy.

(7) Buffon croyait que les faisans ne pouvaient pas se propager à

En dehors de ces régions privilégiées, il ne s'en trouvait que dans les pays où ils avaient été propagés autrefois par les Rois et les grands seigneurs, comme la Touraine, le Berry et l'Anjou (1).

Il y avait aussi des faisans dans les îles du Rhin et les bois voisins de Strasbourg (2).

Au XVIe siècle, la Provence nourrissait une si grande quantité de faisans, que Pierre de Quiqueran compare cette province à la Colchide (3). Il paraît qu'ils y habitaient des maquis peu fourrés ou des landes découvertes, car on les forçait à cheval, comme les outardes et les perdrix (4).

Les choses avaient bien changé dès le XVIIIe siècle; il n'y avait plus alors de faisans que dans l'île de Porquerolles, la plus grande des îles d'Hyères (5).

---

l'état sauvage dans nos provinces septentrionales. « Cela est si vrai, dit-il, qu'on ne voit pas qu'ils se soient multipliés dans la Brie, où il s'en échappe toujours quelques-uns des capitaineries voisines, et où, même, ils s'apparient quelquefois. » Buffon serait bien surpris de voir aujourd'hui le nombre considérable de faisans qui, sortis originairement de quelques faisanderies, vivent et se multiplient en liberté dans ces mêmes bois.

(1) Magné de Marolles.

(2) *Ibid.* Ils avaient été apportés en Alsace par les princes allemands, qui y avaient des domaines. Le prêteur de Strasbourg, Kinglin, qui étalait un faste princier, avait beaucoup contribué à propager l'espèce, en faisant clore en 1750 des forêts appartenant à la ville, qu'il avait peuplées de faisans pour ses plaisirs.

(3) Ces faisans avaient été probablement introduits en Provence par le Roi René. Il n'en existe plus aujourd'hui.

(4) *De laudibus Provinciæ.* — Magné de Marolles.

(5) Un commandant de l'île voisine de Portecros était aussi parvenu à y élever une assez grande quantité de faisans; mais au bout de quelques années il les détruisit lui-même. Il s'en trouve encore quelques-uns dans les îles d'Hyères.

En Languedoc, les abbés du riche monastère de Saint-Gilles avaient, à la fin du XVIIe siècle, peuplé de faisans la forêt d'Espeyran, voisine de leur abbaye. Ces faisans furent détruits en 1755, pendant la maladie et après la mort de l'abbé de Monclus, et son successeur essaya, sans succès, de repeupler sa forêt avec des œufs et des faisans venus de Paris et de Corse (1).

Dans cette île, les faisans étaient répandus de tous côtés. Ils étaient surtout nombreux dans les plaines de Campoloro et d'Aleria (2).

La bécasse. Quoiqu'il soit fait mention de *widecoqs* ou bécasses (3) dans le menu d'un banquet offert à François Ier par la ville de Honfleur au mois d'*août* 1526 (4), on peut affirmer sans crainte qu'alors, comme aujourd'hui, cet oiseau n'arrivait pas en France avant les premiers jours d'octobre (5) et s'en retournait en mars. Il est fort rare que les bécasses nichent dans notre pays. Cependant on en voit toute l'année dans la forêt de Compiègne, sur les hautes montagnes des Alpes, du Jura et des Vosges, et dans quelques grands bois de la Bourgogne et de la Champagne (6).

---

(1) En 1746, une chasse aux faisans fut offerte dans cette forêt à l'Infant don Philippe, depuis duc de Parme, et au duc de Modène. (Magné de Marolles.)

(2) Il y en a encore en Corse.

(3) *Scolopax rusticola.* Ce nom de widecoqs vient de *widu*, qui signifie *bois* en vieil allemand. La bécasse se nomme en anglais *woodcock* (coq des bois).

(4) Ces *widecoqs* étaient probablement des bécassines, ou des courlis qu'on appelle souvent bécasses de mer.

(5) Magné de Marolles.

(6) *Ibidem.* — Buffon. — Ces auteurs citent des cas isolés de nichées

Les chasseurs croient distinguer deux variétés de bécasse, la grosse et la petite, appelée *martinet* en Picardie (1). Il se trouve, de temps en temps, des individus tout blancs ; d'autres sont panachés de blanc, isabelles ou roux. Buffon raconte avec orgueil qu'une bécasse blanche et une bécasse rousse ayant été tuées à la chasse du Roi en décembre 1755, Sa Majesté lui fit l'honneur de les lui envoyer par le comte d'Angiviller (2).

La réputation de stupidité si libéralement octroyée à la bécasse, serait pleinement justifiée si l'on pouvait ajouter foi au moyen extraordinaire de la prendre qu'enseigne le *Roy Modus*, et qu'il nomme la *folletouère*.

Pour cette chasse, il faut s'affubler d'un *court mantel* de couleur feuille morte, de *moufles* ou gants de même nuance, et d'un chapeau de feutre qui couvre la figure. Armé de deux petits bâtons en forme de potences, couverts de drap feuille morte et garnis de rouge à leur extrémité, le chasseur s'avancera sur ses genoux et ses potences vers le *widecoq*. Quand il verra l'oiseau s'arrêter, il fera de même, et frappera doucement ses bâtons l'un contre l'autre; le *widecoq* s'amusera et *s'affolera* tellement à considérer cette figure

---

de bécasses trouvées dans d'autres contrées; par exemple, dans les bois de Pont-de-Remy, en Picardie, et dans ceux de la Ferté-Vidame, en Perche.

(1) Magné de Marolles.

(2) « M. de Buffon seul est digne de manger ces oiseaux, » avait dit le Roi. — Buffon remercia Louis XV et plaça les bécasses dans la collection du cabinet d'histoire naturelle. (*Correspondance de Buffon*.)

baroque, qu'il se laissera approcher par le chasseur masqué et passer au col un lacet de crin attaché au bout d'une verge.

« Et sachiez, conclut le *Roy Modus*, que widecoqs sont les plus soz oyseaulx du monde. » — Bien raisonné, sage *Roy Modus !*

Ce qu'il y a de plus singulier, c'est que le véridique Belon raconte, presque dans les mêmes termes, cette chasse bizarre, qu'il appelle *folâtrerie*. Il est probable que Belon, n'étant pas chasseur, aura cru sur parole le vieux traité du *Roy Modus*, qui jouissait encore d'une assez grande vogue (1).

Les pigeons sauvages.

Nous avons, en France, trois espèces de pigeons sauvages : le ramier, le biset et la tourterelle (2). Les chasseurs croient distinguer, dans ces espèces, des variétés qui ne diffèrent que par la taille. Quelques-uns y ajoutent une quatrième espèce, le pigeon de roche, qui paraît provenir d'un croisement entre des bisets et des pigeons fuyards (3).

Tous ces oiseaux *au col changeant, au cœur tendre et fidèle*, comme dit La Fontaine, nous arrivent au printemps, nichent en France, et partent à la fin de l'automne. Il nous reste cependant un assez grand nombre de ramiers pendant l'hiver.

Les pigeons sauvages se tiennent ordinairement dans les grands bois, qu'ils quittent fréquemment

---

(1) Il a paru trois ou quatre éditions de ce livre pendant le XVIe siècle.

(2) *Columba palumbus, columba livia, columba turtur.*

(3) Magné de Marolles. — Buffon.

pendant le jour pour aller picorer aux champs, mais où ils reviennent se percher chaque soir sur les arbres les plus élevés.

On chassait, autrefois les ramiers d'une façon singulière, dite chasse *au tintamarre* ou *au charivari*. Nous en reparlerons plus loin, ainsi que des grandes chasses qu'on leur fait dans les Pyrénées, avec un appareil de filets considérable.

§ 4. LES OISILLONS : LES GRIVES, LES MERLES, LES ALOUETTES, LES BECFIGUES, LES ORTOLANS.

Les oisillons énumérés en tête de ce paragraphe sont les seuls dignes de l'attention du vrai chasseur. Cependant les habitants de l'est et du midi de la France font une guerre acharnée à tout ce qui vole dans les airs, sans épargner les rossignols, les rouges-gorges et les hirondelles, et la destruction de ces becs-fins a causé un tel préjudice à l'agriculture, en favorisant la multiplication des insectes, que l'autorité se voit obligée de prendre des mesures pour y mettre un terme.

Nous avons quatre espèces de grives : Les grives.

1° La draine, ou grive de gui, la géante du genre, qui atteint la taille d'une pie (1) ;

2° La litorne, plus petite, que les Normands appellent *claque*, et les Briards *kia-kia*, à cause de son cri (2) ;

---

(1) *Turdus viscivorus.*
(2) *Turdus pilaris.*

3° La grive de vignes ou *tourde* (1) ;

4° Le mauvis, *touret, rosette, calandrote* (2).

Ces deux dernières espèces, qui se gorgent de raisins pendant la saison des vendanges, ont une chair beaucoup plus savoureuse que les autres qui se nourrissent de baies de gui et de genièvre (3).

Toutes ces grives sont oiseaux de passage. Il en reste cependant beaucoup qui nichent en France, excepté dans l'espèce de la litorne.

Les merles.

Les merles sont beaucoup moins estimés que les grives (4), et on leur fait une chasse bien moins assidue. Il faut excepter de ce jugement les merles de Corse (de l'espèce ordinaire) qui s'engraissent de baies de myrte et dont on prend, en hiver, des quantités immenses pour les expédier sur le continent (5).

Le merle commun (6) est seul connu dans la plus grande partie de la France, où il est sédentaire. Dans les pays de montagnes, on voit passer, en mai et en octobre, le merle à plastron blanc (7). Le grand merle de montagne, qui paraît n'en être qu'une variété, se

---

(1) *Turdus musicus.*

(2) *Turdus iliacus.* — Les mauvis des Ardennes jouissent d'une réputation méritée.

(3) C'étaient la grive de vignes et le mauvis dont la chair était si recherchée des Romains, et qui ont été chantés par Horace et Martial. Voir, dans le journal *la Vie à la campagne*, un plaidoyer très-vif en faveur de la *grive au genièvre* (31 janvier 1864).

(4) Témoin le proverbe : « Faute de grives, on mange des merles. »

(5) « Plusieurs provinces, et particulièrement la Normandie, nourrissent beaucoup de merles. On les y prend à la glu, ou, la nuit, aux flambeaux avec des filets. » (Champier.)

(6) *Turdus merula.*

(7) *Turdus torquatus.*

montre en Lorraine pendant tout l'automne (1).

Nous n'avons pas à nous occuper ici du merle de roche, non plus que du merle bleu ou merle solitaire, dont François Ier admirait si fort le chant (2). Ces oiseaux sont rares et ne peuvent pas être classés parmi nos oiseaux de chasse (3). Le loriot n'est pas oiseau de chasse non plus, quoiqu'il soit beaucoup plus commun et que sa chair ne soit pas mauvaise, lorsqu'il s'est engraissé de cerises (4).

Le loriot.

Plusieurs espèces d'alouettes sont passagères en France. Celles auxquelles on donne la chasse le plus fréquemment sont l'alouette commune (5) ou mauviette, la calandre ou grosse alouette (6) qui se trouve surtout dans le Midi, et à laquelle le moyen âge attribuait des propriétés surprenantes (7), et le cochevis ou alouette huppée (8).

Les alouettes.

Ces alouettes, dont on fait des pâtés fort estimables, se prennent ou se tuent à l'aide du miroir, sorte de chasse particulière à ce genre d'oiseaux (9).

---

(1) Ces merles y sont devenus rares.

(2) Buffon.

(3) Plus rare encore est le merle rose (*turdus roseus*).

(4) Les Romains faisaient cas de la chair du loriot (*galbula*) et le prenaient à la glu et au filet. Voir Martial, *Epigr.*, *lib.* XIII.

(5) *Alauda arvensis.*

(6) *Alauda calandra*, alouette des bruyères, *coulassade* en provençal.

(7) On voit, dans le *Bestiaire* de Richard de Fournival (XIIIe siècle), que la calandre, présentée à un malade, détourne la tête si la mort est prochaine.

(8) *Alauda cristata.*

(9) Les alouettes étaient un mets fort commun, à Paris au XVIe siècle; on les y servait enfilées par douzaines sur des brochettes ou en pâté, accommodées à l'hypocras. (B. Champier.)

Les ortolans et les becfigues.

Parmi la multitude innombrable d'oisillons auxquels les habitants du Midi ont déclaré une guerre incessante, les seuls vraiment dignes de l'attention du chasseur sont les ortolans et les becfigues (1), si justement renommés pour la délicatesse de leur chair. On les chasse surtout aux filets. Ils paraissent au printemps, allant vers le Nord, et repassent en septembre dans la direction opposée. Il en vient fort peu dans le nord de la France, excepté en Lorraine, où les oiseleurs prennent une assez grande quantité de becfigues et de ces ortolans auxquels on a donné le nom de la province. Du temps de Quiqueran de Beaujeu, les becfigues étaient si estimés en Provence, qu'il y avait des festins où l'on ne servait pas autre chose (2).

---

(1) Pour les méridionaux, tous les oisillons plus ou moins gras sont des mûriers ou des becfigues. Par contre, le véritable becfigue (*motacilla ficedula*) est un pinson des Ardennes pour les Lorrains, qui réservent le nom de becfigue à l'ortolan de Lorraine (*emberiza Ludovicia*). Les autres espèces d'ortolans sont l'ortolan ordinaire (*emberiza hortulanus*); l'ortolan de roseaux ou *chic* (*emberiza arundinacea*) et le *gavoué* (*emberiza provincialis*). Le proyer (*emberiza miliaria*), espèce du même genre, est presque aussi estimé que les ortolans.

(2) Legrand d'Aussy, t. II.

CHAPITRE II.

Oiseaux aquatiques.

On peut diviser en deux groupes la nombreuse famille des oiseaux aquatiques, les oiseaux de rivage ou *échassiers,* et les nageurs ou *palmipèdes,* dont ces noms indiquent, tout d'abord, la conformation et les habitudes.

§ 1. OISEAUX DE RIVAGE : LES GRANDS ET PETITS ÉCHASSIERS, LES BÉCASSINES, LES RALES.

Les hérons constituent la haute aristocratie des oiseaux de rivage ; on en connaît, en France, quatre espèces principales : le grand héron gris (1), le petit Grands échassiers. Les hérons.

(1) *Ardea major.*

héron à manteau noir ou *bihoreau* (1), le héron blanc ou *aigrette* (2), et le butor (3).

L'estime que la noblesse faisait de la chair du héron gris, et le plaisir tout particulier qu'elle prenait à sa chasse, lui avaient valu l'honneur d'être l'objet de lois et de règlements spéciaux. Il était défendu de chasser le héron autrement qu'au *vol* avec des oiseaux gentils, et d'en vendre ailleurs qu'en *plein marché* (4). Le grand fauconnier de France prétendait même interdire aux rôtisseurs de Paris de vendre et d'acheter des hérons sans son autorisation, et obtint un jugement qui lui confirma ce droit en 1611 (5).

Les rois et les grands seigneurs élevaient près de leurs châteaux des héronnières disposées pour faciliter la propagation des hérons. C'étaient des *loges hautes* élevées en l'air, au bord d'un ruisseau ou d'une pièce d'eau, et couvertes à *claire-voie* (6). Les deux héronnières que François Ier fit construire à Fontainebleau étaient comptées parmi les *choses notables* de

---

(1) *Ardea nycticorax*. — On le nommait aussi *roupeau* au XVIe siècle.

(2) Ou *garzette* (*ardea garzetta*). La garzette est de passage dans le midi de la France. — Quelques autres hérons, comme le crabier de Mahon, le blongios, le héron pourpré, ne se montrent qu'accidentellement dans notre pays.

(3) *Ardea stellaris*.

(4) Quelques seigneurs avaient des hommes spécialement *commis à garder les hérons*. V. le *Glossaire* de Carpentier, v° *Hairo*.

(5) *Nouvelle jurisprudence des chasses*. — En Angleterre, il était défendu de tuer les hérons sous peine de mort. — *Mus. Worm.* et *Johnston, de avibus*.

(6) Belon, *Histoire de la nature des oyseaulx*.

cet *incomparable dompteur de toutes substances animées* (1).

Les héronnières des environs de Paris furent *cassées* sous le règne de Louis XIV, à l'époque où commençait le déclin de la fauconnerie, à cause de la dépense désormais inutile qu'elles occasionnaient (2).

On donnait aussi le nom de héronnières à des bouquets de bois de haute futaie où les hérons construisaient leurs nids. Ces héronnières étaient communes en basse Bretagne du temps de Belon; celle du château de Romanieu, en Dauphiné, existait encore au XVIIIe siècle, et celle du château d'Écury, en Champagne, a été conservée intacte depuis l'an 1500 jusqu'à nos jours (3).

Les aigrettes et les bihoreaux (4) étaient surtout recherchés pour leurs belles plumes (5). Le butor l'é-

(1) Belon. — « Aussy ce divin Roy, que Dieu absolve, avait rendu plusieurs hérons si aduits (apprivoisés) que venant du sauvage, entrants céans comme par un tuyau de cheminée, se rendirent si enclins à sa volonté qu'ils nourrissoient leurs petits. » (*Ibid.*)

(2) Dangeau, t. I. — Il y en avait, entre autres, une à Noisy qui fut cassée en 1685. — Ces héronnières et les *milanières* ou aires de milans coûtaient au Roi 10,000 écus par an (*ibid.*).

(3) « Ne nulz ne vit plus belle héronnière
« Qu'à Sainct-Aubain, ne d'oiseaux de rivière. »
(Poésies mss. d'Eustache Deschamps dans le *Dict. de Littré*, v° *Héronnière.*)

(4) Au XIVe siècle on chassait les *bouhoureaux* avec l'autour.

(5) Les *aguettes* et *hairons blancs*, ainsi que les butors, sont mentionnés par Gace de la Buigne, parmi les oiseaux qu'on prend avec l'autour. — Les hérons blancs étaient communs au XVIe siècle sur les côtes de Bretagne. D'après Belon, la chair de l'aigrette est délicate et tendre; quant aux bihoreaux, « on ne les estime rien moins qu'un héron, et estre de mesme faveur et les fault habiller en la mesme manière. »

tait moins, quoique sa chair fût assez estimée lorsqu'il était écorché et cuit en ragoût avec des oignons (1).

La grue. Les hérons demeurent pendant toute l'année sur nos marais et le bord de nos cours d'eau. La grue (2) ne fait que passer en France. Au mois d'octobre, on voit ses nombreuses bandes, bien alignées en forme de V, traverser le ciel, se dirigeant vers le Midi, et l'on entend retentir au loin leur cri mélancolique. Les grues retournent vers le Nord en mars et avril; elles ne nichent point dans nos climats (3).

La grue ne s'arrête que fort peu chez nous, où l'on n'en tue que rarement, à cause de son extrême vigilance (4). Du temps de la fauconnerie, on lançait à la poursuite des grues qui passaient dans les airs, des autours, des faucons et même des aigles dressés (5). Au XVIIIe siècle, la chasse de ces oiseaux était presque abandonnée; on en tuait quelques-uns par hasard en Bourgogne et dans la Camargue.

Les Romains faisaient un cas particulier de la chair de la grue (6); on en mangeait aussi au moyen âge,

(1) Legrand d'Aussy, t. II.

(2) *Grus cinerea.*

(3) Elles ont aussi cessé de nicher en Angleterre, où il était autrefois défendu de détruire leurs œufs sous peine de 20 pence d'amende, et où leurs petits étaient souvent portés aux marchés. (*British Zoology.*)

(4) Les anciens avaient choisi avec raison la grue pour symbole de cette vertu; mais, suivant leur habitude, ils avaient imaginé sur son compte des fables bizarres. C'est ainsi qu'ils prétendaient que la grue, placée en sentinelle, tenait dans une de ses pattes une pierre, dont la chute devait l'éveiller si elle se laissait aller au sommeil.

(5) Les Turcs chassaient la grue avec quarante émerillons (Voir d'Arcussia, 1re partie.)

(6) Pline, liv. VII; Horace.

comme nous l'avons déjà fait remarquer. Belon dit qu'elle est *réputée délicieuse*, contrairement à l'autorité de Galien, qui la déclare fibreuse et dure.

Il en était de même de la cigogne (1); elle était tenue au XVIe siècle pour *viande royale*, quoique des observateurs plus délicats l'eussent déjà déclarée de *mauvais suc et nourriture pestilente* (2). La cigogne.

En général, la cigogne était respectée comme un oiseau de bon augure et le symbole de toutes les vertus domestiques (3).

La spatule (4) doit à la configuration extraordinaire de son bec son nom scientifique, ainsi que ses anciens noms de *poche*, de *truble*, de *pale* et de *cuiller*. Les spatules de France sont blanches; leur chair est assez bonne (5). On en voit souvent sur les côtes de Picardie, de Normandie, de Bretagne et de Poitou, et bien plus rarement sur les lacs et étangs, dans l'intérieur des terres (6). La spatule.

Les *poches* sont nommées par Gace de la Buigne parmi les oiseaux qu'on peut chasser avec l'autour.

Dans nos provinces du Nord et de l'Ouest, le long

---

(1) *Ardea ciconia*.—Cigognes, grues, butor « soient plumés à sec ou saignés comme le cigne. » (*Ménagier de Paris*, t. II.) Les *cicoignes* et *cicoigneaux* sont cités par Rabelais parmi les mets des *gastrolâtres*.

(2) *Maison rustique* de Charles Estienne, 1565.

(3) « Ce n'est pas l'usage de manger ne les cigognes, ne les cigogneaux » (Belon.)

(4) *Platalea leurcorodia*.

(5) « On trouve les petits de goust assez délicat au manger à ceux qui aiment la saveur de la saulvagine. » (Belon.)

(6) Salerne, contemporain de Buffon, dit que de son temps on tua une spatule ou *cuiller* près de Chartres. On en trouve quelquefois sur le lac de Grandlieu près de Nantes.

de la mer et des fleuves qui viennent s'y jeter, habitent les grands et petits courlis (1) au bec recourbé comme un sabre turc, les barges (2), les alouettes de mer (3), les maubèches (4), les huîtriers (5). Au printemps, on voit paraître, sur les côtes et dans les marais de Picardie, des bandes de combattants (6), qui revêtent pour leurs duels et pour leurs amours, une sorte d'armure de plumes, semblable à celle des anciens guerriers mexicains. Les chevaliers aux pieds rouges (7) et aux pieds verts (8) paraissent au mois d'août et s'en vont au printemps. Ils quittent, plus souvent que les autres échassiers que nous venons d'énumérer, les bords de l'Océan, et se répandent, en suivant les cours d'eau, jusque dans l'intérieur des terres (9).

Les bécassines. La tribu des bécassines et celle des râles d'eau, quoique ayant les mêmes habitudes, diffèrent par leur conformation des autres oiseaux de rivage, et

---

(1) *Numenius arcuatus, N. phæopus;* en vieux français on donnait à ces oiseaux le nom de *corbigeau.*

(2) Barge commune (*limosa vulgaris*), B. aboyeuse (*L. glottis*), B. variée (*L. varia*), *B. ægocephale* (*L. ægocephala*), B. rousse (*L. rufa*).

(3) *Tringa cinclus* et *T. alpina.*

(4) *Tringa grisea,* — *T. arenaria.*

(5) *Hæmatopus ostralegus.*

(6) *Tringa pugnax.*

(7) *Scolopax glottis.* — *Siffleur* sur les bords de la Seine, anciennement *tyranson.*

(8) *Scolopax calidris.*

(9) Tous ces oiseaux sont plus ou moins mangeables. Les barges étaient jadis *ès délices des Françoys.* Le chevalier aux pieds rouges était considéré comme *le plus délicieux d'entre tous les oiseaux de son ordre* (Belon).

ne méritent qu'imparfaitement le nom d'échassiers, leurs pattes étant d'une longueur médiocre.

La bécassine commune (1) est justement considérée des chasseurs, à cause de la délicatesse de sa chair et de l'agrément que procure son tir, malgré ses difficultés (2). La double bécassine ou bécasson (3), le bécot ou sourde (4) volent plus lourdement et sans crochet et présentent au tireur un but plus facile à atteindre. La guignette et le cul-blanc (5) tiennent le milieu entre les bécassines et les chevaliers. Ce dernier fait retentir son sifflement aigu (6) sur le bord de nos rivières du mois de mai au mois de septembre.

Quant aux râles d'eau, leurs habitudes et la couleur de leur plumage les distinguent seules du râle de genêts, dont ils ont toute l'apparence. Le râle d'eau, proprement dit (7), est un assez mauvais gibier, « qu'on rencontre sans le chercher et qu'à peine les chasseurs daignent tirer, » dit Magné de Marolles. Il habite, toute l'année, les queues d'étangs et les marais remplis de joncs.

---

(1) *Scolopax gallinago.*

(2) « Tous ceux qui ont le palais délicat et ne veulent manger sinon choses appétissantes, ne sont pas ignorants que les bécassines sont oyseaux entre tous autres les mieux fournis de haulte gresse.... quoy sçachant ceux qui sont bien rentez, les mangent pour leur faire bonne bouche. » (Belon.)

(3) *Scolopax gallinacea.*

(4) *Scolopax gallinula.* — *Jaquet*, *Foucault*, *deux pour un* en différentes localités.

(5) *Tringa hypoleucus* et *tringa ochropus.* — Le cul-blanc est aussi appelé bécasseau.

(6) D'où lui vient le nom de *sifflasson* qu'on lui donne en quelques endroits.

(7) *Rallus aquaticus.*

La marouette ou râle perlé (1) se trouve surtout en Normandie et en Picardie, où elle est de passage depuis le mois de mars jusqu'aux froids (2). Sa chair est aussi délicate que celle du râle d'eau l'est peu.

§ 2. OISEAUX NAGEURS OU PALMIPÈDES : LE FLAMMANT, LA FOULQUE, LA POULE D'EAU, LE PÉLICAN, LE CORMORAN, LE CYGNE, LES OIES SAUVAGES, LES CANARDS, LES SARCELLES, LES GRÈBES.

Le flammant, la foulque et la poule d'eau forment la transition des échassiers aux palmipèdes. Les flammants ont, en effet, les pieds palmés avec des jambes d'une longueur démesurée (3). La foulque et la poule d'eau, sans avoir les pieds palmés (4), savent très-bien nager et plonger et passent la plus grande partie de leur vie sur l'eau.

Le flammant. Le flammant (5), l'oiseau de flamme, le phénicoptère ou *aile rouge* des anciens, était nommé *bécharru* en vieux français, à cause de la forme de son bec, assez semblable à un soc de charrue.

Ce magnifique oiseau (6) se montre en hiver sur

(1) *Rallus porzana*, — *cocuau*, *girardine*, *grisette*.

(2) Il en passe en moins grand nombre dans beaucoup d'autres contrées de France, notamment en Brie.

(3) L'avocette (*avocetta europæa*) au bec recourbé en haut est dans le même cas. C'est un oiseau peu commun en France, qu'on ne chasse point et dont nous n'avons pas à nous occuper.

(4) Les doigts de la foulque sont bordés d'une membrane festonnée.

(5) *Phœnicopterus ruber*.

(6) Buffon a fait justement remarquer que le mot de *flammant* devait venir de *flamme* et non du pays de Flandre où cet oiseau est inconnu. Comment se fait-il que les Espagnols, qui ont dû connaître le phénicoptère de tout temps, puisqu'il y en a en Andalousie, lui donnent

les grandes lagunes salées qui s'étendent le long des côtes de Provence et de Languedoc, comme les étangs de Maguelone et de Thau, les salines de Peccais, près d'Aigues-Mortes, et l'étang de Valcarès, en Camargue (1).

Nous n'avons aucun renseignement sur la manière dont on chassait autrefois le flammant. Aujourd'hui on emploie, pour le tirer, les mêmes moyens que pour les autres oiseaux de rivage.

La foulque.

Les grands étangs salés dont nous avons parlé à propos du flammant, ceux de Berre, d'Istres et de Marignane, en Provence, sont couverts d'une multitude de foulques (2), qu'on y appelle *macreuses*. On leur faisait et l'on leur fait encore de grandes chasses avec des flottilles de bateaux, à certaines époques (3), et l'on en tue des milliers. Des battues du même genre se faisaient autrefois en Lorraine, sur les étangs de Thiaucourt et d'Indre, et dans les environs de Paris, sur l'étang d'Enghien (4). Cette chasse était aussi en usage en Corse (5), et on la faisait, il y a quelques années encore, sur le lac de Grandlieu, près Nantes, avec un bien moins grand appareil, il est vrai, que dans le Midi.

---

le nom de *flamenco*, qui est le même que celui des habitants de Flandre?

(1) Quelques individus emportés par les grands vents ont été tués dans l'intérieur de la France. Magné de Marolles en cite un tué à Sully-sur-Loire.

(2) *fulica atra*. — Morelle, judelle, *joselle* en Bretagne.

(3) Cette chasse, dite *à la rébalade*, était autrefois seigneuriale.

(4) Magné de Marolles, Buffon.

(5) Magné de Marolles.

C'est un fort médiocre gibier qui n'a d'autre mérite culinaire que d'être mangé en maigre.

La poule d'eau. La poule d'eau (1) se mange également en maigre, et sa chair est un peu meilleure. Elle ressemble beaucoup à la foulque et porte comme elle une plaque membraneuse sur le front, mais elle est de moitié plus petite. On la trouve partout où il y a des eaux couvertes de joncs et d'herbes.

Le pélican. Le plus gros de nos palmipèdes est le pélican (2), fameux autrefois par son dévouement à sa famille et remarquable sur toutes choses par l'énorme poche qu'il a sous le bec.

Le pélican est rare en France, surtout dans nos provinces septentrionales. On en trouve de temps en temps quelques-uns sur les lagunes de la Méditerranée (3). Quiqueran de Beaujeu raconte que de son temps un oiseau inconnu fut tué sur l'étang d'Arles. « Les pieds, dit-il, étaient de la forme de ceux d'une oie, et le gosier si large, qu'on y avait fait entrer un pavois de navire de 1 pied et 1/2 de large en tous sens (4). »

---

(1) *Gallinula chloropus.* — La porzane ou grande poule d'eau (*gallinula major*) et la poulette d'eau (*gallinula minor*), qui ne sont probablement que des variétés de l'espèce commune, sont fort rares en France.

(2) *Pelecanus onocrotalus.*

(3) Quelques individus égarés apparaissent de loin en loin sur d'autres points du territoire français. Deux pélicans tués, l'un en Dauphiné, l'autre sur la Saône, se voyaient autrefois au cabinet d'histoire naturelle. Buffon en cite un autre tué sur un étang entre Dieuze et Sarrebourg en Lorraine.

(4) Magné de Marolles, Buffon.

Le cormoran (1), assez semblable au pélican, sauf la poche (2), se tient sur les bords de la mer, où il détruit énormément de poissons. Quelquefois ils se hasardent dans l'intérieur des terres et viennent s'établir près de quelque étang bien peuplé où ils font de terribles ravages. Le cormoran.

Ce cas se présentait beaucoup plus souvent au moyen âge, lorsque les étangs et les viviers étaient multipliés à l'infini. On chassait alors les *cormarens* avec l'autour, et on les mangeait rôtis, quoique leur chair soit aujourd'hui considérée comme d'un goût détestable (3).

Les Chinois se servent de cormorans dressés pour prendre les poissons. Ces oiseaux ont le bas du col serré par un anneau de métal qui les empêche d'avaler complétement leur proie; on leur fait aussitôt rendre gorge et on les récompense en leur donnant un morceau de viande crue.

Cette manière curieuse de pêcher fut introduite en Europe par les Hollandais, au XVIIe siècle. Un Flamand vint à la cour de France, sous Louis XIII, avec deux cormorans dressés, et en donna le spectacle au Roi, qui voulut en avoir sur ses pièces d'eau, notamment à Fontainebleau (4).

On voit, dans l'*État de la France* de l'année 1698,

(1) *Pelecanus carbo.*

(2) Son plumage noir lui a valu son nom français (*corvus marinus*, *cormaren* au moyen âge) et celui de *phalacrocorax* ou corbeau chauve qu'il portait chez les Grecs.

(3) Gace de la Buigne, — *Ménagier de Paris.*

(4) D'Arcussia, Legrand d'Aussy, Magné de Marolles.

qu'il y avait alors à Fontainebleau un garde des cormorans qui était logé dans le parc. Ce fonctionnaire existait encore en 1736 (1).

Le *Mercure* d'octobre 1713 nous donne une description magnifique du spectacle que présentaient ces pêches au cormoran et les cortéges somptueux auxquels elles servaient de prétexte. « Il y a eu deux fois la semaine pêche du cormoran et promenade royale le long du canal (de Fontainebleau). Le Roi menoit lui-même sa calèche ainsi que Mme la duchesse de Berry la sienne, qui marchoit toujours à côté de celle du Roi, et qui étoit toute dorée, de même que les harnois des chevaux..... Ces deux calèches étoient entourées de Mgr. le duc de Berry, de M. le duc d'Orléans, de M. le comte de Charolois, de Mme la princesse de Conty, de Melle de Charolois et de plusieurs autres dames superbement vêtues en habit de chasse, à cheval, de même que la plupart des seigneurs de la cour. Immédiatement après, suivaient plus de cent carrosses à six et à huit chevaux (2). »

En Espagne (3) et en Angleterre on s'est servi aussi de cormorans pêcheurs. Il y a même eu, dans ce dernier pays, des tentatives récentes pour remettre ce *sport* en usage (4).

Les cygnes. Les hivers rigoureux nous amènent deux espèces

(1) *États de la France.*
(2) Voir aussi Dangeau, t. XIV.
(3) Espinar.
(4) Buffon. — *Falconry*, by G. E. Freeman and capt. Salvin. — M. le comte Le Couteulx a eu aussi dernièrement des cormorans dressés dans son château de Saint-Martin (Eure).

de cygnes sauvages (1) qui ne diffèrent que par la couleur de leur bec. Ces cygnes sont d'une blancheur moins pure que celle des cygnes domestiques, et leur voix est un peu moins discordante, sans justifier toutefois les fables poétiques dont elle a été pendant si longtemps le thème gracieux (2).

Au temps passé, lorsque les cygnes étaient *oiseaux ès délices françoises* (3), on voyait en beaucoup de lieux des cygnes à demi sauvages qui se reproduisaient en liberté. On disait au XVIe siècle que la Charente était couverte de cygnes, pavée de truites et bordée d'écrevisses (4). Des troupes nombreuses de ces beaux oiseaux ornaient les étangs de Chantilly et d'Enghien, et n'en ont disparu qu'à la révolution (5). Sur la *Mare de Pirou*, à trois lieues de Coutances, qui était un véritable lac de 1,400 mètres de longueur, une peuplade de cygnes se multipliait à l'état libre depuis un temps immémorial. En 1783, les grandes gelées les chassèrent de cet asile et les dispersèrent dans le bocage normand, où ils périrent tous (6).

Sur la Seine, près de Passy, existait encore naguère

---

(1) Le cygne à bec rouge (*cygnus olor*) et le cygne à bec noir (*cygnus melanorhynchus*).

(2) Au moyen âge, on appelait ces oiseaux *cygnes cornans* (Gace de la Buigne). Sur le chant du cygne, Voir Buffon et Magné de Marolles.

(3) Belon.

(4) *Théâtre d'agriculture* d'Olivier de Serres.

(5) Il y a une quarantaine d'années, il existait encore quelques cygnes en liberté sur l'étang d'Enghien.

(6) Magné de Marolles.

une île nommée l'*île des Cygnes*, en souvenir de ceux auxquels elle avait jadis servi de retraite (1). Sous Louis XIV, il y en avait aussi beaucoup sur la Seine entre Pont-de-l'Arche et Rouen (2).

Au moyen âge, on volait le cygne avec le faucon et l'autour (3). Dans les temps modernes, ce magnifique gibier, devenu beaucoup plus rare, n'a jamais été chassé que fortuitement avec les autres oiseaux de passage.

Les oies sauvages.

Vers la Saint-Martin, on voit passer dans les airs des troupes considérables d'oies sauvages (4) volant en ordre régulier et annonçant au loin leur présence par ce cri métallique que les Romains exprimaient si bien par le mot de *clangor*.

L'oie sauvage diffère de l'oie domestique par sa taille plus petite, ses pieds plus minces et couleur de chair, et son plumage constamment gris brunâtre.

Ces oies, pendant leurs migrations, se reposent pendant le jour dans les champs ensemencés, où elles font de grands dégâts, et pendant la nuit sur les étangs et les rivières.

Ce sont des oiseaux très-défiants, très-rusés, qu'on

---

(1) Ces cygnes descendaient peut-être de ceux que Louis XIV avait fait mettre sur la Seine. « Étant sous la protection particulière de S. M., écrivait Colbert à l'intendant de Normandie, en 1686, Elle veut non-seulement qu'aucun n'y touche, mais même que chacun prenne plaisir à avoir un ornement de cette qualité sur la rivière. » (*Revue des Deux-Mondes*, 15 décembre 1861.)

(2) Dans la lettre que nous venons de citer, Colbert recommande ces cygnes aux soins de l'intendant.

(3) Gace de la Buigne.

(4) *Anser cinereus.*

ne peut approcher qu'en employant toutes sortes de stratagèmes. Au moyen âge, comme tous les autres oiseaux aquatiques, les oies sauvages qu'on nommait *gentes* (1), beaucoup moins tourmentées, et trouvant de tous côtés des marais et des étangs à leur convenance, étaient moins difficiles à joindre, et l'on les chassait souvent avec les faucons et les autours (2).

Les oies sauvages s'en retournent au printemps dans les pays septentrionaux et ne nichent point en France.

Il n'y a qu'une exception connue à ce fait, c'est l'existence, sur les fossés du fort château de Pirou, en Normandie, d'une peuplade d'oies sauvages qui y venaient pondre et couver dans des nids disposés exprès, et partaient au printemps avec leur progéniture.

Cette singularité ornithologique, considérée comme une des merveilles de la province, a été constatée par différents auteurs, dont le plus ancien est André Duchesne (3).

Il en est encore fait mention au commencement du XVIIIe siècle, par Vigneul de Marville (4) ; à la fin de ce siècle, personne n'avait souvenance d'en avoir été témoin (5).

---

(1) Du tudesque *gans*.

(2) Gace de la Buigne.

(3) *Antiquitez et recherches des villes, châteaux, etc.* Paris, 1637.

(4) *Mélanges d'Histoire et de Littérature*. Paris, 1725.

(5) Magné de Marolles. — Cet auteur suppose que la triple enceinte de fossés qui entourait le château offrait aux oies sauvages un asile d'autant plus attrayant qu'on avait le plus grand soin de ne pas les troubler. On peut croire aussi que ces oies descendaient d'oies domes-

L'oie sauvage des moissons se montre assez fréquemment en France ; l'oie rieuse est beaucoup plus rare (1).

Les bernaches.

Les froids les plus rigoureux peuvent seuls diriger vers nos climats tempérés les bernaches et les cravants, qu'on a souvent confondus avec elles (2).

Ces oiseaux ne quittent guère les bords de la mer. Cependant, durant les grands hivers de 1740 et de 1765, les cravants se répandirent de toutes parts dans les plaines de Picardie et firent des ravages considérables dans les terres ensemencées. Ils se laissaient alors approcher de très-près, et l'on en tua à coups de pierres et de bâtons. Il en reparut beaucoup en 1776, mais ils ne quittèrent point la mer et se montrèrent plus farouches (3).

La bernache, qui ne fait jamais son nid dans les climats tempérés, a été pendant plusieurs siècles le sujet des contes les plus ridicules. Jusqu'au XVIIe siècle, des savants ont soutenu que ces oiseaux s'engendraient dans certaines coquilles nommées *anatifs* et *conques anatifères*, ou dans les bois pourris des vieux navires. Selon d'autres, les fruits qui poussaient sur certains arbres des îles Orcades et des côtes d'Écosse tombaient

---

tiques débauchées par des oies sauvages au moment du départ de ces palmipèdes, et qui seraient venues reprendre leurs habitudes familières au retour, comme cela arrive assez souvent pour des canards.

(1) *Anser segetum, anser albifrons.*

(2) *Anser leucopsis, anser torquatus.*

(3) Buffon.

dans la mer à leur maturité et se transformaient en bernaches (1).

C'est par suite de ces idées baroques que la bernache est considérée comme gibier maigre.

L'oie d'Égypte, ou bernache armée (2), aux pieds rouges, au plumage roussâtre, portant au pli de l'aile un court éperon, s'égare parfois jusque dans nos contrées. Celle que Buffon fit peindre dans ses planches enluminées avait été tuée près de Senlis (3). L'oie d'Égypte.

Parmi les palmipèdes, la nombreuse tribu des canards est celle qui offre à nos chasseurs la plus abondante proie.

Le canard sauvage ordinaire (4) est de passage chez nous comme tous les autres oiseaux aquatiques; toutefois, un grand nombre d'individus restent au printemps sur nos étangs et nos marais et y font leur ponte. Les petits éclosent d'ordinaire en mai et quittent nos climats au commencement d'août, quand leurs plumes sont assez fortes pour leur permettre d'entreprendre le long voyage qu'ils ont à faire pour rejoindre leurs congénères dans le Nord. On les nomme alors *halbrans* (5). Les canards.

(1) Buffon prend la peine de donner la liste de tous les auteurs qui ont attesté ces contes absurdes depuis Vincent de Beauvais, qui écrivait au XIIIe siècle, jusqu'à *feu* M. Graindorge, docteur de la faculté de médecine, de Montpellier, dont le traité sur la question fut publié en 1680.

(2) *Anser. varius.*

(3) En 1820, il en fut tué une sur la Seine, près de Saint-Germain-en-Laye. — En 1861, un garde-chasse tua trois oies d'Égypte sur l'étang du Vivier, près de Fontenay-en-Brie.

(4) *Anas boschas.*

(5) En langue tudesque *halber anot*, demi-canard. (*Halber enter*, en allemand moderne.)

Les autres espèces de canards paraissent pour la plupart en novembre, et partent en février ou mars. Le souchet et le tadorne couvent en février et mars, quelques couples restent sur nos côtes et dans nos grands marais pour y faire leur ponte.

Les plus connues de ces espèces sont :

1° Le tadorne (1), remarquable par sa grande taille, la beauté de son plumage et son habitude de nicher dans des terriers (2).

2° Le millouin (3), dont la chair est estimée comme gibier maigre.

3° Le millouinan (4), presque semblable au précédent, mais beaucoup plus rare.

4° Le siffleur ou vingeon (5).

5° Le chipeau ou ridenne (6).

6° Le morillon (7).

7° La macreuse (8).

8° Le pilet, auquel les longues plumes pointues de sa queue ont fait donner le nom de *pennard* ou *faisan de mer* (9).

---

(1) *Anas tadorna.*

(2) D'où le nom de *chenalopex*, *vulpanser*, ou oie-renard.

(3) *Anas ferina.* En Brie, *moreton;* en Bourgogne, *rougeot;* en d'autres provinces, *molleton, digeon.*

(4) *Anas marila.*

(5) *Anas penelope. Penru*, en bas-breton; *moreton*, *oignard*, *oigne.*

(6) *Anas strepera. Rousseau* en Bretagne.

(7) *Anas fuligula*, *colée*, *jacobin.*

(8) *Anas nigra.* — On a attribué aux macreuses la même origine qu'aux bernaches.

(9) *Anas acuta*,— *bouïs* en provençal. Toutes ces espèces hantent les bords de la mer, quoiqu'on en trouve aussi sur les grands étangs et les marais.

9° Le souchet ou rouge (1), renommé pour l'excellence de sa chair, et reconnaissable à son large bec en forme de cuiller (2).

10° Le garrot, vulgairement appelé *quatre-z-yeux* à cause des taches blanches que le mâle porte aux coins du bec (3).

Les sarcelles ne diffèrent des précédents que par l'exiguïté de leur taille (4). On en connaît deux espèces : la sarcelle commune, ou sarcelle d'hiver (5), qui nous arrive en novembre et nous quitte en avril ; la sarcelle d'été, improprement appelée petite sarcelle (6), qui reste en France toute l'année et niche sur nos étangs.

Les harles.

C'est à peine si l'on peut compter parmi notre gibier d'eau les harles au bec cylindrique, crochu à l'extrémité et dentelé comme une scie, au plumage éclatant et varié (7). Ces oiseaux ne paraissent que rarement dans nos contrées et seulement pendant des hivers exceptionnellement froids. On donnait autrefois au grand harle le nom de *bièvre*, et sa chair était consi-

(1) *Anas clypeata.*

(2) D'où son nom de *rouge à la cuiller* et de *canard-cuiller* ou *canard spatule.*

(3) *Anas clangula.* En Lorraine, *canard de Hongrie* ; en Alsace, *canard-pie.* Le souchet et le garrot se tiennent de préférence sur les eaux douces.

(4) « Qui se figure un canard de petite corpulence, dit Belon, aura image de la sarcelle. »

(5) *Anas querquedula. Moreton*, en Poitou; *gargancy*, en Picardie; *arcanette*, *racanette*, *marcanette*, *tiers*, *garsotte* en divers lieux.

(6) *Anas crecca. Criquet* ou *criquard* en Picardie.

(7) Le grand harle (*mergus merganser*) *bec-scie* ; le harle huppé (*mergus serrator*), très-rare en France ; le harle piette (*mergus albellus*).

dérée comme si mauvaise, même en ces temps peu délicats, qu'on disait proverbialement que *pour régaler le diable il fallait lui servir bièvre et cormoran* (1).

Les grèbes.

Les grèbes (2), très-recherchés pour leur plumage soyeux et argenté dont on fait de belles fourrures, ne sont pas véritablement palmipèdes, car la membrane qui garnit leurs pieds est découpée en larges palettes qui bordent les doigts. Aucun oiseau n'est cependant plus complétement aquatique. Ils volent mal, ne peuvent pas du tout marcher, plongent admirablement et nagent habituellement avec la tête seule hors de l'eau.

Les grèbes fréquentent également la mer et les eaux douces. On en trouve sur les côtes de la Bretagne, de la Normandie et de la Picardie, sur le lac de Genève, sur ceux de Nantua et de la Savoie, sur le lac de Grandlieu, près de Nantes (3), et sur certains grands étangs de Lorraine et de Bourgogne.

Quoique la chair des grèbes soit grasse et assez bonne, c'est surtout pour leur dépouille qu'on leur fait la chasse. Sur le lac de Genève, on les poursuit à outrance avec des barques légères, conduites par des rameurs vigoureux, et on les tire au moment où, après

---

(1) Belon.

(2) Les espèces qu'on rencontre en France sont : le grèbe huppé (*podiceps cristatus*) et le grèbe cornu (*podiceps cornutus*), plus rare que le précédent ; le castagneux (*podiceps minor*) ne vaut pas la peine d'être chassé.

(3) Les grèbes sont connus en ce pays sous le nom de *lanquois*. Il y en a quelquefois sur l'étang appelé la *Grand'mare*, près de Quillebœuf, où on les confond avec les plongeons sous le nom de *cat-marin*.

avoir plongé, ils reparaissent à la surface de l'eau. Du temps des fusils à pierre, on avait grand'peine à les atteindre, leur prestesse à plonger étant telle, qu'ils avaient le temps de disparaître au moment où brûlait l'amorce, avant que le plomb pût les frapper (1).

La famille des palmipèdes compte encore dans ses rangs de nombreuses espèces de plongeons, de guillemots, de goëlands, de mouettes, de petrels, d'hirondelles de mer qui fréquentent nos côtes. Ces oiseaux, qui ne vivent que de poissons et dont la chair huileuse est d'un goût détestable, ne méritent pas le nom de gibier et n'obtiennent l'honneur d'un coup de fusil que de quelques touristes désœuvrés, ou de quelques chasseurs passionnés, qui veulent à tout prix *faire parler la poudre*.

---

(1) Magné de Marolles. — Il ajoute que cette chasse était fatigante et peu fructueuse, et que le chasseur s'estimait heureux de tuer deux ou trois grèbes dans sa journée.

CHAPITRE III.

Oiseaux de proie. — Rapaces diurnes et nocturnes, corvidés.

Nous comprenons dans la classe malfaisante des oiseaux de proie, avec les rapaces au bec crochu et aux griffes acérées, la grande tribu des *corvidés,* au bec droit, fort et tranchant.

Rapaces diurnes.

Parmi les rapaces diurnes ou accipitres, quelques espèces étaient jadis employées par l'homme en qualité d'auxiliaires. Il en sera parlé plus loin, quand nous traiterons de la fauconnerie. D'autres espèces, comme le milan, la buse et le *fau-perdrieu* ou busard (1), servaient de proie à leurs congénères, dressés par le fauconnier à les poursuivre, comme le veneur dressait ses chiens à chasser le loup et le renard.

Rapaces nocturnes.

De même, parmi les oiseaux de proie nocturnes, le

---

(1) Le milan, *milvus vulgaris;* la buse, *buteo vulgaris;* le fau-perdrieu ou busard, *buteo æruginosus.*

grand-duc (1) et la chouette (2) étaient mis en œuvre pour attirer des oiseaux dans les piéges, sous le fusil du chasseur ou à la portée du faucon dressé, tandis que le chat-huant (3) était poursuivi par les oiseaux de fauconnerie.

Les autres rapaces, considérés comme des concurrents fort nuisibles par les chasseurs, sont mis à mort sans autre formalité, toutes les fois que l'occasion s'en présente.

Les corvidés.

Il en est généralement de même des *corvidés* (4), oiseaux essentiellement voraces et destructeurs, qui font plus de tort au gibier que les rapaces eux-mêmes, enlevant avec une audace inouïe les œufs et les petits des perdrix et des faisans, les levrauts, les lapereaux, et tout animal trop faible pour leur résister.

On chassait assez souvent la pie et la corneille avec le faucon. Le plus souvent on prenait toutes ces mauvaises bêtes à la pipée, en exploitant leur haine contre les oiseaux nocturnes. On les attirait aussi avec un duc pour les abattre à coups de fusil et en délivrer les environs des faisanderies (5). Quelquefois aussi,

(1) *Strix bubo*.

(2) Sous le nom de chouette, on comprend vulgairement plusieurs espèces différentes : le hibou brachyote (*strix brachyotos*), l'effraie (*strix flammea*) et la chevêche ou petite chouette (*strix passerina*).

(3) *Strix aluco*.

(4) Nous réunissons sous ce nom tous les oiseaux à bec fort et droit, compris par Linné dans son ordre des corbeaux (*corvus*), savoir : le grand corbeau (*corvus corax*), — la corbine ou grande corneille (*corvus corone*), — le freux ou frayonne (*C. frugilegus*), — le choucas (*C. monedula*), — la corneille mantelée (*C. cornix*), — la pie (*corvus pica*), — le geai (*corvus garrulus*).

(5) Buffon, art. *Grand-duc*. — Ridinger.

dans des bois de haute futaie, où les corneilles, les freux et les choucas nichent en quantité prodigieuse, on s'amusait à tuer les *cornilleaux*, au moment où ils commencent à se brancher (1).

Nous ne dirons rien de la huppe, du torcol, du crapaud volant, du guêpier, du rollier, du casse-noix, que Magné de Marolles a inscrits, l'on ne sait trop pourquoi, sur sa liste d'oiseaux de chasse. Il en sera de même du coucou, quoique sa chair fût fort prisée au XVIe siècle (2), et du pivert ou *bequebois*, qui eut cependant l'honneur d'être chassé par les faucons de Sa Majesté Louis XIII (3).

---

(1) Cette chasse se faisait avec l'arbalète au XVe siècle. (Voir le *Ménagier de Paris*, t. II.) On se servit plus tard des armes à feu. — Magné de Marolles dit avoir pris plaisir à ces chasses dans le parc du château de Lonray, près d'Alençon. Elles duraient une quinzaine de jours, et l'on tuait un nombre incroyable de *cornilleaux*, dont les paysans des environs faisaient chère lie. En un jour, cinq tireurs en abattirent cent cinquante.

(2) Selon Champier, le coucou pris au nid, lorsqu'il commence à voler, est un mets incomparable (Legrand d'Aussy, t. II). Les corneilles mantelées étaient alors assez estimées; lorsque le froid les avait engraissées, on les accommodait aux choux. (*Ibid.*)

(3) D'Arcussia. — Le guêpier (en provençal *serena*) a aussi été chassé au faucon pendant le moyen âge.

LIVRE IV.

HISTOIRE DES CHIENS DE CHASSE (1).

CHAPITRE PREMIER.

De l'origine des chiens de chasse et de leur emploi chez les peuples de l'antiquité.

§ 1. ORIGINES DU CHIEN.

Depuis les temps les plus reculés, l'homme a su se faire des alliés de certains animaux, et les employer à faire la guerre aux autres. C'est ainsi qu'il a réduit à l'obéissance et dressé à son service, parmi les quadrupèdes, le chien, le cheval, le guépard et le furet (2);

(1) Un extrait de ce travail a paru en 1863 dans le *Bulletin de la Société d'acclimatation* et dans le *Journal des chasseurs*.

(2) Comme nous l'avons dit précédemment, les Égyptiens paraissent de plus avoir dressé des chats à leur rapporter le gibier. Il semble même qu'ils se servaient de lions apprivoisés comme auxiliaires à la chasse. (V. Wilkinson.)

parmi les oiseaux, les faucons et quelques autres espèces de proie, nocturnes et diurnes.

L'instinct de ces divers animaux les rend propres chacun à un genre de chasse particulier : le cheval à la vénerie, les oiseaux de proie à la fauconnerie, le furet à la chasse des lapins ; le chien seul figure dans presque toutes les chasses, et, à vrai dire, il n'y a de chasses réellement dignes de ce nom que celles où il trouve son emploi, soit comme auxiliaire principal, soit comme accessoire.

L'origine de nos chiens domestiques a, de tous temps, beaucoup préoccupé les naturalistes. Buffon et son école voient dans le chien une espèce parfaitement distincte de toute autre et passée, presque en entier, à l'état de domesticité. D'autres en font une variété apprivoisée du loup d'Europe (1).

Cette question perdrait beaucoup de son importance si, comme le veut un zoologiste, il était reconnu que le loup, le chacal, les chiens existant encore à l'état sauvage, et les chiens domestiques, ne sont que des variétés d'une même espèce, qui, par le croisement, donnent naissance à des individus susceptibles eux-mêmes de se reproduire (2).

---

(1) Le loup a certainement contribué par des croisements à la formation de plusieurs de nos races canines. Les lévriers gaulois (*vertragi*) passaient dans l'antiquité pour être issus d'un chien et d'une louve, et les Arabes du Sahara disent la même chose de leurs *slouguis*.

Les anciens croyaient aussi que les fameux chiens *alopécides* de Laconie descendaient du renard (*alopex*). Le croisement entre chiens et renard étant fort rare, sinon impossible, quoi qu'en disent les montagnards suisses (voir Tschudi), il y aura eu confusion avec le chacal.

(2) Boitard, *le Jardin des Plantes*.

L'opinion qui paraît, de nos jours, compter le plus de partisans dans la science, et qui présente, en effet, les caractères de la plus grande vraisemblance, est celle que mit au jour Geoffroy Saint-Hilaire, et que soutient avec beaucoup de constance et d'énergie le savant M. de Quatrefages, appuyé sur les recherches de naturalistes éminents, comme Guldenstædt, Pallas, Empricht, Ehrenberg, Nordmann, etc. Ces zoologistes voient dans le chacal (*canis aureus*) l'espèce souche du chien et de ses mille races (1).

« Sans être la première de nos conquêtes sur la création vivante, le chien est incontestablement un des animaux les plus anciennement domestiqués. Il est nommé dans les *Védas*, le *Zend-Avesta*, les *King*, c'est-à-dire dans les plus vieilles archives de l'humanité. Il figure sur les murs de Ninive et sur ceux qu'ont élevés les premières dynasties égyptiennes. Dans ces peintures, dans ces bas-reliefs, on le voit montrant parfois des oreilles tombantes, indices d'une sujétion déjà ancienne.

« C'est donc au delà de ces monuments et dans la nuit des temps antéhistoriques qu'il faut, presque toujours, aller chercher la solution du problème que je viens de poser. Ne soyez pas surpris si cette solution n'est encore ni générale ni bien précise (2). »

---

(1) Voir les deux discours prononcés par M. de Quatrefages en 1862 et 1865, dans les *Bulletins de la Société d'acclimatation*. Suivant les anciens, les *metagontes*, chiens courants renommés, descendaient du *thos* ou chacal.

(2) Discours prononcé à l'occasion des récompenses distribuées à l'exposition des races canines en 1865, par M. de Quatrefages.

Comme la grande majorité de nos animaux domestiques, les chiens de notre Europe sont très-probablement originaires de l'Asie centrale, région où les chacals sont très-nombreux (1). Le chien ne paraît pas avoir été connu de ces premiers habitants de nos contrées, dont on trouve les haches de silex grossièrement taillées avec les os des rennes, alors fort communs en France, des hyènes et des ours des cavernes (2). Les restes du chien domestique n'ont pas encore été découverts dans les premiers ossuaires humains de l'Europe occidentale, et on n'a pas constaté l'empreinte de ses dents sur les débris de repas dont il n'eût pas manqué de s'adjuger sa part. Deux races de chiens sont, au contraire, arrivées d'Orient, sans doute avec la race humaine qui savait déjà polir ses armes et ses outils de pierre, et qui a fondé les villages lacustres de la Suisse, de la France et de l'Italie (3).

De ces chiens primitifs sont descendues les races canines de l'ancienne Gaule, dont quelques-unes se sont propagées jusqu'à nos jours. Avant de procéder à leur examen, nous allons jeter un rapide coup d'œil sur celles dont se servaient, pour leurs chasses, les grands peuples de l'antiquité.

---

(1) Quelques races ont pu être importées postérieurement d'Afrique, comme les lévriers, connus de l'antique Égypte et descendus, suivant toute apparence, du chacal d'Abyssinie (*canis simensis*).

(2) Voir les intéressants travaux de M. Lartet.

(3) Troyon, *Habitations lacustres*. — Quatrefages.

§ 2. DES CHIENS DE CHASSE PENDANT L'ANTIQUITÉ.

Chiens de chasse chez les Égyptiens

Les monuments de l'antique Égypte nous ont conservé les portraits parfaitement reconnaissables des diverses races de chiens dont on faisait usage à la chasse sur les bords du Nil, dès une époque très-éloignée. On distingue aisément parmi ces chiens des lévriers à poil ras, de couleur fauve ou ardoisée, des chiens courants blancs et orangés, ou noirs marqués de feu ; des terriers ou bassets à pattes courtes et à oreilles droites (1). En certains lieux on rendait aux chiens des honneurs divins, et l'on conservait religieusement les cadavres embaumés de la race canine (2).

Chez les Assyriens et les Perses.

Les Assyriens et les Perses possédaient également des meutes extrêmement nombreuses, auxquelles ils attachaient le plus grand prix. Après la conquête de la Babylonie par des Perses, le revenu de quatre villes fut affecté à l'entretien des chiens de chasse du Roi. Ces chiens étaient de race indienne (3).

Chiens de chasse chez les Grecs.

Les Grecs tenaient leurs chiens en singulière estime et leur attribuaient une origine presque divine (4).

---

(1) Wilkinson. — Peintures du musée égyptien de Berlin. (Voir la note A à la fin de ce volume.)

(2) Par exemple, dans la ville de *Cynopolis* :

Oppida tota canem venerantur, nemo Dianam.
(Juvénal.)

(3) Hérodote. — Voir aussi *l'Illustrated London news*, janvier 1857. Les chiens représentés dans les bas-reliefs assyriens sont des animaux d'un aspect féroce et d'une taille énorme. Ces chiens combattent le lion, le taureau et l'onagre.

(4) Le chien, dit Xénophon, est une invention des dieux.

Dans leurs traditions mythologiques, c'était le Dioscure Castor qui, le premier, avait chassé avec des chiens courants. Homère, qui a chanté la fidélité d'Argos (1), le chien d'Ulysse, compare souvent les guerriers grecs et troyens aux chiens courants qui poursuivent un faon à la piste ou combattent un sanglier aux abois (2). Alexandre le Grand avait un chien de chasse nommé Péritos, qu'il aimait fort et dont il donna le nom à une des villes qu'il fit édifier dans l'Inde.

Xénophon a consacré plusieurs pages de son livre aux chiens courants laconiens (3) et crétois, ainsi qu'aux chiens de force qu'on tirait de l'Inde et de la Locrie. Le portrait qu'il trace du chien courant est resté un modèle achevé (4). L'éducation et l'hygiène d'une meute grecque sont aussi traitées de main de maître dans la *Cynégétique*.

Outre les chiens mentionnés par Xénophon, les Grecs faisaient grand usage, dès cette époque, de

---

(1) « Jadis les jeunes chasseurs conduisaient Argos (le blanc) à la poursuite des chèvres sauvages, des cerfs et des lièvres... Nulle proie n'échappait à sa vitesse, lorsqu'il la poursuivait dans les profondeurs des épaisses forêts, car ce chien excellait à connaître les traces du gibier. » (*Odyssée*, liv. XVII.)

(2) Voir divers passages de l'*Iliade*. Dans l'*Odyssée* il est parlé d'un riche manteau dont la broderie représente un chien tenant un faon sous ses pattes de devant. (Liv. XIX.)

(3) Il y avait deux races de chiens de Laconie, les *castorides* et les *alopécides*.

(4) Le chien type de Xénophon était léger, bien proportionné, alerte, bien gorgé et collé à la voie; il avait la tête courte et nerveuse, le front haut, large et ridé, les yeux noirs et brillants, le col long et souple, la poitrine large, les omoplates séparées, les reins charnus, les hanches arrondies, la queue droite, longue et fine, les cuisses fermes et les pieds ronds.

chiens de force nommés *molosses*, parce qu'ils étaient originaires d'un canton de l'Épire nommé Molossie (1).

Sous la domination romaine, les Grecs avaient conservé leur goût pour l'espèce canine. Arrien donne dans son traité des préceptes judicieux sur le choix des chiens, leur éducation et les soins qu'il convient de leur donner. Il conseille à ses compatriotes l'importation des chiens gaulois. Oppien décrit aussi un chien modèle qui ressemble, trait pour trait, à celui de Xénophon.

Aux chiens nés en Grèce et dans les contrées voisines, laconiens (2) crétois (3), cariens, thraces, péoniens, chiens d'Argos, d'Arcadie et de Locrie, éléens, molosses, magnésiens, les Grecs associaient alors dans leurs meutes des races qu'ils faisaient venir

---

(1) On n'a pas conservé de description exacte de ces chiens fameux dans toute l'antiquité ; mais on croit retrouver leur figure dans plusieurs monuments. C'étaient des animaux de très-grande taille, assez semblables à ces *alans* et à ces *vautres* employés au moyen âge à coiffer le sanglier. Ils avaient l'oreille droite et de longs poils sur les épaules et l'encolure, comme la crinière des lions.

(2) La race fameuse des chiens de Laconie avait subi de grandes modifications depuis Xénophon, probablement par suite de croisements avec des lévriers gaulois et égyptiens. Virgile, Horace et Claudien dépeignent le laconien comme un chien très-vite, levretté, de couleur fauve, très-mordant et assez robuste pour combattre le loup :

> *Veloces Spartæ catulos.* (Virg., *Georg.*)
> *Fulvus lacon, amica vis pastoribus.* (Horace.)
> *Tenues lacænæ.* (Claudien.)

(3) Les crétois étaient des chiens courants à poil rude, très-mordants, ayant du nez, de la vitesse, et très-adroits dans les pays difficiles. On en connaissait deux races, les *industrieux*, (διάπονοι) et les rapides (ἰταμαί). — Arrien, *cap.* III.

de fort loin, comme d'Égypte, de Pannonie, de Sarmatie, des Gaules, de l'île de Bretagne et de l'Inde (1). Ils croisaient aussi toutes ces races entre elles (2).

Les soins qu'il convient de donner à la meute, en état de santé comme en cas de maladie, sont exposés d'une manière très-complète par Arrien ; on voit dans son livre qu'il était déjà d'usage de faire coucher un valet de chiens dans le chenil, et de promener tous les jours les meutes.

Chiens de chasse chez les Romains.

En fait de chiens, comme pour tout ce qui concernait la chasse, les Romains ne firent guère que marcher sur les traces des Grecs. Ils employèrent les mêmes races canines, en leur adjoignant seulement les races italiennes, assez peu nombreuses, et surtout des races étrangères, que la vaste étendue de leur empire leur permettait de se procurer avec facilité (3).

Comme chiens de force, ils se servaient d'acarnaniens (4), de dogues gaulois et bretons, d'hyrcaniens (5),

---

(1) Oppien.

(2) Que le pannonien au crétois soit conjoint
L'arcade et l'éléan, le carien au thrace
Et au tyrrhénien la laconique race
Et la lice ibérique au sarmatic, ainsi
Le meslinge est fort bon.
(*Venerie d'Oppien*, trad. de Florent Chrestien, 1575.)

(3) La vigilance fidèle du chien, dit Cicéron, son amour et sa flatterie pour ses maîtres, l'incroyable finesse de son odorat, son aptitude à la chasse prouvent qu'il a été créé pour être utile à l'homme. (*De naturâ Deorum, lib.* II.)

(4) *Canis illa suos taciturna supervenit hostes.* (Gratius.)

(5) Les hyrcaniens passaient pour être issus d'un tigre et d'une chienne, probablement à cause de leur grande taille et de leur robe tigrée.

d'ibériens(1), de molosses, de pannoniens, de mèdes, indociles et courageux, de lycaoniens, de chiens énormes et féroces qu'ils tiraient de la Sérique (2); ils faisaient encore venir des chiens de combat de Phères en Thessalie, d'Acyrus et d'Athamanie (contrée de l'Epire) (3).

Leurs chiens courants les plus recherchés étaient des gélons, peu courageux, mais doués d'un odorat exquis (4); des perses, aussi braves que fins de nez (5); des étoliens clabaudeurs, mais très-collés à la voie; des laconiens; enfin des pétroniens, des ombriens, des métagontes et des gaulois.

On ne connaît pas bien l'origine des chiens pétroniens, le commentateur Vlit les croit de la Gaule-Belgique; on leur reprochait de ne pouvoir garder le silence avant l'attaque et de mettre sur pied les bêtes par leurs cris intempestifs (6). Les chiens courants d'Ombrie étaient peu courageux, quoique de grande taille, mais ils étaient renommés pour la fi-

---

(1) On ne sait pas si ces chiens venaient d'Espagne ou de l'Ibérie caucasienne.

(2) La Sérique était le Thibet actuel. Ce pays produit encore des dogues d'une taille et d'une force prodigieuses (voir Richardson) dont la férocité répond complétement au vers de Gratius :

Sunt qui Seras alunt, genus intractabilis iræ.

(3) Sur toutes ces races, voir le poëme de Gratius et Vlit, *Venatio novantiqua*. Elzévir, 1645.

(4) Les Gélons étaient un peuple sarmate,

(5) ... *Martemque odêre geloni*
Sed natura sagax, perses in utroque paratus.
(Gratius.)

(6) Gratius.

nesse de leur odorat (1). On croisait les lices ombriennes avec des chiens gaulois (2).

Les métagontes, dont la patrie est inconnue, fournissaient d'excellents limiers. Gratius fait le plus grand éloge de cette race, qu'il choisit pour type du chien courant (3). Ce chien, dit-il, doit avoir la tête haute, les oreilles velues, la gueule grande, le flanc bien évidé, la poitrine profonde et la queue courte. Son poil rude doit former sur le col une sorte de crinière. Ses épaules sont robustes, ses pieds larges et fermes, ses cuisses et ses jambes de devant sèches et nerveuses (4).

Comme chiens de vitesse, les Romains avaient des lévriers gaulois, bretons et sicambres.

Le poëte Claudien, qui écrivait du temps d'Honorius, nous a laissé le tableau d'une meute romaine au ve siècle. Il s'agit de la déesse Diane, qui s'avance accompagnée de ses chiens, différents de forme, d'instinct et de race, les uns terribles par leurs morsures;

---

(1) *Sed fugit adversos idem quos repperit hostes.*
(Gratius.)

(2) Les Romains croisaient volontiers les races; ainsi ils unissaient le chien d'Hyrcanie à une lice gélone et une lice de Calydon à un molosse. (Gratius.)

(3) Nous avons vu qu'on les croyait issus du chacal; ce qui concorderait assez avec l'opinion des commentateurs qui leur donnent Metagonium en Afrique pour patrie.

(4) Outre ces diverses races, on trouve encore mentionné dans Némésianus un chien toscan dont la nature et l'emploi ne sont pas bien définis. C'est un chien à longs poils, lent d'allures, ayant beaucoup de nez, très-utile pour quêter dans les prairies et indiquer le gîte du lièvre. Le colonel Smith, dans son ouvrage sur les chiens, croit que ce *canis tuscus* était un épagneul de marais (*water spaniel*).

les autres, chiens de grand pied et de haut nez (1): ici frémissent les crétois au poil rude et les sveltes laconiens; là, les bretons, prêts à briser la puissante encolure des taureaux (2).

Les auteurs théreutiques latins entrent dans de grands détails sur la manière de nourrir et de dresser les chiens de chasse et de les guérir de leurs maladies (3).

Les Romains couplaient leurs chiens comme nous. Ils les armaient, contre les sangliers et les loups, de colliers à pointes de fer, nommés *milli;* pour des chasses moins périlleuses, ces colliers étaient ornés de franges en poil de blaireau, de coquillages et de corail. On y suspendait des amulettes, qui devaient préserver les chiens qui les portaient de la rage (4). Les soins des Romains pour leurs chiens allaient jusqu'à les conduire aux bains de mer, pour les guérir de la gale et à leur faire faire, en cas de certaines maladies, des pèlerinages à un temple de Vulcain, situé dans une grotte du mont Etna, où des bains pris dans

---

(1) C'est la traduction exacte des termes employés par Claudien :

> ... *Variæ formis et gente sequuntur*
> *Ingenioque canes : illæ gravioribus aptæ*
> *Morsibus, hæ pedibus celeres, hæ nare sagaces,*
> *Hirsutæque fremunt cressæ, tenueque lacænæ*
> *Magnaque taurorum fracturæ colla britannæ.*

(2) C'est déjà le *bull-dog* des Anglais.

(3) Voir Gratius. — Némésianus.

(4) *Ibidem.* — On voit dans Gratius que le préjugé relatif à un ver qu'on arrache de la langue des jeunes chiens pour les préserver de la rage existait déjà chez les Romains.

une fontaine de naphte complétaient l'effet des pratiques religieuses (1).

(1) Voir Gratius.

CHAPITRE II.

Des chiens de chasse chez les Gaulois et les Francs.

§ 1. DES CHIENS DE CHASSE CHEZ LES GAULOIS.

Longtemps avant la conquête de leur pays par les Romains, les habitants de la Gaule transalpine se plaisaient à entretenir de nombreuses meutes de chiens, indigènes ou importés de l'île de Bretagne (1). Lorsque Biteuth, Roi des Arvernes, 122 ans avant J.C., envoya au consul Domitius une ambassade solennelle, les Romains virent avec étonnement, au milieu des cavaliers éclatants d'or et de pourpre et des bardes qui chantaient les louanges de leur Roi, de l'ambassadeur et de leur nation, s'avancer la meute royale composée de chiens superbes, tirés à grands frais de la Bretagne et de la Gaule-Belgique. Ces

(1) Dans les fouilles exécutées près de Dieppe, sur l'emplacement de la cité gauloise de Limes, on a trouvé les ossements d'un chien d'une variété très-voisine du loup; sans doute un de ces métis dont parle Pline. (*Mag. pittor.*, 1849.)

chiens servaient non-seulement à chasser l'ours et le bison, mais encore à combattre aux côtés de leurs maîtres (1). Lorsque le même Biteuth livra bataille aux Romains, sa meute prit place à l'extrémité de sa ligne de combat, et le Roi Arverne, jetant un regard de dédain sur les faibles bataillons de l'ennemi, s'écria, dit-on, qu'il n'y avait pas de quoi faire curée à ses chiens (2).

Après la conquête, les chiens gaulois devinrent à la mode chez les veneurs romains. Dès le règne d'Auguste, Ovide compare Apollon poursuivant Daphné à un chien gaulois qui chasse un lièvre et qui, prêt à le saisir, précipite sa course, le museau allongé (3). Gratius fait également l'éloge des chiens gaulois ; « la renommée célèbre les diverses races des chiens celtes. » (4). Pline parle de chiens gaulois issus d'un croisement avec le loup ; c'est parmi ces métis qu'on choisit dans chaque meute un chef que les autres suivent à la chasse et auquel ils obéissent, « car il règne, même parmi ces animaux, une sorte de discipline (5). »

---

(1) Les chiens des Cimbres, peuple que beaucoup d'historiens croient de race celtique, défendirent le camp de leurs maîtres après la défaite et le massacre de ceux-ci.

(2) Florus, *lib.* III. — Paul. Oros., *lib.* V. — Amédée Thierry, *Histoire des Gaulois*, t. II.

(3) *Ut canis in vacuo leporem cum Gallicus arvo*
Vidit, inhæsuro similis, jamjamque tenere
Sperat, et extento stringit vestigia rostro.
(*Métamorph.*, *lib.* I.)

(4) *Magnaque diversos extollit gloria celtas.*
Gratius les qualifie ailleurs d'*inconsulti*.

(5) *Nat. Histor.*, *lib.* VIII.

Le grammairien Pollux qualifie les chiens *celtes* de *généreux*. Oppien les nomme parmi ceux « qui, par leur vigueur, l'emportent sur les autres, et que les chasseurs recherchent avec le plus de soin. »

Arrien, qui déclare avoir écrit son traité de chasse tout exprès pour rendre justice aux chiens gaulois, inconnus de Xénophon et fort estimés des Grecs de son temps, en décrit avec soin deux races principales, les ségusiens et les *vertragi*.

Les ségusiens tiraient leur nom du pays dont ils étaient originaires (*Segusii*, *Segusiavi*, peuples du Lyonnais et de la Bresse); c'étaient des chiens courants égaux aux cariens et aux crétois pour la finesse de l'odorat, mais plus lents, et d'une mine triste et sauvage. Ils avaient le poil rude et hérissé, et ceux que les Grecs trouvaient les plus hideux étaient, au contraire, considérés en Gaule comme les meilleurs. En chassant ils criaient beaucoup, tant sur le gîte que sur les voies, mais d'un ton si lamentable, que les Gaulois les comparaient à des mendiants implorant la charité publique.

Les *vertragi*, « ainsi nommés, dit Arrien, à cause de leur vitesse (1), » étaient beaux de forme et de pe-

(1) Ce nom de *vertragus* a mis à l'épreuve la science des étymologistes. Les uns l'ont dérivé du verbe latin *vertere*, tourner; les autres ont été demander son interprétation à l'allemand *vertragen*, transporter, ou à deux mots de l'ancien tudesque, *velt-rakke*, chien de plaine. Comme, selon Arrien, le mot *vertragus* était celtique, c'est-à-dire qu'il n'était ni teuton ni latin, on doit s'en tenir à l'étymologie donnée par M. Roger de Belloguet dans son docte *Glossaire gaulois*. *Ver*, grand, est un des rares vocables gaulois dont le sens s'est conservé jusqu'à nous, et *traith* signifie *pas*, *course*, en gaélique.

lage. Il y en avait de couleur uniforme et de bigarrés. Plus légers que les chiens décrits par Xénophon, ils prenaient les lièvres à la course, après qu'ils avaient été lancés par les ségusiens, et ne les manquaient que s'ils étaient retardés par les difficultés du terrain.

Gratius avait parlé déjà à peu près dans les mêmes termes de ces chiens qu'il appelle *vertrahæ*. « Ils courent, dit-il, plus vite que la pensée ou que la plume au vent, mais ils ne font que saisir les bêtes déjà lancées, ne sachant pas eux-mêmes les découvrir lorsqu'elles sont cachées (1). »

Nous apprenons par Martial que les *vertragi* étaient dressés, comme quelques lévriers, à rapporter leur proie (2).

De ce qui précède il résulte que les ségusiens sont le type primitif de nos vieilles races françaises à poil rude, chiens de haut nez, lents d'allure, hurleurs et rapprocheurs (3). Les *vertragi* sont les mêmes chiens que les lois des barbares et le moine de Saint-Gall appellent *veltrai* et *veltres leporarii*, c'est-à-dire des lévriers (4).

---

(1) *Sed premit inventas, non inventura latentes*
Illa feras....

(2) *Non sibi, sed domino venatur vertragus acer*
Illæsum leporem qui tibi dente refert.

Le vers de Gratius :

Et pictam maculâ vertraham delige falsâ

semble indiquer que les Gaulois ornaient leurs chiens de bigarrures factices, comme le font encore quelques sauvages de l'Amérique méridionale.

(3) Le Couteulx.

(4) Plusieurs commentateurs ont vu dans les *vertragi* des chiens

Silius Italicus mentionne de plus une race de chiens belges, excellents limiers pour sanglier. « Tel, un chien belge poursuit les sangliers cachés et débrouille adroitement les voies de la bête, le nez en terre, collant sur leur trace un museau silencieux (1). »

Un monument gallo-romain, découvert dans les Vosges, semble avoir été élevé en l'honneur d'un chien fameux nommé *Bellicus*. Ce chien y est représenté affrontant un sanglier. Malheureusement la sculpture est trop fruste pour qu'on puisse bien distinguer ses formes (2).

L'Arverne Sidoine Apollinaire, dans une épître adressée à un de ses amis, décrit d'une façon plaisante la manière dont chasse la meute de celui-ci : « Que tes chiens redoutent d'approcher des bêtes formidables et de grande taille, passe encore, mais comment les excuseras-tu de chasser les chevreuils au museau camard (3) et les daims prompts à la fuite,

---

courants ; il me paraît impossible, en présence des vers de Gratius cités plus haut, d'y voir autre chose que des lévriers qui chassent à vue, et non par l'odorat. La loi des Bavarois dit de même « *de canibus veltricibus unum qui leporem non persequitur, sed suâ velocitate comprehendit.*

(1) *Ut canis occultos agitat cum Belgicus apros*
Errores qui feræ solers per devia, mersâ
Nare legit, tacitoque premens vestigia rostro.
(Achilleid. lib. X.)

(2) Au-dessous du chien, qui est d'une taille formidable, on lit le mot *Belliccus*, au-dessous du sanglier *surbur*, ou plutôt *suebur* (*sauebcr*, sanglier en allemand). — Voir l'*Histoire de France* de MM. Bordier et Charton, t. I.

(3) *Pecus simum*. C'est l'épithète constamment appliquée aux chèvres par les poëtes latins.

avec un courage si abattu ? Pourquoi ce poitrail relevé, cette course lente, ces aboiements si fréquents (1) ? »

Les chiens pétroniens étaient en usage dans les Gaules à la même époque, soit qu'ils fussent originaires du pays, soit qu'ils eussent été importés par les Romains.

Chiens de l'île de Bretagne.

Du temps de Strabon, c'est-à-dire sous le règne d'Auguste, les Gaulois achetaient aux Bretons insulaires des chiens de chasse et de combat, c'était même un des principaux articles du commerce de cette île. Ainsi, voilà près de dix-neuf siècles que ce pays est en possession de fournir au nôtre une partie notable de ses meutes.

Gratius, contemporain de Strabon, fait l'éloge des chiens bretons, fort appréciés déjà par les Romains; il leur reproche seulement leur laideur.

Némésianus dit que la *Bretagne isolée* envoie à Rome des *chiens très-vites, aptes aux chasses du continent.*

Dans le poëme d'Oppien, on trouve la description d'une race de chiens nommés *agasses,* élevés par les *peuples sauvages de la Bretagne qui se peignent le corps de couleurs variées.* « Cette race par sa grosseur est assez semblable à ces chiens méprisés et gourmands condamnés à travailler pour les plaisirs de la table (2).

(1) *Illud ignoro quomodo excuses quod capreas.... jacentibus animis, pectoribus erectis, passibus raris, crebris latratibus prosequuntur.* (*Epist.* VI ad *Nummatium.*)

(2) Ainsi les tournebroches étaient connus dès le second siècle de notre ère.

La taille de ces *agasses* est cambrée, ils sont maigres et revêtus d'un poil épais; ils ont peu de vivacité dans les yeux, mais leurs pattes sont armées d'ongles redoutables et leur gueule est hérissée d'un rempart de dents serrées dont la morsure est venimeuse; c'est surtout par la délicatesse de son odorat que l'*agasse* l'emporte sur les autres chiens, il excelle à aller en quête et n'a pas moins de talent pour connaître par le flair la route que le rapide oiseau suit dans les airs, que pour trouver la piste des animaux qui courent sur la terre (1). »

On peut conclure de ces textes que les Gaulois et les Romains tiraient de la Grande-Bretagne diverses races de chiens, d'abord des chiens de force redoutables par leur taille et leur courage, et ancêtres du grand dogue anglais (*british mastiff*).

Puis, des chiens de chasse de grand pied, sur lesquels on n'a pas d'autres détails.

Enfin des *agasses*, qui paraissent avoir été analogues aux terriers à poil rude d'Ecosse ou de l'île de Skye (2).

On a conservé une lettre de Symmachus, préfet de Rome en 364, par laquelle ce dignitaire remercie son

---

(1) Chapitre I.

(2) Le traducteur d'Oppien voit dans les *agasses* des bassets et le Dr Richardson des *beagles*. Leur petite taille et leur poil épais conviennent encore mieux aux terriers d'Ecosse, la puissance extraordinaire attribuée à leurs ongles et à leurs dents n'est qu'une exagération de la vigueur de mâchoires qui caractérise les terriers et de l'ardeur qu'ils mettent à creuser la terre; enfin les *peuples sauvages de la Bretagne qui se peignent le corps de couleurs variées* ne pouvaient être, du temps d'Oppien, que les *Pictes* habitant la Calédonie.

frère Flavianus de lui avoir envoyé des *chiens de Scotie* (*canes scotici*), qui ont été montrés dans les jeux du Cirque, au grand étonnement du populaire. On ne pouvait croire, dans le public, que ces chiens eussent été amenés autrement que dans des cages de fer.

Comme le mot de *Scotia* était souvent employé au IVe siècle pour désigner l'Irlande, on pense que ces chiens étaient des lévriers irlandais, animaux gigantesques, dont la race renommée paraît aujourd'hui entièrement éteinte (1).

§ 2. DES CHIENS DE CHASSE CHEZ LES FRANCS.

Lorsque les Germains s'emparèrent de la Gaule, ils y amenèrent avec eux leurs chiens de chasse, qui jouissaient depuis longtemps d'une certaine renommée (2). Après leur établissement sur notre territoire, ils adoptèrent avec empressement les races dont se servaient les Gallo-Romains, chiens courants pétroniens, ségusiens et lévriers *vertrages*. L'excessive importance que les conquérants accordaient à l'espèce canine est prouvée par la place considérable qu'elle occupe dans leurs codes.

L'échelle des pénalités qui atteignent le meurtre ou le vol des chiens de chasse est graduée suivant la race

---

(1) Richardson.

(2) Gratius parle de chiens sicambres d'une vitesse remarquable, *volucres sicambros*.

et le mérite particulier de ces animaux, de manière à donner les détails les plus minutieux sur les meutes des Francs et des peuples germains leurs vassaux.

Ainsi la loi salique, qui régissait une grande partie des premiers, et les lois particulières des autres, nous apprennent que tous ces Germains se servaient de chiens de force, dogues, mâtins et grands lévriers, pour coiffer le buffle, le sanglier et l'ours (1) et, pour chasser le lièvre, de *veltres* ou lévriers, qui ne suivaient pas les voies de l'animal, mais le prenaient de vitesse (2).

Dans leurs meutes de chiens courants (*segusii, seusii, seuces*), ils distinguaient soigneusement les chiens de tête (3) des chiens de meute ordinaires (4); l'amende payée pour les premiers était de 1,800 deniers ou 45 sols d'or et, pour les seconds, de 600 deniers seulement (4,500 francs ou 1,500 francs de notre monnaie).

Le limier, *canis ductor*, en langue teutonique *spurihunt, laitihunt* (5), est payé comme le chien de meute.

Pour la chasse à tir, les Germains se servaient de

---

(1) *Veltris porcarius* (L. salic.), *canis ursaritius*, — *bonum canem porcaritium qui vaccam et taurum prendit*... (Lex alam.) *qui ursos vel bubalos id est majores feras quod Swartzuwild dicimus prosequuntur.* (*Ibid.*)

(2) La loi salique punit de 15 sols d'or d'amende (environ 1,500 fr. de notre monnaie) le vol ou le meurtre d'un *veltris porcarius*. L'amende est la même pour un *veltris leporarius*.

(3) *Canem seusium qui magister sit.* (L. salic.) *Canem seusium primum cursalem qui primus currit.* (Lex alam.)

(4) *Seusium reliquum.*

(5) *Canem qui ligamen noverit.* (L. sal.) En allemand moderne, *spurhund* (chien de trace), *leithund* (chien conducteur).

bracons ou *brachets* (*braccones*), chiens courants d'un ordre inférieur qu'on employait quelquefois à poursuivre les criminels, et dont les plus petits portaient le nom de *barmbracco* ou brachets de giron.

Ils avaient encore des terriers employés surtout à la chasse du castor dans sa tanière souterraine (1), et des chiens couchants pour la chasse à l'oiseau (*hapihuhunt*) (2).

Les Burgondes ne se bornaient pas à prononcer de grosses amendes contre les voleurs de chiens. Quiconque avait osé voler un chien *veltre*, ségusien ou pétronien, était forcé de lui donner un baiser sous la queue devant l'assemblée générale du peuple (3).

Les Francs conduisaient leurs chevaux et leurs chiens en pèlerinage à la chapelle de Saint-Martin de Tours et *faisaient des vœux pour eux* (4). Leur usage était de coupler les chiens courants deux à deux pour les conduire à la chasse comme nous le faisons encore aujourd'hui (5).

Un Capitulaire de Charlemagne (803) porte que, si quelqu'un trouve un chien tondu sur l'épaule droite, il devra le ramener au palais du Roi (6). C'était sans doute la marque de la vénerie royale.

---

(1) *Quem bibar-hunt* (en allemand moderne *bieber-hund*, chien à castors) *vocant qui sub terrâ venatur*. (*L. Bajuwar.*)

(2) En allemand moderne *habicht-hund*, chien d'autour.

(3) *Si qui canem veltraum aut segutium vel petrunculum præsumpserit involare, jubemus ut convictus coràm omni populo posteriora ejus osculetur*. (Lex burgund.)

(4) Gregor. Turon. *de Miraculis S. Martini*.

(5) *Ducebat captivos more canum binos et binos insimul copulatos*. (*Vita S. Eurici.*)

(6) *De Canibus qui in dextro armo tonsi sunt*.

Charlemagne et son successeur Louis avaient des *meutes innombrables*, au premier rang desquelles figuraient ces chiens de Germanie, si remarquables par leur agilité et leur courage, que leur réputation était parvenue jusqu'à la cour des califes (1), à Bagdad.

Lorsque l'Empereur d'Occident envoya une ambassade vers le *Commandeur des croyants*, en reconnaissance de celle qui était venue à Aix-la-Chapelle lui présenter, avec l'éléphant Aboul-Abbas, des singes, des parfums et des épices, Haroun-al-Raschid ne prêta d'abord attention qu'à ces chiens que les ambassadeurs francs avaient amenés sur sa demande formelle. Ayant appris d'eux que ces vaillants animaux attaqueraient tout ce qu'ils trouveraient devant eux, le calife, dès le lendemain, conduisit les Francs et leurs chiens à la chasse d'un lion. Les chiens de Germanie se jetèrent intrépidement sur le monstre, le coiffèrent, et les envoyés de Charlemagne, accourant à toutes brides, purent l'égorger avec leurs épées *d'un acier du Nord, trempées dans le sang des Saxons*. A cette vue, Haroun s'écria : « Je reconnais maintenant combien est vrai tout ce que j'entends raconter de mon frère Charles ; je le vois par son assiduité à la chasse et son soin infatigable d'exercer sans cesse son corps et son esprit, il s'est accoutumé à tout vaincre sous le ciel (2). »

On croit pouvoir faire remonter jusqu'au siècle de Charlemagne un petit poëme latin qui contient l'éloge,

---

(1) *Canes germanici agilitate et ferocia singulares*. (*Mon. S. Gall.*)
(2) Moine de Saint-Gall.

la généalogie et l'épitaphe d'un fameux chien de loup de l'époque (1).

Son père était un chien de race noble, à manteau noir, avec les oreilles mouchetées, la tête et les extrémités blanches, de taille et de force à coiffer et à arrêter seul un cerf ou un sanglier (2). Ce superbe animal, blessé d'un coup d'andouiller, avait été confié à un paysan, qui lui fit ligner une louve captive. Le métis issu de cette alliance possédait les qualités des deux espèces paternelle et maternelle. Il avait les reins robustes, le poitrail large, la queue courte, épaisse et épiée, et montrait le plus grand courage. Son maître l'employa à pourchasser les loups qui infestaient ses troupeaux, et en fit, grâce à lui, un grand carnage. A sa mort, il le pleura et lui fit faire cette épitaphe par quelque clerc :

Te vivente lupi perierunt, te pereunte
Vivent, armentis et nobis ocia (sic) *tollent.*

Nous avons déjà cité le document du IXe siècle, par lequel Heccard, comte d'Autun, distribue à ses parents et à ses amis ce qu'il possède de plus précieux, et où ses chiens occupent une place si considérable (3). C'est ici le lieu de faire remarquer que les chiens sont désignés sous le nom de ***ségusiens***, orthographié de diverses manières plus ou moins barbares

(1) Voir cet opuscule dans Vlit, *Venatio novantiqua*, notes.
(2) Probablement un des *veltres* dont parlent les lois germaniques citées précédemment.
(3) Voir livre I, ch. II, § 3, p. 62 et 63.

(*segusii*, *sugii*, *siguli*, *seugii*). Il faut en conclure que la vieille race des chiens courants ségusiens, décrite par Arrien au IIe siècle de notre ère et mentionnée dans les codes barbares du VIe et du VIIe siècle, était encore en honneur du temps de Louis le Débonnaire.

CHAPITRE III.

Des chiens de chasse en France pendant l'époque féodale du Xe au XVe siècle.

Dans le roman de Garin le Lohérain, lorsque les forestiers qui ont tué sans le connaître le duc Bégon de Belin, apportent son corps au manoir de Fromont le *vieil*, ses chiens qui le suivent *hulent et braient et mènent grand tempier.* « C'était un gentilhomme, s'écrient les assistants, car ses chiens l'aimaient fort ! »

Cette affection des chiens de chasse pour leurs nobles maîtres était largement payée de retour, et les louanges du chien tiennent une grande place dans tous les ouvrages thëreutiques du moyen âge.

Chien est loyal à son seigneur, dit Gace de la Buigne :

Chien est de bonne vraye amour
Chien est de bon entendement
Chien sage a bien vray jugement

Chien a force, chien a bonté
Chien a hardiesse et beauté
Chien est beste moult amiable
Chien saige est beste véritable,
Chien a souveraine mémoire
Dont je vous parleray encore....
....Chien a dilligence et puissance
Et subtillité et vaillance.

Gaston Phœbus, qui écrivait quelques années après le chapelain du Roi Jean, fait le panégyrique des chiens en termes tellement identiques, qu'on ne peut s'empêcher de croire qu'il n'a fait que traduire en prose les vers de Gace de la Buigne (1).

Ces éloges mérités étaient dans toutes les bouches, et l'amour du merveilleux, si général à cette époque, y avait trouvé le thème de mille récits fantastiques. C'était la légende du *chien de Montargis*, qui terrassa en champ clos l'assassin de son maître (2); celle du lévrier qui vengea également sur un fils du Roi *Clodoveus* de France le meurtre d'Apollo de Léonois, père du célèbre Tristan. On disait encore, avec un malin sourire, comment le brave Gauvain, ayant mis à l'é-

(1) Ch. xve : *Des manières et condicions des chiens*. Le comte de Foix ajoute dans son chapitre XLIXe, que ses chiens le connaissent et l'aiment tant, que, s'il est malade, « ils ne chasseront jà avec nul autre, ou, s'ils le font, ce sera pou (peu). »

(2) Cette légende dont le fond est tiré de Pline (*lib.* VIII), apparaît d'abord dans un roman dont les plus anciennes versions, actuellement perdues, remontaient au XIIe siècle. (*Macaire*, chanson de geste publiée d'après le mss. unique de Venise avec un essai de restitution en regard, par M. F. Guessard. Paris, 1866.) C'est de là qu'elle a passé dans la *Chronique* d'Albéric de Trois-Fontaines, écrite au XIIIe siècle, qui donne l'an 780 comme date de cette aventure. Le roman la place également sous Charlemagne. La tradition vulgaire, qui veut que le combat du chien et de l'assassin ait lieu sous Charles V, est donc inadmissible. Voir aussi sur cette légende l'*Histoire poétique de Charlemagne*, par M. G. Paris.

preuve l'attachement de sa dame et celui de son *brachet,* ne trouva que chez ce dernier l'inébranlable fidélité qu'il avait le droit d'espérer de l'autre (1).

Parfois, mais bien rarement, à ces récits venaient s'en mêler d'autres moins flatteurs. Les historiens de la Bretagne racontent que le matin de la bataille d'Auray, qui devait coûter à Charles de Blois la couronne et la vie, son *lévrier mignon,* qui le suivait partout et se tenait à sa chambre, abandonna son maître et courut vers l'armée ennemie. Là, apercevant le rival de Charles, Jean de Montfort, qui portait comme lui les hermines bretonnes sur sa cotte d'armes, l'infidèle lévrier vint mettre ses pattes de devant sur l'arçon du futur vainqueur et lui fit mille caresses « dont plusieurs prinrent présage de la fortune trespassante de l'un à l'autre. Il se fist un pareil exemple des François devant Novare, aussi d'un Roi d'Angleterre (2). »

Malgré la haute opinion qu'on avait des vertus du chien, il était véhémentement accusé d'accointances avec le diable lorsqu'il était de couleur noire (3). Nos paysans savent encore mille choses merveilleuses sur les chiens noirs qui gardent les trésors cachés. La meute du chasseur infernal, qu'on appelait d'ordi-

---

(1) Fabliau du *Chevalier à l'Espée.*

(2) D'Argentré, *Histoire de Bretagne,* l. V. — Ce Roi d'Angleterre est Richard II, que son chien quitta pour passer au duc de Lancastre, son compétiteur. — Quant à l'autre exemple, il s'agit des chiens qui abandonnèrent l'armée française en 1513 pour se donner aux ennemis.

(3) Sur les esprits familiers qui suivaient le fameux sorcier Corneille Agrippa sous forme de chiens noirs, voir Louandre, *la sorcellerie.*

naire *Hellequin*, et à Fontainebleau le *grand veneur*, était composée de chiens noirs (1).

Les médecins de l'époque attribuaient aussi au chien les propriétés les plus extraordinaires. Toutes les parties de son corps étaient employées comme remèdes. La cendre de son crâne guérissait les ulcères, la jaunisse et les convulsions; la cervelle d'un chien était un antidote contre la folie, pourvu que ce chien fût d'une seule couleur, etc. (2). Le chien mange sans discernement, dit encore le *Roy Modus*, mais il a le sens de trouver sa médecine en mangeant une herbe.

Les chiens étaient admis à écouter ces histoires, car de grandes privautés leur étaient accordées dans le manoir, et rarement leurs attentats contre le mobilier excitaient assez violemment la colère de la dame châtelaine pour amener des catastrophes comme celle que raconte un roman du XIIIe siècle que nous avons déjà eu occasion de citer.

La dame attend son noble époux dans la grand' salle. Le seigneur rentre de la chasse, entouré de ses chiens, qui accourent de toutes parts et montent sur les lits; la *lévrière* favorite vient s'asseoir sur un *peliçon d'écureuil tout frais* dont la dame s'est parée. Celle-ci aperçoit un bouvier, revenant de la charrue, qui porte un *coutel* à la ceinture. Elle s'élance, saisit le couteau et frappe mortellement la lévrière, dont le sang souille

(1) *La Normandie romanesque et merveilleuse*, par Melle Amélie Bosquet. — *Récits de la Muse populaire*, par E. Souvestre.
(2) *Alberti Magni de animalibus Tractatus*, t. VI.

le peliçon et le foyer. « Li sires regarde celle merveille : Qu'est-ce, dame? fait-il ; comment fustes vos si hardie que vos osastes occire ma lévrière? — Commant, Sire, donc ne véez vos, chacun jor, commant ils atornent vos liz? Il ne passera jà III jors qui ne vos conviengne fere buée por vos chiens, par la mort Dieu (1) ! »

L'anecdote bien connue de saint Louis, donnant l'ordre aux huissiers de sa chambre de battre les chiens pour le prévenir de l'arrivée de sa mère, Blanche de Castille, lorsqu'il est auprès de la jeune reine Marguerite, nous prouve que ces animaux étaient encore en grand nombre dans les palais royaux.

Au XIVe siècle, les grands seigneurs, plus raffinés, avaient exclu de leurs appartements le gros de l'espèce canine, et n'y admettaient plus que les lévriers, qui conservèrent jusque chez les Rois le privilége de se coucher sur le lit somptueux du maître (2). Mais, chez les petits gentilshommes de campagne, comme chez les riches bourgeois, tous les chiens, sans distinction, continuèrent longtemps encore de jouir de leurs

---

(1) *Roman des sept Sages.* — La dame tue la lévrière pour éprouver la patience de son mari.

(2) On les maine sur les fumiers
Non pas aux chambres, aux *celliers* (lisez *solliers*, étages),

dit l'*avocate* des oiseaux dans le *Roy Modus*. L'*avocate* des chiens répond :

On voit coucher sur le lict
Du Roy de France les levriers
Pour ce qu'il les ayme et tient chiers.

Dans le *Ménagier de Paris* on trouve une version rajeunie de la scène que nous venons d'extraire du *Roman des sept Sages* ; la *levrière* y est seule admise dans la salle.

grandes et petites entrées dans la vaste salle qui servait à la fois de salon et de salle à manger (1).

Gace de la Buigne estime que, de son temps, il y avait en France vingt mille gentilshommes qui possédaient des chiens courants en plus ou moins grand nombre. En ces temps-là les chiens étaient classés parmi les objets mobiliers les plus précieux. L'antique coutume de Normandie réserve au duc, en cas d'épave, avec les pierreries, le cristal et l'ivoire, les *francs oiseaux* et les *francs chiens* (2).

Les princes et les grands seigneurs s'envoyaient continuellement des chiens de chasse en présent; ces dons étaient toujours accueillis avec une vive reconnaissance, et ceux qui étaient chargés de les conduire en recevaient les marques les plus généreuses (3).

Parmi les charges imposées aux vassaux par les usages de la féodalité, une de celles qu'on rencontre le plus fréquemment est l'obligation de nourrir les chiens du seigneur, soit d'une façon permanente, soit lorsqu'il vient chasser dans les environs. Cette

(1) Isabeau de Bavière, qui aimait les chiens, ne les tolérait pas indistinctement dans son intérieur. Ses gens étaient armés de *grans fouetz de nerfs de beuf garniz de grosses sonnettes* pour les chasser des appartements. (Voir ses comptes cités par M. L. de Lincy, *Dames illustres de l'ancienne France.*)

(2) Gloss. Ducang., v° *Canis.*

(3) Voir *les ducs de Bourgogne*, par M. le comte de Labord. — *Louis et Charles, ducs d'Orléans*, par M. Champollion-Figeac.

Le varlet qui amena au duc Louis d'Orléans deux lévriers de Bretagne de la part de Mathieu du Chastel, son chambellan, reçut *pour son vin* 4 livres tournois (environ 110 francs).

Deux varlets qui avaient présenté au même prince quatre chiens courants de la part du comte d'Ostrenen eurent pour leur vin 10 livres tournois (273 francs). Celui de l'amiral de France, pour avoir amené un chien courant, reçut 2 écus.

charge était souvent rachetée par une redevance en argent ou en grains, applicable à l'entretien des meutes du suzerain.

Les maisons religieuses étaient parfois assujetties à ce droit qu'on nommait *brennage* (du vieux mot *bren*, son), *past de chiens*, *chiennage*, *chien d'avoine*. D'autres fois on était tenu d'héberger les chiens, ce qui s'appelait *giste de chiens* (1).

En 1140, Conan, duc de Bretagne, fit remise à l'église de Sainte-Croix de la redevance appelée *past de chiens* (2).

En 1184, Robert, comte de Dreux, exigea que certains chanoines fournissent 20 setiers d'avoine à ses vavassors à titre de *brennage*.

Dans la seigneurie de Souloire, en Anjou, lorsqu'un vassal se mariait, le sergent du sire devait être convié huit jours d'avance d'aller à la noce avec deux chiens courants couplés et un lévrier « et ce serjeant doibt scoir devant la mariée au dipner et les mariez doibvent donner à boyre et à manger aux chiens et lévrier (3). »

« Le brennage vaut 15 muids d'avoine par an, » dit une charte de l'an 1313.

Naturellement, les plus grands soins étaient donnes au bien-être de ces animaux chéris. Gaston Phœbus et les autres auteurs anciens exposent, de la façon la

---

(1) Ducange, v° *Bren*. — Glossaire de Carpentier, v[is] *Canum gistus*, *Canum pastus*, *chenaria*. — Merlin, rép. de jurispr., v[is] *Chiennage* et *chien d'avoine*.

(2) *Histoire de Bretagne* de D. Lobineau, t. II.

(3) Michelet, *Origines du droit français*.

plus complète, comment doit être construit leur chenil et comment il doit être tenu.

Ce chenil doit être *grand et large*, avec un beau *prael* (préau), *en quoi le soleil se voye tout le jour.* Il doit y avoir une grande cheminée pour réchauffer les chiens morfondus ou mouillés, et un *solier* (étage) pour loger un jeune garçon qui surveillera les chiens jour et nuit. Les maladies des chiens et les recettes pour les guérir sont aussi fort longuement expliquées dans le livre du comte de Foix (1).

Les comptes de la vénerie de Charles VI et de celle de son frère Louis, duc d'Orléans, rendent également témoignage de la manière dont étaient soignés les chiens de ces princes.

Les chiens malades et découragés qui ne voulaient pas manger de pain étaient nourris d'un potage aux fèves, assaisonné de sel et de saindoux ; on leur donnait aussi des fressures de mouton ; des quantités assez considérables d'huile de chènevis, de soufre, de vif-argent, de couperose étaient employées à composer des *oignements* pour les chiens galeux et *enfondus*. Les pieds des chiens *esgravés* étaient lavés avec du sel et du vinaigre. Des peignes de bois pour nettoyer les chiens, des aiguilles pour recoudre ceux qui avaient été blessés par les sangliers ; du lait de vache pour

(1) Dans les comptes de Charles VI et du duc d'Orléans il est fait mention de *parcs de bois clos* où les chiens peuvent *s'esbattre au soleil* et *eux purger*.

nourrir les *cheaulx*, figurent aussi dans ces comptes de dépenses (1).

Les chiens courants, limiers et lévriers *pour doupte du mal de rage* étaient conduits en pèlerinage *au lieu de Saint-Mesmer* (2), et l'on y faisait chanter à leur intention une messe avec offrande de cire et d'argent devant l'autel du saint.

Une sollicitude non moins touchante brille dans les comptes de dépense de Louis XI (3). *Oignements*, poudres, emplâtres y sont prodigués aux chiens et lévriers que des blessures ou des maladies mettent dans le cas d'être *habillés* et *médicinés*. Ces intéressants malades sont ramenés en charrette à deux chevaux, en litière ou en bateau des lieux où ils ont été envoyés en déplacement. L'instrument hydraulique, si redouté de M. de Pourceaugnac, est mis en œuvre pour *laver* les lévriers de la chambre, auxquels est offert un coucher moelleux sur des lits de plume garnis de trois *tayes* (4).

On ne devait pas moins attendre de Louis XI, qui manifestait en toute occasion une véritable passion pour l'espèce canine. Nous avons déjà vu comment, en dépit de sa parcimonie habituelle, il faisait venir

(1) Voir les comptes de Jean de Courguilleroy, veneur de Charles VI, aux pièces justificatives, et *Louis et Charles, ducs d'Orléans*, par M. Champollion-Figeac.

(2) Aujourd'hui Saint-Mamers, chapelle située à 1 kilomètre de Maintenon, où l'on fait, le lundi de Pâques, des pèlerinages encore assez suivis aujourd'hui.

(3) Voir Monteil, t. IV, et les *Archives curieuses de l'histoire de France*, t. Ier.

(4) Voir la note B, t. Ier.

à grands frais, de lointains pays, des chiens de diverses races. Après la bataille de Guinegate (1479), le Roi était vivement sollicité de rendre la liberté à un jeune seigneur allemand, nommé Wolfgang de Polhein, favori du duc Maximilien d'Autriche, qui avait été fait prisonnier par ses hommes d'armes. Il n'y voulut jamais consentir à moins qu'on ne lui donnât des lévriers et *levrières* de la fameuse race du seigneur de Bossut. Celui-ci hésitait à se dessaisir de ses chiens. Il s'ensuivit de longues négociations diplomatiques. « Mettez la plus grande peine à avoir de ces lévriers, écrivait le Roi au seigneur du Bouchage, et je vous donnerai la chose que vous aimez le mieux qui est argent (1). »

Pour en revenir au simple veneur il prodigue à ses chiens pendant la chasse les caresses et les encouragements, ayant soin de leur parler le *plus bel et le plus gracieux langage qu'il peut* pour les *resbaudir* et surtout de ne jamais leur dire *fors que la pure vérité,* afin qu'ils donnent plus grande foi à ses paroles (2).

Quand les chiens de meute sont excédés de fatigue par un laborieux débucher, le bon veneur les prend tour à tour entre ses bras et les porte *une grant pièce*

(1) Après s'être fait longtemps prier, M. de Bossut consentit à livrer ses chiens et l'on écrivit aux ambassadeurs du Roi de les envoyer prendre avec un sauf-conduit. (Lettres manusc. à la Bibl. imp. citées par M. de Barante, *Ducs de Bourg.*, t. XII.)

(2) « Et par ma foy, je parle à mes chiens tout einsi que je feroye à un homme, en disant : va avant; ou arrière; ou vien là où je suis; ou fere tieu (telle) chose et tout quant que je vueill qu'ilz fassent; et ilz m'entendent et font ce que je leur di, mieulz que homme qui soit en mon hostel. » (Gaston Phœbus.)

enveloppés dans les pans de son pelisson d'hermine, jusqu'à ce qu'ils soient *resvigorés* et *moult bien refraischis* (1).

En faisant le bois, il donne à son limier les noms les plus affectueux : *beau frère, mon ami!* La quête terminée, il flatte de la main les flancs, le chef et les oreilles de son chien (2), *pour le mieux encourager* (3).

Au retour, la meute lasse reçoit l'accueil le plus empressé, même dans l'*hostel* des simples bourgeois. « Aux chiens qui viennent des bois et de la chasse, dit le *Ménagier de Paris*, faict l'en lictière devant leur mestre, et luy mesmes leur faict lictière devant son feu, l'en leur oint de sain doulz leurs piés au feu, l'en leur faict soupes, et sont aisiés par pitié de leur travail. »

Un bon veneur devait avoir par écrit la liste nominative de tous les chiens et lices du chenil et les con-

---

(1) *Garin le Loherain.* — Dans le poëme allemand de *Seyfrid le Corné*, le héros poursuivant depuis quatre jours avec sa meute un dragon qui emporte la fille du roi Gybich, s'arrête exténué de fatigue, descend de cheval et prend ses chiens dans ses bras! (*Histoire légendaire des Francs et des Burgondes*, par M. E. Beauvois.)

(2)
Li dus demande Brochart son liemier
Par devant lui li amaine uns breniers
Li dus le prent, et si l'a desloié
Il li menoie les costes et le cief
Et les oreilles, por mieus encouragier.
(*Ibid.*)

(3) Au XVIe siècle les valets de limier témoignaient leur satisfaction à leurs chiens d'une façon beaucoup plus grossière « et s'il voit que son chien se rabat en joüant de la queüe, le doibt flatter en luy batant de la main sur le flanc..... puis luy cracher dans la gueulle, de façon qu'il puisse congnoistre que vous avez agréable ce qu'il faict. » (*Le livre du Roy Charles.*)

naître tous *de poil et de nom* (1). Les traités spéciaux, les romans et les chroniques du moyen âge nous apprennent quels étaient ces noms. Nous avons déjà cité celui de ***Bliaud***, que Fontainebleau doit, dit-on, reconnaître comme son parrain ; le *brachet* de Tristan de Léonois, qui joue un rôle fort important dans les romans de la *Table ronde*, s'appelait ***Husdent*** ou ***Hodain***. Le *vavassor* Constant de Granges, pourchassant à outrance maître Renard, excite à grands cris ***Tribole*** et ***Clarembaut***, ***Rigaut*** et ***Plésence*** (2). Nous aurons bientôt occasion de citer ***Doucet***, ***Briquet*** et ***Diamant***, épagneuls favoris des ducs d'Orléans, Louis et Charles, et ***Carpet***, lévrier d'Agnès Sorel. Le *bon **Souillard** qui fut au Roy Loys, onzième de ce nom*; ***Basque***, chien d'Oisel du même Roi; la fameuse lice ***Baude*** à sa fille, Anne de Beaujeu, ont laissé des noms fameux dans l'histoire de la chasse (3).

Au xve siècle, comme aujourd'hui, les chiens de meute portaient une marque sur le flanc; celle de la

---

(1) Gaston Phœbus.

(2) *Roman du Renard*, t. I. Quelques pages plus loin on trouve une interminable kyrielle de noms appartenant à des chiens lancés à la poursuite du renard, mais ce sont des mâtins de paysans, et non des chiens de chasse.

(3) Le grand sénéchal de Normandie nous a conservé, dans son poëme, une longue liste nominative des chiens de tête de l'illustre chasseresse. Il sera plus que suffisant d'en citer quelques-uns :

Lors fait mettre à part Baulde et Oyse,
Souillart et Jombart et Clairault,
Cleremont, le Goussault et Noyse,
Fallaise, Foullaude et Myrault,
Vollant, Morralle et Marpault ;
Souillart, Legière et Fricaulde,
Briffault, Moricault et Clairaulde,
Tous fermes et bons rachasseurs.

vénerie royale était dès lors une croix, inscrite dans un écusson triangulaire (1).

Chez les grands seigneurs, alans, lévriers, chiens courants, épagneuls, étaient ornés de colliers somptueux aux armoiries de leurs propriétaires. Ces colliers étaient souvent en or *de touche* ou en argent doré, et des bâtonnets d'*ybenus* (ébène) garnis d'argent leur tenaient lieu de couples (2).

Les lévriers employés à coiffer le sanglier étaient défendus contre ses coups de boutoir par des jacques d'étoffe piquée (3).

La race canine a vu souvent ses hauts faits célébrés par la poésie.

Le duc Charles d'Orléans adresse, à son vieux épagneul Briquet, un *rondel* affectueux (4).

Près là, Briquet aux pendantes oreilles,
Tu scès que c'est de déduit de gibier.
Au darrenier tu auras ton loyer
Et puis seras viande pour corneilles.
Tu ne fais pas miracles, mais merveilles,
Et as aide pour te bien enseigner.
Près là, etc.

---

(1) C'est ainsi que j'explique le vers des *dits du bon Souillart :*

Le bel escu pour marque, à crois droite au costé.

(2) « Un collier d'un levrier, garni d'argent à cynes (cygnes). » *Invent. de Charles V*, cité par le comte de Laborde, Glossaire.

« 15 estellins d'or de touche à faire un collier pour le petit chiennet du Roy. » *Ibid.*

« Garnison d'un collier de chien d'argent doré. » *Ducs de Bourgogne*, n° 3200.

« Un petit bastonnet d'ybenus garni d'argent à faire une couple de chiens. » *Inv. de Charles V.*

(3) « Pour la façon et estoffe de cinq jacques pour cinq des levriers de madame la duchesse. » Comptes des ducs d'Orléans, *Archives de Blois*, année 1455.

(4) *Rondel*, LII.

A toute heure diligemment travailles,
En chasse vaulx autant qu'un limier,
Tu amaines au tiltre de levrier (1)
Toutes bestes et noires et vermeilles.
Près là, etc.

Jacques de Brezé a chanté les dits du bon Souillard et les exploits de ses compagnons, les chiens de madame de Beaujeu ; Basque, chien d'oisel de Louis XI, eut l'honneur d'une épitaphe en vers.

Ces mêmes chiens, réformés après de longs et loyaux services, reçurent de leurs maîtres reconnaissants ce qu'on appellerait aujourd'hui les Invalides. Basque, vieux et aveugle, fut pourvu de *garde* et d'une pension à vie de six-vingts livres par an au château de Montil-lès-Tours, et Souillard s'exprime ainsi dans le petit poëme composé en son honneur par le grand sénéchal, son dernier maître :

Le maistre à qui je suis qui me garde si cher
Si me fait pain et cher (chair) pour mon vivre trancher
Coucher dedans sa chambre, près du feu chaudement
Paille et belle litière acoustrée nettement.

Enfin, quand le veneur était allé rejoindre ses ancêtres, aux pieds de son effigie sépulcrale, on sculptait celle de son chien fidèle, emblème de *loyale amour* et d'inaltérable dévouement,

Bien différent de la châtelaine, qui *occit* si cruellement *la levrière* de son seigneur, les princesses et les dames nobles du moyen âge accordaient, en

(1) C'est-à-dire, tu amènes au poste (*titre*) où les levriers sont embusqués. Sur ce mot *titre*, voir l'édition de G. Phœbus, par M. Lavallée.

général, aux chiens de chasse une faveur toute spéciale.

Les comptes de dépenses d'Isabeau de Bavière contiennent divers articles relatifs à son goût pour les chiens (1). Valentine de Milan, après l'assassinat de son mari, prend soin de faire ramener près d'elle *Doucet*, chien favori de l'infortuné duc d'Orléans (2).

Cette princesse possédait six petits chiens dont les colliers étaient ornés d'écussons en métal doré à ses armes (3).

Agnès Sorel, dans une lettre adressée à la damoiselle de Belleville, lui recommande d'avoir les plus grands soins de son lévrier *Carpet*, qu'elle devra nourrir à ses côtés : « Et ne le lairré aller à la chasse avec nuz (nuls), cuar n'obéyt, il à siflet ne apel, quy me fait cause de le renvéer, et seroilt autant dyre perdu, qui me seroit à grant poine. »

Dans une autre lettre, elle donne à la même damoiselle des nouvelles du petit chien *Robin*, confié à la favorite de Charles VII par son amie : « Actendant, avons faict chace hyer à un porc sangler, dont vostre petit Robin avoit trové la traxe et s'est tornée mal la dicte chasse, au préjudice du dict

(1) A Thomas Turrichon, varlet de levriers de la Royne, pour avoir gardé et gouverné tant de char comme de lait, depuis karème prenant jusques en mi-karème dernier passé, VII chiens de l'extraction des Martelès de Bourbon, etc., VII escus. — 16 mars 1415. — *Les femmes célèbres de l'ancienne France*, par M. Leroux de Lincy, notes et appendices. — En 1412, la même Reine avait envoyé au duc de Bourgogne un chien blanc *Marthelet, atout* un collier garni d'argent *esmaillié*.

(2) Comptes de Blois, n° 6062.

(3) Champollion-Figeac, III.

petit Robin, aiant été frappé d'un *raillon* (1), que un des veneurs cuidoit tirer au dict sangler en un buisson et luy en est assez grave navreure, mais bien espère qu'en garira par prompte voie et le ferai bien governer (2). »

En 1494, la duchesse de Bar reçoit du duc d'Orléans un présent de chiens courants et de lévriers (3). Madame de Beaujeu s'occupait, en personne, de sa meute, surveillant les croisements et connaissant chaque chien par son nom (4). Anne de Bretagne se plaisait à orner ses lévriers et les petits chiens de sa chambre de colliers de velours noir. « garni chacun de iiij grandes hermines et iiij boullons et mordans de laton doré de fin or au feur de xij sols vi deniers (5). » La comtesse d'Angoulême, mère de François I, avait auprès d'elle huit lévriers décorés de même de colliers à ses armoiries (6).

---

(1) Trait d'arbalète.

(2) *Revue de Paris*, 15 octobre 1855.

(3) Comptes de Blois.

(4) Voir *la Chasse du grand sénéchal*.

(5) *Comptes de l'hostel de la Royne Anne de Bretagne*. Ces chiens étaient au nombre de 24.

(6) « Pour huict escussons de cuivre aux armes de Monseigneur et de Madame pour attacher ès colliers des levriers de ma dicte dame. » (Monteil, t. IV.)

CHAPITRE IV.

Des chiens de chasse aux XVIe, XVIIe et XVIIIe siècles.

Le XVIe siècle s'ouvre en France sous le règne d'un Roi grand chasseur et grand amateur de chiens; Louis XII prit la peine d'écrire, de ses royales mains, la biographie du chien *Relay*, qui l'avait fidèlement servi pendant treize ans (1).

François I était parfaitement renseigné sur les qualités de chacun des chiens de sa meute et dési-

---

(1) Tant je plaisois à tous, encor plus à mon Roy,
En luy plaisant aussi, ma fiance estoit telle
Qu'il rendroit quelque jour ma louange immortelle,
Ce que de vray a faict, et ne m'a point deceu
Tesmoin le grand honneur que de luy j'ay receu
Car ma vie est par luy escrite et rédigée,
Dont ma race à jamais luy demeure obligée.

Voir l'*Épitaphe du bon Relay, qui vient de la race des chiens gris, dont la vénerie appartenoit au duc de Bourgogne.* — Réimprimée à la suite de la *Chasse du grand seneschal de Normandie.*

gnait nominalement ceux qu'il voulait faire découpler un jour de chasse. Il fit construire, pour les loger à Fontainebleau, un superbe chenil. Lui et son fils Henri II s'occupaient, en personne, des croisements qui devaient améliorer les races (1).

Le traité de chasse composé par Charles IX suffirait à prouver à quel point il était occupé du bien-être de ses chiens et de leur éducation.

Voulant conserver à la postérité la mémoire de *Courte*, chienne favorite, *sans queue et sans aureilles*, à qui l'on permettait de *tourmenter* pour son plaisir les *connins*, *d'éventer* les perdrix et même de pourchasser les cerfs des parcs royaux, Charles IX fit peindre son portrait, et Ronsard ne dédaigna pas d'écrire au bas l'épitaphe de la défunte :

Après que la mort la ravit
Encore le Roy s'en servit
Faisant conroyer sa peau forte
En gans que Sa Majesté porte.

Beaumont, lévrier d'attache de Charles IX, eut aussi, après sa mort, l'honneur d'être chanté par Ronsard, qui le fait dialoguer avec Caron et Cerbère, émerveillés de *sa taille forte et grande* (2).

Nous avons déjà signalé, en passant, l'amour désordonné de Henri III pour les chiens. S'il fallait en croire un pamphlet conçu dans un esprit très-hos-

(1) Voir pl. bas.

(2) Voir l'*Épitaphe de Courte* et le *Dialogue de Beaumont et de Caron*, dans les œuvres de Ronsard et dans l'introduction du *Livre du Roy Charles*, par M. H. Chevreul.

tile au *Valois*, il en avait plus de deux mille *partis de six en six*, et à chaque sixaine était *ordonné* un valet qui recevait au moins 200 écus de gages, « et à tel, 400 escus sans le pain, et pour plus tesmoigner de sa plus que prodigue despence, leur avoit faict faire des licts couverts de velours verd (1). » Cette passion effrénée se portait presque exclusivement sur des *chiens damerets*; toutefois, on peut voir dans une lettre de Henri III à M. de Castelnau, son ambassadeur en Angleterre, que le Roi y faisait chercher des *chiens de sang* (*bloodhounds*), des lévriers, des dogues et des barbets. Ses agents allaient aussi en Flandre, « pour avoir de ce costé-là ce qui pourra s'y trouver d'excellant (2). »

Henri IV professait pour les chiens un goût plus éclairé. Sa correspondance nous révèle, à chaque instant, l'intérêt qu'il portait à sa meute et le souci qu'il prenait des moindres détails la concernant.

Ainsi, dans une lettre adressée à M. de la Salle des Barthes (1579), il demande à ce gentilhomme de lui envoyer quelques-uns de ses beaux lévriers *pour ce qu'il n'a que des lévrières.* « En quelque autre endroit, ajoute-t-il, feray autant pour vous, d'aussy bon cœur que je me recommande à vostres bonnes grâces (3). »

---

(1) *Le martyre des deux frères.* — *Archives curieuses de l'Histoire de France*, t. XII, 1re série.

(2) *Marie Stuart*, par M. Chéruel, pièces justificatives. — Lettre du 25 juin 1582.

(3) En 1599, le Roi accorda un permis de chasse à ce M. de la Salle. — *Lettres missives de Henri IV.*

En 1596, le Roi écrit à son *compère* le connétable, pour le prévenir qu'un de ses griffons a suivi lui (1) ou quelqu'un des siens. « C'est le petit moucheté à deux nez. Je vous prie de le faire chercher et s'il se trouve, me le renvoyer (2). »

Plus loin, il s'agit d'une belle chienne envoyée par le duc de Biron à mademoiselle d'Entragues de la part du connétable, laquelle a été reçue comme le mérite celui qui la donne et sa beauté, « et à l'instant elle a voulu faire les nopces avec son chien (3). »

Henri IV a cependant été accusé, par le hargneux et susceptible d'Aubigné, d'avoir manqué de reconnaissance envers ses chiens, comme envers ses amis. Dans ses mémoires, d'Aubigné raconte qu'il ramassa dans la rue, abandonné de tous et mourant d'inanition, un grand épagneul nommé *Citron*, qui avait toujours *accoustumé* de coucher sur les pieds du Roi. Le rancunier Huguenot recueillit la pauvre bête et la mit en pension, après avoir attaché à son collier un sonnet qui se terminait par ces vers :

> Courtisants, qui jettez vos desdaigneuses veües
> Sur ce chien délaissé, mort de faim par les rues
> Attendez ce loyer de la fidélité (4).

(1) Le connétable.

(2) Cette lettre, en date du 12 février, fut écrite au milieu des préoccupations de la guerre. Henri IV la termine en disant : « Je ne faudray à vous mander si tost que j'auray advis certain des ennemys. »

(3) *Lettre au connétable*, 14 octobre 1599. — Dans une autre lettre adressée au même, le Roi lui recommande de faire maigrir son lévrier, « car il ne peut bien courre. »

(4) *Mémoires* de d'Aubigné.

Louis XIII couchait avec ses chiens (1). Le duc de Vendôme, le vainqueur de Villa-Viciosa, poussa plus loin encore la tolérance à leur égard. « Les chiens couchoient en foule dans son lit, ses chiennes y faisoient leurs petits, » dit Saint-Simon. Son frère le grand prieur avait les mêmes habitudes sur ce point, comme sur beaucoup d'autres (2).

Louis XIV ne se laissa jamais aller à ces excès de *cynisme*, mais il aima beaucoup les chiens. Il affectionnait tout particulièrement les épagneuls, auxquels il se plaisait à distribuer tous les jours de sa royale main les sept biscuits que le pâtissier de la cour était tenu de leur fournir, et dont il fit peindre les portraits par Desportes (3). Lorsque M. de Contades fut fait major du régiment des gardes, on prétendit qu'il devait son avancement à des présents de chiennes couchantes fort bien dressées que son père avait envoyées au Roi (4).

Madame, duchesse d'Orléans (*la Palatine*), partageait les goûts de son royal beau-frère sur ce point; elle adorait les chiens. Un jour que son carrosse versa, elle y avait sept petits chiens avec elle. « J'ai dans mon cabinet, écrivait-elle en 1714, deux perroquets, un serin et huit petits chiens (5). »

---

(1) Tallemant des Réaux, t. II.

(2) *Addition aux Mémoires* de Dangeau, t. XII.

(3) *États de la France*. Saint-Simon, t. XIII. — Un cabinet voisin de la chambre du Roi à Versailles portait le nom de *cabinet des chiens*.

(4) *Mémoires* de Saint-Simon, t. V.

(5) *Correspondance* de Madame, t. II. « Un joli petit chien peut bien être un amusement, mais jamais une consolation ; je n'aime pas les *bollonais* (bichons de Bologne), je les trouve trop délicats, je leur pré-

Malgré sa nonchalance naturelle, Louis XV, dit le marquis d'Argenson, faisait *un travail de chien pour ses chiens.* « Dès le commencement de l'année, il arrange tout ce que ces animaux feront jusqu'à la fin. Il a cinq ou six équipages de chiens. Il s'agit de combiner leur force de chasse, de repos et de marche. Je ne parle pas seulement du mélange et des ménagements des vieux et des jeunes chiens, de leurs noms et qualités que le Roi possède comme jamais personne de ses équipages ne l'a su, mais l'arrangement de toute cette marche, suivant les voyages projetés et à projeter, se fait sur des cartes avec un calendrier combiné, et on prétend que Sa Majesté meneroit les finances et l'ordre de la guerre avec bien moins de travail que tout ceci (1). »

Tous les jours, au sortir du dîner, le premier Maître d'hôtel remettait au Roi deux cornets de gimblettes pour ses chiens. Quand le Grand Maître était présent, c'était lui qui, en vertu des priviléges de sa charge, présentait les gimblettes (2).

Si les Rois dont nous venons de parler aimaient tendrement leurs chiens, ils traitaient fort durement ceux des autres. Ce fut, en effet, pendant les règnes de François I, de Henri IV et de Louis XIV que furent promulguées ces ordonnances barbares qui

---

fère de beaucoup les épagneuls français, j'en ai constamment quatre à mes trousses, et la nuit ils couchent auprès de moi. (*Lettres inédites*, LIX.)

(1) *Mémoires* du marquis d'Argenson.

(2) *Mémoires* du duc de Luynes.

prescrivent la mort ou la mutilation de tous les chiens demeurant à une lieue des forêts royales (1).

Jusqu'au XVIIe siècle, les gentilshommes campagnards conservèrent à leurs chiens non-seulement le privilége d'entrer librement dans leurs maisons, mais même celui d'avoir leur domicile habituel dans la grande salle (2). Cette installation plaisait médiocrement aux dames châtelaines. « Je ne me fasche pas, disait la dame d'Esparron, de la despence que mon mary fait à la fauconnerie, mais bien des meubles que les chiens gastent à la maison, soit à se coucher sur les licts ou à pisser contre la tapisserie et à mille saletez qu'ils font ordinairement, ne pouvant estre d'autre sorte, bien qu'on aye un chenil, parce que le maistre a tousjours quelques chiens favoris près de lui (3). »

Racan, le gentilhomme poëte, avait toujours auprès de lui une grande levrette qui mâchonnait parfois sans respect ses éclogues. Crébillon, autre poëte gentilhomme, avait la passion des chiens au plus haut degré, quoiqu'il ne paraisse pas avoir été chasseur comme Racan. Il en eut jusqu'à douze dans sa chambre. Il ramassait dans les rues tous les chiens malades ou abandonnés et se plaisait à les soigner.

On trouverait à grand'peine, pendant la longue série d'années que nous venons de parcourir, quelques esprits singuliers, professant contre l'espèce ca-

(1) Voir plus haut.
(2) Voir les contes d'Eutrapel.
(3) D'Arcussia, *Convy des fauconniers*.

nine une haine plus commune aujourd'hui. Tallemant des Réaux en cite cependant un exemple remarquable. Un sieur Bazin de Limeville, contrôleur de la cavalerie légère, avait une si grande aversion pour les chiens, qu'elle lui avait *brouillé le crâne.* Il disait qu'ayant vu un de ses amis mourir enragé, il ne pouvait plus voir un chien sans trembler. « Il ne se mettoit jamais que sur des escabeaux, à cause que les chiens ne s'y couchoient pas, et dans les hôtelleries, il se faisoit un lit d'un drap avec des tirefonds qu'il attachoit au plancher : pour son manteau, il le mettoit toujours lui-même tout droit sur un escabeau, l'appuyant contre la muraille, de peur qu'un chien ne couchât dessus (1). »

Quoique traités avec moins de familiarité que chez les simples gentilshommes, les chiens des équipages royaux et princiers étaient l'objet d'une sollicitude qui s'étendait à tous les détails de leur nourriture, de leur santé (2) et de leur éducation physique et intellectuelle, si l'on peut s'exprimer ainsi en parlant de chiens. Du Fouilloux, Salnove, Gaffet de la Briffardière, d'Yauville traitent ce sujet avec des développements qu'il nous est impossible de reproduire. Chenils (3) aérés et spacieux arrosés de fontaines vives,

(1) *Historiettes*, t. VI.

(2) A Jehan de Venus, maître cirurgien de la bande de monseigneur le mareschal de la Marche, 4 F. 2 S. pour son sallaire d'avoir pensé ung des chiens du dit seigneur nommé Brunehault. (Comptes de François Ier, 1529.)

(3) Selon Charles IX, le nom de *Chenil* n'appartient qu'au lieu où il

promenoirs, chambres pour loger les valets qui doivent coucher avec les chiens, boulangeries pour faire le pain de la meute, tout était disposé à souhait pour le bien-être de ces précieux animaux. Leur nourriture consistait en pain d'orge et de son, sauf pour les chiens blancs du Roi qui jouissaient seuls du privilége d'être nourris de pain de froment (1).

On conserva jusqu'au XVIIe siècle l'usage de cuirasser de *jacques* en peau ou en étoffe matelassée les chiens employés à coiffer le sanglier. Les tapisseries dites de Guise, les poëmes de Claude Gauchet et de Noel Conti (2), les tableaux de Sneyders nous font voir ces chiens, dogues, mâtins, lévriers, chiens courants, protégés contre les terribles défenses de leur ennemi par cette espèce d'armure (3).

> là les chiens sont jacquez, dogues et lévriers
> ...Les chiens courants sans peur
> L'attaquent des deux parts, mais des grands coups qu'il jette
> Contre le cuir durci de leur forte jaquette
> Il va s'ouvrant chemin... (4).

Salnove décrit en détail la confection de ces jacques

---

y a meute royale, pouvant prendre le cerf en tous temps. Ailleurs il faut dire *estable*.

(1) « Il n'appartient qu'au Roy de faire manger du pain de froment à ses chiens. » (Gaffet de la Briffardière.)

A la venerie royale était attaché un *châtreur de chiens* qui recevait 40 écus par an sous Henri IV. (Voir les Pièces justificatives.)

(2) *Natalis Comes, de Venatione, lib.* IV.

> *Fulmineum ut vitent dentem, morsusque ferarum*
> *His face diploïdes quos molli vellere comple.*

(3) On trouve dans les comptes de la vénerie de Henri IV mention des *jacques de grands levriers*.

(4) Claude Gauchet.

qui doivent être faites de toile de chanvre, piquées de crin et de coton, et qui peuvent durer douze ou quinze ans. Les jacques couvraient le dos, le ventre, le poitrail et le col, car les chiens *sont sujets à avoir la gorge coupée* (1).

On avait aussi l'habitude, quand on chassait par la gelée, de garantir les pieds des chiens avec des espèces de bottines, s'il faut en croire Noel Conti (2).

Un manuscrit cité précédemment (3) nous a conservé les noms des chiens de tête de François Ier. On trouve une foule d'autres noms cités dans les auteurs cynégétiques du XVIe et du XVIIe siècle, notamment dans du Fouilloux, dans Ligniville et dans Gaffet de la Briffardière, qui donne une *liste des noms les plus ordinaires et les plus convenables, soit aux limiers, soit aux chiens courants*. Ces noms sont trop peu différents de ceux en usage aujourd'hui pour qu'il soit nécessaire de les transcrire. Le sieur de la Briffardière fait remarquer qu'il ne faut point donner aux chiens de noms trop longs ou trop difficiles à retenir, que les meilleurs sont ceux d'une ou deux syllabes, et qu'il faut surtout affecter les terminaisons les plus familières aux chiens, comme celles en *aut*.

L'usage de faire aux chiens de meute une marque distinctive remonte, comme nous venons de le voir, au temps de Charlemagne. Au XVIIIe siècle, tous les

---

(1) Salnove, *Chasse du sanglier*, chap. XIII.
(2) *Natalis Comes, de Venat.*
(3) *Commentaires de César*. Mss. français, supplément n° 1328.

chiens d'équipage étaient marqués, au côté droit, de la lettre initiale du nom de leur maître (1).

(1) Leverrier de la Conterie. — Ces lettres étaient taillées dans le poil avec des ciseaux, comme aujourd'hui.

CHAPITRE V.

Des diverses races de chiens en usage, du Xe au XVIIIe siècle.

Comme on peut le voir dans nos plus vieux romans, aux premiers siècles de la race capétienne on se servait encore des mêmes chiens de chasse que sous les deux dynasties franques, *veltres* ou *viautres*, lévriers, chiens courants, *bracons* ou *brachets*, *chiens d'oisel*, etc.

Au XIVe siècle, Gaston Phœbus nous donne le premier une liste à peu près complète des chiens employés de son temps ; d'abord les *alans* ou chiens de force, secondement les lévriers, *tiercement* les chiens courants, *quartement* les chiens pour la perdrix et la caille ou *chiens d'oisel, quintement toutes natures de chiens meslés comme sont de mastins et d'alans, de lévriers et de chiens courans et d'autres semblables.*

Il convient d'ajouter à ces races les chiens terriers ou *taniers* et les *chiens de sang*, *brachets* ou *braquets* mentionnés par le *Roy Modus*.

On disait proverbialement à cette époque : lévriers de Bretagne, alans et chiens d'oisel d'Espagne.

On trouve, dans divers auteurs du XVIe siècle, l'énumération des races en usage à cette époque.

Ce sont les chiens de force *pour assaillir, mordre et retenir sangliers, ours ou loups ;* les alans de Gaston Phœbus ont fait place à des *vautres*, dogues, mâtins et *mestifs* (1).

Puis les lévriers, *qui sont vistes et hardis à prendre ce qu'on leur monstre, quelque beste que ce soit ;* grands lévriers *d'attache*, et autres moindres qu'on appelle *de compaignon*, avec de plus petits encore et plus vites pour le lièvre.

Ensuite les chiens courants et limiers.

Autres sont appellez chiens couchants pour lever et trouver les perdrix et cailles, comme *bracques* et *espaigneux, autres à gros poil* pour aller à l'eau, comme *barbetz*.

Enfin d'autres chiens vont combattre dans leurs tanières les renards et les blaireaux, comme les bassets, chiens d'Artois et *de terre* (2).

Au XVIIe et au XVIIIe siècle, on trouve à peu près les mêmes chiens, sauf les chiens de force dont on ne se sert presque plus.

Nous allons passer à l'examen de l'origine et des caractères physiques de ces diverses races.

---

(1) Le nom d'*alan* est encore employé par Clamorgan et Blaise de Vigenère, mais comme une tradition des vieux temps.

(2) *La chasse du loup*, par Jean de Clamorgan. Paris, 1576. — Blaise de Vigenère, *Commentaires sur Chalcondyle*. Paris, 1624.

§ 1. CHIENS DE FORCE.

Lors de la formation de la langue française, le nom gallo-latin de *veltrahus* ou *veltris* passa des grands lévriers (*veltres porcarii* dans la loi salique) qui coiffaient l'ours et le sanglier, à une espèce différente de chiens employés au même office. On appela *veltres*, puis *viautres* et *vautres* (1) des chiens d'une taille et d'une force prodigieuses, levrettés, mais ayant la tête carrée et de puissantes mâchoires. Vautres.

Ces terribles animaux étaient aussi connus sous le nom d'*alans* (2), qui reporte leur origine à des temps et à des climats très-éloignés. Alans.

Ce nom (en latin du moyen âge *canis alanus*) vient, en effet, des Alains, peuple du Caucase, qu'on croit être les mêmes que les Albaniens de l'antiquité. Or, les Albaniens possédaient des chiens d'une taille colossale et d'un courage à toute épreuve. Les anciens racontaient qu'un roi d'Albanie avait donné à Alexandre le Grand un chien gigantesque qui dédaignait d'attaquer les ours et les sangliers, et terrassait les lions et les éléphants (3).

---

(1) Dens de sale uns *veltres* avalat.
(Chanson de Roland.)
Mastins et gousses et grans *viaudres*.

(Mss. cité par Ducange, v° *Mastinus*.)

(2) Et non *alants* et *allants* comme l'écrivent plusieurs auteurs, croyant devoir dériver ce mot du verbe *aller*.

(3) Pline, *lib.* VIII. — Strabon parle aussi de ces chiens albaniens (*lib.* IV). — L'historiette racontée par Pline est attribuée par d'autres à un de ces chiens de l'Inde qu'on croyait issus d'un croisement entre

Au IVe siècle de notre ère, les Alains, entraînés dans ce tourbillon de peuples qui se déchaîna sur l'empire romain, envahirent la Gaule où ils se cantonnèrent quelque temps, puis passèrent en Espagne. C'est de ce dernier pays, où les grands chiens de force portent encore le nom d'*alanos*, qu'on tirait au moyen âge les alans les plus estimés (1).

Gaston Phœbus décrit trois espèces d'alans : l'*alan gentil*, l'*alan vautre* et l'*alan de boucherie.*

L'*alan gentil* était fait et *taillé droitement* comme un lévrier, sauf la tête, qui devait être grosse et courte. La couleur la plus commune et la plus estimée était le blanc, *avec aucune tache noire environ l'oreille,* les yeux *bien petits* et blancs, les narines blanches, les oreilles droites et pointues (2).

Ces chiens, naturellement *mal gracieux* et même féroces (3), étaient fort difficiles à dresser; une fois bien *duit*, l'alan gentil était le *souverain de tous les chiens.* Il prenait toute bête, courait aussi vite qu'un lévrier, et ne lâchait jamais quand il avait fait une prise (4).

---

chien et tigre. — Dans Isidore, grammairien du VIe siècle, elle est mise sur le compte d'un *alan*. Gace de la Buigne dit que ce fut le *Roi d'Alanye* qui envoya ce chien *au Roy Alexandre le grant*.

(1) M. Lavallée, dans son estimable livre sur la chasse à courre, croit à tort que le nom d'alan est venu à ces chiens, non de leur origine, mais de leur physionomie semblable à celle des Alains, dont il fait un peuple mongol. Au dire d'Ammien Marcellin, les Alains étaient blonds et d'une beauté remarquable.

(2) « Et aussi les y a faite l'en, » c'est-à-dire qu'on leur coupait les oreilles en pointe.

(3) « J'ay veu alant qui tuoit son maistre. » (Gaston Phœbus.)

(4) « Un alant de sa nature tient plus fort de sa morsure, que ne feroient trois levriers, les meilleurs qu'on puisse trouver. » (*Ibid.*)

L'*alan veautre* (ou *vautre*), plus corsé et moins vite, avait *laide taille de lévrier*, grosse tête, grosses lèvres et grandes oreilles. On employait ces chiens à chasser l'ours et le sanglier.

Incapables d'atteindre de vitesse la bête qu'ils chassent, ils la coiffent hardiment et la tiennent *tout quoy* quand elle a été jointe par des lévriers. S'ils sont tués, ce n'est *mie grande perte*, car ils sont pesants et laids.

L'*alan de boucherie* était un chien comme ceux qu'on voit *ès bonnes villes*, occupés à garder *l'hostel* ou aidant les bouchers à conduire leurs bœufs. On s'en servait aussi pour chasser l'ours et le sanglier.

L'alan gentil devait ressembler beaucoup au grand danois (*Eberhund* des Allemands) (1) employé jusqu'à nos jours en Allemagne, pour coiffer le sanglier (2).

L'alan vautre doit être le même chien que l'*alano* décrit par Alonzo Martinez de Espinar, aïeul des dogues de Cuba et de ceux qu'on voit combattre les taureaux dans les amphithéâtres espagnols (3).

---

(1) Le grand danois est un chien de très-haute taille (30 à 32 pouces anglais, 0m,75 à 0m,80), ayant le corps élancé du levrier, la grosseur du mâtin et la force du dogue. Son museau est assez long et carré, ses oreilles courtes et un peu pendantes, sa robe fauve ou d'un blanc bleuâtre, semé de taches noires (*Dict. d'Hist. nat.* de l'an XI. — Richardson). Un chien qualifié de *Boarhound*, primé à l'exposition d'Islington en 1862, avait 34 pouces anglais (0m,85) de hauteur.

(2) Voir le *Journal des chasseurs*, IVe année. — *Une chasse au sanglier dans le Mecklenbourg*.

(3) « L'*alano*, dit Espinar, est grand, il a les membres robustes, son museau est camard, son front large et droit, ses yeux sont ronds et sanglants, son regard est terrible, il a le col épais et court, sa force est telle qu'il parvient à réduire un animal aussi vaillant et aussi fé-

Ces grands chiens étaient toujours tenus muselés hors les temps de chasse, à cause de leur caractère féroce qui les rendait dangereux. On les armait de forts colliers, souvent ornés avec magnificence. Le vieux poëte anglais Chaucer décrit un Roi assis sur son trône, autour duquel sont des alans blancs, *aussi grands que taureaux*, portant des muselières bien attachées, des colliers d'or et des tourets de laisse bien travaillés (1). Dans les comptes de dépenses du roi Jean, Pierre des Livres, orfévre, reçoit 19 écus pour 4 marcs, 6 onces, 10 *estellins* d'argent, « à faire la garnison de deux grands colliers garnis de grandes pièces d'argent dorées et faites d'orbevoyes et d'esmaux sartiz à cerfs enlevés à manteaux esmaillés des armes dudit seigneur pour deux grans chiens alans (2). »

Les alans de Louis XI avaient aussi des colliers de cuir de Lombardie garnis de clous dorés de fin or et soudés d'argent (3).

---

roce que le taureau. » *La chasse à courre en France*, par M. J. Lavallée.

Sur les dogues d'Espagne et de Cuba. Voir Richardson.

(1) Au XVIIIe siècle, les grands danois et les dogues anglais, qui servaient de gardes du corps aux princes allemands et couchaient dans leur chambre (*Leib und kammer hunde*), portaient aussi des colliers d'argent et de vermeil, ornés de franges de soie et doublés de velours et de satin. (Voir les Traités allemands de Tanzer et de Fleming.)

(2) Laborde, gloss., v° *Esmail de plite*.

(3) *Archives curieuses de l'Histoire de France*, t. I. On se servait quelquefois d'alans à la guerre. Dans un manuscrit italien du XIVe siècle, conservé à la Bibliothèque impériale, il est dit que les alans qu'on veut lancer sur la cavalerie doivent être rendus féroces et mordants par leurs maîtres. — Voir le *Glossaire* de Carpentier, v° *Canis alanus* et le *Mag. pitt.*, ann. 1855, avec une figure tirée du même manuscrit représentant un alan cuirassé, portant un épieu et un pot à feu sur son dos.

Les *vautres* figuraient encore dans les meutes de sanglier au XVIe siècle, et Rabelais, parlant avec une tendre compassion de certains malades qu'il qualifie de *très-précieux*, dit que le gosier leur écume comme à un verrat que les vautres ont acculé aux toiles.

Dans le *Trésor des recherches et antiquitez gauloises et françoises* de Borel (1665), le vautre est défini « gros chien entre allan et mastin, pour chasser les ours et sangliers (1). »

Quoique portant encore le nom de *vautrait*, la meute royale pour sanglier, sous Henri IV, n'avait plus pour chiens de force que des mâtins et des dogues (qui n'étaient peut-être que les alans et les vautres du temps passé sous un nom différent). Quelques dogues continuèrent jusqu'à la révolution de faire partie de l'équipage du *vautrait*.

Les dogues commencent au XVIe siècle à être connus sous ce nom dérivé de celui que porte en anglais l'espèce canine en général (*dog*). C'était, en effet, d'Angleterre qu'à cette époque on tirait les dogues les plus estimés. Dogues.

Le gendre du maréchal de Vieilleville, ayant fait prisonnier un *millort* anglais qu'il renvoya sans ran-

(1) Dans le poëme de Claude Gauchet, il est encore question du *vaultre* ou *vaultret* pour chasser le sanglier, mais une note explique ce mot par *chien pour aboyer le sanglier*; en effet, on lit dans le texte :

Le vaultret aboyeur, d'une ferme narine,
Sur les pas du fuyant alègrement chemine,
Et conduisant la meute, assure en aboyant,
Que desjà par le bois la beste va fuyant.

çon, reçut en présent de lord Dudley, père de ce jeune seigneur, des *guilledines* (haquenées) anglaises, six lévriers avec des colliers de velours brodé d'or et 6 dogues de la meilleure race (1550) (1).

Charles IX donna, en 1572, à trois Anglais la somme considérable de *sept vingt-six* livres tournois, en considération de ce qu'ils avaient amené d'Angleterre *des dogues dudit pays*, dont la Reine Élisabeth lui faisait présent (2).

Le grand dogue anglais, ou dogue de forte race (*british mastiff*), qui est devenu très-rare, était un des plus grands et des plus puissants animaux de l'espèce. Il avait jusqu'à 38 pouces anglais ($0^m,95$) de hauteur à l'épaule. Sa couleur était généralement fauve *bringée ;* son museau, constamment noir, était court et écrasé (moins, toutefois, que celui du *bull-dog*), sa mâchoire inférieure proéminente, sa tête très-grosse et ronde, son front aplati, ses lèvres tombantes ; ses oreilles, qu'on coupait ras d'habitude, étaient pendantes à demi, et ses membres épais et robustes.

Ce chien, doué d'une force prodigieuse et très-courageux, était cependant plus docile et moins féroce que l'alan et le bull-dog (3).

---

(1) *Mémoires* du maréchal de Vieilleville, t. I, coll. Petitot.

Ils ont leurs chiens courants, leurs levriers bretons,
Leurs dogues d'Angleterre avecq leurs hoquetons.

(Claude Gauchet, *Chasse du grand vieil sanglier dans les toiles.*)

(2) Comptes de Charles IX, *Arch. cur. de l'Hist. de France,* t. VIII. — 146 liv. t. représentaient environ 657 fr. de notre monnaie.

(3) Ce dogue est figuré dans Buffon, dans le *Traité des chiens de chasse* publié par Mme Ve Bouchard-Huzard, dans le *Sportman's repository* et dans le *Manual of british rural sports* de *Stonehenge.*

« Les mastins, dit Gaston Phœbus, ont office et est leur nature de garder les bestaills et l'ostel de leur seigneur, et est bonne nature de chiens, quar ils deffendent et gardent à leur pouvoir tout quant qui est de leur seigneur ; mais vilains chiens et de vilaine taille sont. Toutes voyes y en a d'aucuns qui chassent toutes bestes, mais ils ne rechassent pas, car ils n'en sont pas de nature. » On tirait alors de bons chiens pour chasser ours, loups et sangliers d'un croisement entre mâtin et alan, ou entre mâtin et lévrier. Mâtins.

Dès le règne de Charles VI, on trouve des mâtins parmi les chiens des équipages royaux et princiers. Ce Roi en empruntait parfois pour chasser le sanglier. Son frère Louis d'Orléans en avait pour la garde de sa personne, qui étaient qualifiés de *mastins de la chambre de monseigneur* (1).

Sous Louis XIII et Louis XIV, les officiers du vautrait royal allaient dans les fermes *faire élection* de *jeunes, grands et beaux mâtins* pour chasser le sanglier. On en prenait jusqu'à cinquante, *à cause de la grande diminution* qui s'en faisait lorsqu'on attaquait de vieux sangliers, et l'on leur adjoignait *demi-douzaine de chiens bastards*, engendrés de chiens courants et mâtines ; pour acharner tous ces mâtins on leur faisait courre et tuer un âne d'un an ou de dix-huit mois, et l'on leur en faisait curée (2).

Le grand prieur de Champagne, du temps de

---

(1) Comptes de Jehan de Courguilleroy. — *Louis et Charles, ducs d'Orléans*, par M. Champollion-Figeac.

(2) Salnove.

Louis XIII, était curieux de ramasser les mâtins les plus furieux de la Romagne où il demeurait, « ils alloient couplez comme nos chiens d'oyseau ; en fin ces chiens estoient pour le servir au sanglier, au loup et à toute grosse chasse. »

Un jour, deux pauvres religieux passent dans un bois où il chassait. Un chien donne de la voix, les gens du grand prieur qui tenaient en laisse six de ces *gros mastins*, les découplent, croyant que c'était un loup ou un sanglier. Les chiens se jettent sur les malheureux moines ; le plus jeune grimpe sur un arbre, mais l'autre est terrassé par les mâtins qui le mettent en pièces, *dont la plus grosse ne paroissoit pas le tiers d'un bras* (1).

Il serait assez difficile de déterminer exactement les caractères physiques du mâtin, qui était de race très-mêlée. Il y en avait à poil ras et d'autres à poil rude. En général, c'étaient des chiens grands, vigoureux et assez légers, ayant la tête longue, le museau pointu, le front aplati et les oreilles à demi pendantes (2).

Les *mestifs*, chiens croisés de lévrier et de vautre, ou de dogue, étaient aussi employés dans la chasse au sanglier (3).

Chiens-loups des Abruzzes.

Sous Louis XV, le chevalier Antoine, ce fameux louvetier qui tua la bête du Gévaudan, avait introduit dans l'équipage de la louveterie des chiens *d'une su-*

---

(1) D'Arcussia, *convy des fauconniers.*

(2) *Traité des chiens de chasse.*

(3) Claude Gauchet. — C'est de ce mot de *mestif* qu'est probablement venu l'anglais *mastiff.*

perbe espèce, qu'on peut voir admirablement peints dans un tableau d'Oudry, représentant la prise du grand loup de Versailles (1). Ces chiens, qui étaient venus du royaume de Naples, appartenaient à la fameuse race des chiens-loups des Abruzzes, mâtins énormes, au poil blanc et épais, marqué de fauve, aux oreilles demi-tombantes, à la queue en panache qu'ils portent recourbée sur le rein (2). Les chiens de berger des Pyrénées françaises et espagnoles ont le plus grand rapport avec ces chiens des Abruzzes, mais je ne sache pas qu'on les ait jamais dressés pour la chasse.

On pourrait fort bien compter encore au nombre des chiens de force les grands lévriers d'attache, si leur conformation ne les rattachait trop étroitement au groupe dont nous allons nous occuper.

§ 2. LÉVRIERS.

Il n'est pas de race de chiens qui ait été employée à plus d'usages divers que celle des lévriers au moyen âge. On leur faisait chasser toute espèce d'animaux, depuis le cerf jusqu'au lapin; même dans les chasses au vol, quand les faucons avaient abattu de grands oiseaux comme la grue, le héron et l'outarde, des lé-

(1) Musée du Louvre, n° 587. — (*Livret du Musée du Louvre* par M. Villot.) — En 1765, cette race n'existait plus dans les équipages du Roi.

(2) Livret de l'exposition de 1746. — Lettre écrite de Versailles à Fréron, le 18 juin 1765 (sur la bête du Gévaudan). — Richardson. D'après ce dernier, les chiens des Abbruzzes ont 29 à 30 pouces anglais de hauteur à l'épaule (72 à 75 c.).

vriers étaient mis en réquisition « pour avoir secours au faucon (1). »

Suivant leur taille et leur emploi, les lévriers étaient classés en *lévriers d'attache* ou *d'attaque*, *lévriers pour lièvre* et *levrons*. Ils étaient qualifiés de *lévriers nobles*, quand ils avaient la tête fine et allongée, l'encolure longue et déliée, le râble large et bien fait; de *lévriers harpés* quand ils avaient les devants et les côtés fort ovales, et peu de ventre ; de *lévriers gigottés* quand leurs gigots étaient courts et épais, et les *os* des hanches éloignés; de *lévriers ouvrés* quand ils avaient le palais marqué de grandes ondes noires, ce qui était considéré comme un signe de vigueur et de race (2).

Lévriers d'attache.

Les lévriers de forte taille, destinés à coiffer le sanglier, le loup et autres grands animaux, portaient le nom de *lévriers d'attache*. Dans les équipages de chasse, ils étaient divisés en *lévriers d'estric*, *lévriers de flanc* ou *de compagnon*, et *lévriers de tête*.

Les premiers étaient découplés sur les talons de la bête; dès qu'elle était entrée dans l'*accourre*, les *lévriers de compagnon* l'attaquaient en flanc, et les *lévriers de tête* lui barraient le passage. Ces derniers étaient choisis parmi les plus grands et les plus robustes.

On prenait, pour chasser le loup, les plus vites et les plus *déchargés* des lévriers d'attache. Les *gros lévriers doguistes* étaient réservés pour le sanglier (3).

Les lévriers d'attache étaient généralement à *gros*

(1) Gace de la Buigne.
(2) *Dictionnaire de Trévoux*, v° *Lévriers*.
(3) Salnove.

poil, gris tisonnés, noirs ou *rouges vifs*. Considérés comme moins beaux que les lévriers à poil ras, ils étaient plus durs à la fatigue et moins sensibles aux intempéries des saisons.

Ces lévriers devaient avoir la tête un peu plus longue que large, l'œil gros et plein de feu, le col long, signe de vitesse, les épaules *déchargées*, les reins hauts et larges, les hanches fortes et bien *gigottées*, le jarret droit, la jambe sèche et nerveuse, le pied petit et les ongles gros (1).

Les meilleurs levriers d'attache venaient de Bretagne, d'Irlande, d'Écosse (2) et du nord de l'Europe (3).

Salnove dit que les plus excellents pour loup qu'il ait vus dans la vénerie du Roi étaient venus de Bretagne, et donnés par monseigneur le duc de Montbazon (4).

Les lévriers d'Irlande passaient pour les plus beaux et les plus grands de toute l'Europe (5). Buffon dit en avoir vu un, tout blanc, qui lui parut avoir, étant assis, près de 5 pieds de hauteur (6) ; il ressemblait

(1) Salnove.

(2) Les lévriers d'attache de la meute royale entretenue dans les Pays-Bas venaient d'Angleterre (peut-être d'Irlande) (Galesloot).

(3) « Je vous envoye quelques bestes sauvages, comme deux *eslams* (élans), aussi des peaux de semblables eslams avec certains chiens lévriers, tant de Russie que de ce pays de *Dace* (Danemark). » Lettre de Christiern II à François Ier, citée dans le *Dictionnaire* de Littré, v° *Élan*.

(4) « Chascun sçait et a veu que mes levriers (pour loup) ne sont de ces grands que l'on voit à la cour *en* (lisez : *de*) Bretagne » (Clamorgan).

(5) Sélincourt.

(6) 2m,92, probablement en le mesurant le long de l'échine.

pour la forme à un grand danois, mais en différait beaucoup par l'énormité de sa taille (1).

Goldsmith affirme qu'il en a vu plus d'une douzaine; le plus grand avait 4 pieds anglais de hauteur (1^{m},22), et sa taille égalait celle d'un veau d'un an.

Les lévriers de sir W. Betham, à qui ce gentleman permettait l'entrée de sa salle à manger, passaient leur tête par-dessus les épaules des convives assis à table (2).

A en juger d'après la grandeur proportionnelle de certains crânes découverts en Irlande, les chiens auxquels ils ont appartenu pouvaient avoir de 36 à 40 pouces anglais (0^{m},91 à 1^{m},01) de hauteur à l'épaule.

En Irlande, où les loups n'ont disparu qu'au milieu du XVIIIe siècle, on donnait à ces chiens, employés à les combattre, le nom de *wolf-dogs*. Ils avaient le poil rude, un peu frisé, et communément de couleur gris de fer (3). Cette superbe race, déjà très-rare au siècle dernier, a complétement cessé d'exister depuis plusieurs années (4).

Les lévriers des *highlands* d'Écosse ressemblaient

---

(1) *Histoire naturelle du chien.*

(2) Le Dr Richardson suppose avec beaucoup de vraisemblance que le lévrier de Goldsmith avait 4 pieds de hauteur *à la tête* et que ceux de sir W. Betham, pour passer leur tête par-dessus l'épaule des convives, posaient leurs pattes de devant sur le dossier des chaises.

(3) Richardson.

(4) On trouve le lévrier d'Irlande représenté dans l'œuvre de Ridinger, dans Richardson et dans le *Sportsman's repository*. Le lévrier qui figure dans le tableau d'Oudry déjà cité (la chasse au loup), est désigné par le livret de 1746 comme un lévrier d'Irlande. Mais il est loin d'atteindre les proportions gigantesques des chiens dont nous venons de parler.

beaucoup à ceux d'Irlande. Seulement leur taille était moins élevée et leurs membres plus grêles (1).

Lévriers pour lièvre.

Les lévriers pour lièvre étaient considérés comme les plus nobles de tous. Plus petits et plus sveltes que les précédents, ils étaient tous à poil ras et de couleurs diverses, comme noirs, fauves ou blancs. Ces derniers étaient les plus estimés au moyen âge (2).

Gace de la Buigne, dans son livre *des Déduits*, nous donne en ces termes la *devise du bel levrier :*

Museau de loup avoit sans faille (faute)
Arpe (flanc) de lyon, col de cine (cygne)
Encore y avoit autre signe,
Car il avoit œil d'esparvier
Et tout blanc estoit le levrier,
Oreille de serpent avoit
Qui sur la teste luy gisoit,
Espaule de chevreau sauvaige
Coste de biche de boscaige,
L'ongle de cerf, queue de rat
Cuisse de lièvre et pied de chat.

Gaston Phœbus, qui n'a guère fait que paraphraser en prose les vers de Gace, ajoute que le lévrier doit avoir *longue tête et assez grosse, en forme de luz* (3), bons crocs et bonnes dents *endroit l'une de l'autre*, les jarrets droits et non pas courbes *comme un bœuf*, et les

---

(1) Richardson. — Ces lévriers, autrefois en usage dans leur pays natal pour prendre et porter bas les cerfs, et nommés par cette raison *deerhounds*, sont encore très-estimés dans la Grande-Bretagne ; on les voit représentés dans plusieurs des plus belles toiles de sir Edwin Landseer.

(2) Voir *Louis et Charles, ducs d'Orléans*, et Gace de la Buigne.

(3) Brochet, en latin *lucius*.

deux os de l'échine derrière, larges de *pleine paume ou plus* (1).

Ces élégants animaux étaient les favoris et les inséparables compagnons des seigneurs et des nobles dames du moyen âge. Ornés de colliers somptueux et de caparaçons blasonnés, ils couchaient sur le lit des princes et les suivaient dans tous leurs voyages (2). Les gentilshommes du Barrois, voulant former une confrérie chevaleresque, dans le but de s'aimer et de se soutenir les uns les autres, prirent pour leur emblème un lévrier ayant un collier où étaient écrits les mots *Tous un* (3).

On prisait sur tous, pour la chasse du lièvre, les lévriers de Bretagne, de Picardie et de Champagne; ceux d'Angleterre, d'Espagne, de Portugal et du Levant.

Gaston Phœbus, les comptes de dépense des ducs d'Orléans et Philippe de Commines témoignent de la grande réputation dont jouissaient, au XIVe et au XVe siècle, les lévriers bretons; ceux qui chassaient le lièvre, comme les lévriers d'attache.

---

(1) Voir aussi *La chasse du lièvre avecques les lévriers*, par Habert, MDXCIX :

> Son corps soit grand et fort, le dos un peu voûté
> Longue teste et long col, l'œil vif, plain de clarté
> La gueule bien fendüe et large la poictrine
> Bien rablé, bien ouvert des deux os de l'échine, etc.

(2) « Au varlet qui garde le lévrier de Monseigneur le duc pour les despences de lui et dudit lévrier, pour venir à l'aise du Pont-Saint-Esperit à Paris, X escus. » (*Louis et Charles, ducs d'Orléans*, IIe P.)

(3) *Dictionnaire de Trévoux*, v[o] *Lévrier*. — Cet ordre du lévrier fut fondé en 1446.

La chasse du lièvre avec les lévriers, de Habert (MDXCIX), loue les lévriers de Picardie et ceux de Champagne, *qui vont comme le vent*.

Dans les comptes de la vénerie de Henri IV, les lévriers pour chasser le lièvre sont indiqués comme ayant été amenés de Champagne ; depuis ce temps, c'est toujours sous le nom de *levriers de Champagne*, qu'ils figurent dans les équipages royaux (1).

« En France, dit Sélincourt, les provinces où sont les meilleurs levriers sont en Champagne et en Picardie, parce qu'en ces provinces ce sont toutes grandes campagnes, où même en divers endroits les lièvres sont plus longs que tous les autres, en quelque endroit que ce soit, et qu'ils ont des vigueurs pour se défendre qui obligent de tenir des lévriers de plus grande race, d'une extrême vitesse et de très-grande haleine. »

Les lévriers d'Angleterre étaient en renom dès le XIVe siècle. Dans Froissart, le duc de Lancastre envoie en présent au roi de Portugal six lévriers d'Angleterre, *très-bons pour toute beste*. Louis XI en recevait aussi en présent de lord Hastings, et le maréchal de Vieilleville de lord Dudley, en 1550.

« Les Anglois, dit Sélincourt, surpassent tous les chasseurs en curiosités de races et nourritures de lévriers et de toutes sortes de chiens. »

On faisait également grand cas des lévriers d'Espagne (2), et surtout de ceux de Portugal. Ces derniers étaient de deux sortes : les uns, destinés à chasser en

(1) Pièces justificatives, t. Ier. — *États de la France*.

(2) Espinar décrit ainsi le lévrier espagnol (*galgo*) : tête petite, oreilles

plaine, étaient *estimés aussi vites qu'aucuns qui soient en Europe*.

Ceux qui chassaient dans les montagnes étaient des lévriers *courts*, râblés et gigottés, *fort plain-saultiers* et d'une vitesse extrême (1).

Les Turcs avaient aussi des lévriers *merveilleux* élevés dans les grandes plaines de la Thrace (2).

« Les marques qui plaisent le plus aux Turcs ès-lévriers, dit Blaise de Vigenère, sont une chère (figure, *cara* en espagnol) morne et mélancholique, tenans la queüe serrée entre les jambes, longue et déliée à guise d'un rat, ou plus tost d'un lion, bouquetée à l'extrémité ; la patte longuette, la crouppe large, l'entre deux du train de derrière fort bien ouvert, comme aussi la harpeure, venant à se retroissir par le flanc, le museau pointu et le poil raz et lisse, toutes lesquelles cognoissances nous approuvons à peu près ès-nostres (3). »

Sous Louis XIII et Louis XIV, ainsi que sous Louis XV, les lévriers étant devenus rares dans notre pays, on en tirait pour le Roi de Constantinople et des autres endroits du Levant (4).

Dans une lettre écrite au Roi Charles IX, par Pierre Bon, consul de Marseille, on voit que le Roi d'Alger envoie à ce prince des chevaux et juments barbes, des

---

minces, corps, col et museau longs, yeux grands, poitrail large, reins charnus, flanc harpé, jambes hautes et déliées, muscles ronds et durs, queue longue et fine.

On se sert encore beaucoup en Espagne de ces lévriers.

(1) Sélincourt.

(2) *Ibid.*

(3) *Commentaires sur Chalcondyle*. Paris, 1612.

(4) Sélincourt. — D'Arcussia. — Buffon.

lions, des ours et des lévriers fauves (1). Ces lévriers étaient de ces fameux *slouguis*, dont les chefs arabes ont conservé la race et qu'ils emploient à courre le chacal, la gazelle et l'antilope (2).

« On appelle aussi levriers, dit Sélincourt, des levrons d'Angleterre qui chassent aux lapins. » Levrons.

Ces charmantes petites bêtes, que nous nommons *levrettes* (3), paraissent avoir été importées d'Italie en Angleterre. On ne les connaît encore dans ce pays que sous le nom de lévriers italiens, *italian greyhounds*. On avait aussi en France des *levrons* espagnols et portugais, mais les plus beaux étaient les anglais, *que la nature semblait avoir faits autant pour le plaisir de la vue que pour la chasse* (4).

Dans le midi de la France et dans la Péninsule ibérique on se servait, de plus, de certains lévriers *mestifs* qu'on appelait *charnègres* ou *charnaigres* (5). Charnègres.

Les charnègres qu'on trouvait en Provence, selon Quiqueran de Beaujeu, mais qu'on méconnaissait dans le reste du royaume, quoiqu'ils existassent aussi en Espagne, avaient le poil d'un blanc sale, le corps effilé et médiocrement grand, les oreilles longues et droites et l'ouïe très-fine; mais ce qui les distin-

(1) C'est ainsi, je suppose, qu'il faut lire les mots *lévriers faulans*. (Voir le *Livre du Roy Charles*, introduction.)

(2) *Bekeur el Houache, antilope bubalis.* — Voir les ouvrages de M. le général Daumas.

(3) Au XVIIIe siècle, le mot *levrette* s'appliquait à tous les lévriers femelles, quelle que fût leur taille. La femelle du petit lévrier ou *levron* se nommait *levriche*. (*Dictionnaire de Trévoux*.)

(4) Sélincourt.

(5) Probablement des mots espagnols *cara negra*, face noire.

guait des autres chiens, c'est qu'ils chassaient très-bien la nuit; si on les employait à chasser le jour, ils perdaient bientôt leur nez (1).

Sélincourt parle aussi des *charnègres*, mais sans leur attribuer cette propriété singulière. D'après lui, ils sont issus d'un croisement entre lévrier et chien courant; ces chiens sont très-vites, très-vigoureux et *rident* naturellement (2). « Or ces lévriers sont dispos, de telle sorte, qu'ils ne vont qu'en bondissant quand ils poursuivent un gibier, et se secourent les uns les autres à droite et à gauche, de telle vigueur, qu'ils enveloppent le gibier qu'ils chassent, le prennent et le rapportent. » Ils étaient surtout excellents pour chasser dans des pays incultes et couverts de broussailles, comme il s'en trouve beaucoup en Provence et en Espagne (3).

Il existe encore des charnègres dans la Camargue, où l'on s'en sert pour chasser le renard, le lièvre et même la perdrix rouge qu'ils forcent à la course.

Quelques chasseurs du département de l'Hérault avaient, il y a peu d'années, des chiens, dits de *Majorque*, semblables à des lévriers, mais plus épais de membres, ayant les oreilles longues et droites, le poil ras, fauve sur le corps et blanc sur les jambes et le museau. Ces chiens, qui avaient du nez, prenaient le lapin de vitesse, le marquaient à l'entrée du terrier et chassaient de nuit, sont évidemment des *charnègres* (4).

---

(1) *De laudibus Provinciæ*, cité par Legrand d'Aussy, t. I.

(2) « *Rider*, en termes de chasse, se dit lorsqu'un chien suit la piste d'une bête sans crier. » (*Dictionnaire de Trévoux*.)

(3) Sélincourt.

(4) Voir le *Journal des chasseurs*, 10e année. — Lorsque la chasse

§ 3. CHIENS COURANTS.

Nous comprenons sous le nom de chiens courants tous ceux qui chassent à voix sur une piste. On peut diviser cette nombreuse catégorie de chiens en deux classes : les chiens d'ordre qui servent à la grande vénerie (1), et les chiens employés dans les petites chasses, comme les *brachets* du moyen âge, les briquets des temps modernes, les bassets et les terriers.

1° Chiens d'ordre.

Nos aïeux ont commencé de bonne heure à introduire des chiens étrangers dans leurs meutes (2). Cependant les races françaises y ont dominé jusqu'au XVIIIe siècle. Sous ce nom, nous rangeons, outre les races réellement aborigènes celles dont l'importation est fort ancienne, et dont le sang s'est mêlé avec le sang indigène depuis de nombreuses générations (3). Chiens d'ordre français.

---

aux lévriers fut interdite par la loi du 3 mai 1844, un procès fut intenté devant le tribunal de Béziers aux propriétaires de chiens majorquins que le ministère public voulait assimiler à la race prohibée. Le tribunal prononça en faveur des majorquins. J'ignore si cette jurisprudence a été maintenue et si on chasse encore avec ces chiens.

(1) En y comprenant, malgré leur mutisme obligé, les limiers qui sortent de la même souche.

(2) Selon Gace de la Buigne, les meutes du Roi Jean étaient composées

. . . . de ces sages chiens d'Allemagne
Et de ces bons chiens de Bretagne.

(3) Du Fouilloux veut que les premiers chiens courants aient été amenés dans les Gaules par Brutus, fils d'Ascagne et petit-fils d'Æneas, qui passait dans nos vieux romans pour avoir donné son nom à la Bretagne.

Dans son consciencieux travail sur les chiens français, M. Le Couteulx en compte douze races types et originelles, connues depuis des siècles et dont la plupart ont existé jusqu'à la révolution (1). Ce sont :

Les quatre races dites *Royales* parce qu'elles composaient exclusivement les équipages de cerf de nos Rois : chiens de Saint-Hubert, chiens blancs du Roi, chiens fauves de Bretagne et chiens gris de Saint-Louis.

Les chiens de Bresse,

Les griffons vendéens,

Les chiens de Gascogne,

Les chiens normands,

Les chiens de Saintonge,

Les chiens du Poitou,

Les chiens Céris,

Les chiens d'Artois (2).

Il est à peu près impossible de remonter aujourd'hui à l'origine de ces races, origine qui, en général, se perd dans la nuit des temps.

En décrivant chacune d'elles, nous exposerons les quelques conjectures que nous avons pu former sur ce sujet difficile (3). Nous nous bornerons, pour l'in-

---

(1) *Vénerie française*.

(2) M. Le Couteulx joint à ces douze races les chiens bleus, dits *foudras*, qui ne datent que du XVIIIe siècle, et qui, issus d'un croisement bien connu, ne nous paraissent pas devoir figurer parmi les races primitives.

(3) Le *Roy Modus* et Gaston Phœbus distinguent trois *manières* de chiens sages, les chiens *bauds*, les chiens *ferbaulz* ou *bauds muz*, et les chiens *bauds restifz*. Ces épithètes indiquent, non pas des races différentes, mais les aptitudes et la manière de chasser des chiens, sans acception de leurs caractères physiques. Le terme de *bauds* marque que ces chiens étaient *bauds et liés*, c'est-à-dire gais et bien requé-

stant, à dire que les chiens de Saint-Hubert et de Bresse semblent pouvoir dater leur généalogie de l'époque gauloise, que les chiens gris et une partie de ceux du Poitou étaient d'origine étrangère, enfin que les chiens gascons sont issus de croisements entre d'autres races primitives.

Chiens de Saint-Hubert.

Les chiens de Saint-Hubert, renommés dès le XIIIe siècle sous le nom de *chiens de Flandre* (1), étaient divisés en deux sous-races, l'une blanche et l'autre noire. Ils paraissent descendus de ces fameux chiens belges dont nous avons parlé d'après Silius Italicus. Ils étaient, en effet, originaires des mêmes contrées et fournissaient d'excellents limiers pour détourner le sanglier comme les chiens belges du poëte latin.

Les plus estimés étaient les noirs.

Ces *chiens noirs anciens*, dont les abbés de Saint-Hubert en Ardennes avaient *toujours gardé la race en l'honneur et mémoire du saint qui estoit veneur avec saint Eustache* (2), étaient de *moyenne stature*, longs de corsage et bas sur jambes; ceux de race pure étaient *quatruillés* de rouge (3) avec les jambes de la même cou-

---

rants. Les *ferbaulz* étaient aussi nommés *cerfs bauds muz* parce qu'ils ne chassaient que le *cerf* et restaient *muets* quand la bête de meute était accompagnée du change. Les *chiens baulz rétifs*, ou *cerfs bauds restifz* demeuraient cois lorsque le change était sur pied.

(1) *Proverbes du* XIIIe *siècle*, publiés par Crapelet. — Sur les chiens courants flamands au XVIIe siècle, voir Vlit, *Venatio novantiqua*.

(2) A Germain le Veneur, la somme de 60 liv. t. 10 sols pour ses peines et salaires d'avoir conduict et amené du lieu de Saint-Hubert à Paris certains chiens courans dont il a faict présent audict seigneur de la part de l'abbé dudict Saint-Hubert. — Comptes de François Ier, 27 février 1528.

(3) Ce mot écrit *catruillez* dans Phœbus, et ailleurs *catrouillez* et

leur, sans avoir de poils blancs ailleurs qu'au poitrail (1).

Ils étaient lents, *chassant de forlonge*, et *par le menu*, de haut nez et très-collés à la voie. Leur manque de vitesse leur faisait préférer la chasse des *bêtes puantes*, comme sangliers, blaireaux et *leurs semblables*; ils ne craignaient ni l'eau ni la froidure.

Charles IX dit que cette race de chiens ne valait rien pour le cerf. Lorsque le change bondissait, ils restaient tout étonnés à la queue des chevaux et des piqueurs, ne chassant plus *ni le change ni le droit*; en somme, ajoute-t-il, ils sont bons pour gens *qui ont les gouttes* et non pour ceux qui font métier d'abréger la vie du cerf (2).

On en tirait de fort bons limiers principalement *pour le noir* (3), les chiens que les abbés de Saint-Hubert envoyaient tous les ans au Roi étaient ordinairement affectés à ce service et ont fourni de bons limiers à la Vénerie royale jusqu'en 1789 (4).

Des Ardennes, les chiens de Saint-Hubert se répandirent en Hainaut, en Flandre, en Lorraine et en

---

quatruillez, vient de *quatre œils* et veut dire qu'ils avaient des marques de feu au-dessus des yeux.

(1) Du temps de du Fouilloux la race était déjà mêlée et il y en avait de tout poil.

(2) Charles IX et du Fouilloux ne sont pas d'accord sur les caractères distinctifs des chiens noirs de Saint-Hubert, que ce dernier décrit comme *puissants de corsage*. Nous avons cru devoir préférer la description donnée par le Roi qui les connaissait d'expérience personnelle.

(3) Du Fouilloux.—Charles IX dit également qu'il les trouve « meilleurs à la main que hors du couple. »

(4) D'Yauville.

Bourgogne, et de là jusque dans nos provinces méridionales. Le chien courant que décrit Gaston Phœbus, à en juger par son *grand et gros corps*, porté sur des jambes grosses et droites mais *non pas trop hautes*, et par son poil noir *catruillé*, paraît être descendu en ligne directe du chien noir de Saint-Hubert (1).

A partir du XVIe siècle, ces chiens ne tiennent plus qu'une place très-secondaire dans les équipages royaux ; mais il en existait encore des meutes entières du temps de Salnove chez quelques grands seigneurs. Il cite, entre autres, celles du cardinal de Guise et du marquis de Souvré (2). A la fin du règne de Louis XIV on n'en voyait plus que chez quelques gentilshommes du nord de la France, qui les préféraient à tous autres chiens parce qu'ils chassaient toute espèce de bêtes (3).

La race des chiens de Saint-Hubert était devenue fort rare dans notre pays et avait beaucoup dégénéré dès l'époque où écrivait d'Yauville. Elle peut être considérée aujourd'hui comme éteinte sur le continent, mais elle semble s'être conservée pure en Angleterre dans les *bloodhounds* noirs dont nous reparlerons plus loin (4).

---

(1) Les chiens courants envoyés en présent au duc d'Orléans par le comte de Namur (1394) devaient être de cette race. (Voir *Louis et Charles, ducs d'Orléans.*)

(2) La race des chiens noirs paraît avoir été profondément modifiée à cette époque. Salnove leur attribue une grande vitesse et une ardeur excessive.

(3) Gaffet de la Briffardière.

(4) Dans les Ardennes françaises et belges, il existe encore quelques

Chiens blancs dits bauds et greffiers.

Au XVe siècle, il existait une race de chiens blancs de Saint-Hubert, moins estimés des gentilshommes que les noirs, parce qu'ils ne voulaient chasser que le cerf. Il advint un jour qu'un pauvre gentilhomme s'avisa d'offrir un de ces chiens nommé *Souillard* au Roi Louis XI, qui n'en tint compte, parce qu'il ne ne faisait cas que des chiens gris. Gaston du Lyon, sénéchal de Toulouse, qui se trouvait près du Roi, lui demanda ce chien pour en faire présent à la plus sage dame de son royaume, Madame de Beaujeu (1); « Je vous reprends, répondit le Roi, sur ce point de l'avoir nommée la plus sage, mais dites moins folle que les autres, car de sage femme n'y en a point au monde. »

A la suite de ce propos peu galant, Souillard fut donné au sénéchal Gaston, mais Jacques de Brézé, grand sénéchal de Normandie, qui était à la tête des équipages de chasse de Madame de Beaujeu, importuna si fort son collègue, qu'il réussit à en obtenir ce chien. C'était le fameux Souillard, *le blanc et le beau chien courant*.

De *son* temps, le meilleur et le mieux pourchassant

dont le grand sénéchal de Normandie écrivit plus tard l'éloge (2).

L'année d'après, on fit couvrir à ce chien une bra-

---

chiens plus ou moins dégénérés qui passent pour descendre de cette race.

(1) La célèbre chasseresse, Anne de Bourbon, fille de Louis XI.

(2) *Les dits du bon chien Souillard qui fut au Roy Loys de France, XIe de ce nom.*

que d'Italie qui était à un secrétaire du Roi *qu'en ce temps-là on nommait greffier* (1).

Le premier chien qui sortit de cette union était tout blanc, hormis une tache fauve qu'il avait sur l'épaule. Ce chien fut nommé *greffier* à cause du maître de sa mère. Il était si excellent, *qu'il se sauvait peu de cerfs devant lui*, et des treize petits qu'il eut, *aussi bons et excellents* que lui, sortit l'illustre race des chiens greffiers qui était *toute en estre* à l'avénement de François Ier (2).

Ce Roi, trouvant que les greffiers manquaient un peu de taille et d'étoffe, les *renforça* par un chien fauve nommé Miraud, qui lui avait été donné par l'amiral d'Annebault. Henri II modifia encore cette race en la croisant avec un chien blanc nommé Barraud, offert par la Reine d'Ecosse Marie de Guise (3).

De tous ces croisements successifs résulta une race de chiens plus forts que les premiers greffiers,

---

(1) Charles IX dit que cette union eut lieu sous Louis XII. Il faut évidemment lire Louis XI ou Charles VIII. — M. Pichon croit que ce greffier était Jehan Robertet, secrétaire du Roi, *greffier* de l'ordre de Saint-Michel et ami de Jacques de Brézé.

(2) Il est fort difficile de débrouiller cette généalogie des chiens greffiers que Charles IX et du Fouilloux donnent d'une manière différente. Nous avons cherché de notre mieux à concilier ces deux versions en nous rapprochant, le plus possible, de celle du Roi, qui devait être le mieux informé; la version de du Fouilloux est remplie d'erreurs graves qui ont été signalées par M. J. Lavallée dans sa *Chasse à courre*, et par M. le baron Pichon, dans l'excellente introduction qui précède son édition de la *Chasse du grand sénéchal* et des *Ditz du bon Souillard.*

(3) Brantôme dit également que Henri II avait *mis au monde* une nouvelle race de chiens blancs *plus roydes*, mais moins *asseurez* que les gris (*grands capitaines françois*), c'étaient probablement les chiens *de la Loue*, dont il va être parlé.

bons par excellence et dont *on ne pouvait dire assez de bien.*

Les chiens greffiers étaient, dit Charles IX, de vrais chiens de Roi. On n'admettait dans les meutes royales que ceux qui étaient tout blancs ou marquetés de fauve (1). *Grands comme lévriers*, ils avaient *la tête aussi belle que les braques*. Ils chassaient admirablement le cerf qu'ils préféraient à toute autre bête ; on ne voyait guère de chiens de cette race, quelque jeunes qu'ils fussent, *courre autre chose que le droit*, et, quand le change venait à bondir, c'était alors qu'ils *se glorifiaient en leur chasser* (2). Ces chiens *forcenans* et *requérans* portaient toujours la queue sur le rein et ne laissaient de chasser *pour chaleur qui pût être*. Leur docilité était merveilleuse (3). Ils battaient raisonnablement les eaux en été, mais les craignaient en hiver à cause d'un *trait de beauté* qui les plaçait au-dessus des autres races, ayant le poil plus ras et la peau plus fine (4).

---

(1) Il en naissait beaucoup qui étaient marquetés de noir et de gris sale, *tirant sur le bureau* (couleur de bure), ceux-là étaient de peu de valeur (du Fouilloux). Il est permis de supposer que la belle race blanche et noire de Saintonge a pour aïeux quelques *greffiers* rejetés des équipages royaux à cause de leur robe.

(2) Salnove dit avoir vu ces chiens à Saint-Germain, à Fontainebleau et à Monceaux *maintenir* leur cerf au milieu de cinq ou six cents autres.

(3) « Pour donner une preuve entière de leur sagesse, je diray avec vérité que j'en ay veu plusieurs années jusques au nombre de trente, découplez au laissé courre, n'y ayant qu'un seul valet de chiens devant eux qui tenoit deux houssines en ses mains... qui, pourtant, ne passoient pas que le valet des chiens ne se fust détourné à droict et à gauche, et qu'il n'eust laissé tomber ses houssines à terre. » (Salnove.)

(4) La *Chasse royale*, — du Fouilloux, — Salnove. — Nos Roys en-

Pendant tout le XVIe et la plus grande partie du XVIIe siècle, les chiens greffiers composèrent exclusivement les meutes royales pour cerf, ainsi que celles des princes et des grands seigneurs (1).

Mais, sur la fin du règne de Louis XIV, cette belle race, comme la plupart de nos races françaises, n'existait plus à l'état de pureté, et l'on prenait, pour courre le cerf, les chiens blancs de la plus haute taille qu'on pût trouver dans les races mêlées (2).

Des chiens greffiers plus ou moins croisés descendent les chiens vendéens, qui ont conservé une grande partie de leurs qualités, mais dont la race elle-même, modifiée par de nouveaux croisements, est devenue très-rare à l'état pur (3).

Chiens gris de Saint-Louis.

Les chiens gris, qui passaient pour avoir été ramenés d'Orient par saint Louis, ainsi que nous l'avons dit précédemment, composèrent les meutes royales jusqu'à l'époque où se forma la race des greffiers. Louis XI en faisait un cas exclusif. Le bon chien *Relay*, qui eut l'honneur de voir l'histoire de ses hauts faits rédigée par Louis XII, appartenait à cette race (4).

---

voyaient parfois en présent aux souverains étrangers des chiens de cette race si renommée. François Ier, en 1538, donna une meute de chiens blancs à Marie de Hongrie, sœur de Charles V.

(1) Gaffet de la Briffardière cite particulièrement les chiens blancs du duc de Vendôme et ceux du duc d'Elbeuf.

(2) Sélincourt.

(3) On peut supposer que les beaux chiens de bronze de Jean Goujon conservés au Louvre avec la statue de Diane de Poitiers sont des chiens greffiers. Les *grands chiens blancs du Roi* sont représentés dans plusieurs tableaux de Desportes.

(4) *Épitaphe du bon Relay qui vient de la race des chiens gris dont*

Abandonnés au XVIe siècle par nos Rois, qui n'en conservèrent plus qu'un petit nombre pour la chasse du lièvre, ils restèrent en estime chez les princes, et surtout chez les gentilshommes qui leur faisaient faire *plusieurs métiers*.

Les ducs de Bourgogne avaient eu des meutes de chiens gris au XVe siècle; au XVIe, les ducs d'Alençon et de Guise en possédaient encore. Le comte de Soissons (1), compagnon de guerre et de chasse de Henri IV, eut la dernière meute pour cerf composée de chiens gris (2). Il est encore fait mention de ces chiens dans les livres de Jehan du Bec, de Salnove, de Sélincourt et de Gaffet de la Briffardière.

C'étaient de grands chiens, *hauts sur jambes et d'oreilles*, ayant l'échine large et forte, le jarret droit et le pied bien formé. Ceux qui étaient de pure race avaient le poil gris-noirâtre sur le dos et de couleur de lièvre sur le reste du corps, avec les jambes *cannelées* et ondées de rouge et de noir; ils étaient souvent *quatrœillés* de rouge ou de noir (3). Les gris argentés

---

la vénerie appartenoit au duc de Bourgogne. — (Dans la *Muse chasseresse*, Paris, 1611.)

Cette pièce commence ainsi :

> Les chiens gris, longtemps a, cest honneur ont acquis
> Entre les chiens courans d'estre bons et exquis,
> Et qui ont, après eux, laissez de race en race,
> Dignes successeurs d'eux, héritiers de leur grace.

(1) Charles de Bourbon, mort en 1612.

(2) Salnove. — Les chiens gris paraissent s'être fondus avec la race normande.

(3) Mon poil qui estoit gris tiroit fort sur le brun
Qui de la vieille race est le poil plus commun
J'avois le dos rôblé, jarret droict, jambes souples.
(*Épit. de Relay.*)

Jehan du Bec dit que les chiens gris ont la queue grosse et le poil

à jambes fauves étaient moins estimés que les autres.

Ces chiens étaient extrêmement vites, très-ardents et de grand cœur, faciles à tenir en bon état, insensibles au froid, mais incapables de supporter la chaleur, indociles, opiniâtres, sujets à prendre change et de mauvaise créance. Leur nez était moins bon que celui des noirs et des blancs. « Pour dire vray, ce sont des chiens enragez, car il se faut rompre le col et les jambes pour les tenir; si un cerf dresse, ils le prendront et bien viste, mais s'il ruse, on les peut bien coupler et ramener au chenil (1). »

Cette race de chiens gris s'est confondue avec les autres et semble entièrement éteinte.

Chiens fauves de Bretagne.

Charles IX paraît avoir fait peu de cas des chiens fauves, dont il ne parle que pour dire que ce sont *chiens bastards* provenant d'un croisement entre les gris et les blancs.

Du Fouilloux, au contraire, leur attribue une origine antique et illustre. « Il est à présumer, dit-il, que les chiens fauves sont les anciens chiens des ducs et seigneurs de Bretaigne; desquels Monsieur l'admiral d'Annebauld et ses prédécesseurs ont tousjours gardé de la race, laquelle fut premièrement commune au temps du grand Roy François. »

Dès le XIVe siècle, un des veneurs du Roi Jean,

gros. Il est douteux que ce détail soit applicable à ceux de la race de Saint-Louis, quoique les tapisseries dites *de Guise* figurent souvent des chiens gris brunâtre à gros poil.

(1) La *Chasse royale*. — Du Fouilloux. — Salnove.

Huet des Ventes, avait une meute fameuse de chiens fauves (1).

Une chronique bretonne de la ville de Lamballe, que du Fouilloux cite sans en donner la date, *fait mention* « qu'un seigneur dudit lieu, avec une meute de chiens fauves et rouges, lança un cerf en une forest en la comté de Poinctievre (Penthièvre), et le chassa et pourchassa l'espace de quatre jours, tellement que le dernier jour il l'alla prendre près la ville de Paris. »

Madame de Beaujeu avait de ces chiens dans sa meute, entre autres la fameuse Baulde :

La bonne lisse rouge qui tant de bien a sceu.

Le chien Miraud, qui servit à *renforcer* la race des greffiers, était aussi un chien fauve de Bretagne.

Les chiens *de la Hunaudaye* (2), renommés du temps de Charles IX, et les chiens *du Bois* qu'un gentilhomme du Berry avait donnés aux Rois prédécesseurs de ce Prince, étaient également des chiens de ce poil.

Les plus estimés de ces chiens avaient le poil d'un *rouge vif tirant sur le brun*, avec une tache blanche

---

(1) Huet *des Ventes* (non *de Nantes*, comme l'écrit du Fouilloux) est cité dans le livre de Gaston Phœbus et figure parmi les veneurs du Roi dans un des *comptes de l'Argenterie* du Roi Jean. Du Fouilloux dit avoir trouvé cet illustre veneur mentionné dans un *viel livre escrit à la main, lequel donnoit tel blason aux chiens de la meute dudit Seigneur:*

Tes chiens fauves, Huet, par les forests
Prenent à force chevreulx, biches et cerfs.
Toy par fustayes emporte sur tous pris
De bien parler aux chiens en plaisans cris.

(2) L'amiral d'Annebaut était baron de Retz et *de la Hunaudaye*.

au front ou au col. Quelques-uns avaient la queue *espiée* (1). Ceux qui étaient jaunâtres, marquetés de gris et de noir, ne valaient guère (2).

On faisait de bons limiers des chiens fauves *retroussés* et *hérigottés* (ergotés).

Ces chiens fauves étaient vigoureux, pleins de feu, *de grand cœur, d'entreprise et de haut nez*, extraordinairement vites, ne craignant ni l'eau ni le froid. On leur reprochait d'être étourdis, impatients, querelleurs, pillards, difficiles à entretenir en bonne condition. Ils n'aimaient pas à rapprocher les voies d'une bête qui *allait les hautes erres.*

Les gentilshommes en avaient rarement parce que ces chiens ne voulaient chasser que le cerf, faisaient peu de cas du lièvre et s'adonnaient à courir au bétail privé (3).

Outre les quatre races royales, Charles IX cite avec éloge de petits chiens de poil blanc, *gentils et beaux*, qu'on appelait chiens de *la Loïc*, du nom d'un gentilhomme berrychon, qui les avait élevés au temps de François Ier. Le Roi donna une meute de ces petits chiens au Dauphin, son fils, depuis Henri II (4).

---

(1) A longs poils; — ceux-ci étaient probablement à *demi-poil*, comme quelques chiens fauves qu'on trouve encore en Bretagne et qui passent pour leurs descendants.

(2) J. du Bec vante cependant les chiens fauves *eslavés*. Mais ces chiens qui chassaient lièvre n'étaient probablement pas de la fière et dédaigneuse race des chiens fauves de Bretagne.

(3) Du Fouilloux. — Salnove.

(4) Dans les comptes de la venerie pour l'année 1553, on trouve encore cette meute sous le nom de *la bande des petits chiens nommés les Régens* avec Messire Philippes *de la Loe* pour capitaine. Voir les pièces justificatives, t. Ier.

Comme le *livre du Roy Charles* ne donne pas leurs caractères distinctifs, on ne sait à quelle race les rattacher.

Il en est de même de ces chiens renommés des ducs de Lorraine dont Ligniville a célébré les hauts faits (1).

« Tous chiens courans d'autre poil ou race que des poils dont j'ay parlé, dit Charles IX, sont chiens bastars, de l'une et l'autre race (2). »

Quant aux chiens à poil rude, que nous nommons griffons, et qu'on appelait autrefois *barbets,* Charles IX les traite dédaigneusement de *chiens tenant du mâtin.*

M. de Maricourt trouve les chiens *barbets* et à gros poil *peu agréables,* bien qu'il s'en trouve de bons. Jehan du Bec, moins exclusif, veut que *l'on fasse cas du gros poil en un chien,* et Gaffet de la Briffardière dit que les chiens à gros poil percent mieux dans les joncs et battent mieux les eaux après un cerf.

---

(1) Ces chiens descendaient du fameux *Merlant,* qui vivait au commencement du XVIe siècle.

« Et croy qu'il y a 100 ou 120 ans que la race de ces chiens est en Lorraine, depuis le temps que Jacques du Chastelet, seigneur de Sorcy et bailly de Saint-Mihiel, estoit grand veneur. Ceste race de chiens estant exercée garde le change pour le cerf naturellement et les ducs qui ont esté n'ont jamais désiré que les grands veneurs laissent perdre ceste race de chiens. Il m'a esté commandé d'en faire estat, et l'ay appris de feu Monsieur de Gellenoncourt, mon devancier grand veneur, qui avoit de mesme appris de feu M. de Puligny, son père, qui s'estoit tousjours servy de ceste race de chiens, laquelle est en telle estime que par plusieurs fois j'ay eu l'honneur d'en présenter de ceste race a S. M. Henry le Grand, de la part de Monseigneur le duc François, lesquelz ont esté trouvez bons. » (*Meutte et vénerie pour lièvre.*)

(2) Il faut remarquer que Charles IX ne parle que des chiens de cerf.

Malgré l'anathème prononcé par Charles IX contre les *barbets* et tous les chiens qui n'ont pas l'honneur d'appartenir aux quatre races royales, cette haute aristocratie de l'espèce, il est incontestable que la plupart des races françaises, dont nous avons cité les noms, peuvent faire remonter très-haut leur généalogie, quoique les anciens auteurs restent muets sur beaucoup d'entre elles. Ainsi nos veneurs font depuis longtemps grand état de certaines races à poil rude. Celle des chiens de Bresse ou griffons de l'Est, dont on trouve encore quelques échantillons dans les meutes de la Bourgogne, de la Franche-Comté et du Nivernais, est, suivant toute apparence, issue en ligne directe des chiens ségusiens d'Arrien et de la loi salique (1). Les chiens à poil rude de l'Ouest ou griffons de la Vendée et du Poitou jouissent aussi, depuis longues années, d'une haute réputation, surtout pour la chasse du loup (2).

Chiens de Bresse.

Griffons de l'Ouest.

Les chiens de Gascogne, encore assez nombreux dans le sud-ouest de la France, ainsi que ceux de l'Ariége, de Toulouse et de Bordeaux, sous-variétés de la même race, descendent des chiens de Saint-Hubert dont se servaient au XIVᵉ siècle Gaston Phœbus et les autres seigneurs du Midi et qui se sont apparemment alliés à des races indigènes.

Chiens de Gascogne.

Ces chiens ont, en effet, conservé beaucoup des qualités et des défauts qui caractérisaient les vieux arden-

(1) Le peuple celtique des Ségusiens habitait la Bresse.
(2) *Vénerie française.*

nais; comme eux, ils sont souvent d'une construction massive, quoique longs de corsage et médiocrement râblés, avec de grosses têtes trop long coiffées. Comme à eux encore, on leur reproche d'être trop lents, trop collés à la voie, de manquer d'énergie et d'activité. Musards dans les défauts, ils sont parfois obligés, quand la bête fait un retour, de reprendre la voie pied à pied. Mais ils sont bien gorgés et doués généralement d'une grande finesse de nez (1).

Les chiens de Gascogne avaient encore ce point commun avec les chiens de Saint-Hubert qu'ils chassaient de préférence le loup et le sanglier (2).

Le pelage de ces chiens rappelle encore leur origine. Il présente d'ordinaire ce mélange de poils noirs et blancs, avec prédominance de la couleur noire, qu'on nomme *bleu*, et la peau est marquée de même sous le poil. Ils ont de plus de grandes taches noires et des marques de feu. Beaucoup de chiens entièrement noirs existaient autrefois dans les meutes gasconnes, et quelques individus de cette robe ont subsisté jusqu'à nos jours parmi les chiens de l'Ariége (3).

---

(1) *Vénerie française.*

(2) Grâce à des croisements intelligents, surtout avec des chiens de Saintonge, la race gasconne s'est débarrassée de la plupart des défauts de conformation et de caractère qu'on lui reprochait jadis, comme on a pu s'en assurer à la vue des beaux chiens bleus exposés en 1863 par M. le baron de Rubles. Ces chiens, issus de la même souche que les magnifiques chiens blancs et noirs de Virelade, sont vigoureux, intelligents, ardents et actifs dans les défauts. Ils chassent le loup d'*amitié* et le lièvre avec une perfection rare. (Note de M. le baron de Carayon-Latour dans le *Sport* et le *Journal des chasseurs*.)

(3) *Journal des chasseurs*, février 1864. — La tradition du pays fait remonter cette noble race à Gaston Phœbus.

Les toulousains se distinguaient par des marques sang de bœuf. Les bordelais ont la robe blanche avec de grandes taches noires.

Ces derniers sont considérés par M. de Carayon-Latour dans son intéressante notice sur la race de Virelade comme les descendants de ces chiens blancs et noirs dont parle Charles IX et qu'il dit provenir des chiens blancs et des chiens noirs de *M. Saint-Hubert*. Le Roi, qui n'aimait pas leurs ancêtres ardennais, qualifie ceux-ci de *gros chiens pesants qui ne sont à estimer* (1).

Selon M. le marquis de Foudras, la race bordelaise serait issue assez récemment d'une superbe lice de Gascogne nommée Sonnante, et d'un chien de Saintonge de l'équipage du fameux comte de Saint-Légier (2).

Les chiens des diverses races de Gascogne sont en général de grande taille (23 à 25 pouces — $0^m,77$ à $0^m,83$) et d'une conformation assez robuste.

On ne trouve aucun renseignement sur la race normande avant le règne de Louis XIV (3). A cette Chiens normands.

---

(1) La race bordelaise aurait, en tous cas, été beaucoup améliorée depuis par des croisements avec les chiens de Saintonge, de la race perfectionnée par M. de Saint-Légier.

(2) *La Vénerie contemporaine*, t. III. En admettant cette origine, on devrait reporter les épithètes assez peu flatteuses du royal auteur sur l'ancien *gros chien de Saintonge*, dont parle un peu plus loin M. de Foudras. Il en résulterait de plus que toutes ces races du Sud-Ouest, de Gascogne, de Saintonge, de Bordeaux, de Virelade et du bas Poitou, sont étroitement alliées ensemble.

(3) Il est plus que probable que les chiens composant la *meute admirable* que le marquis de Boniface avait en 1651 dans les environs de Fécamp, ainsi que ceux de MM. de la Ramée et de la Houssaye, que M. de Bostaquet déclare *les plus beaux qu'il eût jamais vus* et

époque, elle fournissait de nombreux sujets à la Vénerie royale, ce qui continua pendant une partie du règne de Louis XV (1).

Leverrier de la Conterie, qui, en bon Normand, voit dans le chien courant de sa province le véritable type de l'espèce, dit qu'il existe en Normandie deux races vraiment pures, l'une de chiens gris, fauves ou noirs, l'autre de chiens blancs. Il y avait, dans chacune de ces races, de grands et de petits chiens.

Les plus beaux et les mieux faits de ces chiens avaient la tête longue, le front large et ridé, les naseaux bien ouverts, les babines tombantes, l'oreille basse, mince, avalée et papillotée en dedans, l'œil gros, la paupière inférieure tombante, le fanon de bœuf, les épaules un peu chargées, le corps long, *plus étriqué que goussaux*, mais très-robuste, le rein large, haut et arqué, la queue grosse près des reins, se terminant comme celle d'un rat et tournée en demi-cercle, les jarrets bien placés, la cuisse troussée, gigottée et large, les jambes fortes et nerveuses, et les pieds secs et pointus (2).

Les chiens normands étaient lents, très-collés à la

---

dont ce gentilhomme voulait avoir de la race, étaient des chiens de pur sang normand. (Voir les *Mémoires* de Dumont de Bostaquet.)

(1) Du temps où M. de la Rochefoucauld était grand veneur, la vénerie avait conclu un marché avec un gentilhomme de Normandie qui recevait 4,000 l. par an pour lui fournir des élèves. Vers 1737, le comte de Toulouse fit un arrangement à peu près semblable avec un gentilhomme du même pays, mais seulement pour douze jeunes chiens ou lices à choisir chaque année. L'éleveur recevait annuellement 1,500 l. (*Mémoires* du duc de Luynes, t. I.)

(2) Leverrier de la Conterie. — *Vénerie française*. — *Nouvelle vénerie normande*, par M. Lemasson.

voie, avaient beaucoup de fond, belle gorge, et rapprochaient admirablement.

D'Yauville écrivait, vingt ans après l'auteur de la Vénerie normande, que ces chiens, plus étoffés que les chiens d'élève des meutes royales, chassaient, rapprochaient et criaient bien. Il ajoute, parlant des limiers qu'on tirait de Normandie, qu'ils étaient noirs marqués de feu avec du blanc sur la poitrine ou d'un gris tirant sur le brun. « Comme les uns et les autres ressemblent beaucoup à ceux qu'on voit représentés dans les anciens tableaux et sur les vieilles tapisseries, on pourrait croire, et il y a même apparence, que les deux races de chiens noirs et gris dont il a été parlé ci-devant ont été croisées, et que des deux il s'en est formé une qui s'est conservée jusqu'à présent. Ce que je puis certifier, c'est que la race existante est si ancienne que les plus vieux veneurs tant de Normandie que de ce pays-ci, disent que leurs anciens même n'en connaissaient pas l'origine. »

Il est, en effet, très-vraisemblable que les chiens normands descendaient du mélange des chiens de Saint-Hubert, noirs ou blancs, avec les chiens gris et les chiens fauves.

Les deux races normandes dont parle La Conterie avaient fini par se confondre. Les chiens normands tricolores qui en étaient issus, mélangés à leur tour avec des chiens anglais, ont fini par disparaître presque entièrement (1).

---

(1) *Vénerie française.* — D'Yauville dit que, de son temps, les beaux

Les petits chiens normands pour lièvre descendaient de la race des chiens des Essars, dont Sélincourt fait un grand éloge. « Ce sont, dit-il, de petits chiens fort beaux qui chassent, le coyer haut, qui crient bien les matinées et vont fort bien requérir un lièvre par les menus, le rapprochant avec beaucoup de gayeté, chassant de très-bonne grâce, le balet haut (1). »

Dès cette époque, la race de ces chiens était presque anéantie, et il n'y en avait plus que quelques-uns, *par-ci par-là*, chez des gentilshommes particuliers de Normandie. Les Français, *qui sont changeans*, les avaient partout ailleurs mêlés avec des *harriers* d'Angleterre. Ceux qui existaient du temps de Leverrier de la Conterie étaient croisés, en outre, avec des briquets.

Chiens de Saintonge.

Une note écrite de la main d'un gentilhomme saintongeois, le marquis de la Porte-aux-Loups, et conservée dans les papiers de sa famille, constate qu'à l'époque de la révolution de 1789 les derniers représentants de l'antique race saintongeoise étaient

---

chiens normands étaient déjà fort rares, et que la bonne et ancienne race était dégénérée par suite de croisements avec les chiens anglais.

(1) Savary ne partage pas l'admiration de Sélincourt pour les chiens de lièvre normands qu'il accuse d'être emportés, clabaudeurs, indociles et de mauvaise créance. Il loue seulement leur beauté, leurs longues oreilles qui battent la terre, leurs lèvres pendantes, leur queue longue et déliée, dont l'extrémité vient toucher les reins, leurs pieds compactes et resserrés qui ne laissent sur le sol qu'une étroite empreinte. Il termine par ce conseil, adressé aux chasseurs de lièvre :

....catulo non utere gallo
Silvicolis cervis est aptior, aptior apris.
(*Album Dianæ leporicidæ*, *lib.* I.)

une lice nommée Minerve, et deux chiens, Mélanthe et Fouillaux. Ces nobles animaux, laissés au château de Beaumont près de Gémozac, lors de l'émigration du marquis, furent recueillis par un régisseur fidèle qui les ramena sains et saufs à leur maître quand il put revenir en France. M. de la Porte-aux-Loups, quelques années plus tard, donna ces trois chiens au comte de Saint-Légier, son neveu, qui en fit la souche d'une nouvelle race de Saintonge, encore perfectionnée par des croisements bien entendus (1). C'est là tout ce que nous savons sur l'histoire de ces superbes chiens de Saintonge (2), les nombreuses variétés du Poitou (3); les chiens *Céris*, leurs alliés et leurs voisins (4), quoique indubitablement d'antique et noble origine, ne sont même pas nommés par les anciens théreuticographes. On trouve seulement dans Goury de Champgrand qu'il y a en Poitou, en Bre-

Chiens de l'Ouest.

(1) Voir le *Journal des chasseurs*, IXe année, et la note insérée par M. Ch. Godde dans le numéro du 15 février 1864.

(2) Voir *la Vénerie française*. — La race de Saintonge a certainement un degré de parenté assez proche avec les *chiens blancs du Roi*, dont elle a conservé plusieurs des caractères distinctifs. Hauts de taille, légers de construction, avec la poitrine profonde, le flanc harpé, la tête sèche, les oreilles demi-longues et papillotées, les saintongeois ont la robe blanche avec des taches noires et quelques marques de feu pâles.

(3) Les plus estimés étaient les *chiens de Larye;* ils passaient pour descendre de chiens amenés d'Écosse par la famille de ce nom, qui habitait les environs de l'Isle Jourdain. Le marquis de Larye, veneur fameux du temps de Louis XVI, avait employé quarante ans de sa vie à améliorer encore cette race qu'il soutenait être la première de France pour courre le loup. Les chiens de Larye avaient le pelage blanc et orangé. Voir le *Journal des chasseurs*, VIIIe et IXe années, la *Notice sur J. du Fouilloux*, par M. de P..., et la *Vénerie française*.

(4) Ces chiens tirent leur nom d'une famille du pays.

tagne et dans beaucoup d'autres provinces, des races de chiens courants très-bonnes, mais qui ne sont guère connues hors de leur pays.

Chiens d'Artois.

Les chiens courants que nous connaissons sous le nom de *chiens d'Artois* étaient désignés anciennement par celui de *chiens picards*, le nom de chiens d'Artois jusqu'au XVIIe siècle ayant été appliqué aux bassets à jambes torses (1).

Ce sont les mêmes chiens (2) dont la race était demeurée au XVIIe siècle dans les maisons de Gamache et de Supplicourt, en Picardie, chiens plus grands que les petits normands, de poil gris et fauve, justes à la voie, requêtant merveilleusement, ayant de belles gorges et des *voix hautaines*, qui se faisaient entendre d'extrêmement loin.

Ils chassaient le loup comme le lièvre, et ne voulaient point du renard. Doués de la *gaillardise* des chiens français et de la sagesse des chiens anglais, ils portaient le nez haut et donnaient plus de plaisir dans un rapprocher que tous les autres chiens dans une chasse entière (3).

Chiens bleus dits Foudras.

Les chiens bleus, dits *Foudras*, ont une origine relativement moderne. Cette race était le résultat de plusieurs croisements où dominaient le sang de Saintonge

(1) Savary.

(2) On voit dans les comptes du duc d'Orléans (1394) que le comte d'Ostrevent (pays situé entre la Flandre et l'Artois) envoyait des chiens courants en présent à ce prince. Peut-être étaient-ce de nos chiens d'Artois.

(3) Sélincourt. — Les chiens d'Artois actuels sont presque tous croisés de normand et d'anglais.

et celui de Gascogne. Elle avait pris son origine à Dissay, maison de campagne des évêques de Poitiers, chez Monseigneur de Foudras-Châteauthiers, qui occupa le siége épiscopal de cette ville de 1720 à 1773.

Ces chiens bleus, un peu bas sur jambes, légers de forme et nerveux, avaient les reins larges, le fouet effilé et les oreilles fines et bien tournées. Leur peau était de couleur ardoisée sous un poil blanc plus ou moins moucheté; ce qui les faisait paraître complétement bleus lorsqu'ils étaient mouillés.

Bien gorgés, assez lents, collés à la voie et très-bons dans le change, ils chassaient parfaitement le lièvre, le cerf et le loup (1).

La plupart de ces vieilles races françaises commençaient, dès la fin du XVIIe siècle, à se confondre entre elles et à se mêler avec les chiens importés d'outre Manche.

« Depuis que les races angloises se sont confondües avec les françoises, dit Sélincourt, l'on n'y connoît plus rien, et ces belles races de chiens antiques se sont évanouïes et, de ces mélanges de races, il n'en est que la curiosité du pelage. »

La Révolution acheva de faire disparaître plusieurs

---

(1) Quelques descendants en droite ligne des élèves de Mgr. de Foudras existaient encore sous la restauration. La race Foudras est éteinte aujourd'hui, mais le mélange auquel elle devait son origine a continué de donner de très-bons produits. C'est d'un croisement analogue, où domine le sang de Saintonge, qu'est sortie cette magnifique race de Virelade qui a placé si haut nos vieux chiens français dans l'opinion publique lors de l'exposition de l'espèce canine, en 1863. — Sur les chiens bleus, voir la *Vénerie contemporaine*, par M. le marquis de Foudras, et la *Vénerie française*.

de ces types, et ceux qui existent encore ne comptent plus qu'un petit nombre d'individus.

Chiens courants anglais et écossais.

C'est du commencement du XVIIe siècle que date en France l'importation habituelle des chiens courants de la Grande-Bretagne.

Dès 1602, le baron du Tour conduit de la part de Henri IV au Roi d'Écosse Jacques VI, des chevaux et mulets de litière *en revanche* de plusieurs meutes de chiens courants.

En 1605, le même Roi écrit au prince de Galles, fils de Jacques : « Mon nepveu, quand mon fils pourra escrire, il vous remerciera de la meute de chiens que vous luy avés envoyée (1). »

Ligniville, dans sa *Meute et vénerie pour lièvre* (2), parle avec éloge d'une meute de 80 chiens de lièvre envoyée par le Roi d'Angleterre au duc de Lorraine Charles II (3). Il donne ensuite la biographie de 25 de ses propres chiens avec le détail de leur origine. et de leurs *façons et erres de chasse*. Plusieurs de ces chiens, généralement noirs et blancs, sont anglais de race ou de naissance, notamment la lice *Jouelle* (Jewel), donnée à Ligniville par *Monsieur le milord de Hée* (lord Hay) « de la mesme race des chiens de S. M. le Roy de la Grande-Bretagne, qui

(1) *Lettres missives*, t. V et VI.

(2) Publiée à Metz en 1865, par M. Michelant.

(3) Le texte porte : Charles III, conformément à la manière de compter de quelques historiens qui mettent au rang des ducs de Lorraine Charles, fils du Roi Louis d'Outre-mer, prince d'une partie du Brabant appelé alors *Lohier* ou basse Lorraine. — Le duc Charles dont il est ici question mourut en 1608.

l'amena d'Escosse en Angleterre à son couronnement (1). » Et Toller, chien provenant de la meute du prince de Galles, que le grand veneur de Lorraine avait envoyé chercher en Angleterre par exprès. D'autres chiens avaient été offerts à Ligniville par lord Howard et le comte de Lesley, capitaine des gardes de S. M. Britannique (2).

Les chiens anglais sont, au dire de Ligniville, préférables à tous autres quand ils sont bien dressés et *ajustés* par les meilleurs veneurs. Pour la chasse du lièvre en particulier, ceux des contrées d'York et du Nord (3) « sont plus justes et durent d'advantage que les chiens de France, ils les font rendre et les desfont aux grandes plaines, » comme Ligniville dit en avoir fait lui-même l'expérience en chassant avec M. de Camp-Rémy le cadet, qui avait amené en Lorraine une meute de trente chiens *des plus excellents* pour *faire la loy* à ceux du veneur lorrain.

M. de Maricourt, au contraire, fait un cas médiocre des chiens anglais pour la chasse du lièvre. Il les trouve peu *questifs* et si *renardiers* qu'ils ne sont nullement propres à chasser aux plaines, « joinct que lesdits chiens d'Angleterre et d'Escosse sont si laids, estans tout haults d'oreilles et de si mauvais poil qu'il n'y a nul plaisir à avoir des meutes composées de ces chiens-là. »

---

(1) C'était sans doute la même race que les chiens d'Écosse pour lièvre, que Louis XIII fit venir un peu plus tard.

(2) *Monsieur le milord Hauuart* et *le comte de Lelley* dans le texte.

(3) Probablement les beagles du Nord ou *cat-beagles*, dont il sera parlé tout à l'heure.

Néanmoins Louis XIII avait dans ses équipages une meute de *chiens d'Écosse chassant le lièvre*, que ses successeurs conservèrent sur pied jusque sous Louis XVI (1).

En 1642, le prince de Marsillac, fils du duc de la Rochefoucauld, envoyait des vins de France en Angleterre pour les échanger contre des chiens et des chevaux (2).

Jacques Savary, qui publia en 1655 son poëme latin *De la Chasse du lièvre*, est grand partisan des chiens anglais pour cette chasse, comme l'avait été avant lui Ligniville. Il les préfère hautement aux chiens français, plus beaux, mais moins dociles, moins vaillants, plus sujets à courir après les moutons. L'anglais est laid, *mais non criminel* (3), il supporte mieux le froid; certains chiens anglais sont même mieux gorgés que les chiens français, ceux-ci *crient*, les anglais *mugissent* (4).

Savary avoue cependant que les chiens français sont préférables pour chasser le cerf et le sanglier et qu'ils percent mieux au bois.

---

(1) Voir les *États de la France* et les pièces justificatives, t. Ier.

(2) *Bulletin de la Société de l'Histoire de France.* — Vers la même époque, Tallemant des Réaux parle d'un certain Beaulieu Picard (mort en 1654) qui fut s'installer chez son beau-père « avec une meute de chiens courants anglois qu'il avoit gaignée à un Anglois à qui auroit le cheval le plus viste. »

(3) . . . . . . *turpis sed criminis expers*
Anglus, forma placet galli, temeraria mens est.

(4) . . . . . . *tantum latratibus ora*
Pandunt galligenæ, latrat, sed mugit et anglus.

Ceci s'appliquait en particulier aux chiens anglais du Sud. — Savary dit, au contraire, que les chiens du Nord ont la voix claire.

Avant tout, il faut éviter de réunir dans la même meute des individus des deux races.

Salnove (1655), Sélincourt (1683), Gaffet de la Briffardière, qui avait servi pendant quarante ans dans la vénerie de Louis XIV et de Louis XV, rendent témoignage de la vogue toujours croissante des chiens anglais (1). Ce dernier nous apprend que, de son temps, les meutes royales n'étaient presque plus composées que d'anglais et de bâtards. Tous reconnaissent des qualités à ces chiens, comme d'avoir le nez bon, de la docilité et de chasser avec ensemble. Ils leur reprochent unanimement d'être chiches de voix, trop lents dans les pays fourrés, trop vites dans les gaulis et futaies, de ne pas bien battre les eaux et de ne chasser souvent qu'à vue. Les meutes anglaises du prince de Condé et du duc de Verneuil étaient en grand renom à cette époque.

Dans sa jolie fable du *Renard anglois*, La Fontaine, parlant de nos voisins insulaires, dit que :

Même les chiens de leur séjour
Ont meilleur nez que n'ont les nôtres.

En 1764, sur 140 chiens dont la grande meute

---

(1) Salnove ajoute que la faveur dont jouissent les chiens anglais tient surtout à ce qu'il n'est nécessaire, pour s'en servir, ni de connaître les termes de vénerie, ni de savoir sonner de la trompe. Il n'est besoin que de quelques méchants mots anglais qui ne sont pas entendus des hommes ni des chiens. Gaffet de la Briffardière, dans son chapitre *des termes dont on se sert à la chasse du cerf et du chevreuil pour parler aux chiens anglois*, nous donne de curieux exemples de cet anglais de fantaisie, assez semblable à celui dont se servent nos hommes d'écurie français : *houpe boy*, pour les appeler, *saf me boy*, pour les faire demeurer et attendre, *cohal* (*quiet*), *lou oué* (*this way*), *com aoy* (*come away*), etc., etc.

royale était composée, il y avait environ un quart d'anglais qui eussent été bons, *s'ils avaient été plus faciles à réduire et à rendre sages* (1). C'est la première fois qu'on leur voit adresser ce reproche d'indocilité, si souvent répété depuis.

Leverrier de la Conterie, admirateur exclusif de la belle race de sa province, ne fait cas ni des chiens anglais ni des bâtards (2).

D'Yauville, au contraire, accorde aux premiers de grandes qualités. Ils sont fougueux et têtus dans leur jeunesse, « mais, quand ils sont dressés, on peut compter sur eux, tant pour la sagesse que pour les autres qualités nécessaires à un chien courant. » Le commandant de la vénerie de Louis XVI justifie les chiens anglais des accusations portées contre eux de n'avoir pas de nez ni de force, de ne pas crier, de ne point battre l'eau et de ne chasser qu'à vue. En avouant que sur quelques-uns de ces points ils sont inférieurs aux français, il affirme qu'ils sont plus légers, plus vigoureux, qu'ils savent *prendre leur parti et se servir eux-mêmes* (3).

---

(1) Voir un passage d'un auteur du temps cité par M. Lemasson, *Nouvelle vénerie normande*.

(2) On raconte encore, en Normandie, les hauts faits, plus ou moins authentiques, d'un veneur célèbre, M. de Saint-Sauveur, contemporain de M. de la Conterie, et professant les mêmes sentiments à l'égard des chiens anglais. Ayant gagné, à la suite d'un pari de chasse, la meute et les *hunters* d'un veneur britannique, ce farouche Normand, si l'on en croit la tradition, aurait fait fusiller les chevaux dans sa cour et pendre les chiens aux arbres de son avenue.

(3) D'Yauville reconnaît cependant que les chiens anglais n'ont pas tant de noblesse que les beaux chiens français. Il ajoute que, depuis quelques années, la race de ces chiens s'était un peu modifiée, proba-

Une conséquence naturelle de l'introduction en France du sang anglais fut la création de races intermédiaires (1).

Bâtards.

Ces bâtards, dont Sélincourt blâme l'admission dans nos meutes, comme étant cause de l'extinction de *nos beaux chiens antiques*, composaient, à la fin du règne de Louis XIV, une partie notable des meutes du Roi. Gaffet de la Briffardière, qui constate ce fait, dit que les bâtards sont mieux construits, qu'ils ont la menée beaucoup plus belle et qu'ils chassent mieux que les anglais de pur sang (2).

En 1722, le comte de Toulouse offrit au jeune Roi Louis XV une meute de bâtards anglais bien vigoureux et bien chassants, dit d'Yauville, qui se montre grand partisan de cette race. Desgraviers, qui était officier des chasses du prince de Conti au commencement de la Révolution, déclare que les bâtards retiennent de la vitesse des chiens anglais et sont gorgés et collés à la voie comme les normands (3).

---

blement par suite de croisements avec des chiens normands, et qu'ils étaient *plus épais et plus traversés qu'autrefois*. « On leur coupe, en Angleterre, le bout de la queue et des oreilles pour leur donner, dit-on, un air plus leste et plus éveillé, mais nous ne les recevrions pas moins, quand bien même ils n'auroient pas ce genre d'agrément. »

(1) M. de Camp-Rémy, à qui Ligniville avait donné de ses chiens anglais pour en tirer race, lui dit « que les races ainsi meslées estoient excellentes. » (*Meute et vénerie pour lièvre*.)

(2) Jacques Savary est le premier qui ait fait l'éloge des bâtards. Ils tiennent, dit-il, un juste milieu entre la sagesse trop lente des anglais et l'impatience des français.

(3) Les controverses sur le mérite respectif des chiens anglais et français s'étaient ranimées il y a quelques années. (Voir sur ce sujet plusieurs articles publiés dans le *Journal des chasseurs*.) Nous n'entrerons pas dans cette discussion qui, malheureusement, va finir faute

Ces chiens anglais, que nous allions chercher outremer avec tant d'empressement, étaient tous originaires du continent, et leurs aïeux avaient été importés dans la Grande-Bretagne par les Normands de Guillaume le Conquérant. Il est même assez curieux que ce soit en Angleterre qu'on retrouve aujourd'hui les descendants les plus authentiques de nos races perdues.

Talbots.

Les chiens courants les plus anciennement connus dans cette île sont les *talbots* (1). Ces chiens étaient de haute taille, épais de corsage et d'une constitution massive. Ils avaient la gueule très-large, les lèvres pendantes, la tête ronde et grosse, le nez court et retroussé, les oreilles très-longues, très-minces, tombant bien au-dessous des mâchoires, le rein fort, haut et harpé, les hanches rondes, la cuisse gigottée, les jarrets droits, les jambes fortes et nerveuses, le pied sec et rond, la queue grosse à l'origine, mais effilée du fouet (2).

Le talbot avait le poil ras, entièrement blanc (3), noir marqué de feu, fauve ou brun marron. Il était

---

de combattants. Nos chiens français de race pure sont devenus si rares, qu'ils suffisent à peine au recrutement de quelques meutes peu nombreuses, et Saint-Simon, s'il revenait au monde, aurait, plus que jamais, à déclamer contre le règne des *bâtards*.

(1) Ce nom leur venait probablement de la grande famille des lords Talbot, comme on disait en France les chiens de la Loüe ou de la Hunaudaye.

(2) Voir Markham. — *British field Sports*, *by W. H. Scott*, *London*, 1818. — *The sportsman's repository by J. Scott*, *London*, 1845. — *Manual of British rural sports by Stonehenge*, *London*, 1856. — *Richardson*. — *Somervile*, *the Chase*.

(3) Comme en France, les blancs étaient les plus estimés. Voir Somerville.

admirablement gorgé, très-lent et très-collé à la voie.

A ces traits, il est facile de reconnaître que les talbots descendaient des trois races de chiens les plus estimées en France à l'époque de la conquête, les chiens noirs et les chiens blancs de Saint-Hubert, les chiens fauves de Bretagne.

Chiens du Sud.

Du croisement des diverses variétés de talbots sortirent les vieux chiens du Sud, ou chiens lents (*Southern hounds, slow hounds*), qui leur ressemblaient de tout point. Leur robe était parfois tricolore, le plus souvent blanche marquée de noir ou de fauve. Ayant la même origine que nos chiens normands, ils présentaient avec eux la plus grande analogie (1).

Ces chiens du Sud restèrent en honneur jusqu'au XVIIe siècle. Il en existait une variété nommée en anglais *boobies* (nigauds), et en français *baubis* ou *boubez, plus bas de torse et plus longs que les autres, de gorge effroyable, hurlant sur la voie.* Ces baubis avaient le *nez dur* et le *poil demi-barbet*, on leur coupait presque toute la queue. Sur le continent, on les employait à chasser le sanglier ; dans leur pays natal ils chassaient le renard et le lièvre (2).

---

(1) On croit que ce sont les chiens du Sud que Shakespeare a décrit en beaux vers sous le nom de chiens de Sparte dans le *Songe d'une nuit d'été* : « Mes chiens sont bien mouchetés, avec les lèvres pendantes, leurs oreilles balayent la rosée du matin, leurs genoux sont tournés en dedans, leurs fanons semblables à ceux des taureaux de Thessalie. Ils sont lents dans la poursuite, mais leurs voix se marient comme celles de cloches qui se dominent, etc. »

(2) Markham. — Salnove. — Sélincourt.

Savary trace de ces *boubés* un portrait qui n'a rien de flatteur : larges pieds, lèvres pendantes, museau camard, encolure épaisse, membres carrés, poitrail musculeux, fanon tombant jusqu'au genou, grandes oreilles, queue droite et basse ; ils surpassent les taureaux irrités par leurs beuglements et en ont tiré leur nom (1).

Les *boubés*, ajoute le chasseur latiniste, peuvent chasser au bois, mais valent mieux en plaine.

Bloodhounds. Des talbots sont issus également les limiers anglais ou *chiens de sang* (*bloodhounds*), recherchés en France au XVIe siècle et dont les rares descendants ont reconquis depuis quelques années en Angleterre une valeur considérable.

Choisis à cause de la nuance foncée de leur poil (2) parmi les talbots noirs ou fauves pour être *mis à la botte* ou employés à suivre par les rougeurs un animal blessé, ces chiens firent souche à part, et à cause de la finesse excessive de leur odorat furent souvent employés à trouver la piste des braconniers et des malfaiteurs, ce qui leur a valu une notoriété quelque peu effrayante (3).

Le *bloodhound* présente au plus haut degré les caractères de son antique origine. C'est un superbe ani-

---

(1) Savary dérive assez pédantesquement ce nom du grec *Boubœros*, qui a le mugissement du bœuf.

(2) En France on préférait aussi le poil foncé pour les limiers.

(3) En 1803, une société formée dans le Northamptonshire pour la suppression du brigandage avait fait dresser un *bloodhound* pour découvrir les voleurs de moutons. Voir Richardson.

mal (1), de très-haute taille (2); son crâne est surmonté d'une arête saillante, son front est sillonné de rides profondes ; ses yeux, grands et brillants, sont placés très-haut et enfoncés dans la tête. Les oreilles du bloodhound sont d'une longueur extraordinaire, très-souples et très-pendantes; il a les naseaux gros et toujours humides, les babines tombantes et le museau épais (3).

Ces chiens sont noirs marqués de feu ou entièrement fauves, quelquefois marquetés de petites taches blanches, comme un daim. Naturellement hurleurs, ils sont devenus chiches de voix, par suite de l'éducation que leur race a reçue pendant des siècles (4).

Chiens du Nord.

Probablement née d'un croisement entre les talbots et des lévriers d'Écosse à poil rude (5), la race des chiens du Nord ou *chiens vites* (*Northern hounds, fleet hounds*) était connue en France dès le XVIIe siècle.

---

(1) Tel n'est pas l'avis de Vlit. « Ils ont les yeux si chassieux et si louches, les lèvres si baveuses et si pendantes, qu'ils paraissent de vrais monstres aux étrangers. » (*Venatio novantiqua.*)

(2) 26 à 28 pouces anglais (0^{m},65 à 0^{m},70). — La ressemblance des *bloodhounds* avec les chiens de Gascogne de la vieille race a frappé immédiatement tous les connaisseurs anglais, lors de l'exposition de 1863. C'est un argument décisif en faveur de l'opinion que nous soutenons ici et qui fait descendre les deux races du chien de Saint-Hubert.

(3) Richardson — *Sportsman's repository.* — Stonehenge — et un article intéressant de M. Gérusez dans la Revue *la Vie à la campagne*, 31 août 1864.

(4) Sir Edwin Landseer a plusieurs fois représenté le bloodhound dans ses tableaux. — Voir, entre autres, celui intitulé *Dignity and impudence.*

(5) « Ils sont meslés avec des lévriers qui naturellement rident. » (Sélincourt.) — *Sportsman's repository.* — Stonehenge.

C'était celle qu'on importait le plus souvent chez nous (1).

Par de nouveaux croisements avec le lévrier et peut-être avec des terriers de grande taille, les chiens du Nord ont donné naissance au *foxhound* moderne (2).

Ils avaient la tête plus longue et le museau plus fin que les chiens du Sud ; leurs oreilles étaient plus courtes et leur forme générale plus svelte (3). Ils étaient long-jointés, évidés du flanc, avec le fouet très-mince, leur taille était de 20 à 23 pouces français (0^m,54 à 0^m,62) (4).

Les chiens du Nord criaient peu, leur voix, suivant l'expression du vieux Markham, n'avait *qu'une petite douceur claire,* mais manquait de *profondeur* et de *musique solennelle* (5).

Staghounds. L'ancienne race des *chiens de parc* et *de cerf* (*staghounds*) ou race royale anglaise paraît devoir son origine aux chiens du Nord alliés avec les chiens du Sud (6). Ils ressemblaient beaucoup à ceux-ci,

---

(1) Salnove. — Sélincourt. — D'Yauville.

(2) Stonehenge. — Richardson.

(3) « Grêles, agiles, semblables à de grands lévriers, flanc harpé, museau allongé, oreille pointue, pied de chat, les chiens du Nord sont tout nerfs et très-vites. Ils ont la voix claire et chassent tout de meute à mort. » (Savary.)

(4) D'Yauville.

(5) « They have only a little shrill sweetness, but no depth of tone or solemn music. »

(6) Ce sont probablement les *staghounds* que Savary décrit comme sortis d'un croisement entre *boubés* et chiens du Nord. Ils sont, dit-il, bons pour toutes les chasses, bien gorgés, de haut nez et très-vites, sauf dans les fourrés, où ils percent mal.

quoique plus vites d'allure et plus légers de forme, et rappelaient aussi d'une manière frappante nos chiens blancs. Leur taille était de 24 à 25 pouces français ($0^m,65$ à $0^m,67$) (1).

Le poëte anglais Somerville nous a conservé un superbe portrait du *staghound* (2).

« Sa peau luisante, marquetée de jaune ou de bleu, reflèchit des teintes diverses d'ombre et de lumière tracées par le pinceau de la nature. Ses oreilles et ses pattes, mouchetées çà et là, rivalisent avec le poil de la panthère par leur éclat brillamment émaillé. Sa queue effilée à l'extrémité se courbe en large demi-cercle sur son rein puissant ; il se tient droit et ferme sur ses épaules nettement dessinées son pied rond comme celui du chat, ses jarrets droits, ses cuisses séparées, sa poitrine profonde témoignent de sa vitesse, de sa force, de sa longueur d'haleine (3). »

Tous les chiens courants de petite taille employés à courre le lièvre étaient autrefois compris en Angleterre sous le nom de *beagles* (ou *bigles*, suivant l'orthographe française). Beagles.

Bloome, auteur anglais qui écrivait en 1650 (4), en décrit trois variétés : les beagles du Sud (*Southern beagles*), semblables aux grands chiens du Sud, mais plus petits et plus râblés ; les beagles du Nord (*Nor-*

---

(1) Sélincourt. — D'Yauville. — Richardson.

(2) *The chase, a poem*, by W. Somerville. London, 1796. Cet ouvrage ne fut publié que plus de quarante ans après la mort de l'auteur.

(3) Ces chiens, déjà rares au XVIIIe siècle, comme le dit d'Yauville, n'existent plus aujourd'hui.

(4) *The gentleman's magazine*.

thern beagles), appelés aussi *cat-beagles*, plus vites et de moyenne taille, et les petits beagles.

La première de ces variétés, connue au siècle dernier sous le nom de *harriers* (1), était fort recherchée en France dès le commencement du XVIIe siècle. Ligniville, Sélincourt et Savary (2) en font grand éloge. Leur taille ne dépassait pas 18 pouces anglais (0m,45), leur robe était blanche et noire ; on faisait en Angleterre un cas particulier de la *mélodie délicieuse* de leur voix et de la façon méthodique dont ils suivaient leur gibier (3).

Les petits beagles atteignaient rarement une taille de 14 pouces anglais (0m,35) ; l'estime qu'on professait pour eux était en raison inverse de leur grandeur. Richardson dit en avoir vu qui n'avaient que 7 pouces (0m,17) de hauteur. La Reine Élisabeth possédait de ces petits chiens qu'on nommait *beagles chanteurs* (*singing beagles*) (4) à cause de leur voix *mélodieuse*. Ils étaient si petits, qu'on pouvait en mettre un dans un de ces grands gants que les hommes portaient alors. Il était, du reste, assez commun de renfermer toute une meute de beagles dans une paire de paniers.

Vlit dit que les beagles sont si petits et si minces,

---

(1) Les harriers de l'époque actuelle, qui ont, en plus petit, la forme du foxhound, sont probablement descendus des beagles du Nord.

(2) Les meilleurs chiens pour chasser le lièvre en plaine sont, d'après cet auteur, les *petits hurleurs* qu'on appelle en anglais *buigles*, et *qui redoublent, dans leur étroit gosier, des sons grêles*.

(3) Richardson.

(4) Sélincourt parle des *plaisans hurlements des bigles*.

qu'il en a vu trois attaquer un lièvre au gîte, et le laisser échapper de leurs gueules malgré leurs efforts.

« Les petits bigles anglois, selon Sélincourt, sont de très-jolis chiens pour le lièvre, les Anglois leur coupent à tous la queüe, leur ôtant tout ce qu'il y a de beau à un chien courant, qui est le mouvement de la queüe, si bien que l'on diroit, en les voyant chasser, que c'est une meute de braques (1). »

Il y a des beagles à poil ras et d'autres à poil rude. Leur apparence est tout à fait celle d'un chien du Sud ou d'un de nos vieux chiens français en miniature avec les caractères distinctifs encore exagérés, longues oreilles papillotées, lèvres pendantes, fanon tombant. Ils sont très-bien gorgés, très-collés à la voie et rapprochent admirablement (2).

Les beagles ont été fréquemment importés en France pendant le XVIIe et le XVIIIe siècles. Quelques années avant la Révolution, le comte de Roncherolle avait introduit cette jolie petite race de chiens en basse Normandie, où elle a complétement cessé d'exister pure depuis longtemps (3).

Otter-hounds.

Outre ces diverses races de chiens courants, les Anglais ont possédé autrefois des chiens destinés exclusivement à chasser la loutre (*otter-hounds*) et probablement issus d'un croisement entre le chien du Sud et un terrier à poil rude. Ces chiens étaient or-

(1) Sélincourt ajoute qu'on en tirait de très-bons bâtards qui réunissaient à la *gayeté* des chiens français la *sagesse* et la *justesse* des bigles.

(2) Richardson. — Stonehenge.

(3) Lemasson, *Journal des chasseurs*, 3e année.

dinairement d'un fauve-rougeâtre; leur poil, ras sur la tête et les oreilles, était long et dur sur le reste du corps.

Il ne paraît pas qu'on ait jamais amené en France de ces *otter-hounds*, ni qu'on y ait jamais élevé de chiens spécialement consacrés à cette chasse, quoiqu'elle ait été en grand honneur chez nous jusqu'au XVIIIe siècle. On y employait des chiens croisés de barbet et de basset, des briquets normands ou des bassets de Flandre, *à gros poil* (1).

Chiens suisses. Quelques années avant la Révolution, on faisait grand cas, dans l'est de la France, de certains chiens de lièvre qu'on faisait venir de Suisse. Ces chiens, de petite taille (18 à 20 pouces — $0^m,49$ à $0^m,54$), à poil ras, blancs et orangés, ayant la tête fine et les oreilles moyennement longues et bien tournées, criaient bien et savaient parfaitement se servir eux-mêmes et relever les défauts sans être appuyés. Il en existe encore quelques-uns en Suisse et sur la frontière (2).

Limiers. Le limier, comme chacun sait, est un chien courant dressé à *être secret*, à porter le *trait* (3) et à détourner les animaux qu'on veut laisser courre.

Quoique Yauville prétende que, pour l'ordinaire,

---

(1) G. de Champgrand. — L. de la Conterie.

(2) *Chasses en Franche-Comté avant et après la révolution de* 1789, par M. le comte de Reculot, *Journal des chasseurs*, XXIe année. — *Vénerie française*. — M. le marquis de Foudras, dans son article sur les chasses de la gendarmerie de Lunéville (*Journal des chasseurs*, X[e] année), dit qu'un petit équipage de ces chiens amenés par le comte de Choiseul avait été surnommé *les chiens de porcelaine*.

(3) Longue corde attachée à un large collier de cuir ou *botte* servant au valet de limier à suivre son chien dans sa quête.

on ne trouve les qualités requises que dans un chien de *vraie race de limiers*, rien n'indique qu'il y ait eu habituellement dans notre pays une race de chiens exclusivement employés à ce service. Les limiers étaient choisis parmi des chiens ardents, courageux, naturellement secrets, hauts du devant, larges du poitrail, bien reintés et bien retapés. On prenait de préférence des animaux de moyenne taille et de couleur foncée, noirs, fauves ou bruns (1).

Les chiens de Saint-Hubert étaient en possession dès les temps les plus reculés de fournir d'excellents limiers à la vénerie royale. Ceux qu'on voit représentés dans les manuscrits de Gaston Phœbus appartiennent incontestablement à cette illustre race (2).

Sous Charles IX, on se servait de chiens à deux nez, *qui ne faisaient pas d'autre métier*. C'est le seul exemple que je connaisse d'une race de chiens uniquement employée à fournir des limiers. Il n'en est plus question depuis le règne de ce prince.

Sélincourt dit que des limiers les plus secrets sont des *barbets demi-poil anglois*. Au XVIIIe siècle, il y avait,

---

(1) Gaffet de la Briffardière. — Leverrier de la Conterie. — Sélincourt veut que les limiers du *haut du jour* soient blancs, *gadrouillez* de taches noires, jaunes ou fauves. Ceux *du matin* peuvent être de tout pelage.

(2) Dans ces peintures, le limier est généralement représenté comme un chien robuste, à poil ras noir et feu, avec une grosse tête, les lèvres pendantes et de longues oreilles; sa taille paraît être d'environ 27 p. anglais ($0^m,67$). Son apparence générale est celle d'un bloodhound ou d'un chien du Sud. (Notes sur la *Vénerie de G. Twici*, par M. Dryden Daventry.)

dans la vénerie royale, des limiers à poil rude (1), issus soit de ces *barbets* dont parle Sélincourt, soit des griffons de Bresse ou de Bretagne.

A la même époque, la vénerie en tirait beaucoup de Normandie, et les gentilshommes faisaient de même (2). D'Yauville parle aussi avec éloge de certains limiers envoyés au Roi, en 1766, par le duc de Deux-Ponts. Ces limiers, chien et chienne, sortaient d'une *bonne et ancienne race* que ce prince possédait depuis longtemps. Ils étaient de poils gris brun et moins grands que les normands. On croisa cette race allemande avec les limiers français et on en tira des chiens excellents pour *porter la botte* qui servaient encore dans la vénerie en 1788. Dans le nombre de ces derniers, il s'en trouvait quelques noirs qui ne valaient pas moins que les gris. La terrible épidémie qui décima de 1763 à 1770 les équipages de France avait fait périr une grande quantité de limiers normands ainsi que de cette race allemande.

Limiers allemands.

2° Chiens courants de races secondaires.

Brachets.

On trouve fréquemment, dans les écrits du moyen âge, des chiens appelés *bracons*, *braquets* ou *brachets* (3). Nul n'a donné la définition de ce terme qui

---

(1) Voir, dans les anciennes éditions de Buffon, le portrait d'un de ces limiers, sous le nom de *chien courant bâtard*.

(2) Leverrier de la Conterie. — D'Yauville. — Desgraviers.

(3) En latin barbare *bracco*, en langue germanique *bracke*; *bracke* en allemand moderne et *bracco* en italien signifient encore un chien courant, un *briquet*.

remonte au temps de l'invasion germanique, peut-être même à l'époque gauloise (*breac*, en gaélique, signifie moucheté).

Le mot de *bracco* se trouve dans la loi des Frisons et dans les formules de Marculfe. Il résulte de ces textes que les Germains employaient le *bracco* à pourchasser les malfaiteurs (1), et que sa voix différait de celle du chien courant ordinaire (2).

Au XIIIe et au XIVe siècle, les *brachets* étaient employés à mettre sur pied les animaux qu'on dédaignait de détourner avec le limier, et ceux qu'on voulait faire coiffer par des alans ou des lévriers (3).

Leur rôle principal était de coopérer aux chasses à tir (4).

En pareil cas, ils mettaient les animaux sur pied ou les suivaient au sang quand ils étaient blessés. Les chiens qui remplissaient ce dernier office en prenaient

---

(1) *Non latrat bracco contrà insontem.* — Marculf. ap. Ducange, v° *Bracco.*

(2) *Latrat bracco, sed non ut canis.* Ibid.

(3) Plus tost s'en vait ke cers devant levrier
Quant li bracet l'ont geté del ramier.
(*La chevalerie Ogier de Danemarche,* t. II.)

Et li braquet ont démené grant hu
Qui la flairour du porc orent sentu.
(*Aubery le Bourgoing.*)

(4) On ignore s'il s'agit d'une chasse aux lévriers ou d'une chasse à tir dans ces vers où Rutebœuf, trouvère du XIIIe siècle, a peint avec tant de vie et de relief une meute de brachets quêtant à la billebaude :

Qui remire la bele chace
Que fere soliiez (aviez coutume de faire) jadis
Les vos brachès entrer en trace
Ça cinq, ça sept, ça neuf, ça dix.
(*Dict.* de Littré, v° *Braque.*)

le nom de *chiens de sang* ou *pour le sang* (1). « S'il y a beste férue, dit le *Roy Modus*, l'archer doit siévir (suivre) du braquet..., car il est nécessaire d'avoir toujours un chien bien affaitié (dressé) pour siévir du sang, lequel est nommé braquet. » On leur donnait aussi, au XIIIe siècle, celui de *brachets berserets* (2), du mot *berser*, qui exprime l'action de tirer sur le gibier avec l'arc ou l'arbalète (3).

On pourrait conclure d'un vers de Marie de France, où l'on voit un damoisel courant à cheval après une biche et suivi par un valet qui porte son arc et son *berseret*, que ces chiens étaient dressés à se tenir, au besoin, sur la croupe d'un cheval (4). Ce qui n'a rien d'invraisemblable. Sous Louis XIV et Louis XV, on dressait les chiens d'arrêt à aller *en trousse* derrière un homme à cheval (5).

---

(1) C'est le *Schweisshund* des Allemands et le *Bloodhound* des Anglais.

(2) Parler m'orez d'un buen brachet
Qens (comte) ne roi n'out tel *berseret*.
(Tristan, t. I.)

(3) Brachez avoit fait demander
En bois voloit aler *berser*.
(*Roman* de Rou, t. II.)

On appelait de même *seéte berserète* la flèche qui servait à *berser*. En vieux français *berseil* signifiait une cible (en italien *bersaglio*, d'où, *bersagliere*, tireur). Le verbe *bürschen* ou *birschen* en allemand a conservé le même sens que notre ancien verbe *berser*. Voir Ducange v° *Bersa*.

(4) *Lai de Gugemer*.

(5) Aux chasses à tir du Roi, un page portait de cette manière le chien couchant de Sa Majesté (*États de la France*). Gaffet de la Briffardière, qui enseigne la façon de dresser les chiens d'arrêt à se tenir à cheval, dit que, lorsqu'ils y sont bien accoutumés, ils viennent d'eux-mêmes sauter sur la botte du chasseur pour être remis en trousse.

Aucun de nos anciens thèreuticographes n'a donné la description du brachet, qu'ils ont à peine mentionné. Des nombreux passages où ce chien est cité dans les romans de chevalerie (1) on peut induire que le brachet était un chien courant de moyenne ou de petite stature, très-lent, très-collé à la voie, criant d'un ton bas et lamentable comme nos petits hurleurs et rapprochant à merveille. Le roman d'*Aubery le Bourgoing* parle de la petitesse de ses oreilles, qu'il compare à celles d'un cheval :

Petite oreillé comme gentil bracon.

Il est probable qu'il était d'usage de couper en pointe les oreilles de ces chiens, comme on le faisait en Espagne au XVIIe siècle pour tous les chiens courants.

Lorsque l'Empereur d'Allemagne, Charles IV, vint rendre visite à notre Roi Charles V dans sa bonne

---

Dans un joli recueil allemand, intitulé die *Jagd in Bildern* (la chasse en images), on voit un chasseur, armé d'une carabine et portant son *Schweisshund* en croupe, approcher à cheval une harde de cerfs.

(1) Dans le roman de Tristan, le brachet du héros, *Hosdain* ou *Husdent li blanc*, joue un rôle important qui jette quelque lumière sur l'emploi de ces chiens dans la chasse à tir.

Tristan s'est réfugié avec sa mie Yseult dans le fond d'une forêt qui abrite les deux amants contre la poursuite du Roi Marc; ils n'ont d'autres ressources pour subsister que le gibier abattu par Tristan, le meilleur chasseur de son temps. Comme les abois du brachet pourraient attirer les ennemis du couple amoureux, Tristan prend le parti de dresser son chien à chasser à la muette : il tire un daim, le brachet veut s'élancer en criant sur la voie de l'animal blessé, Tristan le fait taire en le frappant, le met sous lui, puis *bat sa botte* de son *estortoire*, signal ordinaire pour exciter les chiens. (Voir *le Dit de la chace dou serf* et Gaston Phœbus). Husdent en *reveut crier*, le chevalier le corrige de nouveau. En le *doctrinant* ainsi, avant que le premier mois se passât, le chien fut si bien dressé, qu'il suivait une trace sans crier sur neige, sur herbe ou sur glace.

ville de Paris (1377), le Dauphin offrit en présent à cet hôte illustre deux très-beaux *brachés à coliers d'or*, et *belles laisses* (1). Ces chiens durent être bien venus du prince allemand, car on en faisait grand usage en son pays. Une vieille coutume, mise en écrit sous son règne même, veut que, lorsque l'Empereur va chasser dans le *Budinger-Wald*, le maître forestier lui présente au château de Gelnhausen un *brachet* (*bracke*) blanc, aux oreilles pendantes, ayant trait de soie et collier de vermeil (2).

Briquets.

A partir du XVe siècle, il n'est plus question de brachets (3), mais on voit paraître des *braques* qui sont une variété de brachets ou *braquets* dressés à l'arrêt et des *briquets* qui ont continué jusqu'à nos jours à s'acquitter du même office que les brachets d'autrefois, c'est-à-dire à poursuivre et à ramener vers le tireur les animaux qu'il veut abattre (4).

Le plus ancien auteur où nous ayons trouvé le nom de *briquet* employé pour désigner un chien courant est *la chasse du lièvre et du chevreuil* par M. de Maricourt (1627), où il dit que le propre des *briquets* est

---

(1) Christine de Pisan; *Livre des fais du sage Roy Charles*, chap. XLIV.

(2) Stisser; *Forst und Jagd historie der Deutschen.*

(3) Sous Louis XIII, les chasseurs qui tiraient la grosse bête à l'arquebuse emmenaient avec eux un *chien de sang*. (D'Arcussia.)

(4) Outre le *bracke* ou briquet, dont ils se servent fort peu, les Allemands ont encore des *chiens de sang* (*schweisshunde*) pour suivre les grands animaux blessés d'un coup de carabine. Ces chiens sont de moyenne taille, près de terre, avec lèvres et oreilles pendantes, la queue médiocrement courbée. Il y a des *schweisshunde* à poil rude et d'autres à poil ras. Leur pelage est, en général, noir et feu, fauve, brun ou gris de loup.

de courre le connil et qu'ils ne peuvent s'assujettir à suivre un lièvre pendant longtemps (1).

Leverrier de la Conterie croit que les petits chiens normands viennent d'un croisement entre les chiens d'ordre et les briquets.

Les briquets de Normandie étaient assez estimés, surtout ceux à poil rude (2), mais en général toute cette catégorie de chiens courants est trop mâtinée pour qu'on puisse lui attribuer des caractères distinctifs.

L'usage de faire poursuivre les renards et les blaireaux dans leurs asiles souterrains par des chiens bassets est fort ancien en France (3). Connus au XIVe siècle sous le nom de chiens *taniers* ou *terriers* (4), ils le furent plus tard sous ceux de *chiens de terre*, de *chiens d'Artois* et de *bassets* (5). Bassets.

Du Fouilloux, chez qui nous trouvons ce dernier nom pour la première fois, explique celui de

(1) On appelait aussi et on appelle encore *corniaux* de méchants briquets mâtinés.

(2) On s'en servait pour chasser le renard et la loutre à force. (L. de la Conterie.)

(3) Nous avons vu que les Francs avaient des chiens *qui chassaient sous terre*.

(4) Le Roy Modus dit que, lorsque le renard se terre, on le fait *saillir* avec de petits chiens *taniers*.

On le va querir dedans terre
Avec ses bons chiens *terriers*
Que on mect dedans les terriers

dit Gace de la Buigne.

Un petit chien terrier se trouve mentionné dans une lettre de rémission de l'an 1463. (Ducange, v° *Canis terræ ruis*.)

(5) Les ducs de Bourgogne avaient, dans leurs équipages, des *chiens d'Artois et des petits chiens anglois* qui étaient probablement des terriers d'Angleterre.

chiens d'Artois en nous apprenant que c'est en effet de cette province et du pays voisin de Flandre qu'est venue originairement la race des bassets (1). On en connaissait dès lors deux variétés : les bassets à jambes torses *communément à court poil, mordaces* et ayant double rangée de dents comme les loups ; les bassets à jambes droites, *volontiers à gros poil comme barbets*, de couleur noire, avec la queue en trompe.

Leverrier de la Conterie dit que les bassets à jambes droites venaient de Flandre et ceux à jambes torses d'Artois. Il préférait beaucoup aux flamands plus vites, mais *mauvais crieurs* et *bricoleurs*, les artésiens courageux, *de grande entreprise en terre*, longs de corsage et bien coiffés. Cependant il termine en disant, comme du Fouilloux, qu'il en est de bons et de mauvais des deux espèces.

Les bassets étaient les chiens les plus utiles aux simples gentilshommes, *car ils servaient à tout* (2), particulièrement ceux à jambes droites qui se *ruent à deux métiers*, selon l'expression de du Fouilloux, parce qu'ils courent sur terre comme chiens courants et entrent dans les terriers de plus grande fureur et hardiesse que les autres, quoiqu'ils y restent moins longtemps.

§ 4. CHIENS D'OISEL, CHIENS D'ARRÊT.

Dès l'origine de la fauconnerie on se servit de

---

(1) Sélincourt leur attribue aussi cette origine.
(2) Sélincourt.

chiens pour trouver et lever le gibier que poursuivaient les oiseaux de chasse (1) ; au moyen âge on donnait à ces chiens le nom de *chiens d'oisel*. Au XIVe siècle ils étaient déjà dressés à arrêter les cailles et les perdrix qu'on voulait prendre au filet et à rapporter les oiseaux aquatiques blessés par le faucon lorsque ces palmipèdes cherchaient à s'échapper en plongeant (2). Leur arrêt était si ferme qu'on les couvrait de la *tirasse* qui enveloppait avec eux dans ses mailles les oiseaux rasés devant leur nez (3). Plus tard, on utilisa cette singulière faculté d'arrêter et de fasciner le gibier pour le tirer avec l'arbalète, puis avec l'arquebuse et le fusil.

« Dès qu'un de ces chiens, dit Quiqueran de Beaujeu, a trouvé en quêtant lièvre, perdrix, bécasse ou autre gibier, il s'arrête, et, le pied levé, la tête en avant, semble par cette attitude annoncer à son maître la présence de la bête. Quelques-uns se couchent sur le ventre, et pendant ce temps, le chasseur, bandant son arbalète ou son arquebuse, tourne autour de sa proie et la tue (4). »

---

(1) *Hapihuhunt* (chien d'autour) dans la loi des Bavarois. Cette loi porte que celui qui tue ou vole un de ces chiens doit en restituer un semblable ou payer 3 sols d'amende.

(2) Gaston Phœbus. — Les Grecs et les Romains ne paraissent pas avoir connu cet emploi de l'espèce canine. Richardson croit avoir trouvé dans des peintures égyptiennes un chien dans l'action d'arrêter. Ce chien, qui est près d'un archer, est plutôt un *chien de sang*. Il est attaché par un collier à la ceinture de son maître, lequel perce de ses flèches des taureaux sauvages, des chacals et des antilopes, animaux qu'on n'a guère pu chasser au chien d'arrêt.

(3) On nommait ces chiens *canes a rete* en latin du temps.

(4) Espinar, qui écrivait quelques années plus tard, mais qui avait

Simon de Bullandre, dans son singulier poëme du *Lièvre* (1), énumère en vers assez bizarres les qualités caractéristiques du chien couchant *évante-plainé :*

Diligent pourvoyeur, questeur de grande peine
Songneux en ses desseins, fidèle cuisinier,
Véritable en son nez, tire fort, guigne-motte,
Constant en son arrest, plaisant en sa façon
Bien batu, bien frotté, puny de telle sorte
Qu'il reçoit mille coups s'il fault à sa leçon.

Quand le perfectionnement des armes eut permis de tirer au vol et en courant, il ne fut plus besoin de tant de fermeté dans l'arrêt, et la plupart des chasseurs se contentèrent de *choupilles*, qui quêtaient bien à commandement, marquaient le gibier et chassaient au bout du fusil. Cependant, on ne cessa jamais, d'une manière absolue, de se servir des chiens couchants pour chasser à la tirasse et au fusil (2).

La chasse aux chiens couchants, devenue très-meurtrière (3), avait fait prendre cette sorte de chiens en

---

pu voir encore dans sa jeunesse des chasseurs à l'arbalète, décrit presque dans les mêmes termes l'excellence de leurs chiens couchants. Ils obéissaient au moindre sifflement, au plus léger signe de main. Lorsqu'ils tombaient en arrêt, le chasseur s'efforçait de découvrir, d'après l'attitude de son chien, l'endroit précis où était tapi le gibier, ce qu'il faisait en tournant à l'entour, pas à pas et sans bruit. S'il ne parvenait pas à tirer les perdrix posées, il examinait avec soin la remise, s'éloignait pour leur donner le temps de se rassurer et revenait sur elles de façon à les mettre entre lui et son chien. (*Arte de Ballesteria y Monteria*. Madrid, 1644. Cité par Magné de Marolles.)

(1) Paris, imprimerie de Pierre Chevillot, 1585. — Réimprimé en 1866, à Lyon, par Louis Perrin, pour Victor Pineau, libraire à Amiens, in-4°, IV et 16 feuillets.

(2) *La caccia coll'arcobugio del capitano Vita Bonfadini*. Bologne, 1672.

(3) Simon de Bullandre, dans le passage auquel nous venons d'emprunter quelques vers sur les chiens couchants, déplore le carnage de lièvres occasionné par ces chiens.

haine à nos Rois qui firent tous leurs efforts pour en détruire la race partout, excepté chez eux-mêmes et chez quelques privilégiés.

En ce qui les concernait personnellement, ils affectionnaient, au contraire, les chiens couchants d'une façon toute particulière (1). Louis XIV surtout avait pour eux un goût constaté par quelques anecdotes que nous avons citées plus haut. Il dressait lui-même ses chiens couchants et daignait parfois chasser avec ceux de quelques seigneurs de sa cour (2). L'excellent peintre Desportes a transmis à la postérité les figures et les noms de plusieurs de ces favoris du grand Roi, dans des tableaux qui sont un des ornements de la galerie française au Louvre.

Les portraits de *Diane* et de *Blonde*, de *Bonne*, *Nonne et Ponne*, de *Folle* et de *Mite*, de *Tane* et de *Zette* décoraient à Marly l'appartement de leur royal maître.

Parmi les *chiens d'oisel*, les plus anciennement connus sont les épagneuls : « Autre manière y a de chiens qu'on apelle chiens d'oysel et espainholz, dit Gaston Phœbus, pour ce que cette nature vient d'Espainhe, combien qu'il y en ait en autre pays (3). » Épagneuls.

(1) En 1624, Louis XIII envoya en présent à Jacques Ier, Roi d'Angleterre, des faucons, des chevaux et douze chiens d'arrêt. (*Revue des Deux Mondes*, octobre 1862.

(2) Notamment avec ceux du chevalier de Lorraine et de M. de Marsan. (Dangeau.) « Au sortir de vêpres, le Roi s'alla promener en calèche dans son parc... et fit chasser sa chienne. » (*Ibid.*, 14 avril 1686.)— Le Roi alla tirer l'après-dînée et vit chasser une chienne nouvelle que lui a donnée l'abbé Courtin. (*Ibid.*, 31 août 1701.)

(3) Les auteurs anglais prétendent que ce fut John Dudley, duc de Northumberland, qui dressa le premier les épagneuls à arrêter pour la

Ces *espainholz* avaient *grosse tête et grand corps et bel, de poil blanc ou tavelé.* On préférait ceux qui n'étaient pas *trop velus*, mais qui avaient la *queüe espesse.* Ils aimaient leur maître et le suivaient fidèlement. A la chasse, ils couraient devant lui *quérant et jouant de la queue, et rencontrant de tous oysiels et de toutes bestes*, mais on leur reprochait d'être *rioteurs* (querelleurs) et grands *abayeurs* (1).

Charles, duc d'Orléans, avait deux *espaignolz* nommés *Briquet* et *Dyamant* qu'il aimait fort. Louis XI tirait des *espaigneux* de Bretagne (2).

Les épagneuls du XVIe siècle avaient encore généralement le poil moucheté et la queue *espiée* (3). Cependant M. de Bourdeille, père du chroniqueur Brantôme, avait « des chiens tout noirs comme taupes, des plus grands et forts espagneuils que l'on eut sçu voir et des meilleurs et des plus beaux pour la perdrix et le lièvre (4). »

D'Arcussia se servait aussi d'épagneuls noirs dont il fait grand éloge.

Caïus, dans son opuscule sur les chiens anglais (5),

---

chasse au filet (1335). Ce fait est plus que douteux, au moins pour ce qui concerne la France.

(1) Phœbus, qui n'aimait pas la nation espagnole, dit que ces chiens tirent leurs défauts de la *malvèse génération d'où ils viennent.*

(2) On ignore si le *bon chien d'oisel Basque* (issu de *Briquet*, chien *culot* de Lombardie), dont ce Roi fit écrire l'épitaphe, était un épagneul. Tout ce qu'on sait, c'est qu'il était fort *rioteur* comme les épagneuls de Gaston Phœbus. (Voir cette épitaphe à la suite de la *Chasse du grand sénéchal.*)

(3) Monnet, cité dans les notes du Rabelais de M. E. Johanneau, t. I.

(4) *Vie de M. de Bourdeille.*

(5) *De Canibus britannicis, lib. unus*, 1570.

dit que de son temps les épagneuls de la Grande-Bretagne étaient généralement blancs, quelquefois marqués de grandes taches rousses. Les roux et les noirs étaient fort rares. Depuis peu, on en importait de France dont le pelage était marqueté de taches confuses sur un fond blanc : on donnait à ceux-ci le nom d'épagneuls français (1).

De Thou, dans son poëme latin sur la fauconnerie, nous a donné la description des *chiens d'oiseau* que de son temps on tirait d'Angleterre et d'Écosse. Ces chiens avaient le poil long, surtout sur le dos, et une barbe épaisse tombait sur leur poitrail velu (2). Cette description ne s'applique à aucune race d'épagneuls actuellement existante en Angleterre, mais Buffon tenait d'un amateur d'histoire naturelle que Louis XIV avait donné au comte de Toulouse des chiens semblables à des épagneuls de moyenne taille, portant une grande barbe au menton. Le comte de Lassay avait aussi possédé de ces chiens ; du temps de Buffon, on ignorait ce que cette *race singulière* était devenue (3).

Sélincourt dit, sans plus ample description, que « les espagnols sont pour les oiseaux, chassent le nez bas et suivent par le pied. »

Les épagneuls peints par Desportes sont de moyenne ou même de petite taille, et très-fins. Leur

---

(1) Dans le *baron de Fœneste*, un hobereau gascon veut faire graver sur un cachet l'image de son précieux individu suivi de quatre *caynots* (petits chiens) *spagnous bigarrats de blanc et de nègre.*

(2) *Thuani Hieracosophion*, *lib.* II.

(3) *Histoire naturelle*, art. *Chien.*

robe, d'un blanc soyeux, est marquée de brun ou de fauve. Leur queue est ordinairement rasée, avec un bouquet de poils réservés à l'extrémité.

Du temps de Buffon, on recherchait beaucoup en France les épagneuls noirs de petite taille originaires d'Angleterre, qu'on nommait alors *gredins*. C'étaient plutôt des animaux de luxe et de fantaisie que des chiens de chasse. Il en était de même des petits épagneuls noirs, marqués de feu, qu'on appelait *pyrames*, et qui n'étaient autres que ces charmants *King-Charles*, si haut prisés aujourd'hui (1).

Dès le XVIe siècle, on se servait, pour la chasse au marais, d'*épagneuls d'eau*, au poil soyeux, épais et frisé. Caïus nous apprend qu'en Angleterre, où l'on en élevait beaucoup, ces *waterspaniels* étaient tondus *en lion*, comme nos caniches. Selon de Thou, la province de Namur et la Flandre fournissaient à la France des chiens de marais aux oreilles velues, au pelage crépu mais sans barbe, et sans poils hérissés sur les yeux.

D'autres chiens semblables à ceux-ci, mais de plus petite taille servaient pour la chasse en plaine et battaient les buissons (2).

Braques. Les braques, sortis, suivant toute apparence, d'une race de *braquets* dressés à arrêter le gibier (3), ne

(1) Buffon. — Ces petits épagneuls chassaient quelquefois le lapin. Un tableau de Desportes, conservé au musée du Louvre, représente deux *King-Charles* poursuivant des lapins dans un parc.

(2) *Hieracosophion, lib.* II.

(3) C'est aussi l'opinion de M. W. Youatt dans son livre intitulé *The dog*. Ridinger, admettant la communauté d'origine, dit, au contraire, que le chien courant ou limier (*Jagd oder Spührhund*) est un braque, dressé à ce métier dès le jeune âge. (*Das Thierreich.*)

sont guère cités comme chiens couchants avant le xvie siècle.

La plus ancienne mention connue de ces chiens est celle de la *braque* blanche et fauve d'Italie qui donna le jour aux *chiens greffiers*. Reste à savoir si c'était une chienne d'arrêt, ou si elle chassait à la manière des anciens *braquets*.

Le duc François de Guise écrivait en 1540 au connétable de Montmorency : « Afin que vostre tiercelet ne faille à trouver la perdrix, je vous envoye un jeune braque pour l'y aider (1). »

Parmi les chiens décrits par de Thou comme servant à la fauconnerie, figure un chien à poil ras, dont la robe blanche est semée de mouchetures noires, *aussi nombreuses que les étoiles qui brillent dans un ciel serein*. Ces animaux, dit le magistrat chasseur, viennent en grand nombre de l'Aquitaine (2).

Les *adjonctions* à la vénerie de Jacques du Fouilloux (3), nous prouvent l'estime qu'on faisait alors des braques mouchetés, en donnant une recette pour savoir d'avance si les petits chiens d'une lice seront de ce poil.

Dans les gravures de Galle et Stradan, qui sont de la fin du xvie siècle, on voit un braque arrêtant des perdrix qu'on veut prendre au filet (4).

---

(1) *Histoire des ducs de Guise*, par M. le comte de Bouillé, t. II.
(2) *Hieracosophion, lib.* II.
(3) Édition de 1585.
(4) *Venationes, etc., depictæ à J. Stradano editæ à Ph. Gallæo.* — Blaise de Vigenère (mort en 1596) parle des *bracques* du grand Turc. —

Aldrovande, naturaliste italien, dans un ouvrage publié au commencement du siècle suivant, décrit les braques de son pays comme semblables à un lynx moucheté. « Cependant, ajoute-t-il, les noirs, les blancs et les fauves ne sont pas à mépriser. » Vita Bonfadini mentionne aussi ces braques mouchetés dans son traité sur la chasse à l'arquebuse et enseigne la manière de les dresser. En France, on leur donnait, je ne sais pourquoi, le nom de *braques du Bengale.*

On faisait cas, du temps de Sélincourt, des braques d'Espagne, qui *arrêtaient tout* et *chassaient de haut nez.* Ces braques, tout à fait semblables au vieux braque français, étaient de haute taille (1) et de formes robustes, avec la tête grosse, les oreilles longues, le museau carré, le nez gros, les lèvres pendantes, le cou épais, les pattes longues et fortes. Leur pelage était ras, ordinairement blanc avec de grandes taches brunes. Ceux qui étaient de race pure étaient à deux nez (2). Parmi les braques français, qui présentaient parfois cette particularité, on trouvait souvent des robes couvertes de taches grises confuses et serrées.

Ces braques, français et espagnols, avaient un arrêt extrêmement ferme et supportaient bien la chaleur qui accablait promptement les épagneuls (3).

D'Arcussia dit que les *bracqs* sont de même nature que les griffons et *encores plus goulus que tous.*

(1) Quelques-uns avaient jusqu'à 2 pieds 1/2 (0m,80) de hauteur. Ces grands braques avaient conservé une physionomie de chiens courants qui rappelait les *braquets* leurs ancêtres.

(2) *Traité des chiens de chasse.* — Richardson.

(3) Cette race est devenue rare depuis quelques années, à cause de l'envahissement des *pointers* anglais.

Les braques dont Desportes et Oudry ont transmis le portrait à la postérité différaient de ceux que nous venons de décrire. Plus fins, plus élancés, avec de jolies têtes mutines, presque entièrement blancs de pelage, ils avaient avec les *chiens blancs du Roi* un air de parenté que ceux-ci devaient probablement à leur grand'mère la braque blanche et fauve d'Italie (1).

Sous le nom de *barbets*, on confondait au XVIe siècle tous les chiens à long poil, griffons courants, griffons d'arrêt et chiens couchants à poil frisé que nous appelons aujourd'hui *caniches*.

Ces derniers, employés à la chasse des oiseaux aquatiques (2), étaient aussi désignés par le nom de *chiens cane*; celui de *caniche* s'appliquait spécialement à la femelle. Barbets.

Au siècle suivant, ils portaient le nom de *barbets*. « Les barbets frisez et à demi poil, dit Sélincourt, suivent tout par le pied, chassent le nez bas quand le gibier fuit, et, quand il demeure, chassent le nez haut et s'arrêtent. Ils chassent sur terre et dans l'eau; leur principale nature est de rapporter, ils sont rudes au gibier, les frisés plus que les autres; mais tous sont les plus fidèles chiens du monde et qui ne veulent connoître qu'un maître et ne le jamais perdre de veüe. »

---

(1) Il existe encore chez quelques gardes des environs de Paris une race de braques blancs et fauves, d'origine anglaise, dite des braques de Charles X, qui a de l'analogie avec ces anciens braques des équipages royaux.

(2) Henri IV aimait à chasser les canards avec des barbets. Voir plus haut. — Voir aussi les gravures de Jehan de Tournes, de Stradan et celles de Josse Amman.

Il y avait de très-grands barbets dont le poil, quoique frisé, était moins laineux que celui du caniche, et des barbets de taille moyenne, dont l'espèce, bien connue encore aujourd'hui, a cessé d'être employée à la chasse. Ces chiens sont d'origine française (1).

Le petit barbet de Buffon n'était qu'un chien d'agrément.

Griffons. Les Vaudois qui habitaient le versant piémontais des Alpes étaient autrefois connus sous le nom de *Barbets* (2) et les montagnards du versant dauphinois sous celui de *Griffons*. Par une singulière coïncidence ce dernier nom a été appliqué à une espèce de chiens voisine des chiens *barbets*, probablement parce qu'ils venaient originairement de ces *griffons* des Alpes. Sélincourt nous apprend, en effet, que les meilleurs chiens griffons venaient d'Italie et de Piémont (3).

Ce nom, donné aujourd'hui à tous les chiens à poil rude non frisé, était appliqué dès le temps de Henri IV à des chiens d'arrêt. Le Roi avait des griffons mouchetés à deux nez, auxquels il tenait fort.

D'Arcussia fait l'éloge des griffons pour la chasse aux perdreaux en été. Il prétend qu'en hiver ils craignent le froid et l'humidité, ce qui est contraire à

---

(1) Témoin le nom de *French poodle* qu'on leur donne en Angleterre.

(2) Ce nom, qu'ils devaient probablement, comme les caniches, à leur barbe, a été donné jusqu'à la Révolution aux partisans piémontais qui se formaient en *guérillas* dans les Alpes, lorsque leur pays était attaqué par la France.

(3) Gaffet de la Briffardière dit la même chose.

toutes les observations des chasseurs modernes (1).

Les griffons d'arrêt, encore fort estimés aujourd'hui, sont des chiens robustes, épais, d'une physionomie rude et sauvage. Leur poil, long et dur, est fauve ou mélangé de gris, de noir et de blanc sale. Ils sont très-courageux, très-intelligents, mais difficiles à dresser, surtout au rapport. « Les griffons chassent le nez haut, arrêtent tout et chassent aussi le nez bas en suivant par le pied (2). »

Les Anglais qui ne veulent pas faire rapporter leurs chiens d'arrêt, *setters* ou *pointers*, se servent, pour aller chercher le gibier tué ou blessé, de chiens de races diverses qu'ils nomment *retrievers* (3). En France, nous ne voyons guère de chiens exclusivement affectés à cet usage au temps passé que certains *doggues* fort laids, mais fort courageux envoyés par le prince d'Orange à Louis XIII, et qui, *sans marchander*, se précipitaient d'une grande hauteur après un canard et ne sortaient pas de l'eau qu'ils ne l'eussent pris (4). En général, nos aïeux tenaient beaucoup à ce que tous leurs chiens d'arrêt fussent bien dressés au rapport, Gaston Phœbus recommande cette qualité dans le chien d'oisel, et tous les traités de chasse à tir donnent

---

(1) Sélincourt dit seulement qu'ils suivent mieux que les autres par les chaleurs.

(2) Sélincourt. — Les griffons *bouffes*, dont le poil est à demi frisé, sortent, selon Buffon, d'un croisement entre épagneul et barbet.

(3) Ce sont des épagneuls d'eau, de petits terreneuves ou des chiens croisés de ces deux races.

(4) *Correspondance* du baron de Charnacé, envoyé de France à la Haye. — *Journal des chasseurs*, X^e^ année.

les moyens à employer pour compléter sur ce point l'éducation des chiens couchants, braques, épagneuls, barbets ou griffons (1).

(1) Voir Gaffet de la Briffardière, — Goury de Champgrand, — Magné de Marolles, — Desgraviers.

LIVRE V.

LA VÉNERIE.

CHAPITRE PREMIER.

Origine et histoire de la vénerie.

On entend par *Vénerie* l'art de prendre les animaux à force de chiens, sans employer aucune arme ou aucun engin pour arrêter leur fuite (1).

Ce mot, appliqué uniquement aujourd'hui à la chasse aux chiens courants, appelée aussi *chasse à courre, chasse à cor et à cris, chasse noble* et *chasse royale* (2), comprenait au moyen âge la chasse aux lévriers ou *levretterie;* soit que cette chasse se fît avec des lévriers seuls, soit qu'ils n'y servissent que d'auxiliaires.

---

(1) L'emploi des armes de jet et de main n'est permis que pour *servir* l'animal aux abois.

(2) La plupart des chasses à courre n'appartenaient qu'aux Rois et aux princes.

L'art de la vénerie est né sur notre sol, il était inconnu de tous les peuples de l'antiquité, à l'exception des Gaulois nos ancêtres, qui seuls savaient chasser le lièvre à courre, sans engins ni filets (1).

Les Francs connurent aussi la chasse à courre, comme en rendent témoignage des textes très-précis.

Par exemple, la loi salique défend, sous peine de 15 sols (2) d'amende, de tuer ou de cacher la bête que les chiens d'autrui ont lancée ou forcée (3).

Le jeune Clovis, fils de Childéric, poursuivi au son du cor par des paysans armés après une expédition malheureuse en Aquitaine, est comparé par Grégoire de Tours à un cerf sur le point d'être forcé (4).

Les anecdotes relatives aux chasses des Rois Mérovingiens nous les font voir sans cesse chassant à cheval, *à cor et à cris,* le cerf, le sanglier et le buffle. A propos d'une chasse que Childebert fait à ce dernier animal dans les forêts du Maine, Sainte-Palaye remarque judicieusement que le vieux Hagiographe, auteur de ce récit, a su parfaitement exprimer l'action de quêter une bête, de la détourner, ainsi qu'indiquer en termes précis le lancer, le laisser courre, etc. « C'est beaucoup, dit-il, qu'il nous reste sur une pareille matière un passage si clair et si instructif (5). »

---

(1) Voir ci-dessus, liv. I, ch. I.

(2) Représentant approximativement 400 francs de notre monnaie.

(3) *Si quis cervum (vel aprum) quem alterius canes moverunt aut lassaverunt, occiderit aut celaverit.....*

(4) *Quem fugientem, cum tubis et buccinis, quasi labentem cervum fugans insequebatur,* Greg. Tur., *lib.* IV.

(5) *Mémoires sur la chasse.*

Nous connaissons déjà l'organisation des meutes à cette époque ; les lois des barbares nous les ont montrées divisées en chiens de tête et chiens de meute et signalent l'emploi du limier, conduit *à la botte* (1) pour détourner les animaux.

On ne trouve aucun document relatif à la vénerie dans les récits des poëtes et des chroniqueurs sur les chasses de Charlemagne et de ses successeurs. Cependant cet art n'était certainement pas tombé en décadence, car nous le voyons reparaître avec éclat dans nos plus anciens romans en langue française. La *chanson de gestes* de Garin le Loherain, écrite, à ce qu'on croit, au XIIe siècle, contient un magnifique épisode de vénerie, dont nous avons déjà cité quelques fragments et auquel nous aurons encore recours. On y voit un sanglier lancé *à trait de limier*, et forcé dans toutes les règles.

Le *Dit de la chace dou serf*, qui remonte au moins à la moitié du XIIIe siècle, nous prouve que dès lors on possédait parfaitement l'art de rembucher un cerf, qu'on avait connaissance du *pied* et des *fumées*, des *portées* et du *frayoir* (2), qu'on savait lancer l'animal à trait de limier, le suivre avec les chiens courants, faire la curée et le *forhu* après la prise, et *corner* six tons de chasse différents (3).

---

(1) Large collier en cuir auquel s'attache le *trait* ou cordeau.

(2) On trouvera plus loin l'explication de ces termes de vénerie.

(3) On ne voit pas bien clairement dans le *Dit de la chasse dou serf* si l'on connaissait déjà l'usage des relais. M. Lavallée (*Chasse à courre*, introduction) se prononce pour la négative. M. Révoil, dans un article

Dans ce petit poëme « l'art de la vénerie paroît porté à un degré qui étonne (1); » outre la chasse du cerf qui en forme le sujet, il y est fait allusion à la chasse par force du sanglier et à celle du lièvre.

A partir de cette époque, les traités de vénerie se succèdent rapidement. Au XIVe siècle, nous avons le *Roy Modus*, le poëme des *Déduits* de Gace de la Buigne et le livre de Gaston Phœbus qui enseignent les règles à suivre pour chasser noblement tous les animaux dignes de cet honneur, et rendent témoignage du degré de perfection atteint dès lors par la *science de vénerie*. Le poëme de Hardouin de Fontaines-Guérin, écrit peu de temps après la mort de Gaston Phœbus, traite exclusivement de la chasse du cerf, et spécialement de l'art de *corner* (2).

Le siècle suivant est pauvre en livres de vénerie, et l'on ne doit pas s'en étonner en pensant à l'état de désordre et de misère effroyable qui pesa sur la France pendant sa première moitié. On n'y rencontre guère que le *Livre du grand sénéchal de Normandie*,

---

du *Journal des chasseurs* (Ve année), a cru pouvoir traduire le vers :

Et les trois menées feras

Par : « vous placerez vos *relais* du mieux qu'il vous sera possible. » Dans *Garin le Loherain*, le duc Bégon, quittant son château de Belin avec ses équipages de chasse, emmène

Quinze vallès por les relais tenir.

(1) Sainte-Palaye.

(2) Fontaines-Guérin donne assez succinctement les règles de la chasse du cerf. On voit, sans qu'il s'explique bien clairement sur ce sujet, qu'il se servait beaucoup de *défenses* ou hommes postés pour empêcher le cerf de prendre certains partis.

récit animé d'une chasse au cerf, conforme à toutes les lois de la vénerie.

Ces lois furent fixées d'une manière définitive par Jacques du Fouilloux dans son fameux traité, composé sous le règne de Henri II et publié pour la première fois en 1560. On y trouve exposés, avec l'autorité d'un veneur émérite, les principes de la science; la manière de juger les animaux de chasse : les uns, comme les cerfs, par le pelage, la tête, le pied, les fumées, les portées, les foulées, les *abattures*, le frayoir; les autres, comme les sangliers, par le pied, les *boutis*, le *souil;* le système d'éducation et l'hygiène des chiens, la façon de faire le bois, de servir un cerf ou un sanglier sur ses fins, les signes distinctifs du lièvre et de la hase, etc. (1).

Le *Livre du Roi Charles*, resté malheureusement inachevé, est fort remarquable par l'esprit de saine critique qui y règne et les leçons instructives qu'il donne sur la chasse du cerf (2).

Plus riche de détails et d'observations, sinon de préceptes, que du Fouilloux, Robert de Salnove indique le premier la distribution des relais et la divi-

---

(1) Quelques erreurs ont été signalées par M. Lavallée (*Chasse à courre en France*) et M. le baron J. Pichon (*la Chasse du grand sénes-chal*, introduction) dans ce livre si justement estimé des veneurs. M. Lavallée croit pouvoir en attribuer partiellement la vogue excessive aux gaillardises rabelaisiennes dont il est assaisonné.

(2) Nous citons ici seulement les auteurs qui signalent un progrès ou un changement notable ; aussi laissons-nous de côté les ouvrages fort curieux d'ailleurs de Jehan du Bec, de Maricourt, de Ligniville, de Sélincourt, ainsi que ceux de Gaffet de la Briffardière et de Goury de Champgrand.

sion de la meute en *vieille meute, seconde meute* et *six chiens* (1).

Sous Louis XV, Leverrier de la Conterie publie sa *Vénerie normande*, véritable trésor d'observations recueillies par la sagacité unie à l'expérience. On y trouve pour la première fois, expliqués avec détails, les moyens de distinguer le pied du brocard de celui de la chevrette (2), et la connaissance encore plus délicate du pied du lièvre. Il enseigne encore à garder change par ce pied, chose jugée jusque-là impraticable (3).

Le dernier de nos grands traités de vénerie est celui de d'Yauville, ouvrage où la science atteint ses dernières limites (4).

Cet habile veneur nous y apprend que c'est lui qui fit abandonner l'ancienne méthode de lancer le cerf à trait de limier et lui substitua celle que l'on suit encore aujourd'hui.

C'est ainsi que l'art de la vénerie atteignit en France un point de perfection qui n'a jamais été dépassé.

Dès la fin du XVIe siècle, Blaise de Vigenère pouvait dire à bon droit que, « pour courre à force les bestes faulves et les noires, n'y a-t-il guères de gens ou pas du tout qui facent ce mestier si exquisitement que font les François (5). »

Maricourt a dit de même : « Pour ce qui est de la

---

(1) *Vénerie française* de M. le comte Le Couteulx.

(2) Gaffet de la Briffardière n'a donné que quelques indications brèves sur ce point.

(3) *Vénerie française*.

(4) *Ibidem*.

(5) *Illustrations sur Chalcondyle*. Paris, 1612.

chasse, en nul aultre lieu du monde elle n'est exercée avec tel plaisir ny avec telle despence et invention de courre à force de chiens courrants et de chevaulx, où le seul plaisir est proposé et non le profit de la cuisine. »

Pendant que la vénerie marchait ainsi de progrès en progrès dans le pays où elle avait pris naissance, elle avait été négligée et oubliée partout ailleurs.

La vénerie en Angleterre.

La noble chasse à courre avait été importée en Angleterre au XIe siècle par les compagnons de Guillaume de Normandie (1). Un traité composé en langue française par Guillaume de Twici ou de Tuisy, veneur du Roi Edouard II (2), nous a conservé les règles observées de son temps parmi les Anglo-Normands (3). On y voit quelques différences légères avec les usages et surtout avec le langage de la vénerie française contemporaine. Le français, qu'on parlait encore à cette époque à la cour d'Angleterre, n'était plus, en effet, qu'un détestable patois (4).

Au XVIe siècle, les traditions normandes étaient déjà perdues en grande partie. Le maréchal de Vieilleville, envoyé comme ambassadeur en Angleterre par Henri II, lors de l'avénement de ce prince, dit que les Anglais ne sont pas si propres à prendre le cerf à

(1) La chasse à courre n'était pas inconnue des Anglo-Saxons, mais l'invasion normande substitua aux rudiments imparfaits de leur vénerie la science déjà perfectionnée et le langage des veneurs de France.

(2) *Le art de Venerie de M. Guyllame de Twici, published by H. Dryden Daventry, London*, 1844.

(3) Edouard II régna de 1307 à 1327.

(4) Voir l'*Histoire de la conquête de l'Angleterre*, t. IV.

force *comme à la boulingue* (1). « Ils menèrent le mareschal en un parc rempli de dains et de chevreulx et luy ayant fait amener un cheval sarde fort richement en ordre, accompagné de quarante ou cinquante que millorts que gentilshommes du païs, tuèrent quinze ou vingt bestes à course de cheval, et y avoit un extresme plaisir à voir les Anglois courir à toutes brides en ceste chasse, l'espée au poing, car s'ils eussent suyvi la victoire de quelque bataille gagnée, ils n'eussent pas plus cryé (2). »

Lorsque Jacques Stuart réunit la couronne d'Angleterre à celle d'Écosse (1603) il voulut aussitôt faire refleurir dans ses États la science de la vénerie. A cet effet, il pria son allié Henri IV de lui envoyer les plus habiles de ses veneurs « afin qu'il pust dorénavant courre dans les forests qui sont dans ses estats et non plus dans les lieux fermez comme sont les parcs, où, jusque là, il avoit toujours couru et n'avoit pu connoistre les cerfs qu'en les voyant (3). »

Dès l'arrivée à sa cour du marquis de Rosny, ambassadeur extraordinaire du Roi de France, Jacques Ier

(1) La boulingue est un cordage de navire et signifie ici la navigation.

(2) *Mémoires* de Vieilleville, t. Ier. — L'historiographe du maréchal ajoute que les Anglais ne prenaient ce plaisir que lorsqu'ils recevaient chez eux des seigneurs étrangers, et surtout des Français « que l'on cognoist aymer la chasse et y estre duicts sur toutes nations. »

(3) Salnove. — Vers cette époque, les Anglais firent paraître des traités de vénerie qui ne sont que des copies plus ou moins exactes des nôtres. *The Maystre of game*, attribué au duc d'York tué en 1415 à la bataille d'Azincourt, n'est qu'un emprunt perpétuel fait à Gaston Phœbus, et G. Turberville (*The noble Arte of Venerie or Hunting, London*, 1576) a copié du Fouilloux jusque dans ses gravures sur bois.

envoya un de ses gentilshommes lui porter la moitié d'un cerf qu'il avait pris le même jour et qui était le premier qu'il eût couru en Angleterre. Ce gentilhomme dit à l'ambassadeur, de la part du Roi, que Sa Majesté attribuait cette bonne fortune de chasse à l'arrivée de celui qui représentait en Angleterre le vrai *Roi des veneurs*. Lors de la première audience accordée à Rosny, le Roi d'Angleterre lui répéta ces propos flatteurs et se hâta de l'entretenir de chasse, quoique l'ambassadeur eût avoué ne pas y connaître grand'-chose (1).

Conformément aux désirs de Jacques, le Roi de France mit le plus grand empressement à lui dépêcher l'un de ses meilleurs veneurs, le marquis de Vitry, chargé d'enseigner à Sa Majesté Britannique les secrets de la plus noble des chasses (2). La mission de Vitry n'était que temporaire et se renouvela quelques années plus tard (3). Bientôt après, Henri envoya en Angleterre MM. de Beaumont et du Moustier, officiers de sa vénerie, avec quelques valets de chiens, puis le sieur de Saint-Ravy, qui resta attaché à la cour d'An-

---

(1) *Mémoires* de Sully, t. IV. — *Lettres missives* de Henri IV, t. VI.

(2) Jacques Ier était monté sur le trône le 3 avril 1603. L'ambassade de Rosny se mit en mouvement le 2 juin. Vitry partit le 26 août et revint en France à la fin d'octobre. — Aussitôt après son retour, Henri IV envoya, au Roi d'Angleterre, des chevaux et des chiens. (*Lettres missives* de Henri IV, t. VI.)

(3) « Si ce que nous sommes et le canal qui sépare nos royaumes ne s'opposoit à mon désir, nous verrions ensemble bien tost courre nos chiens... cela ne pouvant estre, disposez dudit Vitry et de tout ce qui dépend de moy pour vostre plaisir. » Lettre de Henri IV à Jacques Ier, du 14 juillet 1608.

gleterre en qualité de grand veneur de la Reine, ainsi que plusieurs autres *bons chasseurs* (1).

Ligniville, qui avait été aussi envoyé de Lorraine à la cour de Jacques Ier pour coopérer à cette restauration de la vénerie, trouva les Anglais très-bien instruits des règles de la chasse au lièvre. C'est le seul point qu'il paraisse leur concéder sur les veneurs du continent.

Les leçons des veneurs continentaux portèrent leur fruit, autant que le permettait toutefois la nature des lieux. « Pour l'Angleterre et l'Écosse, dit Maricourt, quelques années plus tard, j'advoüe que pour le gibier qu'ils ont, ils s'en acquictent très-bien et y sont leur Roy, sa noblesse et veneurs très-bons chasseurs, mais au lièvre et dain seullement et quelque peu de cerfs que court le Roy lui seul (2), encores est-ce l'ordinaire que la chasse du dain et cerf se faict dans les parcs où ces animaux-là sont comme privez et les lieux si peu couverts de bois que les chasseurs voient presque tousjours à veüe et peuvent remarquer leur gibier et tenir leurs chiens en subjection comme des chiens couchants. »

Salnove se plaint que de son temps les jeunes veneurs affectaient déjà de parler à leurs chiens un

---

(1) Ligniville, — Salnove, — Sélincourt. — Au moment de publier sa *Vénerie pour chevreuil* (1636), Ligniville écrivit à Saint-Ravy pour lui demander son opinion sur ce livre, et celui-ci répondit par des éloges.

(2) On voit dans Ligniville que M. de Saint-Ravy prenait, chaque année, des cerfs et biches vivants en France pour les transporter en Angleterre. En une année, il en panneauta quarante ou cinquante à Fontainebleau.

jargon soi-disant anglais et de sonner à l'anglaise, *à cause que cela est la mode*. Il y va cependant de la réputation des Français, « qui ont fait voir jusques à présent que toutes choses qui dépendent de l'esprit ont esté empruntées d'eux beaucoup plus que des estrangers. » Salnove en cite pour preuve l'appel fait par Jacques Ier aux veneurs français.

Tout ce que Sélincourt accorde aux Anglais en fait de vénerie, c'est leur *curiosité* en fait de races et *nourriture* de chiens.

Ce n'est que depuis les dernières années du XVIIIe siècle que les Anglais ayant achevé de défricher leurs forêts, et n'ayant, par conséquent, plus de grands animaux hors de leurs parcs, se sont adonnés exclusivement à la chasse du renard, chasse où tout se réduit à une question de vitesse, et qui les a conduits à se créer une vénerie complétement différente de la nôtre dans ses principes, ses moyens et son but (1).

Lorsque le grand Nemrod de l'Allemagne, l'archiduc Maximilien, commença *à prendre son plaisir à chasser ours, cerfs et sangliers*, ses compatriotes avaient depuis longtemps mis en oubli l'art de la vénerie, qu'ils avaient dû connaître et pratiquer sous les Rois Mérovingiens et Carlovingiens. Il est dit dans l'histoire

La vénerie en Allemagne.

(1) La question de la supériorité de la vénerie française sur la vénerie anglaise, et réciproquement, a été discutée par des champions trop habiles et trop expérimentés pour qu'il soit utile de l'agiter encore. Tout ce que nous pouvons en dire ici, c'est que ces deux méthodes de chasser s'appliquent chacune à un ordre de choses complétement différent; elles ont toutes deux leur raison d'être, dans leur pays et non ailleurs.

du *Roi Blanc,* pseudonyme adopté par l'époux de Marie de Bourgogne, qu'il introduisit dans ses États allemands la chasse *par force* qui y était complétement inconnue (1). Lui-même s'y adonna avec l'ardeur d'un néophyte, faisant en personne le métier de limier, poursuivant un cerf à des distances prodigieuses et s'exposant dix fois à périr sous les atteintes d'un animal aux abois (2).

La chasse à courre, qui conserva toujours en Allemagne son nom français (3), ne devint jamais un plaisir national, malgré l'exemple de Maximilien. Lorsque Henri II fit voir une grande chasse de cerf aux ambassadeurs allemands qui étaient venus le trouver à Fontainebleau, ils en furent fort étonnés, « car en leur pays cette façon de chasser ne s'exerce pas, ains chassent seulement avec la harquebuse ou l'arbalestre et l'abbayeur (4). »

A la fin du XVIIe siècle et au commencement du siècle suivant, les princes allemands, serviles imitateurs de la France, voulurent avoir des équipages de vénerie semblables à ceux de nos Rois, pour lesquels ils professaient autant d'admiration que de haine. Ces équipages étaient complétement organisés à la française, et l'on ne s'y servait que de termes français,

---

(1) *Fortz und Parckjagdt,* en allemand du temps. Ce mot de *Parck* indique qu'on chassait surtout dans des bois clos, comme en Angleterre.

(2) *Der weiss Kunig. — Theuerdannck.*

(3) *Par force Iagd.*

(4) *Mémoires* de Vieilleville, t. I. — « Les Allemands, les Italiens et les Espagnols ne font que des chasses meurtrières aux battües, triquetracs, à l'arquebuse et aux filets. » (Sélincourt.)

grotesquement déguisés à l'allemande (1). Les chasses à courre avaient lieu dans des parcs que d'innombrables allées découpaient en figures géométriques. Les quêtes y étaient numérotées et tous les incidents mathématiquement déterminés à l'avance (2).

Les Allemands se dégoûtèrent promptement de ces ridicules contrefaçons, et retournèrent à leurs chasses dans les toiles, à leurs battues et à leurs *triquetracs* (3). Dès 1738 le Roi de Prusse était le seul prince allemand qui eût conservé un équipage de cerf (4).

La vénerie en Espagne.

En Espagne, la chasse à courre, probablement importée par les peuples de race germanique, Suèves, Vandales et Visigoths, était encore en honneur du temps d'Alphonse XI, Roi de Castille (1312-1350) (5). Mais, dès le commencement du XVIIe siècle, elle était tellement hors d'usage, qu'on la considérait comme impossible à cause de la nature des lieux (6). Les Rois d'Espagne de la maison de Bourbon n'essayèrent même pas de restaurer dans leurs Etats la science de la vénerie (7).

---

(1) Voir les gravures de Ridinger et les légendes franco-tudesques qui en donnent l'explication.

(2) Fleming.

(3) La chasse des grands animaux dans les toiles est qualifiée de *chasse allemande* par excellence dans les traités de Fleming et de Pærson.

(4) *Mémoires* de Luynes. — La princesse Marie-Josèphe de Saxe, lorsqu'elle vint en France épouser le Dauphin (1747), n'avait jamais vu de chasse à courre. (*Ibid.*)

(5) Magné de Marolles, d'après un traité de vénerie rédigé par ce prince.

(6) Espinar. — Sélincourt.

(7) Saint-Simon, t. III.

« De la grosse chasse à force, dit Blaise de Vigenère, les Italiens ne sçavent bonnement que c'est non plus que les Turcs (1). »

Ainsi, comme le dit Sélincourt, il n'y avait plus de son temps que les Français, les Anglais et les Polonais qui sussent courre le gibier à force, avec des équipages de chiens courants.

C'est donc à bon droit que nous pouvons revendiquer l'art de la vénerie comme un art essentiellement français.

Ce fut toujours la chasse préférée de nos Rois et de la haute aristocratie de France. Nous ne reviendrons pas sur tant de hauts et puissants veneurs, Rois, princes et grands dignitaires, énumérés dans les pages qui précèdent. Presque tous furent *vrais connaisseurs*, pratiquant sérieusement le noble métier de vénerie et sachant au besoin faire le bois, disposer les relais, relever un défaut, débrouiller un change.

Veneurs illustres.

A côté de ces grands noms, il convient de placer ceux de tant d'officiers de vénerie et de simples gentilshommes qui ont mérité de ne point tomber dans l'oubli.

Au XIVe siècle, nous trouvons nommés comme veneurs excellents Huet des Ventes (2) qui servait dans la vénerie du roi Jean (3), ainsi que Guillaume du Pont, attaché au service du duc d'Anjou, et, après sa

(1) *Illustrations sur Chalcondyle*.
(2) Ou de Vantes.
(3) Sur ce veneur déjà cité plus haut, voir les *Comptes de l'argenterie*, Gaston Phœbus et du Fouilloux.

mort, de la duchesse Marie de Bretagne, sa veuve,

Qui de cet art fut droit docteur

et que Fontaines Guérin reconnaît pour son maître en l'art de chasser et de *corner*.

Le XVe siècle, si pauvre en traités de vénerie, ne nous a conservé le souvenir d'aucun des veneurs habiles qui se trouvaient indubitablement dans les équipages renommés du Roi Louis XI, de Charles VIII et de Madame de Beaujeu.

Le veneur favori de François Ier était Perot de Ruthie, successivement *escuier d'escuerie*, garde du parc et *chastel* de Sainte-Jame et des forêts et quatre étangs de Raiz, lieutenant de sa vénerie et gentilhomme de la chambre. Le portrait de ce personnage figure à côté de celui du Roi dans un manuscrit curieux que nous avons déjà mentionné (1).

(1) Il est parlé de Perot de Ruthie dans une lettre du Roi au connétable de Montmorency : « Je m'oblige à vous dire que nous avons failli le cerf et Perot s'en est fouy, qui ne s'est ouzé trouver devant moy. »

Perot figure aussi plusieurs fois dans les comptes de dépense de François Ier :

« Le 4 janvier 1528, à Perot de Ruthie, escuier d'escurie, 20 lt. 10 s. baillés à ung homme de pied que ledit seigneur a envoyé devers mons.[r] Duvigier luy mener une chienne pour mestre avec les autres qu'il a en garde. » (Comptes de François Ier, aux Archives.)

Le 12 juillet 1531, « provision à Perot de Ruthie pour estre payé des gaiges et droictz qu'il a à cause de son office de garde du parc et chastel de Sainte-Jame, etc. »

(*La Renaissance*, par le comte de Laborde, t. Ier, additions.) Pierre de Ruthie, familièrement appelé Perot, outre les charges énumérées ci-dessus, fut encore gouverneur de Soule et capitaine des châteaux de Bayonne et de Saint-Germain-en-Laye. Son frère, Bernard de Ruthie, fut fait grand aumônier de France en 1552. (P. Anselme.)

Sous Henri II, Marconnay, lieutenant de la vénerie, est nommé avec éloges par le rédacteur des mémoires de Vieilleville et par du Fouilloux. Ce dernier, simple seigneur de paroisse, recueillait, en chassant dans les forêts de la Gastine, les matériaux de son précieux ouvrage.

Charles IX dédie son traité de la chasse du cerf au sieur du Mesnil, lieutenant de sa vénerie, dont il parle avec une affection toute filiale, confessant avoir appris de lui tout ce qu'il sait dans son art (1).

Un autre veneur du Roi Charles, Gaillardbois (2), retiré après la mort de son maître en *Goële*, figure dans le poëme du *Plaisir des champs* comme un des principaux acteurs des scènes de vénerie qui y sont décrites, en compagnie du sieur de Moussy et de Claude Gauchet lui-même.

Ces braves veneurs sont assistés dans leurs chasses par Thiénot, simple piqueur, qui, après avoir *quelquefois contenté Henri et Charles Rois par sa bonne conduite*, vivait alors dans une ferme appelée Saint-Laurens, et leur prêtait le secours de sa vieille expérience (3).

Après tant de hauts personnages et de compagnons de guerre du Roi Henri IV, qui suivirent brillamment leur maître dans la carrière de la vénerie et dont il a déjà été parlé, après les veneurs de renom envoyés en Angleterre, inscrivons encore parmi les illustrations de ce règne Frontenac, lieutenant de vénerie, souvent

---

(1) *Le Livre du Roy Charles*, publié par M. H. Chevreul.

(2) Gaillardbois est porté sur la liste des *gentilshommes et aides de la vennerie* dès 1553. Voir aux Pièces justificatives, n° XIV, t. Ier.

(3) *Le plaisir des champs.*

mentionné avec éloge dans la correspondance de Henri IV, et du Vivier, gentilhomme attaché à la même vénerie, puis, en Normandie, pays toujours fertile en bons veneurs, le comte de Flers, les sieurs de Franqueville et des Bruyères (1).

Maricourt, Salnove et Sélincourt nous ont conservé une longue liste des plus excellents veneurs du règne de Louis XIII et du commencement du règne suivant. Nous citerons parmi les plus fameux : les lieutenants de vénerie Desprez, de Beaumont et de Saint-Ravy (2), du Belley, lieutenant de l'équipage du loup, le sieur de Bourlon, trésorier de la vénerie et *sçavant dans la chasse*, le sous-lieutenant Carbignac, *le plus habile homme* de la vénerie royale (3).

En 1651, dit Dumont de Bostaquet, « le marquis de Boniface, mon parent et voisin, lieutenant de vénerie, faisoit une grosse dépense et avoit une meute admirable ; il avait une quantité de beaux chevaux, jusques à des barbes (4). »

Bostaquet cite encore parmi les bons veneurs de sa province MM. de la Ramée et de la Houssaye.

MM. de Saint-Martin, de Valois et de Fourches commandaient les équipages renommés du prince Thomas de Savoie, du duc de Vendôme et de M. de Metz (5).

---

(1) *Les plaisirs des champs.* — Gauchet ajoute au nom de des Bruyères cette annotation : *gentilhomme du boscage, bon veneur.*

(2) Tous trois fils des veneurs envoyés en Angleterre par Henri IV.

(3) Voir Salnove et Sélincourt.

(4) *Mémoires inédits de Dumont de Bostaquet, gentilhomme normand*, publiés par MM. Ch. Read et Fr. Waddington. Paris, 1864.

(5) Salnove. — Sélincourt nomme encore Artonges, probablement of-

Parmi les gentilshommes de province, on trouve loués comme *fort curieux* de leurs meutes et veneurs accomplis M. de Clère et M. de Saint-Cère (ou Sincère) (1), en Normandie ; MM. de la Louppe, dans le Perche ; messire René de Maricourt, demeurant au pays de Beauvoisis, auteur d'un bon traité de la chasse du lièvre et du chevreuil, composé en 1627 ; M. de Gamaches, en Picardie (2), et, en Poitou, M. de l'Isle Rouet (3), dont les connaissances en vénerie, admises de tous et particulièrement du Roi, servirent au siége de la Rochelle à laver le maréchal de Bassompierre d'une accusation de négligence dans son service (4).

Pendant la seconde moitié du règne de Louis XIV, nous avons à nommer *le petit Bontemps*, capitaine des chasses, à qui le Roi fit l'honneur de chasser avec ses chiens, Sacquespée de Sélincourt, chef de l'équipage de lièvres de Monseigneur, Gaffet de la Briffardière et le célèbre M. de Popipou (5).

---

ficier dans la vénerie du duc d'Angoulême. — Il convient d'ajouter à ces noms celui de Salnove lui-même, lieutenant dans la grande louveterie de France.

(1) Beau-frère de Maricourt.

(2) Cousin de M. de Maricourt, cité aussi par Sélincourt, comme possédant des chiens de lièvre remarquables.

(3) M. de l'Isle Rouet, appelé l'*Isle le Roy* par Salnove, était également parent de Maricourt.

(4) *Six vingts* bœufs ayant été introduits dans la ville assiégée, le duc d'Angoulême dit au Roi qu'ils avaient passé par le quartier de Bassompierre. Celui-ci, grâce à l'assistance de l'Isle Rouet, que le Roi tenait pour *bon chasseur* et *bon connoisseur*, démontra que les bœufs avaient passé par les quartiers du duc lui-même et du maréchal de Schomberg. (*Mémoires* de Bassompierre, t. III.)

(5) *Drécart*, nommé dans la scène des *Fâcheux*, était sans doute aussi un veneur renommé, mais on ne sait rien de plus sur ce personnage.

Leverrier de la Conterie, seigneur d'Amigny, à qui quarante-deux ans de pratique continue avaient fourni les éléments de son excellent livre, signale sous Louis XV, dans sa province de Normandie, comme modèles *d'une sage conduite et de grande érudition, le spirituel comte d'Olliançon* (1), un marquis de Courcy, un comte de Flers, digne descendant de celui qu'a chanté Claude Gauchet, un marquis de Saint-Denys, le comte et le chevalier du Bourg, *très-bons et habiles chasseurs,* les seigneurs de Vouilly, de Bernay, de Pierrepont, de Menneville, Le Provôt du Perron, auxquels il faut ajouter MM. de Roncherolles et de Saint-Sauveur, restés célèbres dans les traditions du pays (2) et le marquis de Canisy.

« Marchez sur les traces de ces grands maîtres, s'écrie Leverrier de la Conterie, suivez-les pas à pas, vous chasserez dans la crainte de Dieu, dans l'amour du souverain et dans le respect des lois. »

Le seigneur d'Amigny regrettait déjà comme impossibles à remplacer les *piqueux* qui avaient secondé dans leurs campagnes cynégétiques ces illustres veneurs et quelques autres maîtres d'équipage de Normandie (3).

---

(1) Ou d'Oilliamson. — « Le comte d'Œilliançon, aussi spirituel et savant que grand et habile chasseur de cerf, » dit ailleurs La Conterie.

(2) Nous parlerons ailleurs des fameux louvetiers normands de cette époque. Du reste, la plupart des veneurs nommés ici chassaient loup dans la perfection.

(3) Guel au marquis de Saint-Denys, Raguene au marquis de Faudoas, la Rivière au marquis de Courcy, Bertelot au comte de Flers, la Retraite à M. de la Fresnais, Fleuri à M. Provôt, Saint-Jean au marquis

Par le nombre de veneurs excellents que possédait cette seule province, on peut juger de ce qu'était alors la France, comme pays de chasse à courre (1), et quelle liste interminable de glorieux disciples de Saint-Hubert on pourrait ajouter à celle des veneurs normands, si leurs compatriotes avaient pris soin de nous conserver leurs noms, comme l'a fait, pour les siens, M. de la Conterie (2).

La Vénerie royale et celles des Princes possédaient aussi, à cette époque, des officiers dont le nom est resté célèbre, comme le marquis de Dampierre, commandant l'équipage du daim, le fameux Fournier d'Yauville, premier veneur, commandant la vénerie de Louis XIV, le marquis du Hallays, commandant celle du comte d'Artois, le chevalier Desgraviers, qui

---

de Vassy, Lanchevin à M. de Bernay, la Rose à M. Croman, Corbin au marquis de Canisy (L. de la Conterie).

A ces illustrations du chenil, il convient de joindre Paul Piel, piqueur de M. de Saint-Sauveur et ensuite du marquis de Canisy. « Excellent cavalier, piqueur consommé, adroit dans tous les exercices, d'une bravoure téméraire, sans aucune instruction, très-original, pétillant d'esprit, ce Paul Piel, doué de tous les avantages physiques, d'une force herculéenne, était un homme vraiment extraordinaire, prodigieux. » C'est en ces termes que parle, du vaillant piqueur, M. Lemasson, qui l'a connu dans sa vieillesse.

(1) Presau de Dompierre dit cependant qu'il y a peu d'équipages en France et que les Anglais en possèdent vingt fois plus, ce qui, proportion gardée, fait la différence de cent contre un. (*Traité de l'éducation du cheval*, 1788.)

(2) M. le marquis de Foudras, dans une série d'articles charmants publiés il y a quelques années par le *Journal des chasseurs*, a célébré les exploits du marquis de Bologne, du comte et du marquis de Fussey et du piqueur Denys dans les forêts de la Bourgogne; MM. de Larye et de Boiscouteau sont restés illustres dans les traditions du Poitou et de la Saintonge, M. de Tournon, le marquis d'Authume et le comte de Reculot dans celles de la Franche-Comté.

dirigeait les équipages du prince de Conti, et bien d'autres.

Tels furent les hommes qui inscrivirent dans les fastes de la vénerie française ces chasses mémorables dont le renom est venu jusqu'à nous.

Nous avons déjà cité ce cerf, porté bas sous les murs de Paris, après quatre jours de chasse, par le seigneur de Lamballe qui l'avait attaqué dans le comté du même nom, et le haut fait de M. de Popipou, prenant à dix heures du soir, dans les jardins de Versailles, le cerf lancé à sept heures du matin dans la forêt de Navarre près Évreux.

En avril 1602, l'équipage de Henri IV laissa courre près de Herbault en Beauce (1) un cerf qui alla passer la Loire à Escures, poussa jusqu'auprès d'Amboise et de la Bourdaisière et revint mourir non loin de Pontlevoy. Il ne passa par aucun relais et fut pris de meute à mort par douze ou quinze chiens. *Force chevaux le payèrent*. Quatre ou cinq veneurs seulement, parmi lesquels Frontenac, assistaient à l'hallali (2).

Vers la fin du règne de Louis XIII ou au commencement de celui de Louis XIV, le duc d'Angoulême attaqua, dans les bois de Nouvion en Ponthieu (3) un grand cerf portant *vingt-deux mal semés* (4). Au bout de sept heures de chasse, il fut forcé sur les

(1) A 16 kil. de Blois.
(2) *Lettres missives* de Henri IV, t. V.
(3) A 13 kil. d'Abbeville.
(4) Onze andouillers à l'une des *perches* et dix à l'autre.

limites du Boulonnais, après avoir parcouru dans tous les sens les forêts de Crécy et de Vron et traversé la rivière d'Authie.

Le duc dit à Sélincourt, qui l'avait laissé courre lui-même, qu'il n'avait jamais vu « un cerf plus vigoureux, une plus belle tête ni une plus grande course que celle-là. »

Le même prince, ayant associé à son équipage les meutes excellentes de M. de Metz et du marquis de Souvré, donna la chasse à un cerf d'une vigueur extraordinaire, qui, lancé dans les bois de Montéty en Brie, fut couru pendant trois jours consécutifs par les trois meutes successivement découplées, et ne fut pris qu'après avoir fait plus de 60 lieues et *mesuré* tous les *buissons* et bois de la Brie. Il revenait tous les soirs au lancer et on le brisait la tête couverte pour l'attaquer le lendemain. Tous les vieux chasseurs dirent qu'il était sorcier. Quand on le prit, il était *sec comme du bois*, mourant de faim plutôt que forcé (1).

Vers la même époque, un gouverneur de Picardie, assisté de tous les seigneurs de la province, chasse le jour de la Saint-Hubert un cerf qui va se faire prendre dans les Pays-Bas (2).

La vénerie du Roi Louis XIV prend dans la forêt de Jouy un cerf qu'elle avait laissé courre dans la forêt de Crécy en Brie (3).

Les chiens du duc de Vendôme lancent, dans la

---

(1) Sélincourt.
(2) *Ibidem*.
(3) Gaffet de la Briffardière.

forêt de Montrichard près d'Amboise, un cerf qui les conduit jusqu'à la forêt de Grosbois en Berry (1).

En 1748, MM. de Roncherolles, gentilshommes normands, attaquent, dans la forêt de Villedieu près Coutances, un grand sanglier qui leur tue ou blesse onze chiens, et qu'ils sont obligés d'abandonner le soir. Piqués de cet échec, ils couchent sur les lieux pour le relancer au point du jour. Le sanglier avait fait beaucoup de chemin pendant la nuit, les veneurs intrépides le suivent et vont encore coucher dans un endroit où ils espéraient le rejoindre le lendemain. Leur plan fut de nouveau déjoué, le sanglier allait toujours devant lui. Enfin ils réussirent à le prendre, le quatrième jour, à 28 ou 30 lieues du lancer. Ils se trouvaient à 2 lieues et 1/2 de Rennes, où les états de Bretagne étaient assemblés. Ne jugeant pas à propos d'y paraître avec leurs costumes de chasse qui devaient être assez mal en ordre, MM. de Roncherolles firent lever la hure du sanglier et l'envoyèrent à M. de Viarmes, intendant de la province. M. de la Fare raconta au Roi qu'il avait mangé sa part de cette hure et qu'elle était d'une grosseur énorme (2).

Il serait superflu de prolonger l'énumération de ces chasses si remarquables auxquelles il faut ajouter de merveilleuses chasses de loup dont nous parlerons dans un chapitre spécial. Nous devons toutefois men-

(1) Gaffet de la Briffardière.
(2) *Mémoires* du duc de Luynes, t. IX.

tionner dès à présent cette fameuse chasse conduite par M. d'Heudicourt, dans laquelle un grand loup, poursuivi par l'équipage du grand Dauphin, le mena de Fontainebleau à la forêt de Rennes, où l'hallali fut sonné le quatrième jour.

CHAPITRE II.

Langage, us et coutumes de la vénerie.

De même qu'elle avait ses lois rigoureusement formulées, la vénerie avait son idiome sacramentel, qu'un gentilhomme devait parler correctement, sous peine de se faire relever comme un mal appris (1). Cet idiome n'a presque pas varié depuis le XIIIe siècle, et l'on peut encore retrouver le français du moyen âge sous les formes plus ou moins bizarres et l'orthographe fantasque dont les veneurs, race souvent peu lettrée, l'ont affublé pendant un si long espace de temps (2).

---

(1) Là, quelqu'un n'entendant les termes de la chasse
Du cerf, jura, tac tac, après celuy qu'on chasse
Toy, fasché de ce mot mal propre et mal duisant
Tu luy dicts quelque mot qui l'alloit instruisant.
(Claude Gauchet.)

(2) « Tout a changé en France depuis le XIVe siècle, seules la langue

Ce langage abondant, expressif, souvent pittoresque, a été adopté par tous les pays qui nous ont emprunté l'art de chasser à courre. On en retrouve les termes défigurés en Allemagne et même en Angleterre malgré les prétentions exclusives de l'orgueil britannique (1).

Il a fourni aussi à notre façon de parler familière bon nombre de dictons et de phrases proverbiales, comme : « tomber » ou « rester en défaut, aller sur les brisées de quelqu'un, rompre les chiens, prendre le change, » etc. (2).

Les anciens traités de vénerie nous ont conservé les formules de cet antique idiome avec toutes les nuances, un peu confondues aujourd'hui, de son vocabulaire et de sa prononciation. « Aussi, dit Gaston Phœbus, l'on doit paroler en chasse diversement, selon les bestes que l'on chasse car on ne parle mie

---

et les règles de la vénerie sont restées immuables. » (*Notes et documents relatifs à Jean, Roi de France.*)

(1) Presque tous nos termes de vénerie les plus différents en apparence du langage habituel sont des mots de notre vieille langue, défigurés par l'orthographe et la prononciation. Donnons-en quelques exemples :

Courre dans chasse à *courre*, *laisser courre*, est l'ancienne forme du verbe *courir*.

Cor dans *cerf dix cors*, est une forme tombée en désuétude du mot *corne*.

Avaler la botte au limier, pour *abaisser*, etc. Id.

Volcelet, quand on revoit des fuites du cerf de meute : *vois le, ce l'est.*

Velcy aller, pour animer le limier ou les chiens de meute sur une voie. — *Véez le cy aller*.

Vlau ou *velelau*, lorsqu'on voit passer le sanglier par corps : *Véez le, ho !*

Au coule. — *Ho, écoute !* etc., etc.

(2) Et encore, *être aux abois, lever un lièvre, prendre le contre-pied de quelqu'un, courir deux lièvres à la fois.*

à ses chiens quant chassent le sanglier ainsi comme on fait quant on chasse le cerf. »

En effet, les *hautains* et *plaisants* cris étaient *dédiés* pour la chasse de ce noble animal, et les *bas*, *rudes* et *furieux* pour la chasse du sanglier et du loup, « comme de crier : hou, veles cy aller, haula, houla, et autres rudes langages (1). »

L'art de *huer*, c'est-à-dire de parler aux chiens, était considéré comme une branche de la science aussi importante que l'art de *corner*, et les intonations de ces cris étaient fixées d'une manière mélodique. Du Fouilloux a même pris la peine, dans son livre, de noter musicalement *ces cris et langages plaisants, comme faisoyent les anciens*.

Us et coutumes de la vénerie.

Une foule de coutumes singulières existaient de temps immémorial parmi les veneurs, qui les faisaient respecter rigoureusement.

Par exemple, les pages et valets de chiens qui gardaient un relais avaient le droit de déshabiller et de fouetter les curieux malavisés qui venaient leur adresser des questions impertinentes. « Ce sont les vieilles usances de la chasse, » dit Enay au baron de Fœneste qui se plaint d'avoir été fustigé *en diable* par les pages de la Vénerie, à Saint-Germain. « Vous qui aimez les anciennes cérémonies, ajoute en manière de consolation l'impitoyable railleur, ne devez pas resprouver cela. »

Cette façon tant soit peu brutale d'enseigner la dis-

(1) Du Fouilloux.

crétion aux ignorants s'appelait *donner le relais* (1).

Lorsque les veneurs se disposaient à *frapper aux brisées* pour *laisser courre*, l'usage voulait que le commandant de la Vénerie ou le premier piqueur offrît au maître et aux personnages de distinction présents des bâtons de coudre ou de châtaignier, anciennement nommés *estortoires* ou *destortoires*. Ces bâtons devaient être pelés jusqu'à la poignée exclusivement quand les cerfs ont touché au bois, et restaient couverts de leur écorce aussitôt qu'ils ont *mis bas* (2). Cette cérémonie était considérée comme des plus importantes dans les chasses royales (3). Elle fut en usage jusqu'au XVIIIe siècle. Serré de Rieux (1734) dit que de son temps le manche du fouet remplace le *destortoire* pour écarter les branches.

C'étaient surtout les *honneurs du pied* et la curée qui étaient accompagnés de formes traditionnelles, bizarres et parfois ridicules.

L'usage de présenter le pied au maître d'équipage, ou à quelqu'un des assistants désigné par lui, est fort

---

(1) Tallemant des Réaux, dans l'*Historiette* du comte de Montsoreau, fils du grand veneur de Henri III, raconte que ce seigneur, d'humeur fort tyrannique, voulut un jour faire donner le relais à des marchands de toile qui traversaient ses bois un jour de chasse. Au même moment paraissent deux vieilles *fausses-saunières* (femmes faisant la contrebande du sel). Montsoreau leur fait ôter leur sel et propose aux marchands de commuer la peine du fouet en une autre peine que le cynique Tallemant peut seul exprimer en toutes lettres. Après s'être amusé de la frayeur de tous ces pauvres gens, il finit par les laisser aller.

(2) Le *destortoire* est mentionné dans le *Dit de la chasse dou serf* et l'*estortoire* dans le roman de *Tristan*. Phœbus en parle sous le nom d'*estortouère*. Fontaines Guérin dit *estourtoire*.

(3) Voir Dangeau et Saint-Simon.

ancien. Il en est parlé dans la *Chasse du grand sénéchal* et dans du Fouilloux (1).

Au XVIIIe siècle, il n'était que toléré chez les gentilshommes. « Chez ce qui s'appelle *seigneurs*, dit Leverrier de la Conterie, payant à leurs *piqueux* de très-gros gages, on ne donne jamais le pied, parce qu'ils ne veulent pas qu'il en coûte rien à ceux qui partagent leurs plaisirs; le premier *piqueux* cependant ne le lève pas moins pour le porter au commandant, qui le présente au prince qu'il a l'honneur de servir. »

Le même auteur dépeint assez plaisamment le *piqueux* d'un bon gentilhomme normand sonnant l'hallali du lièvre, puis tirant son chapeau de la main gauche, et de la main droite qui tient sa trompe présentant le pied, et aussitôt sonnant fanfare, *l'œil de côté, pour voir venir la pièce.*

La curée se faisait toujours avec grande solennité. Le Roi ou le maître d'équipage y présidait en sonnant de la trompe ainsi que tous les assistants, mais tous devaient ôter leurs gants, sous peine de les voir confisquer par les valets de chiens (2).

Le sceptique Erasme, qui ne respectait rien, s'est permis, dans son *Éloge de la folie*, de railler l'importance excessive qu'on attachait à ces cérémonies.

« Lorsqu'ils ont forcé leur animal, dit-il, quel

---

(1) Quant nous eumes assez corné
Madame le pied demanda
Pour ce que l'avois détourné
A lever me le commanda.
(*Chasse du grand seneschal.*)

(2) Salnove.

étrange plaisir ils prennent à le dépecer; les vaches et les moutons peuvent être mis en quartiers par un boucher vulgaire; mais ce qui a été tué à la chasse ne peut être défait que par un gentilhomme qui jettera à terre son chapeau, tombera dévotement sur ses genoux et tirant un couteau spécial (car un couteau ordinaire n'est pas assez noble), après force cérémonies, disséquera toutes les parties de la bête, aussi artistement que le plus habile anatomiste, tandis que tous les assistants le regarderont attentivement, comme ravis en admiration par la nouveauté d'un spectacle qu'ils ont déjà vu une centaine de fois, et celui qui pourra tremper son doigt dans le sang et le porter à sa bouche, on croira son état singulièrement amélioré (1). »

C'était naturellement dans les chasses royales que le rituel de la vénerie était le plus ponctuellement suivi. Il s'y compliquait encore des lois d'une minutieuse étiquette. Le cérémonial du *botter* et du *débotter* (2), du laisser courre et de la curée, la présentation des frayoirs, des bâtons de chasse, des houssines, le rapport et les honneurs du pied (3) sont astreints à des règles dont la plus légère violation donne lieu à des discussions interminables, enregis-

---

(1) *Moriæ encomium, Erasmi declamatio, Argentorati,* 1511.

(2) Sur le *débotter* du Roi, voir les *Mémoires* de Mme Campan.

(3) « Quand le Roi monte à cheval à la chasse, le premier valet de pied tient l'étrier ; au relais, ce sont les écuyers et les pages. » *Mémoires* du duc de Luynes.

trées avec soin par les Dangeau, les Saint-Simon et les Luynes (1).

Au bon vieux temps, on n'y regardait pas de si près, mais il était un point sur l'omission duquel nos aïeux n'eussent pas entendu facilement raillerie, c'était celui du déjeuner qui se faisait au lieu de l'assemblée, en attendant le rapport des valets de limiers. Le *Roy Modus* et Gaston Phœbus parlent déjà de ce joyeux repas, où sur des *touailles* (2) et nappes on servait *viandes diverses et de grand foison, selon le pouvoir du seigneur de la chasse,* où l'un mangeait assis, l'autre *sur pieds*, un autre accoudé, où chacun buvait, riait, *jangloit* et *bourdoit* de son mieux *en tout esbattement et liesse.*

Du Fouilloux, tout en blâmant les veneurs de son temps de prendre plus de plaisir aux bouteilles qu'à leur métier, célèbre sur un ton plein d'enthousiasme les *coutrets*, *barraux* et flacons, pleins de bon vin d'Arbois, de Beaune, de Chalosse et de Grave que le sommelier doit apporter sur trois chevaux de bât et qu'il fait rafraîchir avec du camphre, à défaut d'une source voisine. Il n'a garde d'oublier le cuisinier qui vient chargé de *bons harnois de queule,* jambons de Mayence, langues de bœuf fumées, groins et oreilles de pourceaux, pièces de bœuf *de saison,* carbonnades, pâtés, longes de veau froides couvertes de *poudre blanche,*

(1) Voir, outre leurs mémoires, les *États de la France* des règnes de Louis XIV et de Louis XV.

(2) Toiles, serviettes.

et autres *menus suffrages* pour *remplir le boudin* (1).

Le Roi et les seigneurs étendent leurs manteaux sur l'herbe et se couchent *de côté* dessus, buvant, mangeant, riant et faisant grand'chère. Mais les contemporains de du Fouilloux ne se bornent pas à *jangler* et à *bourder*, et les sujets de conversation par trop scabreux que leur indique le veneur Poitevin nous font voir à quel point en était arrivé le *décolleté* du langage.

Ces façons gaillardes et familières ne pouvaient convenir au mélancolique Louis XIII ni au solennel Louis XIV, et de leur temps le déjeuner sur l'herbe a cessé de faire partie obligée du programme des chasses à courre. Les simples gentilshommes avaient suivi l'exemple des princes, et l'on qualifiait de *faux chasseurs* ceux qui ne venaient au rendez-vous que *pour manger comme cinquante et parler comme cent* (2).

Aussi le veneur des *Fâcheux* a-t-il soin de dire qu'après avoir disposé ses relais *il déjeunait en hâte avec quelques œufs frais.*

Lorsqu'il arrivait à un valet de limier de faire buisson creux, il ne manquait pas de prétendre qu'il avait rencontré un prêtre ou un moine. Cette superstition impertinente, qui remonte au moins au XIVe siècle,

---

(1) On trouve, dans les comptes de François Ier, de nombreux articles relatifs à ses haltes de chasse, comme *flascons de la chasse* en argent, *estuys de cuyr de vache doublez de cuyr blanc* pour ces flacons, *estuy de maroquin double garny de passans et courroyes*, pour la *couppe* que le Roi fait porter à la chasse, salière de chasse, *gaisne* garnie de six couteaux à manches d'acier *pour les collations* et *porter à la chasse*, *ferrière* d'argent couverte de velours noir, sacs de cuir blanc pour porter le pain, etc. (Voir les Pièces justificatives du t. Ier.)

(2) Leverrier de la Conterie.

est vivement combattue par Salnove ainsi que celle qui voulait qu'une *ribaude* fût *de très-bonne encontre* (1). Croire qu'un prêtre vous porte malheur, c'est s'exposer à murmurer contre une personne envers laquelle Dieu vous commande le respect, et *au regard de la femme*, à en faire un jugement *téméraire et scandaleux*, en la supposant fille de joie si vous réussissez dans votre quête (2). La rencontre d'un lièvre, d'une perdrix ou autre bête *couarde* était aussi de mauvais augure.

(1) Gace de la Buigne.

(2) Salnove s'en prend à du Fouilloux, dans lequel nous ne trouvons rien de semblable.

CHAPITRE III.

Équipages de vénerie, meutes (1) et personnel.

Il fallait un long apprentissage pour acquérir la science compliquée de la vieille vénerie; aussi, du temps de Gaston Phœbus, l'aspirant veneur commençait son éducation dès l'âge de sept ans en qualité de *page de chiens*. Il devenait ensuite valet de chiens, puis aide de vénerie, avec deux chevaux à son rang, enfin veneur en pied (2).

On trouve ces divers degrés de hiérarchie cynégé-

(1) Le mot *meute* ou *mute*, comme on disait autrefois, vient du verbe *mouvoir*, et exprimait un groupe de chiens *mis en mouvement, moti*. — *Mute* de vingt chiens. — On lit dans le *Roy Modus :* « la première chose est de sçavoir si le cerf est en *bonne mute*. »

(2) On trouve souvent des *braconniers* mentionnés parmi les hommes de vénerie dans les documents du moyen âge. Ces *braconniers* étaient chargés de la garde des brachets et ne paraissaient qu'accidentellement dans les grandes chasses à courre. Ils étaient d'ordinaire à pied. Ceux du duc d'Orléans en 1396 étaient montés sur des *roucins*. (*Ducs d'Orléans*.) — Nous devons dire toutefois que le mot de braconniers est souvent pris d'une manière générique, pour signifier un valet de chiens, un homme de vénerie.

tique établis bien avant Phœbus dans les véneries des Rois de France et des grands feudataires. Seulement, aux pages viennent se joindre, dès le règne du Roi Jean, des *écuyers du déduit*.

Au XVIe siècle, le personnel de la vénerie royale, devenue infiniment plus considérable, se compose de lieutenants, gentilshommes, aides, valets de limiers, valets de chiens à cheval et à pied (1).

On comprenait sous le nom de *piqueurs* tous ceux qui suivaient les chiens à cheval et les appuyaient.

Sous le règne de Charles IX eut lieu une modification importante dans les attributions des hommes de vénerie.

Précédemment, on distinguait deux classes de veneurs, les *congnoisseurs*, qui faisaient le bois et détournaient les animaux, et les *picqueurs*, qui ne faisaient qu'appuyer les chiens. Quand survenait un défaut ou un change, ces derniers devaient arrêter les chiens et attendre les *congnoisseurs*, qui venaient remettre les chiens dans la voie. Cet usage, qui faisait perdre un temps considérable, fut aboli, et les veneurs durent être à la fois piqueurs et connaisseurs (2).

Le titre de piqueurs, qui depuis le XVIe siècle fut le seul attribué aux veneurs des *seigneurs particuliers*, ne

(1) Les surnoms significatifs donnés aux hommes de vénerie remontent au moins au XIVe siècle. Dans les comptes de la vénerie de Charles VI, nous trouvons Jehan *Corneprise*, valet de chiens, et Jehannin *Hue-lièvre*, page des lévriers. *Robinus Corneprise* figure parmi les archers de la vénerie de Philippe le Bel, dès 1287. (Voir les Pièces justificatives, t. Ier.)

(2) *La Chasse royale.*

fut porté officiellement dans la vénerie royale qu'à la fin du règne de Louis XIV (1).

Les équipages de vénerie étaient fort peu considérables aux premiers temps de notre histoire. Aux dernières années du XIIIe siècle, le Roi de France lui-même n'avait que 12 chiens courants avec 3 veneurs et 6 valets (2).

Ce chiffre de 12 chiens était, à cette époque, le minimum d'une meute (3). Sous le Roi Jean les meutes ont pris des proportions plus respectables; il faut 40 ou 50 chiens pour mériter ce titre. Les gentilshommes qui ne possédaient que 4 ou 5 chiens courants s'associaient avec leurs voisins et amis pour former un équipage comme on le fait souvent aujourd'hui. Charles VI et son frère le duc d'Orléans avaient des meutes de plus de 100 chiens à la fin du XIVe siècle. Une trentaine d'années après, celle du duc de Bourgogne, Philippe le Bon, n'était que de 50 chiens courants et 5 limiers (4).

Depuis le règne de Henri IV jusqu'à celui de Louis XV, la principale meute de l'équipage royal, celle du cerf,

---

(1) Leverrier de la Conterie, dans son langage original, a tracé de main de maître quelques vives caricatures des veneurs de son temps. Les uns, *charlatans de vénerie*, que rien ne semble capable d'arrêter et qui, dès que le cerf est lancé, se *rembuchent au pied d'un baliveau* pour ne le quitter qu'en entendant sonner l'hallali, les autres, *farauts bien galonnés, chargés de poudre et de musc* qui arrivent au rendez-vous en cabriolet et *vont frapper à la brisée en faisant des sauts de mouton*.

(2) Pièces justificatives, t. Ier.

(3) « Mute de chiens est quand il y a douze chiens courants et ung limier, et si moins en y a, elle n'est pas dicte mute, et si plus en y a mieux vault. » (*Le Roy Modus*.)

(4) Voyez ci-dessus, t. Ier.

fut habituellement de 70 chiens (1). Les meutes du chevreuil, du sanglier, du loup et du lièvre étaient beaucoup moins nombreuses (2).

Sous Louis XVI, la grande meute du cerf, seule conservée, était de 125 chiens courants et de 25 limiers (3).

Les princes du sang royal avaient des meutes très-considérables. Celle du duc d'Orléans, en 1756, était de 103 chiens, divisés en 52 de meute, 20 de vieille meute, 20 de seconde, 11 limiers (4).

Le prince de Condé avait, en 1772, une meute de cerf de 121 chiens, et 62 chiens à la meute du daim (5). Le comte d'Eu, en 1769, comptait dans ses chenils 125 chiens dont 93 pour le cerf et 32 pour le sanglier.

Ce dernier prince avait 114 chevaux de selle et de chasse, 7 officiers de vénerie, 3 piqueurs et 2 valets de chiens à cheval (6).

Le prince de Condé possédait 125 chevaux de selle, dont 34 de vénerie. Son équipage de cerf avait 7 hommes, tant piqueurs que valets de limier et valets de chiens, et son équipage de daim 6 hommes de vénerie.

---

(1) Sauf sur la fin du règne de Louis XIV, où elle était de cent chiens, non compris la *meute de Marly*.

(2) Pièces justificatives, t. Ier. Il faut remarquer qu'il y avait presque toujours une seconde meute de cerf, aussi nombreuse que la première.

(3) D'Yauville.

(4) Pièces justificatives à la fin de ce volume.

(5) Voir aux Pièces justificatives l'état détaillé des équipages de la maison de Condé, personnel, meutes et écurie en 1772.

(6) Pièces justificatives. *Liste générale et perpétuelle des chevaux et des chiens qui composent l'équipage de S. A. S. Mgr. le comte d'Eu*, par le chevalier de Boucher.

Il est facile de comprendre que le personnel des équipages s'était accru proportionnellement au nombre des chiens. Il en fut de même de celui des chevaux.

Les progrès furent très-grands dans la vénerie royale comme ailleurs.

Il y a loin, en effet, des 9 hommes et des 24 chevaux qu'entretenait Philippe le Bel aux 357 chevaux que comptaient sous Louis XV les seuls équipages du cerf et du daim (1), aux 56 officiers et 31 valets de chiens et piqueurs qui figurent sur les états de la grande vénerie, sans compter ceux attachés aux équipages du daim, du chevreuil, du lièvre, au vautrait, à la louveterie (2).

Du temps de Louis XIV, l'équipage de vénerie d'un *seigneur particulier* qui pouvait chasser le cerf devait se composer de 50 à 60 chiens avec 2 piqueurs, 4 valets de chiens, 2 valets de limier et 1 petit valet couchant au chenil. Ces grandes meutes chassaient souvent tous les animaux.

Gaffet de la Briffardière le dit notamment de celle du duc de Verneuil, une des plus belles du règne de Louis XIV.

Le comte de Toulouse possédait une meute dite des *sans-quartiers* parce qu'ils couraient tout ce qu'on lan-

---

(1) Voir aux notes l'état complet des écuries de chasse de Louis XV, en 1752; ainsi que celui des écuries du prince de Condé et du comte d'Eu, aux Pièces justificatives.

(2) Louis XVI, qui avait fait de grandes réformes dans ses équipages, ne possédait plus que 40 chevaux de chasse en 1777.

çait devant eux, cerf, daim, chevreuil, sanglier, loup, renard (1).

Nous donnerons plus loin des détails sur la composition des équipages pour chevreuil, sanglier, loup et lièvre, en constatant seulement qu'au dire de Savary une meute de lièvre, pour mériter ce nom, doit se composer de 20 chiens au moins (2).

(1) Voir Dangeau. — Le 10 juillet 1700, le Roi courut le chevreuil avec les chiens de M. le comte de Toulouse, et, dès que le chevreuil fut pris, il fit attaquer un daim par les mêmes chiens et le prit aussi, t. VII. — Un haut fait du même genre, accompli par l'équipage de Chantilly, qui prit en 1863 un cerf et un chevreuil le même jour, excita l'admiration universelle.

(2) *Vigintique minor numerus, non turma vocetur.*
(*Alb. Dian. lepor., lib.* II.)

CHAPITRE IV.

Armes, ustensiles et costumes de vénerie.

---

§ 1. ARMES.

La chasse à courre exige des armes, des ustensiles et des costumes spéciaux.

Nous ne parlerons pas ici de l'arc et de l'arbalète, non plus que des armes à feu, l'emploi n'en ayant été que tout à fait accidentel, lorsque les efforts suprêmes de la bête aux abois mettaient en danger les chasseurs ou la meute.

Les armes que portaient les anciens veneurs étaient des armes d'hast, épieux et dards, et des armes de main, épées et couteaux de chasse.

Dards. Le dard, arme favorite des chasseurs de l'antiquité, restée nationale au moyen âge chez les peuples de la péninsule ibérique (1), n'était guère connu en France

---

(1) *El lèal conselhero*, traité composé au xve S., par Dom Duarte, Roi de Portugal, donne les préceptes de l'art de lancer à la chasse le dard ou javelot. (*Chasse à courre*, par M. J. Lavallée. — *Manuscrits françois de la Bibl. Royale*, par M. P. Paris, t. III.)

que pour la chasse du sanglier dans les toiles. Au XIIIe siècle, le dard qui servait à cet usage portait en langue d'oc le nom de *dard porcarissal* (1).

Au moyen âge, on connaissait deux sortes d'épieux. Épieux.

Celui qu'on maniait à cheval (*espié* ou *espiet* en langage du temps) était monté comme une lance de guerre. Son fer était long et tranchant (2), et garni d'une croix ou traverse de métal qui l'empêchait de s'engager trop dans le corps de l'animal frappé. Le veneur tenait cet épieu en arrêt sous l'aisselle, comme une lance de joute, ou le prenait par le milieu de la hampe pour le *paumoyer*, comme fait de son arme un de nos lanciers modernes (3). Quelquefois, il le lançait comme un javelot. Cette sorte d'épieux cesse d'être usitée à partir du commencement du XVe siècle.

L'épieu dont on se servit à pied jusqu'au XVIIe siècle (4) était beaucoup plus fort et plus pesant que

---

(1) On conserve à l'*Armeria Réal* de Madrid quelques-uns de ces dards à large fer, empennés et garnis d'une traverse.

(2) Espiez tranchants qui sont à ressoigner.
(*Roman d'Aubery le Bourgoing.*)

Entre ses mains tint lidus son espié
Dont l'alemelle (lame) avait bien demi pié.
(*Garin le Loherain.*)

« Il doit avoir son espieu croysié bien agu et bien taillant et bonne hante (hampe) et forte. » (Gaston Phœbus.)

(3) Begues i vint paumoiant son espié.
(*Garin le Loherain.*)

Paumoyer un épieu ou une lance, c'est le brandir en le tenant par le milieu. Sur le maniement de l'épieu des deux manières énoncées ici, voir Gaston Phœbus.

(4) Et jusqu'au XVIIIe en Allemagne. Voir l'œuvre de Ridinger. — Sur l'épieu du XVIIe siècle, voir Ligniville, *Chasse du sanglier*. Ms.

celui dont nous venons de parler. Son fer, large et épais, en forme de feuille de sauge, portait une traverse en métal ou en corne de cerf fixée avec une vis ou suspendue avec une courroie à sa douille (1). Il était emmanché d'une robuste hampe de bois dur qu'on choisissait couvert de nœuds pour que la main du veneur pût le tenir plus ferme. Très-souvent des courroies de cuir, croisées tout le long de la hampe et maintenues à leur point d'intersection par des clous à tête saillante et arrondie, remplissaient le même office que les nœuds du bois (2). On maniait cet épieu à deux mains, comme une pique d'infanterie ou un fusil à baïonnette de nos jours.

Épées de chasse.

L'épée, que tout veneur portait à son flanc gauche en poursuivant les grands animaux, ne différait guère de l'épée de combat (3). Sous Louis XIII, elle était médiocrement courte, à lame roide, aiguë et tranchante, à garde simple et légère. On l'attachait à un ceinturon, et non à un baudrier (4).

---

(1) On conserve au musée de Chartres un épieu du XVIe siècle, provenant du château d'Anet. La traverse est en corne de cerf sculptée et la hampe en bois noueux, renforcé de courroies et de clous de distance en distance ; le fer, large et tranchant, était habituellement renfermé dans un étui en cuir.

(2) Voir les épieux représentés dans les figures du *Theuerdank* et de du Fouilloux, ceux des tableaux de Sneyders et de Rubens, etc. J'ai en ma possession un de ces épieux allemands, à hampe garnie de courroies et de clous.

(3) Dans l'inventaire des effets mobiliers du chanoine Jean de Saffres (1365) figure une épée à chasser, de fabrique bohémienne, évaluée 15 gros.

« A Frémyn Guillon pour avoir faict un fourreau de cuyr jaune lissé pour une espée dorée à porter à la chasse, 30 s. t. » (Comptes de Charles IX, *Archives cur. de l'hist. de France*, t. VIII.)

(4) Maricourt, — Ligniville.

Pour la chasse du sanglier, on se servait d'*estocs* ou longues épées, dont la lame n'avait de tranchant que vers la pointe (1). Du temps de Gaston Phœbus, ces estocs avaient 4 pieds de longueur. Quelquefois on les lançait comme un dard (2).

Dans divers monuments anciens, entre autres dans les tapisseries de Guise, on voit de ces longues épées dont la lame très-longue et étroite se termine en forme de fer d'épieu ou de feuille de sauge. Parfois, au-dessous de cette partie élargie du fer, se trouve une traverse en croix, comme celle des épieux (3).

Couteau de chasse.

Le couteau de chasse succède à l'épée vers le milieu du XVIIe siècle; il diffère peu de celui dont nous nous servons aujourd'hui. Quelquefois la lame est légèrement courbée. Sous Louis XIV, la poignée est ordinairement garnie d'une branche et d'une petite coquille. Un couteau de table et une fourchette sont adaptés au même fourreau (4).

§ 2. INSTRUMENTS ET USTENSILES.

Outre l'épée, les anciens veneurs portaient avec eux divers instruments tranchants qui leur servaient à couper du bois, à faire curée, etc.

---

(1) Gaston Phœbus. — Maricourt.

(2) Gaston Phœbus. — *Le Roy Modus*. — Ce dernier donne en ce cas à l'estoc le nom d'*espée à jecter*.

(3) *Skelton's ancient arms*. — Gravures de Jost Amman.

(4) Pour en finir avec les armes de vénerie, il faut dire quelques mots de ces armes de main, épées, couteaux de chasse et même épieux, auxquelles on adaptait des pistolets à rouet ou à pierre. Il s'en trouve dans toutes les collections d'armes, notamment au Musée d'artillerie.

Hansart. Écorchoir.

Au XIIIe siècle, on nommait *hansart* et *écorchoir* (*escorchéor*) des couteaux à large lame, destinés à défaire et à dépouiller les animaux abattus. Le veneur les faisait porter à sa suite par un valet, ou les attachait à l'arçon de sa selle (1). Il avait, en outre, à sa ceinture un petit couteau appelé canivet et divers menus ustensiles (2).

Trousses de vénerie.

Plus tard, ces divers instruments furent réunis avec des ciseaux, aiguilles, poinçons, etc., dans une gaîne ou trousse dont la pièce principale était une sorte de couperet, appelé hache de vénerie (3). Cette trousse se nommait, au XIVe siècle, *coustel à deffaire* ou *coustel à clau* (4). Elle était souvent richement ornée (5). Le veneur la suspendait à son ceinturon du côté droit.

Les veneurs du Roi portaient encore cet ustensile à la chasse du temps de François Ier, et les Allemands, qui lui donnaient le nom de *Weydmesser*, ne l'ont guère abandonné qu'à la fin du XVIIIe siècle (6).

---

(1) Sun arc li portoit un vallez
Sun hansart et sun bercerez.
(Marie de France, *loi de Lanval*.)

(2) *Partonopeus de Blois*.

(3) C'étaient ces haches que les Rois donnaient à leurs veneurs avec les *heuzes* et la livrée.

(4) Gaston Phœbus.

(5) « Une hache néellée à deffaire cerfs et grosses bestes ou pris de V sols. » Inventaire de la comtesse Mahault (1316) cité par M. de Laborde.

« Uns cousteaux à clau, à porter en bois, c'est à sçavoir un grand, un petit, un poinson avec les forcettes qui sont d'argent et est la gayne à quoy elles pendent d'argent. » Inv. du Roi Charles V, *ibid*.

(6) Fleming.

§ 3. TROMPES ET CORS DE CHASSE.

De tous les accessoires employés dans la vénerie, les plus importants et les plus essentiels sont les cors ou trompes de chasse.

Les auteurs cynégétiques de l'antiquité ne font aucune mention de cors ou autres instruments de musique usités à la chasse. Il est donc fort douteux que les chasseurs grecs, romains et gaulois en aient connu l'usage, quoiqu'ils eussent l'habitude de se servir, à la guerre, de cornes d'urus et de trompes de métal recourbées (1).

Les Francs et les autres Germains connurent de bonne heure l'emploi du cor à la chasse. Il a déjà été parlé de celui du Roi Gontran et du *cor recourbé* que Clotaire II sonnait *à pleines joues* et *à perdre haleine*, pour appuyer ses chiens (2), ainsi que des trompes et des cors au son desquels fuyait comme un cerf le jeune Clovis (3). On conserve encore, au trésor de la cathédrale d'Aix-la-Chapelle, le cor d'ivoire de Charlemagne.

Les cors de chasse jouent un certain rôle dans notre histoire. Il n'est pas besoin de rappeler ici ce fameux *oliphant* que sonnait Roland à l'agonie dans les gorges

---

(1) On trouve seulement dans Oppien une trompe d'airain employée dans une battue aux ours. Une statue d'Endymion au Musée Capitolin, tient dans la main un petit cornet de chasse, mais c'est probablement une restauration moderne.

(2) « *Tunc cornu curvo, plenis buccis anheliter, latratus canum acuit.* » *Vit. S. Faron.*, ap. Montalembert, *Moines d'Occident*, t. II.

(3) Voir ci-dessus.

de Roncevaux; il fait partie du monde fantastique des légendes et n'était pas d'ailleurs un cor de chasse, mais de combat (1). Mais à notre sujet appartient le cor d'ivoire que Guillaume le Conquérant portait *suspendu sur son dos*, et qu'il légua par testament à l'*Abbaye aux hommes* de Caen, avec sa couronne, son sceptre et autres objets de prix (2).

Gaston Phœbus et Hardouin de Fontaines-Guérin ont pris grand soin de conserver à la postérité les noms des plus célèbres sonneurs de trompe de leur temps, parmi lesquels figurent un duc d'Orléans, un comte de Vendôme, un sire de Bueil, un sire de Montmorency (3).

---

(1) Lorsque Charlemagne entend à 30 lieues de distance le son du cor de Roland, il veut aller à son secours, mais le traître Ganelon l'en détourne en lui disant que son neveu chasse sans doute dans la montagne.

« Pour un seul lièvre va toute jour cornant. »
(*Chanson de Roland.*)

(2) Ducarel, *Anglo-Norman antiquities.*

(3) Premier au conte de Vendosme
Et puys à monseigneur d'Anboyse...
Et à monseigneur de la Suze
Et de Buel qui pas ni muse.
En monseigneur du Bois, son frère...
En monseigneur de Malatret
Qui de corner bien se déporte.
De très bon vouloir m'en raporte
Ou seigneur des Roches ausi
En monseigneur de Lendevy
Avec monseigneur de Tussé
Monseigneur Jehan de Brésé...
Et pour ce m'en raporte à ceulx
Avant només, car sentement
Ont, et droit vray entendement
De bien corner, et bien entendre
Quant on corne bien, sans mesprendre.
(*Trésor de Vanerie.*)

La mort de Charles IX fut attribuée par beaucoup de ses contemporains à sa passion pour la trompe. Louis XIII, qui se piquait d'exceller dans l'art de sonner de cet instrument et qui prétendait en pouvoir donner toute une journée sans en être incommodé, niait que ce fût la véritable cause de la fin prématurée de ce Roi (1).

La discrétion avec laquelle le page Saint-Simon usait du cor de son maître passait pour avoir été une des premières causes de sa faveur (2).

Louis XV est souvent représenté sonnant d'une grande trompe à la Dampierre. On lui a attribué la composition de quelques fanfares (3).

Les nobles chasseresses du moyen âge ne craignaient pas d'exercer leur talent et leur souffle sur cet instrument, quelque peu gracieux qu'il soit. Madame de Beaujeu savait fort bien en sonner.

> « A sa belle bouche elle a mise
> Sa trompe, dont moult bien s'aydoit, »

dit le grand sénéchal de Normandie. Marguerite de Bourgogne, duchesse de Savoie, suivait par les forêts le duc Philibert son mari « avec le cor d'ivoire pendant en escharpe, en habillement de noble veneresse (4).

(1) Tallemant des Réaux, t. II.

(2) « Louis XIII prit amitié pour Saint-Simon à cause, disoit-il....., que, quand il portoit son cor, il ne bavoit point dedans. » Tallemant des Réaux, t. II.

(3) Notamment la *Louise royale*. Dans le poëme intitulé *Diane* ou *les Loix de la chasse du cerf* (par Serré de Rieux), Paris, 1734, cette fanfare est donnée comme *faite par le Roy lui mesme à Fontainebleau*.

(4) Jean Lemaire de Belges dans l'*Histoire de Marguerite d'Autriche*, par le comte de Quinsonas.

Comme leur nom l'indique suffisamment, les premiers cors de chasse ont été fabriqués avec des cornes d'animaux, et l'emploi de ces cors ou cornets primitifs s'est perpétué jusqu'au XVIIIe siècle; on les garnissait d'embouchures, de viroles et de bordures de métal plus ou moins précieux (1).

Les cors d'ivoire remontent au moins au règne de Charlemagne. Le cor de cet empereur, conservé à Aix-la-Chapelle, passe pour avoir été fait avec une des défenses de l'éléphant Aboul-Abbas, que lui avait envoyé en présent le Calife Haroun al Raschid (2).

Au temps de la chevalerie on donnait à ces cors le nom de *cors d'oliphant* ou simplement d'*oliphants* (3).

Ces oliphants, très-recherchés, étaient curieusement sculptés, garnis d'or ou d'argent, souvent même enrichis de cristal de roche et de pierreries.

Dans Garin le Loherain, le duc Begon de Belin, partant pour la chasse :

---

(1) *Item*, ung grand cornet de corne, garny d'argent doré, à une couroye de soye grise à cloutz d'argent. » (*Les ducs de Bourgogne*, par M. le comte de Laborde, t. II.) — Pennant (*Tour in Wales*) décrit un cor du XVIe siècle, conservé dans une ancienne famille du pays de Galles. C'était une corne de bœuf ornée d'argent ciselé et portant les initiales de Piers Griffith et de ses parents. Les jours de fête, ce cor était rempli de vin, et il fallait le vider d'un trait et le sonner ensuite. — Voir aussi dans les notes de *la Vénerie de Guyllame Twici* la description d'un cor ayant appartenu aux Daysel de Lillingston et qui était une corne de bouquetin, garnie d'argent.

(2) Dans l'église de Terwuren en Brabant, on montrait autrefois un cornet d'ivoire, couvert de lames d'argent du poids de 8 livres, qui passait pour celui de saint Hubert.

(3) *Oliphant*, comme le mot latin *elephas*, signifiait à la fois en vieux français, *éléphant* et *ivoire*.

Pend à son col un cor d'ivoire chier
De neuf viroles de fin or bien loiés (lié)
La *guiche* en fut d'un vert paile (1) prisié

Nos anciens documents sont remplis d'articles relatifs à des cors d'ivoire (2).

Des cors de métal apparaissent dès le XVe siècle. Les trompes dont se servaient les princes et les grands seigneurs étaient souvent en or, en vermeil ou en argent (3); ciselées et niellées.

Les cors à pans coupés, représentés dans les tapisseries du XVIe siècle, les petites trompes repliées sur elles-mêmes des figures de du Fouilloux et des tableaux de Rubens, sont évidemment en métal. Le Musée des armes de l'Empereur de Russie conserve une belle trompe d'argent doré ornée de fleurs de lis, qu'on croit avoir appartenu à Henri II (4).

---

(1) *Guiche*, baudrier du cor. — *Paile*, étoffe de soie qu'on tirait d'Alexandrie, voir Ducange, v° *Pallium*.

(2) « Ung cornet d'yvire bordé d'or, pendant à une courroye d'un tissu de soye ferré de fleurs de lys et de daulphins d'or. » (Inv. des joyaux de Charles V. — Catalogue Debruges-Dumesnil.)

« *Item*, un grand olifant. » (*Ducs de Bourgogne*, II.)

« *Item*, ung cornet d'ivoire, tout ouvré de bestes et autres ouvraiges. » (*Ibid.*)

« Un autre grant cor d'ivoire, fait à plusieurs quarrez... garny aux deux boux et au milieu d'argent doré, esmaillié de certaines armes et bestes. » (*Ibid.*)

(3) « *Item*, une trompe d'or pendant à un large tixu de soye noir, ferré d'or, garnye la dicte trompe de ix dyamans..., de ix rubis et de xviij perles. »

« Autre trompe d'argent néellée et sur les arectes et aux deux bouts garnye d'or. » (*Ibid.*)

(4) Peut-être était-ce une des « deux trompes d'argent nellé et doré » qui existaient en 1560 au château de Fontainebleau. (Laborde, Gloss., v° *Esmail de niellure*.) — Ces trompes précieuses étaient conservées dans des couvertures de peau. (Comptes de Bourgogne.)

Les trompes dont parlent Ligniville et Maricourt étaient aussi en métal. Ce dernier veut qu'elles aient des embouchures d'argent (la trompe du Roi devait avoir une embouchure d'or). *Les plus propres* étaient entièrement en argent.

A partir de cette époque, on ne connaît plus que des cors de métal.

On s'était parfois servi, pendant le moyen âge, de trompes en bois ou en écorce (1) dont le son était fort aigu et qu'on nommait *ménuels* ou *menuiaux* (2).

On ne sait pas de quelle matière étaient fabriqués les cors d'Angleterre, si estimés au xve siècle, que Louis XI ne parut pas trop choqué d'en recevoir en échange de la splendide vaisselle d'or émaillée qu'il avait offerte au comte de Warwick à son *partement de Rouen* (1467) (3).

Les cors et les trompes dont nous venons de parler avaient tous une forme demi-circulaire se rapprochant de celle des cornes d'animaux qui en étaient souvent

---

(1) On trouve dans les comptes des ducs de Bourgogne :

« Ung petit cornet de bois noir aromatique pendant à un petit las de fil d'or. » — Il est douteux que ce petit instrument ait pu servir à la chasse.

(2) Voir Ducange, v° *Menetum*. — Il est souvent question, dans les comptes des ducs de Bourgogne et d'Orléans, de trompes de verres, renfermées dans des étuis, qui ne pouvaient être que des vases à boire.

(3) *Item*, une autre trompe d'Angleterre, garnie d'un tixu de soye gris et d'argent doré. (Comptes des ducs de Bourgogne.) Billy était chargé d'acheter des cors d'Angleterre pour le duc Louis d'Orléans et de les garnir d'or et d'argent avec un *laz de soye* pour pendre ledit cor. (*Louis et Charles, ducs d'Orléans*.) Dans les comptes du même prince, conservés à Blois, on trouve une somme de cxvij francs pour cause de xxiij cors de chasse envoyés d'Angleterre.

la matière première. Ce n'est qu'à la fin du XVIe siècle dans les gravures de la venerie de du Fouilloux et plus tard, et dans quelques tableaux de Rubens et Sneyders, qu'on voit paraître de petites trompes de métal repliées sur elles-mêmes de façon à former une sorte d'anneau au milieu de la courbure comme les cornets des postillons allemands.

Maricourt dit, en effet, que « le temps passé on portoit des trompes qui estoient tournées de cinq ou six tours, mais l'on les a quictées, parce que dans les bois elles ne s'entendoient de loing et qu'elles estoient fortes à sonner. Néantmoings, ajoute-t-il, elles sont plaisantes pour la chasse du lièvre (1). »

Ces trompes repliées sur elles-mêmes ne firent pas abandonner le cor demi-circulaire, qui leur survécut jusqu'à la seconde moitié du règne de Louis XIV.

Ligniville, qui, en certains cas, réprouve absolument l'emploi du cor à la chasse, se moque des grandes trompes demi-circulaires à la mode de son temps, dont l'embouchure touchait le genou du veneur, tandis que le pavillon battait la croupe de son cheval (2).

Le chasseur ridicule des *Fâcheux* (1661) est qualifié de *porteur de huchet, qui mal à propos sonne.* Le

---

(1) Tel n'est pas l'avis de Jacques Savary. « La trompe qui se replie en cercles enlacés à d'autres cercles a des tons criards et doit être laissée au cruel Mars; qu'une trompe dont la forme rappelle le croissant de la lune soit suspendue en écharpe de votre épaule gauche à votre flanc droit. » (*Album Dianæ leporicidæ, lib.* III.)

(2) Chasse du cerf, Mss. Salnove (1655) semble aussi n'avoir connu que cette espèce de cors.

huchet était un très-petit cornet, semblable à ceux que portaient alors en France les postillons (1).

Un tableau de Van-der-Meulen peint de 1670 à 1675 nous fait voir pour la première fois une trompe circulaire, de la forme de celles d'aujourd'hui, de petite dimension et suspendue, comme les anciens cors, à une *enguichure*.

A ces petites trompes circulaires succèdent, vers la fin du règne de Louis XIV, les grandes trompes d'un tour et demi, dites plus tard à la Dampierre, du nom du veneur qui en régla le premier les sonneries. Dans les tableaux d'Oudry, tous les veneurs portent ces trompes, dont le pavillon est beaucoup moins large que celui des trompes modernes. Louis XV lui-même est souvent représenté sonnant le *bat-l'eau* ou l'*hallali.*

Sous le règne suivant, la trompe à la Dampierre, incommode à cause de sa vaste circonférence, fut remplacée par une trompe de deux tours et demi, semblable à celles dont on se sert communément de nos jours (2).

Les trompes dont sonnaient, au XVIIIe siècle, le Roi et le grand veneur étaient en argent (3).

Les cors demi-circulaires étaient suspendus à un

---

(1) *La Science héroïque.* — Les anciens Édits des souverains des Pays-Bas qui avaient conservé force de loi dans l'Artois et la Flandre française faisaient une distinction entre la *grande trompe*, dont le port était un des signes distinctifs de la *chasse noble* et permise, et la *petite trompe* que les *levretteurs* portaient en poche pour se livrer à des chasses prohibées. (Edit de 1613, dans Merlin et Galesloot.)

(2) D'Yauville.

(3) Gaffet de la Briffardière. — D'Yauville.

baudrier nommé *guige*, *guiche* ou *enguichure* (1). Ce baudrier était souvent tissu d'étoffes précieuses et garni d'or ou d'argent (2).

Du temps de Salnove, les *maistres valets de chiens* et leurs compagnons portaient au côté leurs trompes dont les *anguicheures* étoient chargées de couples, « afin que, si quelques chiens coupent les leurs, ils leur en mettent d'autres. »

L'enguichure, portée en Allemagne jusqu'au XVIIIe siècle, cessa d'être en usage en France dès l'apparition de la grande trompe dont les dimensions la rendaient inutile.

Sonnerise.

De la forme des anciens cors, il résulte évidemment qu'ils ne pouvaient donner qu'une note. Les diverses sonneries consistaient en articulations plus ou moins prolongées de cette note unique, à laquelle les veneurs donnaient le nom de *mot*. Chaque *mot* ou émission de son représentait une valeur de durée et de tenue, et non pas une différence d'intonation dont l'instrument n'était pas susceptible. Des *mots longs* et des *mots courts*, combinés de diverses manières, constituaient

(1) L'oliphant de Charlemagne était suspendu à une *guiche* sur laquelle était appliquée sa devise (*Dein Ein*, *tout à toi*) en lettres de métal doré. Cette inscription existe encore à Aix-la-Chapelle, ajustée sur une guiche moderne, en velours rouge.

(2) Voir ci-dessus les *guiches*, *las*, et tissus servant à suspendre les cors de Charles V et des ducs de Bourgogne et d'Orléans.

Dans l'inventaire de Charles V on trouve encore : « Un cor noir dont les courroyes sont de cuir fauve, accouplées à un tourel d'argent doré. » Et dans les comptes des ducs de Bourgogne : « Une escharpe de geest (jais) besaucée d'argent à laquelle pent un cornet d'argent pour Mgr. de Charolois. »

toutes les *cornures* (1). Ces mots étaient *cornés* sur le *gros ton* ou *sur le grêle* (2).

Il en fut ainsi tant qu'on se servit du cor demi-circulaire. L'usage momentané qu'on fit de trompes contournées sur elles-mêmes, à la fin du XVIe siècle, ne semble avoir changé en rien le système de notation des sonneries.

Dès le XIIIe siècle, les veneurs connaissaient six *cornures* de chasse différentes : appel, bien aller, *requesté*, vue, appel forcé, prise (3).

Fontaines-Guérin, qui s'est beaucoup étendu sur l'art de *corner*, en énumère un bien plus grand nombre: cornures de chemin, d'*ésemblé*, de quête, de chasse,

---

(1) Sur les anciennes sonneries, voir Guillaume de Tuisy, Gaston Phœbus, Hardouin de Fontaines-Guérin, du Fouilloux et Salnove. — Voir aussi dans le *Trésor de vénerie*, édité par M. le baron J. Pichon, une note importante de M. Bottée de Toulmont, et, dans l'édition de *la Chasse royale* de M. Chevreul, un passage très-bien rédigé de l'introduction.

(2) Cette distinction du *gros ton* et du *grêle* est fort ancienne. Dans un roman du XIIIe siècle, Vivien sonne son cor

> Deux fois en graille, et li tiers fu en gros.

« Les hommes de pied escossois, dit Froissart, sont tous parés de porter à leurs cols un grand cor de corne, à manière d'un veneur, et quand ils sonnent tous d'une fois et montent l'un grand, l'autre gros, le tiers sur le moyen, et les autres sur le délié, etc. » Il est encore fait mention du *gros ton* et du *grêle* dans Salnove et Sélincourt.

(3) *Lou dit de la chace dou serf.* — Dans le roman de *Partonopeus de Blois* qui est à peu près du même temps, le héros, ayant tué un sanglier,

> Sonne son cor et justise
> Si assiet bien les mos de prise.

de vue, de *mescroy* (1), de requêté, d'*eauve*, de relais, d'*ayde*, de prise, de retraite, d'appel de chiens, d'appel de gens.

Du temps de du Fouilloux, les sonneries n'avaient pas sensiblement changé.

Les *mots* de la trompe sont souvent représentés dans les anciens traités par des syllabes convenues : *Trout, trourourout* dans Guillaume de Tuisy, *tran tran*, dans du Fouilloux, *tonhon*, *donhon*, *dohoon*, dans Salnove.

Hardouin de Fontaines-Guérin note ses cornures avec de petits carrés noirs et blancs juxtaposés.

Du Fouilloux joint à ses *tran*, *tran* une notation régulière semblable à celle en usage pour le plain-chant.

Ce devait être une assez triste musique que cette éternelle répétition de la même note, sonnée dans un rauque cornet et les *six vingts* piqueurs qui sonnaient la mort du cerf aux chasses de Henri II auraient probablement affecté nos oreilles délicates d'une façon médiocrement agréable.

Il n'en était pas de même des contemporains.

Sélincourt, qui avait été témoin de la substitution des trompes modernes à l'antique cornet, ne peut s'empêcher de regretter « ces anciens cors qui se faisaient entendre de 2 ou 3 lieues. » Il prétend que les inventeurs des trompes dont on se sert à présent « sont cause de la rupture d'un si bel ordre qui

---

(1) Quant vos chiens sont en grant effroy
De leur cerf qu'ils cuident pardu.
(*Trésor de venerie.*)

estoit observé dans la chasse du cerf, et qu'ils font plûtost office de trompettes que de chasseurs, et par ce moyen ont introduit une licence de sonner plûtost à la manière des maistres du Pont-Neuf que d'observer les vieilles règles. »

Ce qui causait la mauvaise humeur de Sélincourt, c'est qu'il y eut évidemment au commencement du règne des trompes circulaires une période de transition durant laquelle chacun sonnait à sa fantaisie. Les fanfares et tons de chasse des nouveaux instruments ne furent définitivement réglés que vers le commencement du règne de Louis XV, par le marquis de Dampierre.

Les sonneries modernes se divisent en tons de chasse et fanfares. Parmi ces dernières, il en est qui servent à indiquer l'animal lancé, les autres sont de pure fantaisie. Les plus anciennes et les plus estimées ont été composées par M. de Dampierre, la largeur et la simplicité de leur facture n'ont jamais été surpassées depuis.

Le plus ancien auteur qui nous donne l'énumération des sonneries de trompe avec leur musique est Serré de Rieux, qui publia en 1733 un poëme assez médiocre sur la chasse du cerf (1).

Ce livre contient les tons de chasse suivants : la quête, deux tons pour chiens, le *laissé courre*

(1) *Les dons des enfans de Latone, la musique et la chasse du cerf, poëmes dédiés au Roy*. Paris, MDCCXXXIII.

royal (1), le *forhu, pour remettre les chiens dans la bonne voye et pour le hourvary,* le débucher, l'eau, la sortie de l'eau, l'hallali, l'appel, la retraite prise.

Les fanfares notées par Serré de Rieux sont au nombre de trente-cinq; il en est six *que l'on ne doit sonner qu'à la vue du cerf*, dont elles indiquent la tête.

La *Reine*, faite par M. de Dampierre à l'occasion du mariage de S. M. (1725), marque que l'on court un daguet.

La *discrette, faite après la petite vérolle du Roi*, annonce un cerf à sa seconde tête.

La *Dauphine*, faite à l'occasion de la naissance de M. le Dauphin (1729), est pour la troisième tête.

La *Louyse royalle*, fanfare faite par le Roi lui-même à Fontainebleau, se sonne pour un cerf à sa quatrième tête.

La *petite Royalle* se sonne dans le cas du cerf dix cors seulement, et *l'autheur* (M. de Dampierre) *a jugé à propos de la faire plus courte, pour la facilité des veneurs en galoppant.*

La *Royalle*, faite pour le Roi, la première fois qu'il courut le cerf dans le bois de Boulogne (1722 ou 23), annonce un cerf dix cors; c'est une des plus belles fanfares du marquis de Dampierre.

Parmi les autres fanfares, plusieurs sont affectées à certains équipages, ou ne se sonnent que dans certaines forêts.

---

(1) *Faite à l'occasion d'un cerf à sa 3e teste, détourné à la Boixière par le Roy luy-mesme. Il fut pris et la tête mise dans la galerie des cerfs à Fontainebleau; le jour et l'année y sont marqués. (Ibid.)*

De ce nombre sont : la *Conti*, la *Dombes*, la *Chantilly* (1), la *Rambouillet* (2), la *Fontainebleau* (3), la *Choisy-le-Roi*, la *Petit-Bourg*.

Les fanfares d'agrément, à la composition desquelles ont pris part avec le marquis de Dampierre différents amateurs, comme M. Mouret et le marquis de Tressan, se sonnent uniquement pour célébrer pendant la curée le succès d'une chasse, et faire valoir le talent des sonneurs de trompe.

Gaffet de la Briffardière, dont le traité posthume fut publié dix ans après le poëme de Serré de Rieux, connaît de plus que celui-ci, parmi les tons de chasse, le lancer, le bien aller, la vue, *quand les chiens s'emportent*, le *relancer*, le *raproché*, et la retraite manquée. Il ne donne que 21 fanfares.

Leverrier de la Conterie indique les mêmes tons de chasse, ses fanfares sont encore moins nombreuses, ce qui s'explique par la différence de position entre un simple gentilhomme de province et un officier de la Vénerie, comme Gaffet de la Briffardière, qui se trouvait en rapports continuels avec M. de Dampierre et les plus fameux sonneurs de trompe de l'époque.

---

(1) Fanfare d'équipage des princes de Condé.

(2) Fanfare du comte de Toulouse.

(3) La *Fontainebleau*, sous le nom de la *Darboulin*, sert aujourd'hui à annoncer le déjeuner :

« Vlà Darboulin qui arrive
Avec Monsieur son mulet! »

M. Darboulin était lieutenant de vénerie de Monsieur, comte de Provence en 1776. Il était probablement chargé de surveiller la partie gastronomique, à laquelle son prince tenait beaucoup.

Dans le traité de vénerie de d'Yauville, on ne trouve plus que 6 tons de chasse : *Le vol-ce-l'est*, *le débuché*, *l'eau*, *l'hallali*, *la retraite*, auxquels il faut ajouter *le passage de l'eau* qui forme la seconde reprise de *l'eau*.

Les fanfares sont au nombre de 27, parmi lesquelles apparaissent pour la première fois la *Parme*, la *Fontenoy*, la *Champcenetz*, la *Boucher*.

Excepté la fanfare du daim, donnée par d'Yauville, aucun auteur ancien ne nous a transmis les fanfares qui servent à indiquer les animaux autres que le cerf. Celles qu'on sonne actuellement sont cependant assez anciennes. Plusieurs figurent au nombre des fanfares notées comme fanfares de fantaisie par Gaffet de la Briffardière et d'Yauville. Ainsi, celle qu'on sonne aujourd'hui pour le loup est appelée la *Folie* dans le premier de ces ouvrages, le chevreuil est la *Champcenetz;* la *petite Royale*, qui se sonnait autrefois pour le dix cors jeunement, est devenue la fanfare du sanglier.

§ 4. COSTUMES.

Quelques monuments gallo-romains nous font voir nos ancêtres chassant à cheval, la tête couverte d'un capuchon et les jambes entourées de bandelettes croisées (1). Nous ne possédons aucun document sur les

---

(1) Voir un bas-relief reproduit dans les *Monuments des Arts libéraux en France*, par Lenoir, et dans *l'Univers pittoresque* et le tombeau de l'empereur Jovinus, conservé à Reims (dans la *Revue archéologique*, 1860).

costumes de chasse des Francs ; il est probable qu'ils ne changeaient rien pour chasser à leur tenue habituelle. Vêtus d'habits courts et serrés, ne quittant jamais le large ceinturon auquel étaient attachés leurs armes et les ustensiles dont ils se servaient à la chasse aussi bien qu'à la guerre (1), ils n'avaient qu'à sauter sur leurs chevaux pour se trouver prêts à courre le cerf ou le sanglier.

Les chevaliers du XIIe siècle y mettaient plus de cérémonie, ils endossaient un vêtement spécialement consacré au *déduit de vénerie* ou *cotte à chasser*, et par-dessus un *peliçon* fourré de *gris* ou d'hermine. Leurs chaussures étaient des *heuzes* ou bottes longues, armées d'éperons d'or (2).

Au siècle suivant, nous trouvons, dans le roman de *Partonopeus de Blois*, la description très-détaillée d'un costume de veneur, que nous croyons devoir transcrire ici textuellement.

(La belle Urrake aide le comte de Blois à revêtir ce costume).

Corte cemise, ce m'est vis (3)
Et un court peliçonet gris
Et d'un bon vert corte gonele (4)
Li a vestu la damoisele

---

(1) Les Francs suspendaient à cette ceinture leur épée, leur *scramasax* ou coutelas, leurs couteaux, et une aumônière qui contenait leur briquet, leur pierre à feu, leur peigne et leur argent. Voir les ouvrages de M. l'abbé Cochet.

(2) Cote à chascier li Loherens vesti
Hueses chausciées et esperons d'or fin.
(*Garin le Loherain*, t. II.)

(3) *Hoc mihi est visum*, je l'ai vu.

(4) *Gonele*, diminutif de *gonne*, en anglais *gown*, robe.

Et puis li baille sa çainture
De cuir d'Irlande, fort et dure.
De venerie i a ostius (outils)
Li canivès (1) et li fuisius (fusil) (2)
Et li tondres od le galet (3)
Et mitaines de Mutabet (4).
Puis a estroit et bien cauciés
Ses beles gambes et ses piés
De cauces (chausses) de soie bien ate (5)
Et de buens sorcaus (sur-chausses) (6) d'escarlate
Et d'unes hueses fors et dures
Por garder lui de bléçeures.
Li esporon sont bel et gent
Bien fait, à or et à argent.
Son cor d'ivoire à son col pent
Que la bele Urrake li rent
Puis li asfuble son mantel
De bon vert et de gris novel.

Le veneur du XIVe siècle s'en allait *en bois*, chaussé de *gros houseaux de fort cuir*, pour se garantir des épines et des ronces, le cor au col, l'épée au côté et le *coutel pour défaire de l'autre part*; ses vêtements étaient en été de couleur verte, pour chasser le cerf, et en hiver de couleur grise, pour le sanglier (7).

Nous trouvons, en effet, Philippe le Long (1316) vêtu pour la chasse, tantôt d'une *cotte hardie* et d'une *housse* de *camelin à bois*, fourrées de menu vair (8), tantôt de cotte hardie et housse de *vert à bois* (9).

---

(1) Petit couteau.
(2) Fusil, brochette de fer servant à battre le briquet et à aiguiser les couteaux.
(3) L'amadou et la pierre à feu.
(4) Tissu inconnu.
(5) Apte, adaptée.
(6) Sorte de bas semblables aux *bas à botter* du XVIIe siècle.
(7) Gaston Phœbus.
(8) Le camelin était une espèce de drap gris-brun.
(9) *Comptes de l'argenterie*.

Ses veneurs recevaient de lui des cottes hardies en camelin de Château-Landon.

On peut voir sur l'effigie d'un de ces veneurs, Guillaume de Malgeneste (1), que la cotte hardie était une tunique longue, tombant jusqu'au bas des jambes (2). La housse était une sorte de robe longue et ample, avec des manches ouvertes et pendantes. On la portait souvent attachée à l'arçon de la selle (3).

Le Roi Jean, ses veneurs, les seigneurs et les chambellans qui le suivaient à la chasse portaient également des cottes hardies et housses *sengles* (simples, sans doublure), en *drap vert à bois* (4) de Louvain.

Le *chaperon* ou capuchon paraît avoir été la seule coiffure en usage avec ces cottes hardies. A la fin du XIVe siècle, on y joignit diverses sortes de bonnets et de chapeaux, et les cottes devinrent beaucoup plus courtes et plus serrées, suivant les modifications du costume civil (5).

---

(1) Portefeuilles de Gaignières.

(2) 350 *ventres de menu vair* furent employés à fourrer la cotte hardie de Philippe le Long, y compris le chaperon et les manches. — Deux housses pour le même Roi employèrent l'une 292, l'autre 312 ventres avec des manches de 64 ventres. Les housses du Roi Jean exigeaient 400 ventres, plus 96 pour les ailes et 6 pour les languettes. (*Comptes de l'argenterie.*)

(3) Probablement avec *un ruban large de soye noire*, comme on le faisait en 1463. (*Ibid.*)

(4) Ce sont les vêtements de chasse d'été, comme on le voit à leur couleur et à l'absence de doublure.

Gace de la Buigne dit, en parlant des compagnons du même Roi :

Vestuz de vert seront trestuit
Car n'y a fors gens de déduit.

(5) Voir les miniatures des manuscrits du *Roy Modus* et de Gaston Phœbus.

Charles VI, toujours somptueux, serrait ses habits de chasse d'une *large ceinture pour boys, de cuyr d'abaye, dont la boucle, le mordant et le passant* étaient d'or (1).

L'usage des habits verts fut général parmi les veneurs jusqu'au XVIe siècle. Ceux de Madame de Beaujeu (2), de Louis XII et de François Ier étaient vêtus de cette couleur (3). Exceptionnellement quelques princes donnaient à leurs gens des vêtements à leur livrée. Les robes des veneurs de Philippe le Bon étaient *toutes pareilles d'une couleur et livrée selon son bon plaisir et qu'il sera advisé du maistre veneur* (4).

Dans les miniatures d'un beau manuscrit du *Roy Modus*, conservé à la bibliothèque de Bourgogne, à Bruxelles, on voit un de ces veneurs coiffé d'un chaperon noir et d'un chapeau rond de même couleur; sur la manche de son pourpoint de drap vert on distingue les briquets de la toison d'or, brodés en champ de *gueules* (ou d'écarlate) (5).

Les veneurs du duc Louis d'Orléans (depuis Roi sous le nom de Louis XII) avaient des robes de ca-

---

(1) Laborde, gloss., v° *Ceinture*.

(2) Jamais ne veiz tant de gens verts
Car chascun en estoit vestu.
(*La Chasse du grand sénéchal.*)

(3) Fleuranges. — Les veneurs de l'équipage que Charles-Quint entretenait à Boitsfort en Brabant recevaient du souverain un habit de drap vert d'Angleterre pour la chasse du cerf, et un de drap gris pour celle du sanglier. (Galesloot.)

(4) Ordonnance de 1427.

(5) *Recherches sur la maison de chasse des ducs de Brabant*, par M. Galesloot.

melot jaune, bordées de velours de la même couleur (1).

Fleuranges, dans ses mémoires, écrits en 1525 pendant qu'il était prisonnier de guerre des Espagnols, nous montre encore les veneurs de François Ier avec le costume vert traditionnel ; l'habit de vénerie était alors la *robe*, sorte de tunique à basques froncées, tombant jusqu'aux genoux. François Ier lui-même portait une robe de feutre (2).

Charles-Quint donnait aussi des vêtements verts à ses veneurs (3). Cependant les tapisseries dites de Guise qui ont été probablement exécutées en Flandre d'après les tableaux de Bernard Van Orley, représentant les chasses du grand rival de François Ier, nous font voir veneurs et valets de chiens couverts d'habits de toutes couleurs, bizarrement tailladés. Selon du Fouilloux, le piqueur doit être habillé légèrement, avec de *bonnes bottes et bien hautes*. « Phebus dit qu'il doit estre vestu de vert pour le cerf et de gris pour le sanglier (4). Cela ne sert pas de guères, j'en remets la couleur aux fantaisies des hommes. »

Charles IX, se conformant aux préceptes de du Fouilloux, sans pour cela dédaigner les vieilles couleurs de la vénerie, s'habillait d'une robe de serge

(1) Archives de Joursanvault, n° 647. — Pièce de l'an 1496.

(2) Comptes de François Ier, pièces justificatives.

(3) Galesloot.

(4) Dans les tapisseries, le veneur qui sert le sanglier est vêtu de rouge cramoisi.

verte de Florence (1). Il était chaussé de grosses bottes de vache grasse, *fermans à blouques et à genous*, et portait de grands gants de chien, *larges, allant jusqu'au coulde* (2).

Henri IV endossait à la chasse une grande casaque rouge. Ce vêtement, espèce de manteau à manches, tombant jusqu'au-dessous du genou, est, en effet, recommandé par Ligniville. Il dit que le veneur doit paraître *toutte casacque et toutte botte*. Cette casaque sera bien doublée l'hiver et légère l'été. Les bottes d'un *bon cuir retourné, la chair en dehors*, auront des genouillères qui s'attacheront aux *grègues demi pied plus hault que le genouil* avec des aiguillettes, pour empêcher l'eau, les feuilles, les insectes et autres *vilainies* de tomber dans les jambes du veneur. Des éperons de longueur médiocre et un chapeau de feutre épais, bas de forme avec les bords *longuets sans excès*, compléteront sa tenue.

La *jupe* a remplacé la casaque du temps de M. de Maricourt, qui a décrit dans les plus minutieux détails le costume d'un veneur sous Louis XIII (3).

Cette jupe, assez semblable à la *robe* du XVIe siècle, doit descendre jusqu'à la jarretière ; ses longues et larges manches couvrent la main et le gant à revers ; elle doit être en hiver de drap de Berry écarlate,

---

(1) Trois aunes et demie d'étoffe avaient été employées à la façon de cette robe. (*Arch. cur. de l'hist. de France*, t. VIII, 1re série.)

(2) *Ibidem*.

(3) « Ung chasseur sans juppe, un soldat sans buffe ou sans plume ne vallent pas une prune. » (Maricourt, *Du vestement pour la chasse*.)

bien doublé, et pour l'été de bouracan, doublé d'une serge légère de Chartres.

Le chapeau, à larges bords, sera orné d'un cordon que le veneur fera tisser des cheveux de sa maîtresse avec de la soie de la couleur qu'elle préfère. Ce lien sera attaché à l'enguichure du cor, pour retenir le chapeau s'il vient à tomber.

Les gants de peau de cerf, moyennement épais, monteront jusqu'au coude.

Les bottes, larges et assez courtes de jambes, auront des genouillères hautes et un peu *largettes* et des éperons unis et *grisés*.

Le Père Binet, contemporain de Maricourt, dépeint à peu près dans les mêmes termes de jeunes seigneurs partant pour la chasse (1); il leur donne seulement, au lieu de la jupe, une *hongreline* d'écarlate. La *hongreline*, empruntée comme son nom l'indique aux cavaliers hongrois, ne différait guère de la jupe de chasse qu'en ce qu'elle était bordée de fourrures.

L'écarlate était encore la couleur en usage, lorsque Louis XIV fit sa fameuse entrée au parlement en habit de chasse, *justaucorps rouge, chapeau gris, grosses bottes* (2).

Lorsque, quelques années plus tard, le grand Roi

---

(1) « Les voilà montez à l'advantage, habillez d'une hongreline d'escarlatte et bien fourrée, la plume flottante sur le petit chapeau retroussé et boutonné d'or pour estre à délivre, la trompe qui leur descend sous le bras, en bon appétit de donner de l'exercice au premier cerf que le bonheur leur présentera. » (*Essay des merveilles de la nature.*)

(2) *Mém.* de Montglat, t. II.

soumit aux règles d'une sévère étiquette tout ce qui l'entourait, il décida que personne ne serait admis à suivre ses chasses, s'il n'en avait *reçu le justaucorps*. Ce justaucorps était bleu turquin, doublé de rouge, avec des galons *un d'argent entre deux d'or* (1). Le Roi lui-même portait cette tenue qui était sa livrée et dont les hommes de sa vénerie étaient aussi revêtus, avec cette différence, que les piqueurs avaient le galon d'or entre deux galons d'argent et les valets de chiens des galons de livrée, rouges et blancs (2). Un chapeau galonné, la veste et la culotte rouges, d'énormes bottes fortes à chaudron formaient le complément de ce magnifique habit de chasse qui fut porté presque sans changement jusqu'à la révolution (3) et que nous admirons dans les tableaux de Van der Meulen et d'Oudry.

L'équipage des *petits chiens du cabinet* avait aussi l'habit bleu, mais tous les hommes, piqueurs comme valets de chiens, n'avaient qu'un même galon, en soie rouge et blanche (4).

(1) Saint-Simon, t. XIII. Voir plus haut l'anecdote du comte de Saros qui avait revêtu sans autorisation le justaucorps.

(2) Sous Louis XV, les valets de chiens à pied quittaient leurs grands habits galonnés pour suivre la meute et restaient en veste galonnée d'argent rouge ou bleue, suivant l'époque.

(3) Dans les tableaux d'Oudry, le Roi et les principaux seigneurs de sa suite ont parfois des vestes blanches et des culottes de peau jaune. Louis XV portait souvent les cheveux sans poudre, et liés simplement avec un cordon. (Barbier, t. VI.)

(4) Sous Louis XVI, les *débutants aux chasses royales* portaient l'habit gris, veste et culotte rouges, bottes à l'écuyère avec manchettes de bottes et petit chapeau français à galons d'or. (*Mém.* de Chateaubriand, t. I.)

En 1686, le grand Dauphin, ayant mis sur un grand pied son équipage de loup, voulut que tous ceux qui désiraient suivre ses chasses fussent vêtus d'habits uniformes en drap de Hollande vert, avec *un galon fort léger, fait d'un cordon d'argent entre deux lames d'or qu'on appelait galon du loup*. Dès l'année suivante, Monseigneur remplaça ces habits verts par des justaucorps gris-bruns, brodés d'argent, auxquels succédèrent, en 1688, des costumes de la plus grande magnificence. « Cet équipage, dit *le Mercure*, consiste en un justaucorps de drap bleu, chamarré d'un gros galon d'or et d'argent, moucheté de noir et d'incarnat, et une veste fort riche dont le fond est rouge, des gants à frange d'or, un chapeau bordé d'or avec une plume blanche, un couteau de chasse, un ceinturon et une housse de cheval. Les habits des gentilshommes ordinaires de la vénerie du loup sont aussi fort riches. Le fond est bleu et la chamarrure de gros galons d'or. Ceux des piqueurs et du reste de l'équipage sont beaux à proportion des autres (1). »

L'équipage royal du lièvre, qui devint en 1738 celui du daim, portait l'habit vert.

Tous les princes donnèrent leur livrée à leurs équipages. L'habit ventre-de-biche de la maison de Condé a brillé du plus vif éclat dans les fastes de la vénerie. Les princes de Conti portaient un chamois plus pâle,

(1) Dangeau, t. II. — L'équipage du loup eut, en octobre 1698, des habits neufs, et beaucoup de jeunes courtisans firent faire des habits comme ceux des gentilshommes de la vénerie, qui étaient fort magnifiques. (*Ibid.*, t. VI.)

dit *chamois Conti*, avec les doublures et parements bleus. Lorsqu'il vint, en 1723, chasser au bois de Boulogne, « tout l'équipage du prince de Conti étoit presque habillé de neuf, lui et tous ses principaux officiers en drap *jaune* galonné d'argent sur toutes les coutures, avec le parement de velours bleu, les piqueurs et autres à demi galonné. Plusieurs seigneurs avoient pris l'habit uniforme du prince (1). »

Le comte de Toulouse, grand veneur, et ses neveux le prince de Dombes et le comte d'Eu, avaient donné à leurs équipages de chasse un habit rouge et or (2).

Les ducs d'Orléans faisaient porter aux leurs la livrée bien connue de leur maison, écarlate, bleu et argent.

Lorsque la paix fut conclue avec l'Angleterre en 1783, le duc d'Orléans fit dans cette île un voyage dont il revint fort épris des modes britanniques. Il se hâta de transformer son équipage de vénerie suivant les idées d'outre-Manche; lui-même et ses fils parurent à la chasse revêtus d'un frac anglais de drap écarlate, dont la coupe se rapprochait de la façon moderne, coiffés de capes en velours noir et chaussés de bottes à revers jaunes (3). Les hommes portaient des redingotes rouges sans galons (4).

---

(1) Barbier, t. 1er. — Deux jolis tableaux conservés au musée de Versailles et provenant du château de l'Ile-Adam représentent des haltes de chasse du prince de Conti, avec les habits chamois.

(2) C'était la livrée du duc du Maine, père de ces derniers. — On lit dans Dangeau (septembre 1697) : « L'équipage de M. du Maine étoit vêtu de neuf et fort magnifique. » (T. VI.)

(3) Voir les tableaux de Carle Vernet, cités précédemment.

(4) *Ibid.* — Les redingotes (*riding coats*, habits de cheval) avaient

Le comte d'Artois adopta pour lui et ses gens un costume rouge à peu près semblable ; il conserva seulement, au lieu de la cape, un chapeau à la française sans ganse ni galons (1).

La révolution arrêta court, en supprimant partout les équipages de chasse, l'invasion des modes anglaises, auxquelles la vénerie royale resta toujours étrangère (2).

été importées d'Angleterre quelques années auparavant. « A la chasse du Roi, quand il fait mauvais temps, tous les seigneurs sont en redingote. » (*Dict. de Trévoux.*)

(1) Voir le tableau de Brown, déjà cité.

(2) On la vit reparaître lors de la Restauration avec les coiffures poudrées, les habits galonnés *à la Bourgogne* et les bottes à chaudron. (Voir les tableaux du temps.)

CHAPITRE V.

Chevaux de chasse.

Nous manquons absolument de renseignements sur les chevaux que montaient à la chasse nos ancêtres, Gaulois et Francs. On sait seulement que les premiers élevaient d'excellents chevaux de selle, fort estimés de la jeunesse élégante de Rome (1), et dont il est plus que probable qu'on se servait en Gaule pour courre le lièvre.

Au moyen âge, on donnait aux chevaux de chasse le nom de *chacéors* ou *cachéors* (2); à leur selle, dite *selle à chacéor*, étaient attachés la *chape à pluie* du ve-

---

(1) Varron, *De re rustic.*, II. — *Horat. Od.*, *lib.* I, 7.

(2) Puis est monté el chasceor de pris.
(*Garin le Loherain*, t. II.)

neur, et les ustensiles appelés *hansart* et *écorchoir* (1).

Les chevaux que les Rois de France montaient pour *aller en bois*, ainsi que ceux qu'ils offraient à leurs compagnons de chasse, sont dès le XIIIe siècle qualifiés de *coursiers* (2), nom affecté plus tard exclusivement aux chevaux qu'on tirait du midi de l'Italie (3). Dans le poëme des *Déduits*, le Roi Jean est monté

Sur un très-beau joli courcier
De Pouille, sain, net et entier
Bien embouché, et fort, et seur
Et tost alant, si est grant eur (heur)
De trouver un si bon courcier
Pour le Roy, quant il veult chacier.

Les dames montaient des *hobins* ou haquenées d'Irlande (4).

Au XVIe siècle, les chevaux de chasse sont habituellement appelés *courtaults*, parce qu'on leur coupait la queue et les oreilles (5).

---

(1) A sa sele la desramée (usée)
Sa chape a pluie i est trossée
E com à sele à chaceor
Le hansart et l'escorchéor.
(*Partonopeus de Blois*, t. II.)

(2) *Ordonnance de l'hostel*, 1285.

(3) *Coursiers du Règne* (de Naples), au XVIe siècle.

(4) *La chasse du grand seneschal.*

(5) Voir les gravures de Galle et Stradan. — Mergey raconte, dans ses mémoires, qu'étant allé porter à Henri II la nouvelle que le comte de La Rochefoucauld était prisonnier, le Roi lui dit : « Faictes luy mes recommandations et qu'il prenne courage, et que je luy garde un bon courtault pour courir le cerf. » Le comte ayant été mis en liberté, Henri II lui donna en effet un courtault nommé le *Grcq*, le meilleur de son temps et le plus beau. — Sur les courtaults de la vénerie sous François Ier, voir les comptes de ce Roi. — Les prix d'achat varient de 40 à 60 lt. (473 à 709 fr.).

Ligniville recommande, pour la chasse du lièvre, les chevaux vites, tels que les anglais, turcs, polonais et *hongres*. Pour chasser le cerf et le chevreuil, il faut des chevaux vigoureux. Un cheval *advantageux* et *lonquet* vaut mieux que celui qui est *plus cochon,* court et ramassé, et *goussau*.

Encolure longue, tête légère, bouche bonne sans être trop tendre, côtes rondes, reins larges, jambes fortes et plates, bien fournies de poil, pieds moyens, tels sont les caractères du bon cheval de chasse.

La selle du *picqueur* sera longue de siége, elle aura les arçons de devant moyennement hauts et celui de derrière fort bas, consistant en un simple bourrelet, comme aux selles appelées anciennement *bas de cul*. Les étriers doivent être larges et hauts, l'embouchure de la bride petite, *escache* avec un *pas d'asne* et des branches à la connétable de longueur modérée (1).

Les chevaux d'Espagne, les barbes et autres de légère taille ne valent guère pour la chasse, selon Maricourt, parce qu'ils sont trop sujets aux molettes et à *se fouler les jambes*.

« De tous païs il sort des chevaux qui sont bons coureurs et plus propres pour la chasse, mais les meilleurs et plus communs pour courre dans les costes, campagnes et bois et pour courre et servir par tout, ce sont les chevaux d'Ardaine et d'Annemarc (Danemark) (2). »

---

(1) Ligniville, — Maricourt. — Sur ces mors à *escache* et à *pas d'asne*, voir Pluvinel, *Instruction du Roy en l'exercice de monter à cheval*. Paris, 1625, et La Guérinière, *École de cavalerie*. Paris, 1751.

(2) Maricourt. — Gaffet de la Briffardière dit que les seigneurs qui

Depuis les premières années du XVIIe siècle, les plus estimés des chevaux de chasse furent les anglais, dont la race, peu prisée jusque-là (1), avait été fort améliorée sous le Roi Jacques Ier, par l'introduction du sang oriental (2). Bassompierre parle, dans ses mémoires, de certains chevaux anglais fort vites, appelés *quitterots*, parce qu'ils avaient été ramenés par un marchand de ce nom, « qui ont depuis esté cause que l'on s'est servi des chevaux anglois tant pour la chasse que pour aller par pays, ce qui ne s'usoit point auparavant. »

Sous Louis XIV et Louis XV, les chevaux qui peuplaient les vastes écuries de sa vénerie étaient presque tous anglais (3), ainsi que les *coureurs* si renommés avec lesquels le grand Dauphin chassait le loup. Le fameux louvetier Saint-Victor se remontait aussi en Angleterre (4).

Le fanatique veneur des *Fâcheux* ne nous apprend pas de quel pays il avait tiré ce *cheval alezan* dont il

---

veulent se mettre en équipage pour courre le cerf peuvent, selon leur goût, se donner des chevaux français, anglais, barbes, etc., pourvu qu'ils soient tous bien choisis, qu'ils aient la jambe large et percent bien dans les forêts.

(1) Les seuls chevaux de race anglaise dont on fit quelque cas étaient des haquenées et des *guilledins* (*geldings*), petits chevaux hongres pour le voyage et la promenade.

(2) Ce fut sous le règne de Jacques Ier qu'on importa en Angleterre le *Markham Arabian* et le *White Turk*, les premiers étalons de sang oriental dont l'introduction soit historiquement constatée.

(3) En 1642, le prince de Marsillac envoyait chercher des chevaux en Angleterre.

(4) Dangeau. — Luynes.

fait un si pompeux éloge (1). Cependant, à en juger par sa *tête de barbe* et son encolure *effilée et bien droite*, on peut le croire anglais, les chevaux de ce pays ayant alors la plus grande analogie avec les barbes dont ils étaient généralement issus et dont une tête petite et *moutonnée*, et une encolure *longue*, *fine*, *bien sortie du garrot*, étaient les caractères distinctifs (2).

Les chevaux que montait Louis XV, et qui étaient des *courtaults* du Suffolk, ont en effet beaucoup plus d'analogie avec les chevaux de l'ancienne race barbe (3) qu'avec les chevaux de pur sang ou de demi-sang anglais dont on se sert aujourd'hui (4).

On les voit fidèlement représentés dans les tableaux d'Oudry, hauts sur jambes, avec l'encolure longue, la tête petite et busquée, les reins courts, les flancs et les côtes rondes. Pour la vénerie du Roi, on préférait ceux

---

(1) ...C'est un cheval aussi bon qu'il est beau
Et que ces jours passés j'achetai de Gaveau
...Une tête de barbe, avec l'étoile nette,
L'encolure d'un cygne, effilée et bien droite
Point d'épaules non plus qu'un lièvre, court jointé,
Et qui fait dans son port voir sa vivacité ;
Des pieds ! morbleu ! des pieds ! le rein double, à vrai dire
J'ai trouvé le secret, moi seul, de le réduire.....
Une croupe, en largeur à nulle autre pareille,
Et des gigots, Dieu sait ! bref, c'est une merveille,
Et j'en ai refusé cent pistoles, crois-moi,
Au retour d'un cheval amené pour le Roi...

(2) Buffon, art. *Cheval*.

(3) Qu'il ne faut pas confondre avec les chevaux arabes d'Afrique, comme on le fait souvent.

(4) Les chevaux anglais dits *de sang* descendaient presque tous d'un cheval *barbe*, *le Godolphin Arabian*.

de ces chevaux dont la robe était *soupe de lait*, *tigrée* ou *porcelaine* (1).

Goury de Champgrand et Desgraviers louent les chevaux de chasse anglais. Présau de Dompierre (1788) dit qu'autrefois on n'aurait pas trouvé dans les équipages du Roi et des grands soixante chevaux anglais, mais qu'au temps présent il n'y en a peut-être pas soixante qui ne le soient. C'est un point d'honneur, en France, d'avoir des chevaux anglais, « et en effet on ne peut disconvenir qu'ils n'aient raison pour le moment, vu la supériorité actuelle des chevaux anglois (2). »

« Les chevaux anglois, dit La Guérinière, sont les plus recherchés pour la course et pour la chasse par leur haleine, leur force, leur hardiesse et la légèreté avec laquelle ils franchissent les haies et les fossés. »

L'habile écuyer du Roi dit plus loin que les chevaux de chasse anglais vont des journées entières sans débrider, et toujours à la queue des chiens, dans leur chasse du renard. Il leur reproche de n'être point assouplis suivant les règles de l'art, ce qui les rendrait plus liants, leur conserverait la bouche et les jambes, et les rendrait moins sujets *à rompre le col à leur homme quand ils cessent de galoper sur le tapis*.

Suivant le même, les meilleurs *hunters* venaient du

---

(1) *Soupe de lait*, blanc jaunâtre, *tigré*, blanc tisonné de noir, *porcelaine*, poil *bizarre* dont le fond est blanc avec des taches sur tout le corps, comme on en voit sur les vases de porcelaine (*Ecole de cavalerie* de La Guérinière.)

(2) *Traité de l'éducation du cheval.*

Yorkshire. Quant aux normands, ils valaient mieux pour la guerre que pour la chasse.

Il est à propos de remarquer que la vogue exclusive des chevaux anglais date de la même époque que celle des chiens courants, leurs compatriotes. Auparavant le train des chevaux normands suffisait pour suivre les meutes normandes (1) et pour les suivre jusqu'au bout. C'était une jument normande que montait M. de Popipou le jour de sa fameuse chasse.

Les selles anglaises arrivèrent en France avec les chevaux anglais. La Guérinière nous apprend que, de son temps, la selle anglaise et la selle rase sont seules en usage à la chasse. La selle rase n'avait de battes que par devant. La selle anglaise ressemblait à celle dont nous nous servons aujourd'hui, excepté que les quartiers en étaient coupés carrément (2).

---

(1) Presau de Dompierre.

(2) *École de cavalerie*. — Gaffet de la Briffardière, qui écrivait quelques années plus tôt, se borne à dire qu'il faut, pour chasser, de grandes selles dont les panneaux soient assez larges et les arçons d'une bonne longueur.

CHAPITRE VI.

Des diverses chasses qui se font à force de chiens.

Les animaux qu'on chassait à force, avec chiens courants ou lévriers, étaient le cerf, le daim, le chevreuil, le lièvre, le sanglier, le loup, le renard et la loutre.

Gaston Phœbus y joint l'ours qui n'a jamais été chassé en France que par les seigneurs voisins des Pyrénées, mais à qui son importance doit faire octroyer une place parmi les animaux chassés noblement. Il ajoute encore à sa liste le bouquetin, l'isard et le loup-cervier, qui n'ont jamais pu être chassés véritablement à courre, le chat sauvage, le blaireau et le lapin qui ne l'ont été que trop accidentellement pour obtenir le même honneur. Il en est de même de la marte.

§ 1. DE LA CHASSE DU CERF.

La chasse du cerf est la plus belle et la plus savante

de toutes les chasses. En elle se sont résumés tous les principes, tous les progrès de la science de vénerie. Hardouin de Fontaines-Guérin disait *qu'au chassier* y avait *grant maistrise et science.*

Pour ce que c'est beste savant.

« Cette chasse l'emporte sur toutes les autres parce qu'elle est constamment une science, fondée sur des connaissances non équivoques, sans l'entière possession desquelles il est absolument impossible d'acquérir le titre de bon connoisseur et de bon piqueux (1). »

Les règles de la chasse du cerf ont été fixées à une époque inconnue, mais certainement fort ancienne; elles l'étaient probablement depuis longtemps, lorsque fut écrit ce *Dit de la chace dou serf,* qui est notre plus ancien traité de vénerie (XIIIe siècle).

Sauf quelques détails que nous allons signaler, les veneurs procédaient dès lors de la même manière que dans les temps modernes ; les termes de l'art sont les mêmes, les mêmes noms désignent le progrès de l'âge chez l'animal, les phases successives de la croissance de son bois, et les diverses parties qui constituent l'ensemble de la *tête* du cerf (2).

De temps immémorial (3), les veneurs, dans l'intérêt de la reproduction de l'espèce, non moins que dans celui du garde-manger, cessaient de chasser le

(1) Leverrier de la Conterie.

(2) Voir, entre autres, Gaston Phœbus et du Fouilloux.

(3) Ces temps de repos et de chasse étaient observés dès l'époque des Carlovingiens. Seulement la *cervaison* paraît avoir fini au commencement de septembre.

cerf à la sainte Croix de septembre, époque du commencement du rut, pour ne reprendre qu'à la sainte Croix de mai, lorsque les cerfs ont leur tête à demi refaite et entrent en venaison, témoin le vieux dicton : *Mi mai, mi teste, mi juin, mi graisse ; A la Magdeleine, venaison pleine* (1).

La période durant laquelle on chassait le cerf s'appelait la *cervaison* (2). Fleuranges rapporte que jusqu'au règne de François Ier, quand arrivait la sainte Croix de mai, *qu'il est temps de mettre les oiseaux en mue*, les veneurs du Roi, tous habillés de vert, venaient avec leurs trompes mettre les fauconniers *hors de la cour*. A son tour, le grand fauconnier venait chasser les veneurs le jour de la sainte Croix de septembre, *car les cerfs ne valent plus rien.*

François Ier fut le premier qui mit en oubli ces us et coutumes de l'ancienne vénerie ; depuis, on chassa le cerf à la cour pendant toute l'année, sauf les moments de chaleurs excessives ou de fortes gelées (3).

Comme toute chasse à courre régulière, la chasse du cerf a pour indispensable préliminaire l'acte de *détourner* la bête avec le limier.

---

(1) Menagier de Paris, t. II. — Leverrier de la Conterie. — La sainte Croix de mai, ou *Invocation de la sainte Croix*, est le 3 mai. La sainte Croix de septembre, ou *Exaltation de la sainte Croix*, le 14 de ce mois; la Magdeleine, le 22 juillet.

(2) On disait de même la *porchaison* pour la saison de la chasse aux sangliers. Louis XIII voulait qu'on appelât *merlaison* l'époque de la chasse aux merles. Voir Tallemant des Réaux, t. II.

(3) Voir Dangeau et Luynes. — Il est à remarquer que la législation actuelle sur la chasse interdit la chasse à courre précisément pendant les mêmes mois qui composaient la cervaison.

Pour cette délicate opération, dont le but est de s'assurer de la présence d'un cerf *courable* dans une certaine enceinte, le veneur doit s'aider des *connaissances* qu'il peut tirer du *pied*, des *allures*, des *portées*, des *abattures*, des *fumées* et des *frayoirs*.

Le *pied* et les *allures* permettent de reconnaître le vieux cerf du jeune et de la biche. (On nomme *allure* la distance entre les pas de l'animal.)

Les *portées* sont les branches que le cerf touche de ses bois dans la coulée par laquelle il s'embuche; elles donnent, à partir du mois de juin, des indices sur sa taille et la grandeur de sa tête.

Les *frayoirs* (anciennement *fréoirs* ou *frévoirs*) sont les baliveaux contre lesquels les cerfs viennent frotter leur tête pour la dépouiller de la peau veloutée dont elle est revêtue au moment du *refait*, ce qui s'appelle *toucher au bois* dans le langage actuel de la vénerie (on disait, autrefois, *frayer brunir*).

On tire des frayoirs des inductions sur le corsage du cerf et la hauteur de sa tête.

Dans la vénerie royale, le premier qui rapportait un frayoir au chenil ou à l'assemblée recevait en don un cheval, si c'était un des gentilshommes de la vénerie, et si c'était un valet de limier, un habit qui fut plus tard remplacé par une somme de 50 écus (1).

---

(1) Dès le temps de François Ier, le cheval était remplacé par une somme d'argent : « à Esme de Gan, lieutenant de la vénerie, la somme de 41 lt. pour icelle bailler en forme de don à icellui des gentilshommes de ladite vennerie qu'il advisera debvoir appartenir pour le dreit du *frever* du cerf durant l'année. » (Comptes, 18 juillet 1529.)

Les *fumées*, ou fientes du cerf, suivant leurs dimensions et l'époque où l'on les trouvait soit en *bouzards*, soit en *plateaux*, soit en *troches* ou demi-plateaux, soit enfin *formées* ou *dorées*, indiquaient le sexe, l'âge et la force de l'animal.

Ces *connaissances* avaient leur importance lorsqu'on chassait le cerf pendant l'été, seule saison où elles puissent servir, et le valet de limier qui rencontrait des fumées ne devait pas manquer de les recueillir et de les rapporter proprement enveloppées d'herbe dans le pavillon de sa trompe ou le rebord de son chapeau, dès qu'elles cessent d'être en *bouzards*.

Il les présentait ensuite à celui qui recevait son rapport comme pièces justificatives (1).

Pendant la quête, tous les points de repère dont peut se servir le valet de limier sont marqués avec des *brisées*.

L'opération terminée, les valets de limier viennent à l'assemblée faire leur *rapport* au chef d'équipage, suivant une forme sacramentelle.

Cette forme est essentiellement dubitative. Le veneur doit dire : « *Je mescroy*, ou : je crois avoir détourné un cerf, » parce qu'il peut arriver que l'animal ait été mis sur pied accidentellement et ait vidé l'enceinte. Il est aussi d'usage de donner le cerf pour

---

(1) Pour s'assurer que les fumées sont *de bon temps*, le veneur doit les rompre et les flairer. On a prétendu que les anciens valets de limier les goûtaient quelquefois pour mieux apprécier leur degré de fraîcheur. Ce détail, vrai ou faux, est encore de nos jours un thème inépuisable de plaisanteries d'un goût douteux pour les écrivains anglais.

moins âgé qu'on ne le suppose réellement d'après ses connaissances.

Le maître de l'équipage a choisi, d'après les rapports, *le plus cerf* des animaux détournés et donne l'ordre d'aller *frapper aux brisées*. Les chiens sont divisés en *chiens de meute*, relais de *vieille meute* et relais des *six chiens* (1).

Ces relais sont envoyés sur les refuites présumées du cerf, et l'on procède au *lancer*.

Dans nos équipages français, on a toujours mis de meute les chiens les plus vites et les chiens les plus vieux et les plus lents en relais. En mars 1685, Monseigneur étant allé courre le cerf à Saint-Germain avec les chiens de M. de Furstemberg, fut fort étonné de voir donner les relais *à l'envers*, les vieux chiens à la meute et les plus vites au dernier relais. Cette méthode eut un plein succès, et M. de Furstemberg prit les sept cerfs qu'il courut en cette saison (2).

Du temps de Charles IX, comme du temps de Gaston Phœbus, on lançait le cerf *à trait de limier*, c'est-à-dire que le veneur qui avait détourné la bête, arrivant à ses brisées, mettait son limier sur la voie du cerf, le tenant à la longueur du *trait*, et lui parlant sans cesse. Il était suivi par toute la meute en *hardes* à 60 pas de distance.

---

(1) Le dernier relais portait invariablement ce nom, quel que fût le nombre des chiens qui le composaient. M. Lavallée suppose qu'il était anciennement formé des *six chiens* que l'abbé de Saint-Hubert envoyait annuellement au Roi.

(2) Dangeau, t. I.

Dès que le valet de limier était arrivé à la *reposée* du cerf, il appelait les chiens à lui en criant : *Gare, gare*(1) ! et sonnait *deux mots* de sa trompe s'ils étaient éloignés. Aussitôt les chiens arrivés, il marchait deux longueurs de trait devant eux avec son limier pour leur faire sentir la voie, et l'on découplait immédiatement.

Les valets de limier montaient alors à cheval, et faisant mener leurs limiers derrière eux, *costoyaient* la meute au-dessous du vent, pour se tenir prêts à relever les défauts (2).

En 1726, on avait encore l'habitude de laisser courre à trait de limier, seulement les hommes qui avaient fait le bois retournaient au logis avec leurs chiens, aussitôt le cerf attaqué.

Comme cette antique méthode faisait perdre beaucoup de temps, on prit le parti, sous Louis XV, de découpler les chiens de meute aux brisées et de fouler l'enceinte avec eux (3). D'Yauville, ayant éprouvé que cette nouvelle façon de lancer n'avait pas moins d'inconvénients que l'ancienne, proposa de découpler aux brisées quelques chiens trop vieux ou trop lents pour être mis aux relais. Malgré la résistance opposée à

---

(1) Du Fouilloux. — Du temps de Gaffet de la Briffardière on criait *hau tahaut*.

(2) Gaston Phœbus. — Du Fouilloux. — D'Yauville.

(3) Goury de Champgrand (1769) parle encore de la manière de lancer le cerf à trait de limier, mais comme tombant en désuétude. — Leverrier de la Conterie dit que « les Normands sont si vifs, si expéditifs, qu'ils ont adopté la méthode de frapper à la brisée avec tous les chiens de meute. Et je serais très-mal reçu, ajoute-t-il, si je proposais de faire autrement. »

cette innovation par quelques veneurs routiniers, elle fut adoptée définitivement, et c'est la méthode qu'on emploie encore aujourd'hui.

Le cerf lancé, on découplait les chiens de meute, et les veneurs piquaient après, les animant de la voix et de la trompe, leur venant en aide sur un change ou sur un retour, s'efforçant de revoir du cerf le plus souvent possible *par corps* ou *par le pied*, et de faire donner les relais à propos.

Lorsque le cerf, sur ses fins, battait les eaux, on recouplait les chiens, et les piqueurs se mettaient à la recherche d'une embarcation. S'ils ne pouvaient s'en procurer, le plus intrépide se jetait à l'eau tout nu, une dague à la main, et allait percer l'animal à la nage (1).

Si le cerf tenait les abois sur terre, il fallait se hâter d'accourir pour l'empêcher de faire dégât dans la meute. Cette opération était considérée comme dangereuse quand l'animal avait *frayé* et *bruni*, c'est-à-dire quand ses andouillers étaient devenus durs et aigus (2). Gaston Phœbus et Fontaines-Guérin recommandent, en ce cas, de le *traire* avec l'arc, de lui lancer de loin une épée, ou de l'approcher à pied, par derrière, pour

---

(1) « En lieu profond, il n'a force d'existence. J'en ay tué en cette sorte plusieurs fois en présence de beaucoup d'hommes : puis les poussois à la rive en nageant. » (Du Fouilloux.)

(2) C'est donques folie tréfière
D'espée o tel cerf asembler
Ce pouroit outrage sembler
Puis c'on le peut tuer de loing.
(*Trésor de Vanerie.*)

l'esjarreter. Fontaines-Guérin dit de plus qu'il faut avoir la précaution de se couvrir le visage d'un *feuillard* vert.

Au XVIe siècle, on *accouait* (1), parfois, le cerf à cheval, non sans péril (2).

Du temps de Ligniville, les Anglais avaient adopté l'usage de *servir* le cerf avec l'arquebuse, mais en France on se fit longtemps encore un point d'honneur de n'employer que l'épée ou le couteau de chasse (3). Gaffet de la Briffardière admet qu'à l'*extrémité*, et quand un cerf est trop méchant, il est permis de l'*expédier* d'un coup de fusil. « La plus belle chasse, cependant, est toujours de tuer le cerf avec les armes blanches et de lui couper les jarrets avant qu'il rentre dans l'étang. »

D'Yauville déclare, avec beaucoup moins de scrupule, que depuis très-longtemps on a recours au fusil, « cette méthode, plus sûre et plus prompte, épargne la vie de bien des chiens, » l'autre n'était qu'une *bravade*, meurtrière pour les chiens et dangereuse pour les hommes.

Le cerf mort, on rendait les *honneurs* et l'on procédait aux cérémonies de la *curée* (4).

---

(1) *Accouer (ad caudam)* attaquer un cerf par derrière.

(2) Du Fouilloux.

(3) A-t-on jamais parlé de pistolets, bon Dieu!
Pour courre un cerf!....
(*Les Fâcheux.*)

(4) *Curée* ou *cuirée* vient de *cuir*. Comme on va le voir, la curée se faisait anciennement sur la *nappe* ou peau du cerf.

On levait d'abord la *nappe* avant de toucher au corps de l'animal, le veneur chargé de le *défaire* demandait du vin et en buvait un coup, « car, autrement, s'il deffaisoit le cerf sans boire, la venaison se pourroit tourner et gaster (1). »

Les morceaux de choix, ou *menus droits* (2), étaient ensuite prélevés et accrochés à une fourchette de bois, pour être portés à la cuisine du maître.

Ces devoirs accomplis, le veneur dépeçait le cerf suivant les règles de l'art, en ayant soin de réserver *l'os corbin tout franc*. Cet os était réservé aux corbeaux *qui, en toute place, signifient l'heur de la chasse* (3).

La venaison était distribuée entre les chasseurs, suivant leur rang dans la hiérarchie et conformément à certaines règles observées de temps immémorial (4).

La part des veneurs faite, restait à servir les chiens.

En première ligne venaient les limiers qui avaient droit de manger le cœur et de ronger le massacre, la botte au col et le trait déployé.

---

(1) Du Fouilloux.

(2) Les *menus droits* étaient le mufle, la langue, les oreilles, les daintiers, le franc boyau, la veine de cœur et les petits filets attachés aux reins.

(3) *Trésor de Vanerie*.

(4) Ce partage, indiqué brièvement dans le *Dit de la chace dou serf*, est exposé tout au long dans le *Trésor de Vanerie*.

Au XVIIe siècle, dans la vénerie royale, les *menus droits* étaient réservés pour la *bouche du Roi et de la Reine*. Le *cimier* appartenait au grand veneur, les grands filets avec une cuisse au lieutenant de la vénerie ; *le gros des nombles* au sous-lieutenant, l'épaule droite au gentilhomme qui a laissé courre, la deuxième cuisse aux autres gentilshommes; l'épaule gauche aux valets de limier, les côtés du cimier au maitre valet de chiens, le foie ou les flanchards aux autres valets. En hiver, on ne levait pas de venaison, et les chiens mangeaient tout.

La meute faisait *curée chaude* de ce qui restait du cerf, à moins qu'on ne préférât lui donner la curée au chenil. En ce cas, on préparait aux chiens une *mouée* avec les débris du cerf, son sang, du lait et du pain.

Au moyen âge, et jusqu'au XVIIe siècle, la curée se fit *sur* la nappe du cerf, étendue à terre. Plus tard, le *coffre* du cerf et les morceaux abandonnés aux chiens furent recouverts de cette nappe, adhérente au massacre, qu'un valet tenait élevé devant les chiens (1).

Chez le Roi, la curée froide fut presque exclusivement en usage, à partir du XVIIe siècle.

Aussitôt qu'elle était prête, le grand veneur prévenait Sa Majesté et lui présentait deux houssines de coudre ou de bouleau pour qu'Elle en choisît une. Les lieutenants de vénerie présentaient des baguettes semblables aux princes, et le maître valet de chiens aux personnes de qualité présentes. Ces baguettes servaient à empêcher les chiens de se battre et à les écarter quand ils s'approchaient trop.

Cette distribution faite, le grand veneur sonnait de sa trompe d'argent pour faire venir les chiens, les officiers de la vénerie sonnaient ensuite tous ensemble et le valet de chiens ouvrait la porte du chenil.

Les chiens mangeaient d'abord la mouée qui leur

---

(1) Leverrier de la Conterie, après avoir énuméré les morceaux attribués aux veneurs, et fait observer qu'il ne reste aux chiens de meute que le coffre, termine en disant « que le maître d'un équipage sur lequel il lève de si furieux impôts va moins à la chasse qu'à la boucherie. »

avait été préparée. Après quoi, on les tenait sous le fouet autour de la carcasse du cerf, en criant : Derrière, chiens, derrière ! jusqu'à ce que le grand veneur, sur l'ordre du Roi, fît signe, avec sa gaule, de les laisser fondre sur leur proie en toute liberté. Pendant qu'ils la dévoraient, on sonnait de la trompe en criant aux chiens : Hallali, valets, hallali (1) !

Quelquefois, le Roi donnait à sa cour le spectacle d'une curée aux flambeaux (2).

Louis XIV, toujours amoureux des pompes et des cérémonies, assistait volontiers à ces curées auxquelles il menait les princesses et les dames de la cour. Il en prit le divertissement jusque dans les dernières années de sa vie. Le 12 juin 1714, lit-on dans les mémoires de Dangeau, le soir d'une chasse à Rambouillet, on fit la curée dans la cour, et le spectacle en fut fort agréable par le grand nombre de sonneurs, de chiens et de flambeaux (3). » Sous Louis XVI, le Roi et *les grands* avaient cessé de paraître aux curées (4).

Les choses se passaient, naturellement, avec moins de cérémonial chez les simples gentilshommes autorisés à chasser le cerf.

L'animal dépecé et recouvert de sa nappe, le *piqueux* sonnait la vue, et le valet de limier enlevait

(1) Gaffet de la Briffardière. — D'Yauville.

(2) Dangeau.

(3) Le 3 octobre 1698, le Roi mena la duchesse de Bourgogne voir la curée au chenil de Fontainebleau.

Le 4 octobre 1712, il y eut curée aux flambeaux en présence du Roi, à Rambouillet, chez le comte de Toulouse.

(4) D'Yauville. Voir plus haut

la nappe en criant : Hallali ! Le valet de chiens distribuait des baguettes qui lui étaient payées 24 sols, et chacun sonnait fanfare pendant que les chiens dévoraient la curée (1).

Dès qu'ils avaient achevé de faire disparaître les restes du cerf, un valet de chiens, prenant les menus boyaux, préalablement mis de côté, les élevait au bout d'une fourche, et appelait à lui la meute en criant : Taïaut (2) ! Lorsqu'elle était rassemblée autour de lui, on laissait, pendant quelque temps, les chiens *faire mille sauts, jusque sur les épaules du valet.* Lorsqu'ils avaient bien sauté, crié, et *amusé l'honorable compagnie*, on leur jetait l'objet de leur avidité en sonnant *la vue* (3).

Cette *espèce de dessert* s'appelait le *forhu*, du mot *forhuer*, crier, appeler, et fut en usage depuis les temps les plus anciens jusqu'à la révolution (4).

Le forhu était surtout pratiqué dans les meutes des seigneurs où les chiens chassaient moins souvent que ceux de la vénerie royale (5). Il avait pour but de leur enseigner à rallier les piqueurs dans un défaut ou dans un retour.

Le forhu terminé, on sonnait la retraite prise, sui-

---

(1) Leverrier de la Conterie.

(2) *Ta haut!* dans Gaffet. Gaston Phœbus écrit *tiel au.* Fontaines-Guérin, *thyalau* et du Fouilloux *ty a hillaud.*

(3) Leverrier de la Conterie.

(4) Le *Dit de la chace dou serf.* — Gaston Phœbus. — Le *Trésor de Vanerie* et tous les auteurs postérieurs.

(5) Gaffet de la Briffardière. — Le forhu se faisait dans les équipages de Louis XV quand il y avait curée chaude. — Voir d'Yauville et un tableau d'Oudry, au château de Fontainebleau.

vie de toutes les fanfares de fantaisie, et l'on rentrait au logis.

Telles étaient les règles et les péripéties de la noble chasse du cerf.

Au moyen âge, où l'on tenait à prendre le cerf n'importe comment, on le chassait souvent avec moins de régularité, et l'on ne se faisait pas faute de raccourcir l'espace où il pouvait faire usage des moyens de salut que lui a donnés la nature, avec des toiles ou des hommes apostés (1). On chassait aussi le cerf avec des lévriers, soit en le mettant sur pied avec des brachets, soit en le laissant courre avec la meute, comme à l'ordinaire (2).

Chasse du cerf avec les lévriers.

Les lévriers, divisés par laisses de trois, étaient tenus par des valets *ès certains accours où il ha beau pays pour levriers courre* (3), ou devant les *grosses rivières* où il était dangereux de laisser l'animal battre les eaux. Des hommes à pied, nommés *défenses*, ou des cavaliers dits *fortitreurs* (4), étaient postés dans les endroits où l'on ne voulait pas permettre au cerf de débucher ou de gagner pays. Lorsqu'il entrait dans le

(1) Telle est la manière de chasser le cerf enseignée par Hardouin de Fontaines-Guérin.

(2) Le cerf devant les lévriers est un terme de comparaison très-fréquent dans les romans du XIIe et du XIIIe siècle :

La nés (nef) sigle dusque à la nuit
Plus tost que cers levriers ne fuit.
(*Partonopeus de Blois.*)

Voir aussi les exemples cités plus haut.

(3) Gaston Phœbus.

(4) De *fors*, dehors, et *titre*.

titre (1), on découplait d'abord les lévriers les plus vites, pour le pousser et le mettre hors d'haleine, puis les plus grands et les plus pesants qui le portaient bas. Ces derniers étaient surnommés *receveours* ou receveurs.

Cette sorte de chasse se faisait quand on tenait à se procurer de la venaison pour la table ou qu'on voulait *afaytier* les chiens de meute. C'était aussi un moyen de *faire voir beau déduit ou à dames ou à seigneurs estrangers qui ne voudroient guère courre.* Enfin on y avait recours dans des pays difficiles, où l'on ne pouvait suivre les chiens courants (2). En somme, c'était une chasse peu considérée.

Au XVIe siècle, on se servit parfois de lévriers pour abréger une chasse de cerf, comme on le fit à la cour de Henri II pour les ambassadeurs allemands (3). Dangeau mentionne encore quelques rares exemples de cerfs pris par des lévriers sous Louis XIV.

Nos Rois ont eu de tout temps des équipages de cerf ; depuis le commencement du XVIe siècle, il y a eu presque constamment deux meutes consacrées à la chasse de ce noble animal dans la vénerie royale (4). Tous les grands équipages de France étaient des équipages de cerf, même depuis que le cerf était devenu *bête royale* et exclusivement réservée aux plaisirs de

---

(1) *Titre* ou *accourre*, endroit choisi pour embusquer les lévriers. Voir sur ce mot M. Lavallée dans son édition de Phœbus et dans la *Chasse à courre.*

(2) Gaston Phœbus.

(3) Voir plus haut, t. Ier.

(4) Voir les Pièces justificatives à la fin du t. Ier.

Sa Majesté. Les princes et les grands seigneurs le chassaient en vertu d'autorisations spéciales, et les simples gentilshommes obtenaient souvent de ces permissions exceptionnelles dans les pays qui n'étaient pas soumis au régime des capitaineries (1).

Les chasses de cerf de nos anciens rois furent souvent très-longues et très-pénibles, comme on en peut juger par les anecdotes racontées plus haut. Henri IV, entre autres, se trouva maintes fois retenu dans les forêts jusqu'à la nuit. Cependant il lui arriva de prendre trois cerfs dans la même journée (2).

Les cerfs les plus vigoureux ne duraient guère que trois quarts d'heure devant les chiens de Louis XIV, lorsque ce Roi, dans la force de l'âge, ne craignait pas une trop grande vitesse (3). Il n'était pas rare de prendre en une demi-heure, même en 20 minutes (4). En 1700, le Roi, ne montant plus à cheval, recommanda à M. de la Rochefoucauld d'avoir des chiens pour le cerf beaucoup moins vites que ses *grands chiens blancs*, afin de pouvoir suivre la chasse dans sa calèche. Le grand veneur fit une remonte de chiens normands qui donna satisfaction au Roi ; la meute fut divisée en deux portions presque égales, dont l'une, composée de près de cent chiens moins vites que les autres, prit le nom de *meute de Marly*. Avec cette

(1) Leverrier de la Conterie.
(2) Corresp. de Henri IV.
(3) Lettre de Pélisson, citée par Sainte-Palaye.
(4) Dangeau, t. II et V.

meute, les chasses durèrent souvent jusqu'à la nuit (1).

Ces équipages de cerf, déjà si nombreux, furent encore augmentés en 1701 de la meute du chevalier de Lorraine, qui en fit présent au Roi (2).

Avec les *grands chiens*, l'on forçait souvent deux ou trois cerfs *bout à bout* (3). Le 3 novembre 1684, Monseigneur, parti à huit heures du matin de Fontainebleau avec Madame, prit deux cerfs avant midi. Ils vinrent ensuite à trois heures de là rejoindre le Roi, qui vit dans sa calèche courre un troisième cerf; enfin Monseigneur en força un quatrième et fut de retour au château à trois heures. « Jamais, je ne pense, dit Dangeau, en enregistrant ce haut fait, on n'avait pris quatre cerfs *bout à bout*, en même jour et en si peu de temps. »

Le jour de la Saint-Hubert de l'année suivante, Monseigneur prit deux cerfs de sept heures du matin à midi, et le Roi, de sa calèche, en vit encore prendre deux dans l'après-dînée (4).

---

(1) 6 novembre 1700. « Le Roi courut le cerf avec Mme la duchesse de Bourgogne : ils n'en revinrent qu'à la nuit. Le Roi nous dit qu'il n'avait jamais fait une si belle chasse. C'étoit avec la meute de Marly, qui lui donne beaucoup plus de plaisir que les *grands chiens*. » (Dangeau, t. VIII.) 22 mai 1713, le Roi s'opiniâtra à la chasse et n'en revint qu'à 7 h. 1/2 quand les chasseurs l'eurent assuré qu'on ne pouvoit pas retrouver le cerf. (*Ibid.*, t. XIV.) 6 octobre 1713, le Roi ne revint de la chasse qu'à 7 h. 1/2, après avoir pris deux cerfs. (*Ibid.*, t. XV.)

(2) Dangeau, t. VIII.

(3) *Ibid.*, *passim*.

(4) Dangeau, t. I et II. — « Nous avons été hier à la chasse du cerf, écrit Madame, le 10 janvier 1715; le temps n'était pas beau; il y avait un tel brouillard, qu'on voyait à peine à quatre pas devant soi; on n'apercevait le cerf et les chiens que comme des ombres, mais ils se conduisirent bien et prirent le cerf en cinq quarts d'heure. »

A l'époque où Dangeau inscrivait jour par jour les chasses de Louis XIV et du Dauphin, l'équipage royal prenait une soixantaine de cerfs par an, en présence du Roi ou de son fils. Une chasse manquée était un événement des plus rares, et dont on prenait note avec un regret plein d'humiliation (1).

Par les registres conservés à la bibliothèque du Louvre, on voit que, de 1723 à 1757 inclusivement, la grande meute du Roi a pris 3,156 cerfs.

L'année où le chiffre des prises est le plus élevé (1736) en constate 121; celle où ce chiffre est le moindre (1731), 77.

En 1754 la grande meute prit 110 cerfs sans en manquer un seul.

La petite meute, de 1737 à 1742, prit 600 cerfs; de 1743 à 1757, 2,651 (2).

On peut remarquer, dans les comptes rendus de ces chasses, que chacune des meutes chassait de 60 à 75 fois par an (3). Elles prenaient leur animal assez vite, puisqu'on voit très-souvent deux cerfs pris bout

---

(1) 12 juillet 1708. « On manqua le cerf, chose fort extraordinaire aux chiens du Roi. » (Dangeau, t. XII.) Nous avons vu que l'équipage du duc de Bouillon avait pris jusqu'à cent cerfs.

(2) Le chiffre le plus élevé des prises est 154 (1760); le moindre, 70 (1745).

(3) En 1739, la petite meute fit 114 chasses. Le nombre le plus considérable qu'en ait fait la grande est 78 (1741).

« J'ai déjà marqué plusieurs fois, dit à ce sujet le duc de Luynes, que le Roi a deux meutes pour la chasse du cerf, la petite et la grande. Pendant tout le cours de l'année dernière (1754), la grande n'est jamais rentrée sans avoir pris au moins un cerf. Les chasseurs font cette remarque et prétendent que cela n'est arrivé à aucune meute. » (*Mémoires*, t. XIV.)

à bout. Les chasses simultanées ne sont pas rares, non plus que les cas où des cerfs blessés précédemment sont pris par quelques chiens séparés (1).

Le duc de Luynes rapporte que, le jour de la Saint-Jean d'hiver (27 décembre 1738), Louis XV avait déjà pris 110 cerfs avec une de ses meutes et 98 avec l'autre; il comptait en prendre encore 2 avec celle-ci avant la fin de l'année (2).

De 1722 à 1740, les équipages réunis du comte d'Eu et du prince de Dombes, son frère, prirent 1,003 cerfs et en manquèrent 268 (3).

Pendant l'année 1755, la vénerie du duc d'Orléans compta 62 journées de chasse, dans lesquelles il y eut 63 prises de cerfs et 7 animaux manqués (4).

L'équipage de cerf de Louis XVI fit 74 chasses pendant l'année 1775 (5).

Celui du prince de Condé prit, en 1778, 165 cerfs. C'est le chiffre le plus élevé de toute la période comprise dans le *Journal de Toudouze* (1753-1778), la plus faible est de 33 prises (en 1763) (6).

---

(1) Voir les Pièces justificatives à la fin de ce volume.

(2) La *petite meute* de Louis XV était originairement une meute de chiens pour le lièvre, donnée en 1725 au Roi par le duc de Bourbon. Après avoir chassé le daim et le chevreuil, elle forma en 1730 une seconde meute de cerf. La petite meute avait un commandant, un gentilhomme, deux piqueurs, deux valets de limiers à cheval et dix valets de chiens (d'Yauville); elle fut employée de nouveau à chasser le chevreuil en 1774.

(3) *Premier et deuxième livres des chasses de cerfs*, etc., ouvrage déjà cité.

(4) *Chasses de cerf, faites par l'équipage de Monseigneur le duc d'Orléans pendant l'année* 1755. (Bibl. de la Reine Marie-Amélie.)

(5) *Revue rétrospective*, t. V.

(6) Voir les Pièces justificatives à la fin de ce volume.

§ 2. DE LA CHASSE DU DAIM.

« Toutes les choses qui sont ordonnées par moy en la chace du cerf, dit le *Roy Modus*, sont gardées en la chasse du dain, excepté trois choses : estre destourné du limier, laisser courre sans le voir, relaisser chiens autres que ceux qui le chacent (1). »

Gaston Phœbus nous apprend, en effet, qu'on le lançait à la billebaude avec 4 ou 6 chiens, les meilleurs et les plus sages de la meute; mais il ajoute que le veneur le doit chasser, rechasser, *relaisser* et requérir comme un cerf (2).

Après Gaston Phœbus il faut aller jusqu'à Leverrier de la Conterie pour trouver quelques préceptes sur la chasse du daim. L'auteur de la *Vénerie normande*, qui n'avait jamais chassé le daim *sur son compte*, mais qui l'avait vu chasser par les chiens du Roi, remarque seulement que cette chasse et celle du cerf *n'ont entre elles aucune différence essentielle*. Seulement le daim est moins entreprenant que le cerf, ne se forlonge pas tant et revient plus souvent sur ses voies.

De cette assimilation complète, il résulte qu'alors on détournait le daim avec le limier, comme le cerf.

(1) Les anciens thèreuticographes qui ont traité de la chasse du daim sont : *Le Roy Modus*, Gaston Phœbus, Leverrier de la Conterie, Goury de Champgrand, Desgraviers.

(2) *Guyllame de Twici* traite dédaigneusement *le deym* et *la deym* de *Vermin*, et les classe en cette qualité parmi les animaux qui ne sont pas *enchasés*, mais *aquitliz*, c'est-à-dire qu'ils ne sont pas *meuz* de *lymer*, mais *trovez de brachez*.

Cependant cet usage n'était pas général. Goury de Champgrand dit qu'il est inutile pour le daim de faire le bois avec le limier, parce que ces animaux vont toujours en hardes et que l'on sait ordinairement dans quels cantons ils se tiennent. On découple seulement cinq ou six chiens sages pour fouler l'enceinte, et, quand on a mis debout et séparé des autres l'animal qu'on veut chasser, on découple le reste des chiens (1).

Équipages de daim.

Le daim n'ayant guère existé en France que dans les parcs des maisons royales et princières, il n'y a jamais eu d'équipage spécial de daim que chez le Roi et le prince de Condé.

Louis XIV avait une meute de chiens chassant le daim, dont il paraît s'être servi fort rarement et qui avait cessé d'exister depuis longtemps à la fin de son règne (2). Le Roi chassait le daim en 1687 avec les chiens du duc du Maine, et, en 1699 et années suivantes, avec les *sans-quartiers* du comte de Toulouse. Ces chasses avaient lieu à Saint-Germain, à Marly, au bois de Boulogne. Le Roi, qui y prenait plaisir, ordonna, en septembre 1700, qu'on lui fît venir encore 150 daims d'Angleterre (3).

Louis XV chassa d'abord le daim avec la meute que lui avait donnée en 1725 le duc de Bourbon (4). Cette

(1) Desgraviers admet les deux méthodes, en signalant celle indiquée par Champgrand comme la plus ordinaire.
(2) Voir les *États de la France*.
(3) Dangeau.
(4) Pendant les années 1728, 1729 et 1730, cette meute chassa le daim

meute ayant formé en 1730 une deuxième meute pour cerf, le Roi tira de ses autres équipages une nouvelle meute, destinée à courre le daim dans le bois de Boulogne en présence des dames (1738); les piqueurs de l'équipage du lièvre furent attachés à cette meute. M. de Dampierre, si connu dans les fastes de la vénerie, qui commandait l'équipage du lièvre, prit le commandement de celui-ci. Il eut pour second un personnage d'une notoriété bien différente, le sieur Lebel, ci-devant concierge de Versailles et premier valet de chambre du Roi (1).

Quelques années après, Louis XV fit don de cet équipage de daim à ses filles, Mesdames de France; il fut supprimé au commencement du règne de Louis XVI.

Les princes de Condé eurent à partir de 1765 un équipage de daim assez considérable, avec lequel ils prenaient souvent 3 daims de suite et parfois 4 (2).

De 1765 à 1778, cet équipage prit 980 daims. Ce qui établit une moyenne de 70 daims par année; l'année 1778, qui fut celle où il y eut plus d'animaux pris, présente le chiffre fort respectable de 149 daims; et la plus faible, 1765, n'en compte que 17.

---

de janvier à avril; elle en prit 30 et en manqua 7 en 1730, année dans laquelle elle fut mise au cerf. (Voir les Pièces justificatives à la fin de ce volume.)

(1) *Mémoires* du duc de Luynes.

(2) Voir les Pièces justificatives à la fin de ce volume.

§ 3. DE LA CHASSE DU CHEVREUIL.

Plus léger, plus vif, plus adroit encore à se dérober que le cerf, le chevreuil, par ses ruses et ses retours multipliés, met à l'épreuve l'habileté du veneur. Aussi, sa chasse, très-amusante et très-animée, a-t-elle toujours été considérée comme plus fine et plus difficile que celle du cerf, à laquelle, du reste, elle ressemble beaucoup (1).

« Et se il fust si belle beste ne si royal comme le cerf, je tiens que ce seroit plus belle chasse que du cerf, quar elle dure tout l'an et est trop bonne chasse et de grant mestrise (2). »

Salnove estime de même que c'est la chasse la plus considérable après celle du cerf, et qu'elle s'y peut *parangonner* en plusieurs choses, le pied, le corps et la tête.

Les contemporains du *Roy Modus* et de Gaston Phœbus ne détournaient point le chevreuil avec le limier; on envoyait, le matin, pour en avoir connaissance, des *compagnons* qui faisaient des brisées à l'endroit où ils l'avaient aperçu, ou bien on l'attaquait *à la billebaude*.

---

(1) Presque tous les traités généraux de vénerie parlent de la chasse du chevreuil. Les auteurs qui s'en sont occupés spécialement sont Ligniville, Maricourt et Jacques Savary. (*Venationis capreolinæ leges.*)

(2) Gaston Phœbus (*Du chevreuil et de toute sa nature*). Le comte de Foix ajoute plus loin : « et le doit le Veneur chasser plus sagement et subtilement que ne fet le cerf, quar il est trop malicieuse bestelette et ha grant povoir en luy et le veneur sera trente fois en requeste pour le chevreuil avant qu'il en soit une pour le cerf. »

En ce temps-là, on disait *qu'en chevreuil n'a nul jugement pour congnoistre s'il est vieil ou josne, ou masle ou femelle qui ne le voit à l'œil*, et on lui *jetait* des lévriers dès qu'on pouvait, parce qu'on croyait que les chiens courants, quelque bons et sages qu'ils fussent, ne pouvaient le prendre à force. On considérait également comme impossible de faire garder change à la meute (1).

Pendant les guerres de religion, la chasse à courre du chevreuil était presque tombée en désuétude. «Nos pères, écrivait Maricourt en 1627, ne faisoient gueres aultrement qu'avec les bricolles (2), ayant veu beaucoup de chasseurs et moy mesme ayant esté de ceste opinion que les chevreuils et chevrettes ne se pouvoient gueres prendre à force et ce qui le faisoit croire, c'estoit qu'à la fin des guerres il se trouvoit peu de bons chiens ayant de la force et de la vigueur et qui parchasasse (*sic*) bien, (la bonne race ayant esté perdüe par les guerres), et aussy que les forestz et buissons estoient remplis de tant de chevreuilx, ce qui donnoit souvent le change, mais après qu'on les a éclaircis et que l'on s'est mis en bonne race de chiens, il c'est (*sic*) veu force de meutes qui l'ont sceu bien prendre.»

Les restaurateurs de l'art de forcer le chevreuil ne tardèrent pas à essayer de le détourner avec le limier (3), sans renoncer tout à fait à l'ancienne mé-

---

(1) *Le Roy Modus*. — G. Phœbus.
(2) Sorte de filet.
(3) Seul parmi les auteurs cynégétiques du XVIIe siècle, Savary sou-

thode, moins savante mais plus facile (1), et savaient discerner le pied du brocard d'avec celui de la chevrette. Cette connaissance difficile est enseignée de la manière la plus approfondie et la plus précise par Leverrier de la Conterie, qui attribue à l'ignorance et à la paresse des piqueux la répugnance qu'ils avaient longtemps montrée à faire le discernement du pied dans leurs rapports.

Le désir de conserver l'espèce et de voir courir devant leurs chiens un brocard *décoré de son bois a tant fait crier* les maîtres d'équipage, *révoltés* de l'insouciance de leurs valets de limier, que ceux-ci se sont piqués d'émulation et en sont arrivés à distinguer sûrement, les jours de beau revoir, les brocards à leur quatrième, cinquième ou sixième tête (2).

La chasse du chevreuil était particulièrement affectionnée des simples gentilshommes. Elle leur donnait toutes les jouissances de la chasse du cerf, à laquelle

---

tient encore qu'on ne peut tirer aucune connaissance du pied du chevreuil ni de ses fumées. (*Venationis Capreolinæ leges*, Caen, 1659.)

(1) « Nous laissons la meutte aller aux brisées, sans le donner du limier, néantmoings autrefois je n'ay faict laisser courre du limier, mais c'est plus tost faict de le lancer avec la meutte. » (Ligniville.)

Maricourt, tout en déclarant qu'il n'y a nulle différence du chevreuil à la chevrette, dit que l'on va au bois avec des limiers comme pour le cerf.

Salnove admet que les valets de limier sont dispensés, dans leur rapport, de faire le discernement du pied, parce qu'il serait trop souvent frauduleux, « l'on peut néant moins particulariser en y prenant de la peine, et s'y attachant l'esprit par une loüable ambition de se tirer du commun et pour en rendre le plaisir plus parfait et en conserver la race. »

Gaffet de la Briffardière donne de bonnes indications pour la connaissance du pied.

(2) *Vénerie normande.*

il leur était rarement permis de s'adonner et qui exigeait un appareil bien plus dispendieux.

Pour le chevreuil, 36 à 40 chiens suffisaient avec 2 piqueurs vigoureux et bien montés (1). On choisissait des chiens français ou bâtards, *entre deux tailles*, actifs, bien requérants et sachant se servir eux-mêmes (2). « Les chiens gris, dit Sélincourt, aiment tous le chevreuil, et, quand ils ont couru trois ou quatre chasses, ils se dressent et prennent l'habitude de retourner quand ils sentent les voyes doubles (3). »

Les bâtards, issus de chiens de lièvre français et de chiens d'Écosse ou d'Angleterre, étaient aussi fort estimés.

Équipages de chevreuil.

Henri IV doit être mis au premier rang des veneurs qui remirent en honneur la chasse à force du chevreuil (4). Après s'être assez longtemps servi de la meute du connétable de Montmorency (5), il eut pour

(1) Maricourt. — La Conterie.

(2) « Ce n'est pas qu'on ne chasse et prenne chevreuil avec moings de chiens, mais ce n'est avec tel plaisir, ny si diligemment. .....Monsieur Dalincourt, seigneur de Villeroy, gouverneur de Lion et pais Lionnois le chasse avec soixante chiens et grand esquipage et l'a tousjours bien pris. Monsieur de Trigny, seigneur de Marivault, nostre voisin, gouverneur d'Amiens, le courroit aussi avec soixante et dix chiens et grand esquipage et le prennoit fort bien. Monsieur de Genlis de Picardie l'a fort bien pris aussy... » (Maricourt.)

(3) Maricourt recommande également les chiens gris.

(4) Voir les lettres missives de Henri IV, et la correspondance manuscrite citée plus haut.

(5) « Si vous voulez amener vos chiens pour chevreuil, il y en a icy auprès ou plus beau courre du monde. » (Lettre écrite de Monceaux au connétable, 16 octobre 1598.)

cette chasse une meute particulière, dont il donna le commandement au marquis de Vitry.

C'est le premier équipage de chevreuil qu'on voye figurer dans la vénerie royale. Ligniville en dit merveilles (1).

Cette meute resta sur pied pendant le règne de Louis XIII. Elle était alors sous les ordres de M. de Saint-Ravy, fils du célèbre veneur que Henri IV avait envoyé en Angleterre (2).

Sous cet habile commandant, l'équipage qui pouvait découpler 50 à 60 chiens faisait des chasses admirables. Il prenait souvent en une heure et demie et força cinq chevreuils en huit jours (3).

Le frère de Louis XIII, Gaston, duc d'Orléans, avait aussi un équipage de chevreuil (4).

Louis XIV eut longtemps une meute de 50 chiens chassant le chevreuil, sous la charge du marquis de Rarey. Lors de la mort de ce gentilhomme (1691), le Roi fut tenté de supprimer cet équipage, aux chasses duquel il n'assistait jamais, et qui lui coûtait 20,000 livres par an (5). Cependant il en est encore fait mention dans l'*État de la France* de 1699. La meute du chevreuil était, depuis la mort de

---

(1) « Mes chiens ne furent jamais meilleurs et ne chassèrent mieux tant ceux pour cerf que ceux pour chevreuil (au même, 16 mars 1607). »

(2) Voir le personnel de cet équipage aux Pièces justificatives, t. 1er.

(3) Maricourt. — Ligniville. — Lettre de M. de Saint-Ravy, écrite de Fontainebleau le 15 mars 1636. (*Meutles et Venerie pour chevreuil.*)

(4) *Etat de la France*, 1657. Maricourt, dans son *Epistre au Roy*, dit que ce prince est, après S. M., *celuy que l'on a jamais veu avoir mieux pris le chevreuil à force.*

(5) Dangeau, t. III.

M. de Rarey, sous les ordres de François Molé, abbé de Sainte-Croix, lieutenant de vénerie (1).

Elle avait cessé d'exister lors de l'avénement de Louis XV (2).

Ce Roi chassa d'abord le chevreuil avec la *petite meute*, don de M. le Duc (3). Cet équipage ayant été employé à un autre service, une nouvelle meute de chevreuil fut formée en 1749, et le commandement en fut donné à M. d'Yauville, alors gentilhomme de vénerie. Cette meute, originairement composée de 16 chiens seulement, avec un piqueur, fut réformée en 1758 (4).

Louis XVI, qui prenait un plaisir particulier à la chasse du chevreuil, le fit chasser de nouveau aux chiens de sa *petite meute*.

On voit, dans la récapitulation de ses chasses pendant l'année 1775, qu'il avait fait 27 chasses du chevreuil (5).

§ 4. DE LA CHASSE DU LIÈVRE.

Chasse du lièvre avec des chiens courants.

Tous nos anciens traités de vénerie célèbrent à qui mieux mieux la chasse à courre du lièvre, que Leverrier de la Conterie appelle *la plus fine et la clef de toutes les autres* (6). Le lièvre étant, dit-il, de tous les

(1) Voir aux Pièces justificatives, t. Ier.

(2) Monsieur, frère de Louis XIV, avait, comme Gaston d'Orléans, un équipage de chevreuil. (*Etats de la France*, 1699.)

(3) Voir, sur les chasses de chevreuil de la petite meute, de 1726 à 1730, les Pièces justificatives à la fin de ce volume.

En 1727, l'équipage prit 44 chevreuils et en manqua 21.

(4) D'Yauville. — *Mémoires* du duc de Luynes, t. X. — Le commandant de l'équipage y est appelé *Diouville*.

(5) *Revue rétrospective*.

(6) Les ouvrages spéciaux sur la chasse du lièvre sont l'*Antagonie*

animaux qu'on chasse à cor et à cri, le plus subtil et le plus rusé (1), il y faut des piqueurs adroits et d'*esprit*, et des chiens exellents.

La chasse du lièvre commençait d'ordinaire à la mi-septembre et finissait à la mi-avril (2). Cependant, le gentilhomme dont la maison était *bien située* pouvait chasser toute l'année, en évitant de découpler en plaine pendant que les récoltes sont sur pied et dans les vignes avant la vendange. Il lui restait les bois, les landes et les *coustumes* ou pâtureaux (3). La meilleure saison était l'hiver. Une meute de lièvre chassait deux ou trois fois par semaine.

La chasse du lièvre différait de celle des grands animaux en ce qu'on n'y employait jamais le limier, et que la meute était découplée tout entière et sans relais. Ces différences tenaient à la nature de l'animal et à celle des lieux où l'on chassait. C'était, en effet, en rase campagne ou dans des boqueteaux isolés qu'on attaquait le plus souvent.

Le veneur, bien monté, portant à l'arçon de sa selle une gibecière pleine d'osselets de cochon de lait ou de volaille, de morceaux de fromage sec et autres friandises propres à être jetées à ses chiens en façon d'encouragement (4), se mettait en chasse avec sa

---

du chien et du lièvre de Jean du Bec, le poëme latin de Savary, *La meutte et venerie pour lièvre* de M. de Ligniville et la *Chasse du lièvre* de M. de Maricourt.

(1) « Moult est bonne bestelète une lièvre et moult ha de plaisance en sa chasse plus que en beste du monde. » (Gaston Phœbus.)

(2) Du Fouilloux. — La Conterie.

(3) Maricourt.

(4) Du Fouilloux — Maricourt. — Savary.

meute découplée et lui faisait rapprocher la nuit du lièvre jusqu'à son lancer. Une fois sur pied, meute et veneurs devaient suivre la bête dans tous ses retours, démêler toutes ses ruses, relever les défauts et débrouiller les changes.

Comme nous l'avons dit plus haut, c'est Leverrier de la Conterie qui enseigna le premier à distinguer le pied du bouquin de celui de la hase, et même à garder change par la connaissance du pied du lièvre de meute. Du Fouilloux ne reconnaît encore le sexe qu'au pelage et aux allures.

Sous le prétexte que la chair du lièvre était *fastieuse viande* et dégoûtait les chiens, les anciens veneurs la réservaient pour eux-mêmes et faisaient curée à leurs chiens de pain détrempé dans le sang de l'animal et dans du lait, puis mêlé avec les intestins et des bribes de fromages.

Plus tard, on leur abandonna, outre les *dedans*, les épaules du lièvre et le *coffre*, coupés en morceaux. Enfin les chasseurs plus généreux se décidèrent à livrer aux chiens la proie tout entière en prenant soin de la dépouiller. Quelquefois on poussait l'attention jusqu'à faire rôtir le lièvre et à le servir aux chiens tout cuit. « Il n'y a pas de meilleure curée, dit Jehan du Bec, et de laquelle les chiens se ressouviennent davantage (1). »

Pendant la curée, le piqueur portait la peau du

---

(1) Phœbus. — Du Fouilloux. — Maricourt.—La Conterie.—La tête et quelquefois les épaules étaient emportées au chenil pour réjouir les jeunes chiens.

lièvre entortillée autour du pavillon de sa trompe. La présentation du pied se faisait comme pour le cerf.

La chasse du lièvre était la chasse favorite des petits seigneurs, parce que c'était la moins dispendieuse. Une meute de 12 à 15 chiens suffisait. 30 chiens était le véritable chiffre, suivant Maricourt, et l'on ne devait jamais dépasser 40 (1). Un piqueur à cheval et un ou deux valets de chiens à pied étaient tout ce qu'il fallait pour diriger l'équipage (2).

Henri IV avait une meute de 24 *chiens à lièvre*, faisant partie de la *chambre du Roi*, sous la charge du *maître de la garderobe* de Sa Majesté (3).

Louis XIII mit, le premier, un équipage de lièvre dans sa vénerie; cette meute, dite des chiens d'Écosse, ne fut réformée que sous Louis XVI. Elle paraît avoir toujours été composée de 24 chiens. Son personnel, qui ne varia guère, consistait en un lieutenant, un piqueur, un valet de chiens et un page (4).

Louis XIV chassait encore le lièvre avec la meute

---

(1) Maricourt. — Savary.

(2) Les divers auteurs qui ont écrit sur la chasse du lièvre ne sont pas d'accord sur la race de chiens à préférer. Jehan du Bec recommande les chiens *gris rougeastres brûlez à gros poil* ainsi que ceux qui sont issus de ces chiens croisés avec les blancs. Les *fauves blancs lavés* sont aussi de bons chiens.

Maricourt dit que la meute du gentilhomme doit être composée de *chiens gris*. Il comprend sous cette dénomination les fauves et les noirs.

Savary préfère les chiens anglais, surtout les *boubés*;

Sélincourt les *bigles*, les picards et les petits normands.

C'est à ces derniers que la Conterie accorde naturellement la supériorité.

(3) Voir ses comptes.

(4) *États de la France.*

des *Rôtisseurs*, qui avait chassé le renard sous Louis XIII (1), et avec *la petite meute* que lui donna M. de La Rochefoucauld. Pendant la première jeunesse de Louis XV, la meute qui lui avait été offerte par M. le Duc fut employée à courre le lièvre, concurremment avec les chiens d'Écosse (2).

Gaston d'Orléans, Monsieur, frère de Louis XIV, le duc du Maine, le comte de Toulouse eurent aussi leurs meutes de lièvre (3). Le maréchal de Tallard, M. de Surville, le *petit Bontemps*, possédaient des chiens de lièvre si renommés, sur la fin du règne de Louis XIV, que le Roi voulut plusieurs fois s'en donner le plaisir (4).

Chez les simples particuliers, presque toutes les meutes de chevreuil chassaient le lièvre.

La chasse du lièvre avec les lévriers ou *levretterie*, pratiquée dans les Gaules sous la domination romaine, ne cessa pas, jusqu'à la Révolution, d'être en honneur dans notre pays. Quelques veneurs passionnés se permettaient seuls de trouver que c'était une chasse *cui-* La levretterie.

---

(1) *États de la France.*

(2) L'état des chasses de cette meute pendant l'année 1726, la dernière durant laquelle elle ait chassé le lièvre, porte 15 lièvres pris et 3 manqués, de juin à septembre. (Voir les Pièces justificatives à la fin de ce volume.)

(3) *États de la France.* — *Mémoires* de Dangeau. — Voir aux Pièces justificatives, t. Ier, la composition des équipages de lièvre de Gaston et de Monsieur.

(4) Dangeau. — Le maréchal de Turenne avait eu, longtemps auparavant, une excellente meute de lièvre. Sélincourt rapporte une chasse mémorable de cette meute dans les environs de Créteil. — Les chiens du maréchal de Tallard, dit Dangeau, sont les plus jolis chiens du monde. (T. XV.)

sinière, peu noble, dépourvue de science et de mérite (1); la *levretterie* n'en faisait pas moins les délices des grands comme des gentilshommes *fesselièvres;* elle a même trouvé des poëtes pour la chanter (2).

Rien de plus simple que cette chasse. Les *levretteurs* à cheval quêtaient le lièvre en plaine avec quelques petits chiens; dès qu'il était lancé, on découplait trois lévriers (3) qui ne manquaient pas de le saisir malgré sa course désespérée et ses crochets multipliés, s'il ne réussissait à se dérober à leur vue en se jetant dans un buisson.

Depuis Henri IV, les Rois de France eurent toujours des *lévriers de Champagne pour chasser le lièvre* (4).

Il y avait de plus dans leurs maisons les *levrettes et levriers de la chambre du Roi*, qui subsistèrent jusqu'au règne de Louis XV (5).

Louis XIV se servait rarement de ses lévriers.

---

(1) Avides levretteurs, ennemis de Diane
Des lièvres de nos champs destructeurs signalés
Sur l'autel Scythien dignes d'être immolés.

(Vers de Savary, traduits par Serré de Rieux, — *Diane* ou *les lois de la chasse du cerf.*)

(2) La *Chasse du lièvre avecques les lévriers*, par le Sr Habert.
(En 1610 un Habert avait sous sa charge les levrettes et lévriers de la chambre du Roi).

(3) Chasser à deux lévriers était le propre des grands seigneurs, parce que les chiens résistaient peu de temps à la fatigue. (Sélincourt.)

(4) Voir les comptes et les *États de la France*.

(5) *Ibid*.

Il alla quelquefois courre avec ceux du duc du Maine (1).

Un jour, le grand Dauphin s'amusa à ramasser tous les lévriers de la cour et les emmena dans la plaine Saint-Denis, où il prit 35 lièvres (2).

Dans l'opuscule intitulé : « *Chasses du Roy, et la quantité de lieües que le Roy a fait tant à cheval qu'en carosse pendant l'année* 1725 (3), on voit que Louis XV fit plusieurs chasses dans le courant de cette année avec ses lévriers. Il chassait, d'ordinaire, à la *Grande-Grille* et prenait jusqu'à 7 lièvres.

§ 5. DE LA CHASSE DE L'OURS.

Gaston Phœbus est le seul de nos écrivains cynégétiques qui parle de la chasse de l'ours à force. En effet, cette chasse ne fut jamais en usage que chez quelques seigneurs voisins des Pyrénées.

Quoique le comte de Foix déclare qu'il n'y a guère de *mestrise* en cette chasse, il nous apprend que l'ours doit être détourné et laissé-courre, *tout ainsi que un sanglier*. Il n'avait nul jugement par ses *laissées* (4), mais on pouvait connaître le sexe de l'animal par les *traces*.

L'ours détourné avec le limier, ou trouvé en *traillant à l'aventure* (à la billebaude), on mettait à ses trousses

(1) Dangeau (1687).

(2) *Ibidem.*

(3) Par le sieur Mouret, réimprimé dans les *Mélanges de la Société des Bibliophiles* en 1867.

(4) Fientes.

des chiens courants mêlés de mâtins. Il ne se faisait pas aboyer *au trouver* comme le sanglier, mais s'enfuyait au premier bruit comme un lièvre.

Comme son allure est fort lente et qu'il ne court guère plus vite qu'un homme, les chiens l'atteignaient bientôt, le *pinsaient* et le mettaient aux abois (1).

On lui *jetait* alors des alans qui l'empêchaient de quitter la place. L'ours *affolait* souvent les chiens en les mordant ou les étouffait entre ses bras (2). Alors les veneurs accouraient à l'aide, avec des arcs, des arbalètes et des épieux. Gaston Phœbus recommande au chasseur de ne jamais attaquer l'ours seul à seul (3). Il faut être au moins deux ensemble avec de forts épieux et se faire *bonne compagnie*. L'ours se jette pour se *revenger* sur celui qui l'a frappé le premier : l'autre frappe à son tour, la bête furieuse revient sur ce nouvel assaillant, « et ainsi le peut férir chescun tant de fois comme il volt. »

Les veneurs à cheval, quand la nature des lieux le permettait, devaient darder de loin sur l'ours leurs lances et leurs épieux, et non le frapper de l'épée comme un sanglier. Celui qui voudrait *assembler à lui* pourrait s'en trouver fort mal, « quar il l'acoleroit et bayseroit non pas trop gracieusement. »

---

(1) Contrairement à l'opinion commune, Phœbus affirme que si l'ours se lève sur ses pieds de derrière, *comme un homme*, c'est signe de *couardise* et d'effroi et que les plus dangereux attendent le chasseur sur les quatre pieds.

(2) « Si j'avoye biaus levriers et bons, je les y mettrois bien envis (*invitus*, à regret). »

(3) « Car il l'avait tost afolé ou mort. »

On se servait aussi de rets et de lacs pour le prendre.

Malgré les dédains de Gaston Phœbus, ce devait être une belle et émouvante scène qu'un hallali d'ours, dans quelque forêt séculaire des Pyrénées, et le comte de Foix aimait cette chasse dramatique plus qu'il ne veut bien le dire. Il mourut au retour d'une chasse à l'ours, comme nous l'avons raconté précédemment.

Pierre de Béarn, frère bâtard de Gaston, chassait comme lui l'ours à force. Un jour qu'il poursuivait *à chiens,* dans les bois de la Biscaye, un ours merveilleusement grand, ce terrible animal se mit en défense, *occit* quatre des chiens et en *navra* plusieurs. Messire Pierre, *irrité pour la cause de ses chiens qu'il voyait morts,* tira son épée de Bordeaux, assaillit l'ours *et se combattit à lui moult longuement.* « Finalement, il le mit à mort à grand'peine et au grand péril de son corps. »

Ce triomphe eut pour l'intrépide veneur des conséquences funestes, car on attribua des accès de somnambulisme dont Pierre de Béarn fut bientôt tourmenté, à ce qu'il avait tué par hasard un *ours fée* (1).

On ne retrouve plus aucune mention de la chasse de l'ours à force en deçà des Pyrénées, depuis Gaston Phœbus.

En Espagne, ce fut, vers la même époque, le déduit

(1) Il faut lire cette histoire admirablement narrée dans Froissart, t. IX.

préféré des Rois. Alfonse XI, Roi de Castille (1312-1350), a laissé un traité de vénerie dans lequel il s'occupe presque exclusivement de la chasse à l'ours, qu'il prenait et mettait à mort à force de chiens et de relais. Souvent un ours durait deux ou trois jours. A la tombée de la nuit, les veneurs rompaient et rassemblaient leurs chiens, dont les plus ardents ne voulaient souvent lâcher prise que fort tard, et on allait prendre gîte dans quelque hameau voisin. Le lendemain, dès l'aurore, on attaquait de nouveau.

Le Roi Alfonse, qui affectionnait singulièrement ces chasses, fait un récit détaillé des plus remarquables de celles auxquelles il a assisté. Une fois l'ours ne fut atteint et tué qu'après s'être fait chasser pendant cinq jours et quatre nuits (1).

L'ours étant *fort pesante bête*, comme le dit Gaston Phœbus, la durée exceptionnelle de ces chasses ne s'explique que par la difficulté du terrain qui empêchait de le suivre autrement qu'à pied.

§ 6. DE LA CHASSE DU SANGLIER.

Nos ancêtres eurent longtemps une prédilection marquée pour la chasse du sanglier. C'était, en effet, depuis la destruction des taureaux sauvages, la seule chasse qui présentât des risques sérieux ; puis, c'était celle qui garnissait le plus amplement le garde-man-

---

(1) Voir Magné de Marolles qui a tiré ces détails du *libro de Monteria del Rey Don Alonzo*, publié par Argote de Molina, Seville, 1582.

ger, considération qui n'était nullement indifférente à ces robustes estomacs.

Lorsque l'art de la vénerie alla se raffinant, ceux qui se piquaient d'y exceller affectèrent un certain mépris pour la chasse du sanglier, moins savante que celle du cerf, et la qualifièrent dédaigneusement de *porchaison*. Selon Fontaines-Guérin :

> ....Un bouvier puet un porc prendre
> Ausy comme un Roy, sans aprendre.

Du Fouilloux est du même avis. « Le sanglier, dit-il, ne doit pas estre mis au rand des bestes chassées à force de chiens courants, mais est le vray gibier de mastins et de leurs semblables. »

Ce qui n'empêcha pas la chasse du sanglier de rester en faveur chez les grands qui avaient des équipages spéciaux pour cette chasse, et chez les gentilshommes campagnards, *selon la commodité de leurs maisons* (1).

Gaffet de la Briffardière, moins exclusif que du Fouilloux, reconnaît même que « la chasse du sanglier est une des plus belles que l'on puisse voir. Mais, ajoute-t-il, il y a bien des choses à observer pour la faire selon les règles. »

Ces règles différaient assez notablement de celles de la chasse du cerf. La chasse du sanglier avait aussi son langage à part. Le pied se nommait *trace ;* l'endroit où la bête s'était repue, *mangeures;* les fientes,

---

(1) Du Fouilloux.

laisses. Le sanglier, suivant son âge, était dit successivement *marcassin*, *bête rousse*, *bête de compagnie*, *ragot*, *sanglier à son tiers an*, *sanglier à son quart an* ou *quartonnier*, *vieux sanglier* ou *solitaire*.

La plupart de ces termes, encore usités aujourd'hui, sont fort anciens (1).

Dès les premiers temps du moyen âge et jusqu'au XVIIIe siècle, on chassa le sanglier à force de chiens de plusieurs manières.

Tantôt on se servait exclusivement de chiens courants; tantôt, après l'avoir lancé soit avec des chiens d'ordre, soit avec des brachets, on le faisait coiffer par des lévriers d'attache ou des chiens de force (2).

La plupart de ces chasses avaient pour préliminaire l'opération de détourner la bête avec le limier. Elle se faisait comme pour le cerf, sauf quelque différence dans les connaissances de l'animal.

Outre le jugement du pied ou *trace*, on avait celui des *boutis*, qui sont les endroits où le sanglier a fouillé la terre de son boutoir, pour arracher des racines, défoncer les terriers des mulots et les dévaliser de leurs petits magasins de faînes et de noisettes. Plus les boutis sont larges et profonds, plus la hure du sanglier doit être grosse et longue, plus vieux et plus puissant est, par conséquent, l'animal auquel elle appartient.

Le *souil* (3), lieu où le sanglier s'est vautré dans la

(1) Voir *le Roy Modus*, Gaston Phœbus et tous les anciens traités. Dans le roman de *Partonopeus de Blois* (XIIIe siècle) on trouve l'expression de *porc quartenor*.

(2) Voir tous les anciens auteurs.

(3) *Seulg* dans *Le Roy Modus*.

vase, donne la mesure de son corsage, comme la *bauge*, qui est la place où il se couche. Les vieux sangliers font une bauge plus profonde, et, quand ils en sortent, ils jettent auprès leurs *laisses*, qui sont en proportion de leur grosseur (1).

Pour chasser le sanglier aux chiens courants, on disposait ses relais comme pour le cerf. On laissa courre longtemps à trait de limier. Plus tard, on découpla les chiens de meute à la brisée (2). Ces chiens étaient souvent pourvus de colliers à sonnettes pour faire plus promptement vider l'enceinte au sanglier (3). Les piqueurs devaient appuyer les chiens sans relâche de la trompe et de la voix, poussant ces cris *rudes* et *furieux*, dont parle du Fouilloux, *hou, hou, velcy aller, ça va, fuit là, chiens, fuit là, ha, ha, ha* (4)! Chacun se forçait de suivre la meute de près, pour être à même de la secourir quand le sanglier faisait un retour offensif. Certains veneurs, pour éviter à leurs chiens de trop rudes atteintes, ne laissaient courre que des laies, ou de vieux sangliers *mirés* (5).

Quand le sanglier est sur ses fins, il faut se hâter de le tuer, pour empêcher qu'il ne fasse carnage dans la meute.

Au moyen âge et jusqu'au XVIe siècle, on servait

---

(1) *Le Roy Modus.* — Gace de la Buigne. — G. Phœbus.

(2) Leverrier de la Conterie.

(3) Du Fouilloux.

(4) Gaffet. — La Conterie.

(5) Salnove. — Sanglier *miré*, c'est-à-dire dont les défenses sont tournées la pointe vers les yeux, en forme de croissant, marque de vieillesse, qui rend leurs atteintes peu dangereuses.

souvent le sanglier à cheval, avec l'estoc ou avec l'épieu léger, qu'on jetait quelquefois comme un javelot (1).

« Si tu le vois venir, dit le *Roy Modus*, tire ton espée et le appelle : Or ça, maistre (2)! et viens le grant trot de ton cheval contre luy, et quant tu viendras à luy, fier (frappe) des esperons, et assié ton coup, et n'arreste point avec luy, car il pourroit blecier toy ou ton cheval. »

Du Fouilloux recommande de donner le coup d'épée la main haute et en plongeant, et de ne point frapper du côté de son cheval, « car du costé que sanglier se sent blessé il tourne incontinent la hure, qui seroit cause de quoy il tueroit ou blesseroit son cheval. »

En pays de plaine, le veneur devait prendre soin de mettre un manteau devant les jambes de son cheval, et tuait le sanglier *à passades*, sans s'arrêter (3).

Plus tard, l'usage des épieux et des grandes épées fut complétement abandonné, et l'on n'employa plus que le couteau de chasse, qu'il fallait manier à pied, avec autant de sang-froid que d'adresse (4).

---

(1) « Et s'il vuelt porter un espieu en sa main tout à cheval, c'est bonne chose, combien que le tuer de l'espée soit plus bele chose et plus noble. » (G. Phœbus.)

(2) Phœbus dit : « Avant, mestre, avant! or sa! sa! »

(3) Pour surcroît de précaution, les veneurs du XVIe siècle armaient quelquefois leurs extrémités inférieures de cuissards, genouillères, *grèves* et *sollerets* de fer. Voir les tapisseries de Guise.

(4) Voir Leverrier de la Conterie qui dit avoir fait un jour cette *opération* au grand plaisir de tous les spectateurs, « car le sanglier fit un si grand saut en recevant le coup, qu'il s'en fut avec le couteau de chasse et se fit chasser encore un demi-quart d'heure, l'épée au côté. »

Servir le sanglier à l'épée ou au couteau était souvent chose difficile et périlleuse. Dès le commencement du règne de Louis XIV (1), les plus habiles veneurs étaient d'avis d'en finir avec le mousqueton ou le fusil lorsque la bête était trop dangereuse. « Dans une pareille circonstance, on ne prend en façon quelconque sur la noblesse du métier (2). » Il paraîtrait même, au dire de Sélincourt, que dans certains équipages, pour venir à bout des gros sangliers, on disposait dans les passages des chariots et charrettes chargés d'arquebusiers, et *qu'il n'y avait homme qui osât demeurer en pied.*

La chasse aux sangliers avec chiens courants seulement était connue dans notre pays dès les premiers temps de notre histoire. Il est question de sangliers *forcés* par les chiens dans la loi salique. Dans le *Roman des Loherains* (XIIe siècle), Begon de Belin force un sanglier avec ses chiens de meute, sans *vautres* ni lévriers. Ce beau récit, remarquable par l'exactitude des détails, est aussi vrai que poétique.

Le duc Begon s'ennuie dans son château de Belin, sur les *marches* de Gascogne ; il a ouï dire merveilles d'un sanglier monstrueux qui hante les forêts de Puelle et de Vicoigne (3), il forme le projet d'aller le chasser et d'en porter la hure à son frère, Garin, duc de Lorraine.

(1) Phœbus lui-même admet qu'on peut avoir recours à l'arc ou à l'arbalète.

(2) Salnove. — Gaffet. — La Conterie.

(3) Entre Valenciennes et Saint-Amand (Nord).

Begon se met en route avec trente-six chevaliers, des veneurs *sages* et *bien appris*, dix meutes de chiens et quinze valets, *pour les relais tenir*. Arrivé à Valenciennes, il prend gîte chez un riche bourgeois, nommé Berenger le Gris, auquel il demande des renseignements sur le fameux sanglier. « Je vous menerai demain jusqu'à son lit, » lui répond le bourgeois complaisant.

De grand matin, le *Loherain* s'équipe pour la chasse, le cor au col, l'épieu au poing, il est monté sur son *chascéor de pris*, et, sous la conduite de Berenger, il se dirige vers le canton de la forêt de Vicoigne, où le *porc se gist*.

Li chien avant se prinrent à noisier
Quant il commencent ces raimes (rameaux) à brisier
Truevent les routes du pors qui a fumé.

Le duc se fait amener son limier Brochard, le caresse et le met *dans la route;* le *vrai limier* conduit les veneurs droit au *lit* du sanglier.

Entre deux chesnes chéus et esrachiés
Si com li ruis (ruisseau) d'une fontaine vient
Là se gisoit pour son cors refroidier,
Quant il entent le grant aboi des chiens
Encontre mont (debout) li senglés est dréciés
Il estela (detala), en après s'est vuidiés
Ne fuit pas, ains prit à tournoier,
Là gieta mort le gentil liemier,
Nel voulsist (voulût) Bègues por mille mars d'or mier (pur).

Au moment ou Bégon accourt, *paumoiant* son épieu, le sanglier prend parti et s'enfuit.

Plus de dix chevaliers descendent de leurs coursiers pour mesurer *les ongles de ses pieds.*

De l'un à l'autre demi doi et plain pié.

« Voyez quel *aversier !* » (Adversaire, démon), s'écrient-ils.

Cependant le porc a gagné Gaudimont, *le couvert où il fut nourri*, il boit de l'eau et se couche dedans, mais la *grant presse* des chiens le fait repartir, alors

Ce fist li pors qu'onques autres ne fist,
En nulle terre que nos avons oï,

Il débuche et se fait chasser en plaine pendant 15 lieues, sans le moindre *semblant* de retour. Coursiers et *roncins* tombent fourbus, tous les veneurs perdent la chasse, à l'exception du duc Bégon, qui, monté sur son vaillant cheval, le *bon Baucent,*

Chasse le porc, et moult souvent le vit.

Cependant ses chiens sont à bout de force, il prend les deux meilleurs entre ses bras pour les reposer, puis les remet à terre près d'un abatis, les autres accourent à la voix.

Le sanglier, voyant qu'il ne peut durer plus longtemps, entre dans la forêt de Puelle ; il s'arrête sous un *fau* (hêtre), boit et se repose, la meute arrive et l'entoure.

Li pors les voit, s'a les sorcis levés
Les iex roolle (roule) si rebiffe du nez,
Fet une hure, si s'est vers eus tornés
Trestous les as ocis et afollés (blessés)

Bégon, furieux, l'interpelle *moult durement* :

Hé, fis de truie, com tu m'as hui pené !
Et de mes hommes m'as tu bien desevré (séparé).

Le porc *l'a écouté*, il vient sur lui plus vite qu'un *carreau empenné*.

> Begues l'attent, que la petit douté (craint)
> En droit le cuer li a l'espié branlé
> Outre le dos li a le fer passé (1).

Quoique, ainsi qu'on peut le voir dans l'antique chanson de geste que nous venons d'analyser, les veneurs du moyen âge sussent fort bien se passer de lévriers d'attache et de chiens de force, ils avaient le plus souvent recours à ces auxiliaires qui abrégeaient une chasse et sauvaient la vie à bien des bons chiens de meute.

Pour chasser le sanglier de cette manière, il fallait avoir connaissance d'animaux rembuchés dans quelque *buisson* ou bout de forêt, d'où il était plus facile de les faire sortir en plaine.

On plaçait des *défenses* ou sentinelles pour les empêcher de prendre parti vers les grands bois, et l'on disposait l'accourre à bon vent, du côté où l'on voulait les faire débucher. C'était un espace découvert et uni, autour duquel on postait les lévriers, cuirassés de bons jacques, et cachés derrière des buissons, des huttes de ramée ou des écrans de toile noire. Les laisses d'*estric* ou *costeresses* étaient aux deux ailes, vers l'entrée de l'accourre, les laisses *de flanc* ou de *compagnons*, un peu plus loin de chaque côté; la laisse ou les laisses *de tête* au bout de l'accourre, bien cachées. Chaque laisse avait un valet pour la tenir et la découpler (2). Des cavaliers se tenaient à couvert

(1) *Garin le Loherain*, t. II.
(2) Les laisses étaient de deux ou trois lévriers.

près des laisses d'estric pour venir en aide aux lévriers.

L'accourre étant ainsi préparé, on allait frapper aux brisées avec un limier, ou l'on découplait six ou huit vieux chiens courants, portant des colliers bien garnis de grelots, et on lançait l'animal à grand bruit de trompes et de voix pour le pousser vers l'accourre. Dès qu'il y était entré de trente pas au moins, on lui *donnait* les laisses d'estric par derrière, puis celles de flanc, quand il arrivait à leur hauteur; enfin les valets qui tenaient les lévriers de tête, choisis parmi les plus robustes et les plus courageux, s'avançaient la laisse à la main, pour les découpler en face et leur faire coiffer le sanglier. Les cavaliers accouraient à toute bride et venaient au secours des lévriers en perçant la bête de leurs épées *bien pointues* et *bien fermes*. Pour ne pas blesser les lévriers, ils devaient mettre pied à terre et frapper quatre doigts au-dessous de l'épaule, en ayant soin de saisir une touffe de soies et d'appuyer sur leur main gauche la lame de l'épée qui ne tranchait que vers la pointe.

Cette chasse se faisait encore du temps de Salnove et de Sélincourt (1).

Lorsqu'on voulait chasser avec le vautrait, ou *vautrier*, comme on disait au XIVe siècle, on allait rechercher les mangeures de bêtes noires dans quelque futaie de chênes ou de hêtres. Un veneur s'avançait avec un seul chien en laisse vers la troupe vorace, en ayant

---

(1) Voir leurs ouvrages et les *Mémoires* de Dangeau, t. Ier et II.

grand soin de prendre toujours le dessous du vent. Arrivé à quelque distance, il lâchait, sans mot dire, son chien qui allait aboyer les sangliers. Les autres veneurs qui suivaient découplaient sans bruit le vautrait, lévriers d'attache, alans et mâtins. Ces grands chiens couraient à l'aboi du premier, et coiffaient les animaux que les veneurs s'empressaient de servir avec l'estoc ou le grand épieu, dont on pouvait faire usage à pied sans danger quand le sanglier était maintenu par les robustes chiens du vautrait (1).

Au XVIIe siècle, cette chasse se faisait un peu différemment chez les Rois et les grands seigneurs.

Après avoir fait reconnaître les demeures des bêtes noires, on y conduisait le vautrait composé de 40 ou 45 mâtins et d'une douzaine de *corniaux*, *engendrés de chiens courants et mâtines*; un piqueur et deux valets accompagnaient ces chiens de force, tandis qu'un autre piqueur allait lancer les sangliers avec 7 ou 8 chiens courants. Aussitôt que les bêtes noires étaient debout, ce piqueur sonnait pour chiens, et celui qui menait les mâtins les faisait découpler, au cri de *tirez, chiens, tirez!* et au bruit des fouets. Les deux piqueurs réunis mettaient le vautrait sur les voies en criant *hou! hou!* de toutes leurs forces; les mâtins coiffaient les sangliers, *pour grand qu'ils fussent*, et les veneurs se hâtaient de les tuer avec le mousqueton et l'épée

(1) Les choses se passaient encore ainsi au XVIe siècle et même en Flandre du temps de Rubens et de Sneyders, dont les tableaux représentent souvent ces chasses au sanglier avec mâtins et lévriers d'attache.

pour empêcher qu'il y eût un trop grand nombre de chiens décousus. Néanmoins, quelque diligence qu'ils fissent, il en restait toujours plusieurs sur le champ de bataille (1).

Une fois le sanglier pris, avec chiens courants, lévriers ou chiens de force, on procédait à la curée ou plutôt à la *fouaille* (2) (c'est le nom qu'on donnait au moyen âge à cette opération, parce que le sanglier était *fouaillé* [flambé] comme un pourceau) (3). On dépeçait ensuite l'animal et l'on *faisait le droit* aux chiens, ce qui se réduisait à peu de chose (4), le sanglier, ayant, comme son congénère domestique, la propriété d'être utile en toutes les parties de son corps (5). On prétendait de plus, pour s'ôter tout scrupule, que les chiens étaient peu friands de sa chair. Les *nombles*, morceau fort recherché, étaient le *droit* du veneur qui tuait un sanglier de l'épée, sans aide de lévrier ni d'alan, selon la coutume de Gascogne et de Languedoc (6).

A une époque plus récente, où l'on était cependant

---

(1) Salnove. — Cette chasse paraît être tombée en désuétude sous Louis XIV.

(2) Ou *fouet*, voir le *Glossaire* de Charpentier, v° *Focagium*.

(3) *Fouaille*, *fouailler* venait de *feu*. — Voir G. Phœbus.

(4) La *bouelle*, la panse et quelques autres intestins qu'on faisait griller et qu'on mêlait sur des plateaux avec le sang et du pain.

(5) Quelques chasseurs forcenés dévoraient les *suites* du sanglier, le *glanier*, la ratelle et le foie dès qu'il avait été *fouaillé*. Gaston Phœbus les reprend de cette voracité dégoûtante.

(6) G. Phœbus. — Il y avait alors des façons différentes de défaire le sanglier en Gascogne, en Languedoc, en Bretagne et en *France*.

Le Roy Modus distingue aussi la *guise* de France et la *guise* normande.

devenu beaucoup moins avide de venaison, on n'était pas plus généreux envers les chiens en faisant la curée du sanglier, qui ne se nommait plus *fouaille* parce qu'on avait cessé de flamber la bête, On en vint même à leur refuser le sang, qui avait été reconnu propre à faire d'excellents boudins. Une mouée, faite avec du pain, de la graisse et de la fressure de l'animal, fut tout ce qui leur resta de leur proie (1).

On levait la trace du sanglier et les honneurs se rendaient comme pour le pied du cerf.

Aux XIVe et XVe siècles, les Rois et les grands feudataires avaient pour *chacier les porcs* des meutes excessivement nombreuses de chiens courants, mâtins et lévriers. Le vautrait du Roi était originairement sous la charge du maître veneur.

A partir du règne de Louis XI, cet équipage fut compris dans les attributions du capitaine des toiles (2). Ce qui semble indiquer qu'on ne chassait plus guère le sanglier à force de chiens (3).

Henri IV, grand amateur de cette chasse, eut, en dehors de son équipage des toiles, un vautrait spécial, commandé par le marquis de Vitry, lequel avait sous sa charge 1 lieutenant, 5 veneurs, 2 valets de limier, 6 valets de chiens, 2 gardes des grands lévriers, 40 mâtins et 4 grands lévriers.

---

(1) Leverrier de la Conterie.

(2) Le capitaine des toiles prétendait que sa charge était plus ancienne que celle du grand louvetier, laquelle remontait à l'an 1467.

(3) Sous Charles VIII, Henri II et Charles IX, il n'y avait d'attaché à l'équipage qu'une meute de 24 chiens courants, servant plutôt à pousser les bêtes dans les toiles qu'à les prendre à force.

Henri IV chassait de plus assez fréquemment avec le vautrait du duc d'Angoulême, au grand dépit de son capitaine des toiles, Nicolas de Brichanteau, marquis de Beauvais-Nangis (1).

Le vautrait spécial de Henri IV avait cessé d'exister sous son successeur, et la chasse du sanglier était rentrée dans les attributions du capitaine des toiles, dont l'équipage devint beaucoup plus considérable en personnel et en chiens.

Sous Louis XIV et jusqu'à la suppression de l'équipage des toiles (2), 40 chiens courants et 8 grands lévriers ou dogues en formaient les meutes.

Louis XIV et le grand Dauphin chassèrent quelquefois soit avec les chiens courants, soit avec les lévriers de cet équipage (3). En 1711, après la mort de Monseigneur, le duc de Bourgogne, devenu Dauphin, prit du goût pour la chasse du sanglier et le courut plus souvent (4).

Pendant l'année 1730, le vautrait de Louis XV prit 69 sangliers dont 18 furent tués par le Roi en 46 chasses. Il y eut 6 chasses manquées, 56 chiens blessés, 4 tués et 2 perdus (5).

---

(1) Voir ses mémoires, publiés par la Société de l'histoire de France, 1863. — L'équipage des toiles possédait alors 36 chiens courants, 12 grands lévriers et 4 grands dogues. (Comptes de Henri IV.)

(2) En 1787.

(3) *Mémoires* de Dangeau. — Le 13 novembre 1701, Monseigneur voulut courre le sanglier à Fontainebleau avec les chiens du comte de Toulouse et en fut empêché par la gelée. Le comte s'opiniâtra à y demeurer et tua un sanglier à coups d'épée. (*Ibid.*, t. VIII.)

(4) « Il prend beaucoup de plaisir à cette chasse-là. » (*Ibid.*, t. XIII.)

(5) Comptes de la vénerie aux Pièces justificatives, t. Ier. Il n'est pas dit si c'est avec ou sans toiles.

En 1777 l'équipage prit 103 sangliers en 48 chasses (1). Il y en eut une seulement de manquée. Le Roi tua de sa main 3 sangliers; il y eut 106 chiens de tués ou blessés (2).

Lorsque le cerf fut devenu bête royale, les *seigneurs particuliers* s'adonnèrent avec un redoublement d'ardeur à courre la bête noire. Sous Louis XIV et Louis XV, on estimait qu'il fallait avoir, pour bien faire cette chasse, de 30 à 40 chiens courants avec 2 piqueurs et des valets de chiens en proportion. Le Roi seul avait conservé un véritable vautrait, c'est-à-dire un équipage de mâtins et de lévriers d'attache; mais ce nom demeura à toutes les meutes qui chassaient particulièrement le sanglier et leur a été conservé jusqu'à nos jours.

Les chiens de Saint-Hubert ont eu longtemps une grande réputation pour chasser *le noir*; les griffons de Bretagne et de Vendée leur ont succédé. Du reste, tout chien qui perce hardiment au bois est bon pour cette chasse.

§ 7. DE LA CHASSE DU LOUP.

La chasse à force du loup se faisait comme celle du sanglier, soit avec des chiens courants, soit avec des lévriers d'attache, soit avec des mâtins.

---

(1) Même remarque.

(2) *Ibid.* — En 1775, Louis XVI avait fait 14 chasses de sanglier et 4 *hourailleries*. En 1778, le comte d'Artois avait un vautrait en commun avec la Reine.

Nous nous réservons de donner plus loin tous les détails concernant ces diverses chasses, et nous nous bornerons, pour l'instant, à constater que, jusqu'à une époque assez récente, les lévriers et les chiens de force furent constamment employés contre les vieux loups et les grands louvarts, et que les louveteaux étaient seuls chassés aux chiens courants sans lévriers ni filets.

§ 8. DE LA CHASSE DU RENARD.

« A prendre le goupil à force, dit le *Roy Modus*, a bon deduit au mois de février et de mars. »

Ce sage monarque nous enseigne à prendre le rusé maître *sans levriers ni filet*. Phœbus en fait autant. Pour faire cette chasse, on *estoupait* d'abord tous les terriers en mettant en croix devant chaque gueule des bâtons dépouillés de leur écorce. On lançait ensuite le renard à la billebaude en découplant seulement le tiers de la meute, et on lui donnait successivement le reste des chiens. Si le renard réussissait à se terrer, on le faisait *saillir* avec des petits chiens *taniers*, ou bien on l'enfumait avec du soufre ou de l'orpiment (1).

Souvent on plaçait au-dessous du vent quelques laisses de lévriers qui saisissaient le renard quand les

(1) Les auteurs qui ont traité, après *le Roy Modus* et Gaston Phœbus, de la chasse du renard, sont Salnove, Savary, G. de Champgrand, L. de la Couterie.

chiens de meute ou les brachets le faisaient débucher (1) malgré la ruse pestilentielle à laquelle le madré compère avait recours (2) dans cette circonstance désespérée. « Un petit lévrier de lièvre qui prent tout seul un renart fet biau hardement, dit Gaston Phœbus, quar j'en ay bien veu de grans qui prennent cerf et sanglier et lou et qui laissoient bien aler un renart. »

C'est de cette manière avec brachets, *caignons* (petits chiens) et lévriers que Maître Renard est maintes fois pourchassé dans le roman qui porte son nom et qui est antérieur à Gaston Phœbus de plus d'un siècle.

Il paraît que la chasse à courre du renard était complétement abandonnée du temps de Louis XIII, puisque ses contemporains le louent outre mesure d'avoir le premier *forcé cette bête rusée avec des chiens courants* (3).

Louis XIII fut du moins le premier qui chassa le renard dans toutes les règles, *jusques à le faire détourner des limiers*. Il se faisait suivre partout de son équipage de renard comprenant deux laisses de lévriers *faits et taillés comme les plus grands pour lièvre, et reconnus hardis pour mordre et prendre le renard,*

(1) On voit, dans le Moine de Saint-Gall, que la chasse du renard avec lévriers était pratiquée dès le temps de Charlemagne.

(2) « Se levriers la courent, le dernier remède que elle ha, se elle est en plain pays, elle conchie volontiers les lévriers afin que ils le laissent pour la puour et pour l'ordure, et aussi pour la paour qu'il ha. » (G. Phœbus.)

(3) Salnove.

puis d'un chariot contenant les outils nécessaires pour déterrer l'animal et des panneaux qu'on tendait dans les chemins séparant *les queues de pays*, pour empêcher les renards de prendre parti vers les grands bois (1).

Quand le Roi voulait chasser, les valets de limier allaient au bois et faisaient leur rapport au capitaine de l'équipage qui le transmettait au Roi; on procédait immédiatement à boucher les terriers et à tendre les panneaux, et l'on choisissait un accoure pour y porter les lévriers.

La meute était divisée en deux ou trois relais, suivant le nombre des animaux détournés, puis on allait fouler l'enceinte en excitant les chiens de la voix et de la trompe et on lançait.

Si le renard allait se terrer malgré les obstacles, les piqueurs donnaient d'un *ton particulier, établi* par le Roi lui-même, pour appeler à eux les *pionniers*, porteurs des outils, avec leurs bassets, et on le déterrait.

La curée se faisait comme celle du loup, c'est-à-dire qu'on faisait cuire la carcasse au four après en avoir tiré les entrailles et le poumon (2).

« Les gentilshommes, dit Salnove, se peuvent divertir à cette chasse sans tout ce grand attirail. » Ils ne s'en faisaient faute, car au plaisir de prendre la bête se joignait l'avantage de détruire un braconnier

---

(1) Salnove.
(2) *Ibidem*

des plus nuisibles et un voisin très-malfaisant des basses-cours.

Pour forcer le renard, il fallait avoir un équipage de 30 briquets de 17 à 18 pouces, bien étriqués, vigoureux et entreprenants; les meilleurs étaient noirs, marqués de feu (1).

« Le plus ignorant de tous les piqueurs ou le premier petit valet qui sait sonner, crier et piquer au fort est celui qu'il faut choisir, son ignorance vous le conservera (2). »

Le renard ayant beaucoup de fond et d'haleine, on partageait les chiens en cinq : meute, vieille meute et trois relais. Après avoir bouché les terriers, on lançait avec un ou deux vieux chiens expérimentés, puis on découplait les dix chiens de meute. Une heure après, la vieille meute était découplée à son tour et, d'heure en heure, les trois relais.

Malgré sa réputation de finesse, le renard ruse peu devant les chiens qui le chassent avec une extrême ardeur (3). Lorsqu'il est à bout de forces, il se jette à l'eau ou se terre sous quelque racine, où il défend sa vie avec beaucoup de courage et d'obstination.

La mort du renard se sonnait comme celle de toute autre bête, et on rendait les honneurs du pied à l'ordinaire.

Cette chasse était considérée comme peu savante et

(1) G. de la Briffardière. — L. de la Conterie.

(2) L. de la Conterie.

(3) Les artifices se bornent à quelques retours. « Il est si puant et se fait chasser de si près, qu'il ne lui est pas possible de se dérober aux chiens. » (*Ibid.*)

peu digne de l'attention des veneurs sérieux. « Elle est d'ailleurs fort amusante pour cette espèce trop commune de chasseurs qui n'ont pour tout savoir que la faculté d'ouvrir les oreilles au bruit des chiens. En un mot, la chasse du renard sur terre est véritablement celle des mauvais chiens et des mauvais chasseurs (1). »

Ce mépris professé pour leur sport favori paraîtrait fort étrange aux *foxhunters* modernes. A l'époque où Leverrier de la Conterie écrivait ces lignes, il y avait moins d'un siècle que la chasse du renard était considérée, en Angleterre, comme digne d'un *gentleman* (2).

Sélincourt trace un tableau assez grotesque de la façon dont les Anglais s'y prenaient à la fin du XVIIe siècle pour courre le renard : « Quand ils ont connoissance d'un renard avec de certains chiens qu'ils ont, qu'on appelle des trouveurs, qui vont requérir un renard en tous lieux, fust il passé de vingt quatre heures, ils en donnent avis à leurs amis, et font assemblée de quatre ou cinq meutes pour le chasser, comme si c'étoit une bête de grande importance, puis tous ensemble vont le chercher et le chassent tant qu'ils le font terrer, puis avec grande cérémonie, ils le déterrent, et le prennent vif et le mettent dans un parc sans qu'il en puisse sortir. Derechef ils appellent tous leurs amis avec tous ceux qui ont des meutes et

---

(1) Leverrier de la Conterie.
(2) Voir l'*Histoire d'Angleterre* de lord Macaulay, t. I.

des chiens et quelquefois en nombre de plus de cent cinquante lesquels tous ayant des voyes à plein nez, étant d'un naturel à aimer les bêtes puantes, ils chassent avec un bruit épouvantable, jusqu'à ce qu'il soit sur ses fins, puis ils rompent leurs chiens et vont faire de grands festins ensemble jusques au lendemain, qu'ils chassent encor avec autant de chiens nouveaux qu'on leur ramène et continuent cette chasse, tant que la bête le peut souffrir, jusqu'à ce qu'elle meure de seicheresse, et leur fête dure jusqu'à ce qu'ils puissent en avoir un autre vif. »

Le premier équipage spécial pour renard qui ait existé en France est celui de Louis XIII; il faisait partie de ce grand équipage de 150 chiens courants et 30 laisses de lévriers qui suivait le Roi dans tous ses voyages. Il subsistait encore en 1691 (1), époque de la mort du marquis de Villarceaux, qui en avait depuis plusieurs années le commandement. Comme personne de la maison royale ne prenait plaisir depuis longtemps à la chasse du renard, on en fit une meute pour le lièvre (2).

Le comte de Toulouse chassait quelquefois le renard avec sa meute des *sans quartiers*. Le 1er juillet 1712, le duc de Berry et la duchesse de Bourgogne allèrent, à trois heures du matin, se joindre à

---

(1) Sous Louis XIV, le personnel était d'un capitaine et 4 valets de chiens seulement.

(2) Dangeau, t. III. — Etat de la France, 1698. — On voit, dans les *Mémoires* de Dangeau, que le grand Dauphin avait quelquefois couru le renard avec les chiens de Villarceaux.

une de ces chasses (1). Louis XV, dans son adolescence, chassa aussi le renard, soit avec les chiens du comte (2), soit avec sa petite meute (3).

§ 9. DE LA CHASSE DE LA LOUTRE.

Il est assez difficile de ranger la chasse de la loutre parmi les chasses *à courre*, car l'animal et les chiens étaient le plus souvent à la nage, et les veneurs seuls couraient à pied sur le bord des eaux. Cependant cette chasse a le droit de figurer ici, car elle tenait une place très-distinguée dans l'ancienne vénerie (4).

« C'est très belle chasse et bon déduit, dit Gaston Phœbus, quand les chiens sont bons et les rivières petites. »

La chasse de la loutre à force ne pouvait, en effet, se faire que sur de petits cours d'eau, car sur les étangs spacieux et les grandes rivières il était impossible de prendre cet amphibie sans filet ou sans armes de jet, ce qui exclut la chasse faite dans ces circonstances du nombre de celles dont nous avons à nous occuper en ce moment.

On chassait la loutre (ou le loutre, comme on disait

---

(1) Dangeau, t. XIV.

(2) *Mémoires* du marquis d'Argenson, t. I. — « Ah! Monsieur, s'écriait le jeune Roi, alors âgé de 14 ans, il y a bien de la différence d'un renard à un loup ! »

(3) La petite meute prit 1 renard en 1726 et un autre en 1727. (Voir les Pièces justificatives à la fin de ce volume.)

(4) Sur la chasse de la loutre. Voir *Le Roy Modus*, Gace de la Buigne, Phœbus, G. de Champgrand, L. de la Conterie.

anciennement) du temps de Leverrier de la Conterie comme du temps de Gaston Phœbus et de Gace de la Buigne.

Il fallait d'abord une meute parfaitement dressée à battre les eaux (1), briquets, *bassets à gros poil* ou chiens croisés de basset et de barbet (2). Parmi ces chiens, on choisissait et l'on formait au moins deux limiers avec lesquels le *loutreur* et ses valets allaient détourner la bête le long des eaux. On avait connaissance de la loutre par le pied ou *marche* et par les fientes ou *épreintes*. Les *loutreurs* brisaient toutes les rentrées, le rapport se faisait ensuite à l'assemblée, comme pour un cerf, mais en termes encore plus dubitatifs, à cause de la difficulté de détourner sûrement cette bête. Dans les lieux où les loutres étaient assez communes, on quêtait simplement à la billebaude avec six chiens, marchant trois sur une rive et trois sur l'autre. Les chasseurs devaient être au moins cinq, armés de fourches de fer, emmanchées sur une longue hampe, semblable à celle d'une lance.

Dès que la loutre était attaquée, les chasseurs, di-

(1) Sur l'éducation des chiens de loutre, voir L. de la Conterie.

(2) Gace de la Buigne conseille de n'employer à la chasse de la loutre que des chiens de rebut, à cause de la *grant froidure*

« De l'eau qui leur est trop dure.
Chiens courans y a confondus
Espaignolz pour rogne tondus
Et si y a de mastineaulx
Qui tant ont mangié les museaulx
Car je vous dy bien que la loutre
Est mordante beste tout oultre. »

visés en deux bandes, allaient se poster en amont et en aval, choisissant les places où l'eau était basse pour frapper la loutre au passage. Le *loutreur* restait avec ses chiens, qui chassaient avec ardeur, tantôt dans l'eau, tantôt le long de la berge.

Si la loutre était manquée, elle rétrogradait ordinairement, se faisait battre sans vouloir quitter les eaux profondes, et finissait par se cacher sous quelque racine, où elle se défendait avec fureur contre les chiens jusqu'à l'arrivée des chasseurs, qui s'efforçaient, avec leurs fourches, de lui faire quitter sa retraite (1).

Lorsque la loutre continuait son chemin après avoir été manquée, il fallait crier *taïaut!* pour prévenir les autres chasseurs et s'en aller, à toutes jambes, se poster sur un autre point.

La loutre s'efforçait toujours de regagner son terrier ou *catiche*. Si elle y parvenait, il fallait en boucher solidement l'orifice et l'ouvrir au moyen d'une tranchée, ce qui était assez facile, vu son peu de profondeur. On tirait la bête de son fort avec une pince et on la faisait étrangler aux chiens.

Chasse du blaireau à force.

La chasse du blaireau n'est pas une vraie chasse à courre, quoique Phœbus lui ait octroyé un court chapitre, pas plus que celle du chat sauvage, auquel il

(1) Au moyen âge, les *loutreurs* emmenaient des lévriers pour saisir la loutre à sa sortie de l'eau.

Mais le lévrier vint, qui la mort
Luy donna, et l'a estranglée.
(Gace de la Buigne.)

accorde le même honneur. En effet, le comte de Foix avoue lui-même que les blaireaux se chassent la nuit, au clair de la lune, lorsqu'ils sont sortis du terrier pour chercher leur pâture. On tend, à la gueule de ces terriers, des poches où ils viennent se jeter, poursuivis par les chiens. Ce n'est que par hasard que les chiens les atteignent *entredeux,* alors il y a *bonne chasse* et *bon déduit,* car ils se font aboyer comme des sangliers. Quant aux chats, si les chiens les rencontrent par hasard, ils grimpent aussitôt dans les arbres.

NOTES.

NOTES.

NOTE A.

Chiens de chasse chez les anciens Égyptiens. (Extrait du journal *le Sport*, 3 mai 1865.)

Le tombeau du Roi Antef, un des plus anciens souverains de Thèbes, se voit encore au nord de Gournah. Un beau bas-relief, malheureusement brisé, y représente ce Roi chasseur entouré de ses chiens favoris. Comme aspect, la nature des chiens composant sa meute est curieuse. Haut sur pattes, râblé, bien établi, l'oreille pendante et courte, le chien courant d'Antef représenterait exactement le *stag-hound* de nos jours s'il n'était un peu défiguré à notre point de vue par une queue de roquet en trompette, qui vient caresser les reins de trop près. Tel qu'il est représenté sur ce monument dont l'érection remonte à 5,000 ans au moins, le chien courant de Thèbes donne l'idée d'une extrême vigueur. Du reste, une inscription tracée près du premier nous apprend qu'il était excellent pour l'antilope, document précieux qui prouve que ce n'était pas avec des lévriers, comme cela se pratique aujourd'hui dans le désert, que chassait le vieux Roi Thébain.

Le granit, plus durable encore que le bronze, nous a conservé intact le nom des quatre chiens favoris d'Antef : Bahuka, Abaker, Pahtès et Pakaro. (Note communiquée au *Sport*, par M. le vicomte de Rougé.)

NOTE B.

Chasses à courre de Louis XIV et des Enfants de France, d'après Dangeau.

La plupart des détails relatifs aux chasses à courre de Louis XIV et de ses enfants ont été donnés dans le texte. Nous ajouterons seulement ici quelques passages de Dangeau qui n'ont pu y trouver leur place.

Pendant l'année 1685, la vénerie prit, en présence de Monseigneur et, plus rarement, du Roi, 56 cerfs, et 66 l'année suivante.

Le 20 octobre 1687, *à Fontainebleau.* — « Monseigneur et Madame coururent le cerf dans les rochers de Franchard, pays fort affreux et où l'on n'avoit jamais chassé. »

Le 7 novembre suivant, *à Fontainebleau.* — « Monseigneur courut le cerf avec les chiens du grand prieur; le cerf fut pris à 7 lieues d'ici. »

Le 15 mars 1706, *à Versailles.* — « Hier, à la fin de la chasse, le cerf étant aux abois vint droit à la calèche du Roi qui lui donna un coup de fouet; le cerf sauta entre les deux chevaux de derrière et la calèche, et emporta les rênes que le Roi tenoit à la main. »

Le 31 décembre 1712, *à Fontainebleau.* — « Le Roi prit un des plus gros cerfs de la forêt, dont la tête est assez belle pour mériter d'être mise dans la galerie des cerfs. »

Le 14 septembre 1713, *à Fontainebleau.* — « Le Roi courut

le cerf et en prit le plus gros qu'il eust pris de sa vie; l'électeur de Bavière dit qu'il n'en avoit jamais vu un si gros en Allemagne, où ils sont bien plus gros qu'en France. »

NOTE C.

Écurie de chasse de Louis XV en 1752. (*Mémoires* du duc de Luynes, t. XII.)

35 chevaux pour le Roi.
12 pour le comte de Brionne.
60 pour les écuyers et piqueurs.
25 pour l'équipage du daim.
24 pour les pages.
90 pour la suite.
111 à prêter aux seigneurs pour suivre la chasse.

En tout	357
Vautrait	55
Louveterie	25

PIÈCES JUSTIFICATIVES.

PIÈCES JUSTIFICATIVES.

N° 1.

L'impression de notre second livre était déjà terminée, quand M. le vicomte de Grancey a eu l'extrême obligeance de nous communiquer les documents ci-joints, extraits des archives du comté de Grancey, en Bourgogne, qui nous ont paru dignes de figurer parmi nos pièces justificatives. Les faits prouvés par l'enquête ont cela de particulier, qu'ils démontrent l'existence du braconnage sur la plus grande échelle, vingt années avant la révolution, et dans une forêt très-voisine (à 3 kilomètres) du chef-lieu même de la seigneurie. Le point de la forêt indiqué par les gardes, comme rendez-vous des braconniers, n'était pas à plus d'une heure de marche du tribunal de la Gruerie. On pourrait citer, avec pièces à l'appui, mille détails prouvant clairement que, dans ce temps-là et même plusieurs années après, les bois étaient en quelque sorte au pillage, malgré des pénalités excessives, et que les paysans en jouissaient infiniment plus que le seigneur, sous le rapport de la chasse comme sous le rapport des produits de toute nature (1).

RAPPORTS CONTRE DIFFÉRENTS CHASSEURS ET BRACONNIERS.

1° *Extrait des registres du greffe des raports des menus de la Grurie du comté de Grancey.*

« Ce jourd'huy vingt six mars mil sept cent soixante et onze, heure

(1) Nous avons cru devoir reproduire exactement l'orthographe tant soit peu fantastique de ces pièces.

de midy au Greffe de la Gruerie du comté de Grancey et pardevant Moy Greffier soussigné, a comparu Claude Renault garde forestier dudit comté de Grancey y résidant reçue par informations de vies et meurs.

« Lequél a dit et fait raport que dés samedy dernier vingt trois du présent mois estant aux fonctions de sa charge revestu de sa bandouillière au canton du bois seigneurialle dudit Grancey apellé la faye au bort du bois à l'endroit appellé la grande routte ou il y a plusieurs chemins entre ledit canton et les communaux de Grancey entre les cinq et six heures du soir il apercut deux grands hommes couverts de mauvaises casacques avec des mauvais bonnets et chapeaux sur leurs testes chaussés de sabots harmés chacun d'un gros fusil qui estoient postés a la fut audit endroit et qui dans le momant qu'ils aperçurent ledit garde le couchant en joue ce qui l'obligea de se retirer sans connoistre autrement lesdits hommes qu'y peut après il entendit tirrer un coupt de fusil audit canton, que le lendemain dimanche vingt quatre dudit mois à la memme heure etant retourné au memme canton il vit aussy lesdits deux hommes enbusqués qu'y le coucherent de memme en joue aussytost quils lapercurent ne tirrerent cependant point ce soir la desquels deux faits le dit garde na point fait de raport comme ne connoissant point lesdits quidans sy ce nest qu'il a ouy dire que sestoient Jean et Pierre les Clers frères baraqués dans les bois daubrive et que ce présent jour vingt six Mars sur environ les sept à huit heures du matin, estant au memme canton de la faye aux fonctions de sa charge revestus comme des sus et à lendroit apellé les marchéts proche de la baraque de jupille dusseu ayant entendu chassér un chien et l'ayant vu passér chien basset sous poilles noires, sestant avancé tout à coupt dans la route voisine il aurait aperçüe plusieurs hommes vestus et chaussés comme dessus quy se sont mis en rang et tous ont couchés ledit garde en joues avec les fusils dont ils estaient harmés sans dire mot, lequel garde obligé de se retirer a cependant reconnu une troupe qu'il n'a pas eüe le temps de compter, parmy lesquelles il a reconnu lesdits deux grands hommes cy dessus lun desquels tenoit en laisse un autre grand chien sous poilles roux fauve ayant le bout de la queue blanche et ledit garde sestant mis sous le vent, ledit basset continuant de chasser il a entendu tirrer un coupt de fusil et une voix quy a dit cest le notre qu'ensuite cette troupe dhommes a passer près desdites baraques en tirant du costé de Lamargelle ce qu'il a reconnu a la faveur de la neïge quy couvre la terre, qu'ayant ensuite suivy les memmes pads en retrogradant il a reconnu lendroit ou le coupt de fusil venait d'etre tirré dont il y a eu un Chevreuil de tué, a ajoutté ledit garde que ses hommes ne peuvent estre que des coupeurs dans les bois daubrive quy y sont baraqués et coutumier du fait comme gens quy ne craignent rien dont et de tout qu'oy ledit garde et a téls fins que de raison a fait le présent rapport quil a déclaré contenir vérité et qu'il offre d'affirmer veritable et sest soussigné avec moy ledit greffier signé sur le registre Claude Renault, et Tartivot greffier soussigné.

« Et ledit jour vingt six mars mil sept cent soixante et onze heure d'une après midy, en l'hotél et pardevant nous juge Gruyer en la Grurie du comté de Grancey a comparut ledit Claude Renault garde denommé au raport cy dessus et des autres parts lequél aprés le serment de luy pris en téls cas requis et lecture à luy faitte du susdit raport a affirmé le contenu en enceluy raport sincere et véritable en foy de quoy nous nous sommes soussignés avec notre greffier ordinaire et ledit Renault garde signé sur le registre Claude Renault Ally, et Tardivot greffier soussigné, et au bas est ecrit controllé a Grancey le vingt sept mars mil sept cent soixante et onze par le sieur Ally commis qu'y a recüe treize sols signé Ally.

« Signé : TARDIVOT, *greffier*. »

2° *A Monsieur Monsieur Ally, avocat en parlement, bailly et juge Gruyer du comté de Grancey et dépendances.*

« Remontre le procureur d'office au siege baillage et Grurie que depuis plusieurs mois il se fait des attroupements de gens armés qui se postent essentiellement dans les bois du comté de Grancey nottament dans la forret appelée la Faye sur le finage et proche de ce lieu, que les chefs de cette bande sont les nommés Jean et Pierre Les Cleres frères l'un appelle le boiteux et l'autre le greslé, Jean Herar, Blaize Tripier et Denis Lorimier tous coupeurs baraqués dans les bois d'Aubrive proche la ferme de Lamorey ; que ses gens ainsy atroupés que lon peut regarder comme espèces de brigands capable de tout rependant lalarme dans le pays en ce quils couchent en joüe avec leurs fusils, et menacent de tuer tant les gardes forestiers dudit Grancey que ceux qui passent dans laditte forest de la Faye affin dempecher destre aprochés, et reconnai qu'a ce moyen ils devastent impugnement et tüent tous le gibier de ladite forest en meme tems quils la rendent inabordable tant auxdits gardes, qu'autres, que le remontrant a eté informé que dans le temps de Carnaval dernier et dans le cour de la Semaine Sainte aussy dernier ses gens la ainsi attroupés avoient fait un abatit considerable dans ledit bois de la Faye de plusieurs biches et dune quantité de Chevreuils, que de plus ils viennent sembusquer a bord dudit bois tant le soir que le matin, et que quiconque veu aborder est couché en joüe et obligé de se retirer, et comme de ses attroupements il en résultent infailliblement des desordres encore plus grands, et dailleurs sagissant de procurer la tranquilité public et la sureté des gardes forestiers en les mettant en etat de faire leurs fonctions, led. procureur doffice recours,

« A ce qu'il vous plaise monsieur a ce que ce consideré...... donnant acte de sa plainte luy permette de faire informer pardevant vous en saditte qualité et a sa requeste desdits faits et circonstances et dépendances, et pour ce fait et ladite information a luy communiquée estre ordonné ce quil apartiendra.

« Et cependant attendu la multitude de témoins des lieux circonvoisins quil sera obligé de faire assigner pour plus grande facilité, il vous plaise aussy ordonner que vous vous transporteré avec vôtre greffier es differents lieux dudit comté qu'il conviendra pendant le cours de ladite information, et pour la confection d'icelle et vous ferez bien.

« Signé : DARANTIERE. »

« Vu la presente requete, acte au remontrant de sa plainte a luy permis de faire informer pardevant nous a sa req[te] et en sad. qualité des faits y contenus, circonstances et dépendances a l'effet de quoy commission sera decernée par notre greffier pour faire assigner tous témoins tant en notre hotel aud. Grancey qu'ex lieux de Lamargelle et Santenoge et autres quil convieudra et ou nous nous transporterons suivant quil est requis et pour ce fait et ladittc information a luy . . . . etre ordonné ce quil apartiendra. Fait en notre hotel à Grancey ce vingt un may 1771.

« Signé : ALLY. »

3° *A Monsieur Monsieur Ally, avocat en parlement, bailly et juge Gruyer du comté de Grancey.*

« Remontre le soussigné procureur fiscal au bailliage et Grurie du comté de Grancey, quil a eté informé que depuis trois à quatre mois il y avoit differents particuliers bucheronts travaillant dans les bois dAubrive qui avoisinent ceux du comté de Grancey, nottament la Faye ou ses braconiers au nombre de dix a douze ne cessent dy faire des parties de chasse ou ils tüent toutes sortes de gibiers, nottament des cerfs, biches et chevreuils ce quils ont fait en différents tems dans le court du mois de mars dernier ainsy quil en résulte du raport de Claude Renault garde forestier dudit Grancey, et que ses braconniers ainsy atroupés eurent l'impudence de le coucher en joüe en deux tems differents, ce quils firent encore vis à vis de ceux qui passerent en cette forest dans le tems de leurs parties de chasses, en leur criant de se retirer, et de passer promptement leur chemin, ce qui causa tant de terreur aux personnes qui avoient achetés des bois en cette foret quelles ont eté un tems considerable sans ozer sy présenter pour le couper, et enlever, ils en ont même même imposés aux coupeurs, charbonniers et saboticrs qui travailent en cette forest, en un mot les gardes forestiers de cette terre ne l'abordent qu'avec crainte, ce qui donne lieu a beaucoup de delits qui sy comettent journellement, cest pour arrester l'effet d'un pareil desordre, et un abut si contraire aux ordonnances des eaux et forest, et aux interrets de cette seigneurie que ledit procureur fiscal recours.

« A ce qu'il vous plaise, monsieur luy donner acte du contenu en sa plainte et au raport du garde forestier de cette seigneurie du vingt six mars dernier et en conséquence luy permettre den faire informer a charge et decharche circonstances et dependances, meme de faire repeter ledit Renault garde sur le contenu en son raport pour l'information faite communiquee au remontrant estre par luy pris toutes conclusions que de raison et ferés bien.

« Signé : Darantiere. »

N° II.

Estat des cerfs courus par la Muette (sic) *du Roy pendant les années* 1723 *à* 1730 (*grande et petite meute*). *Ms. in-folio, bibl. du Louvre. — Id. id. de* 1736 *à* 1742. — *Estat des cerfs courus par la meute du Roy de* 1723 *à* 1757 (*grande meute seule*). *Ms. in-8°, même bibliothèque.* (*Extraits.*)

1723. — Forêts de Saint-Germain, de Versailles, de Rambouillet de Fontainebleau.

La grande meute a fait 65 chasses, 59 cerfs pris, 11 manqués.

Observations. — Un buisson creux, le 29 octobre. — Laissé courre fréquemment par MM. de Chatelus (*sic*) et Landsmalh.

1724. — Mêmes forêts. — Verrières, Chantilly.

72 chasses, 78 cerfs pris, 13 manqués.

Observations. — Le premier *fréouer* est apporté le 29 juillet. Première chasse du *Roy* le 26 août.

1725. — Mêmes forêts, plus Sénart.

75 chasses, 104 cerfs pris, 7 manqués.

Observations. — Le 7 septembre, première chasse de la *Reyne.*

1726. — Mêmes forêts.

74 chasses, 109 cerfs pris, 5 manqués.

Observations. — Commencements de la *Petite meute.*

De juin à septembre, inclusiv.t, elle a pris 15 lièvres, manqué 3, pris un renard.

D'octobre à décembre, pris 12 chevreuils, manqué 11.

1727.—Mêmes forêts, plus le Vésinet, Sainte-Apolline et Besne,

Grande meute. — 73 chasses, 92 cerfs pris, 7 manqués.

Petite meute. — 44 chevreuils pris, 21 manqués, 1 renard pris, 1 chevreuil tué par le Roi à Marly, 1 id. par M. Antoine (1).

1728.— Grande meute.— 72 chasses, 90 cerfs pris, 6 manqués.

Petite meute. — 12 daims pris, 4 manqués.

37 chevreuils pris, 18 manqués.

Observations. — Les chasses de daim ont eu lieu principalement en janvier, février, mars. M. d'Yauville laisse courre très-souvent.

1729. — Mêmes forêts, plus celle des Alluets (2).

---

(1) Porte-arquebuse du Roi.

(2) Entre Poissy et Mantes.

Grande meute. — 69 chasses, 96 cerfs pris, 7 manqués.

Petite meute.

28 daims pris, 4 manqués.

27 chevreuils pris, 7 manqués.

2 cerfs pris, 1 manqué.

1 sanglier pris.

Observations. — Les chasses de daim ont eu lieu jusqu'au mois d'avril. 3 daims ont de plus été pris en juin, 2 en juillet, 1 en décembre. Les cerfs ont été pris en juillet et novembre, le sanglier en décembre.

1730. — Grande meute.

87 cerfs pris, 6 manqués, 67 chasses.

Petite meute.

30 daims pris, 7 manqués.

15 chevreuils pris, 16 manqués.

6 cerfs pris, 2 manqués.

1731. — Grande meute.

77 cerfs pris, 9 manqués.

N. B. De 1731 à 1737, le registre ne donne pas les chasses de la petite meute.

Le 29 novembre 1731, à Versailles, les deux meutes de S. M. *couplées* (1) ont pris une seconde tête.

1732. — Grande meute.

79 cerfs pris, 10 manqués.

1733. — 96 cerfs pris, 10 manqués.

1734. — 92 cerfs pris, 4 manqués.

1735. — 87 cerfs pris, 10 manqués.

1736. — 121 cerfs pris, 3 manqués.

1737. — Grande meute.

73 chasses, 91 cerfs pris, 4 manqués.

Observations. — 4 octobre, buisson de Massory. Première chasse de M. le Dauphin.

Petite meute. — 73 chasses, 103 cerfs pris, 3 manqués.

Observations. — Le 22 janvier, Castaud, chien anglois de la petite

---

(1) Réunies.

meute, s'est séparé après un daguet qu'il a pris dans les fonds de l'étang (forêt de Marly).

Chasses que le Roy a fait avec le détachement.

7 cerfs pris, 1 manqué.

(Versailles et Saint-Germain.)

1738. — Grande meute.

71 chasses, 100 cerfs pris, 4 manqués.

Petite meute.

71 chasses, 112 cerfs pris, 2 manqués.

(Marly, Rochefort, les Butards, Chevreuse, Versailles.)

1739. — Grande meute.

74 chasses, 93 cerfs pris, 5 manqués.

Petite meute.

114 chasses, 114 cerfs pris, 2 manqués.

1740. — Grande meute.

59 chasses, 88 cerfs pris, 3 manqués.

Petite meute.

60 chasses, 95 cerfs pris, 2 manqués.

(La petite meute chasse dans toutes les forêts.)

1741. — Grande meute.

78 chasses, 103 cerfs pris, 2 manqués.

Observations. — Le 3 juillet, prise d'un cerf dix cors *qui avoit la teste bisarre.*

Au commencement d'octobre, le Roi avait fait séparer la grande meute en deux.

Le 26 octobre, Sa Majesté chasse avec un détachement des deux meutes.

Petite meute.

74 chasses, 107 cerfs pris, 1 manqué.

Observations. — Le 10 février, la petite meute prend un cerf à sa seconde tête sous le portail de l'église des Loges (près Saint-Germain).

Le 21 mars, un cerf à sa troisième tête est pris dans le jardin de M. Lemaréchal, à Bièvre (1).

1742. — Grande meute.

64 chasses, 75 cerfs pris, 7 manqués.

(1) Maréchal, marquis de Bièvre.

Petite meute.

63 chasses, 81 cerfs pris, 6 manqués.

1743. — Grande meute.

102 cerfs pris, 3 manqués.

1744 (1). — 73 cerfs pris, 6 manqués.

Observations. — Le 9 mars, prise d'une *teste bisarre*.

1745. — 76 cerfs pris, 3 manqués.

Observations. — Le 9 août, le cerf avait *fraié bruni*.

Le 25 septembre, prise d'un cerf dix cors blessé de plusieurs coups d'andouiller.

1746. — 84 cerfs pris, 3 manqués.

1747. — 96 cerfs pris, 2 manqués.

Observations — Le 31 octobre (à Fontainebleau), des chiens séparés *onts menés* (sic) un cerf dix cors, dans le Mail, qui avoit été attaqué avec le premier cerf. Le Roi y étant arrivé, a fait ouvrir le chenil de la petite (meute) qui a pris le cerf dans le fossé du parterre du Tibre.

1748. — 88 cerfs pris, 6 manqués.

1749. — 112 cerfs pris, 5 manqués.

1750. — 78 cerfs pris, 1 manqué.

Observations. — Le 5 février (à Versailles), pris un cerf près la porte de Pontoise, devant la grille du château.

Le 20 mai (à Sénart), pris un cerf dix cors dans la rivière d'Hyerres, au-dessous du bois de *Boassy* (sic).

Le 25, pris un cerf au-dessous de *Comblaville*.

Le 16 juin, un chien anglois est devenu enragé dans le chenil, ce qui a suspendu les chasses.

1751. — 99 cerfs pris, 5 manqués.

Observations. — Le 6 avril, pris un cerf dix cors qui avoit les meules découvertes.

Le 4 août (à Rambouillet), pris un cerf à sa troisième tête qui avoit le nez blanc et une jambe de moins.

Le 9 août, deux cerfs dix-cors pris en même temps, dont un *fraié bruni*.

1752. — 112 cerfs pris, 3 manqués.

---

(1) Le Ms que nous suivons à partir de l'année 1743 ne donne plus que les chasses de la grande meute.

1753. — 99 cerfs pris, 2 manqués.

Observations. — Le 3 fevrier, pris une quatrième tête dans la ville de Poissy.

Le 20 mars, pris une quatrième tête qui a mis bas en courant.

Le 6 octobre, pris un cerf qui avoit un côté de la teste cassé.

Le 25 octobre, pris un cerf dix cors à teste bizarre.

1754. — 110 cerfs pris, 0 manqués.

Observations. — Le 11 septembre (à Sénart), pris un cerf dans l'Hyerres à Brunoy.

1755. — 103 cerfs pris, 5 manqués.

1756. — 100 cerfs pris, 10 manqués.

Observations. — Le 26 février, pris un cerf dans la ville de Poissy, à la porte de l'église.

Le 13 avril (à Fausse-Repose), des chiens séparés ont *menés* (sic) un cerf à sa seconde teste à nez blanc, dans le petit étang de Ville-d'Avray où il s'est noié tout seul.

1757. — 109 cerfs pris, 3 manqués.

Observation. — Le 16 mai, pris deux cerfs dix cors en même temps.

N° III.

Chasses à courre de la maison de Condé. — Situation des écuries, remises et vennerie de S. A. S., le 1er juillet 1772. Ms. in-12 mar. Bibl. de S. A. R. Mgr le duc d'Aumale.

125 chevaux de selle dont 34 de venerie.

10 pour S. A. S., 9 pour Mgr le duc, 4 d'arquebuse, 6 pour le chevalier de Mintier (écuyer commandant), 15 pour prêter, 8 pour suivre M. le duc, 8 de pages, 16 de suite.

Plus, 102 chevaux de trait. En tout, 227.

ÉQUIPAGE DU CERF.

Premier, second et troisième piqueurs.

1 valet de limier.

3 valets de chiens à cheval.

3 *id.* à pied.

1 commis, 1 armurier.

19 chiens de meute.

15 de vieille meute.

18 de seconde.

22 des *six chiens.*

12 jeunes chiens anglois.

17 chiens tant anglois que normands, qui ne sont pas encore nommés.

18 limiers.

Total, 121.

ÉQUIPAGE DU DAIM.

1 premier piqueur.

2 valets de chiens à cheval.

2 *id.* à pied.

1 valet de chiens pour les élèves.

1 boulanger.

20 chiens de *meutte.*

10 de vieille meutte.

10 de seconde.

14 des six chiens.

8 limiers.

En tout, 62 chiens.

N° IV.

Chasses remarquables et anecdotes. (Extraits du Journal de Toudouze.)

On voit parfois dans ce journal plusieurs cerfs chassés et pris en même temps. L'équipage force assez souvent 2, 3 et jusqu'à 5 cerfs de suite.

L'équipage du daim prend souvent 3 animaux de suite et quelquefois 4.

Le 21 avril 1764. « Chasse du sanglier à la Haute-Pommeraye. Il y a eu des toilles de tendües dans la route de Malassise. S. A. S. a attaqué au Fond Duval un bon ragot, après avoir été attaqué, a pris son parti tout de suite, a passé au bocquet de Saint-Romain, a pris la plaine, a passé la rivière d'Oise à Creil, près le Pont-à-l'Huille, a traversé le marais de Nogent, a passé à travers le jardin de M. de Nerval, a monté dans la plaine haute de Nogent, a passé entre Merlou et Rousseloy, de là à Bury et a été forcé et pris à Mouy. L. L. A. A. S. S. Mgr le prince de Condé et Mgr le comte de la Marche sont arrivés au relancé du sanglier avec leurs chevaux de meutte, ainsy que Mrs de Raffeton, Moncor, Franclieu et Mignon qui a été jetté deux fois par terre par ce sanglier venant à la charge sur lui et l'a tué.

« Jamais on n'a vu ici pareille refuite pour un sanglier. »

Le 8 octobre 1764.

« S. A. S. a été au bois pour la première fois aux Plans-des-Aigles avec M. de Maillé. S. A. S. y avoit détourné deux cerfs ; une biche y étant survenue, les deux cerfs se sont battus. »

Le 2 juillet 1765, un cerf *dy cor (sic)* jeunement est pris après 7 heures de chasse.

Le 20 mai 1766. Chasse d'un cerf, cru de change, qui passe à la forêt de Compiègne et qu'on abandonne à 8 heures du soir.

Le 5 juin, prise d'un cerf *dy cor* ayant les pieds d'une grosseur extraordinaire et d'une forme singulière.

Le 23 septembre 1767. L'équipage part pour Fontainebleau. Il en revient le 27.

Le 12 novembre. Première chasse de Chantilly où il a été pris 3 cerfs.

Les 6 octobre et 10 novembre. Chasses de daim dans la forêt de Chantilly, présence du président Molé et de sa *compagnie*.

Le 29 novembre. Chasse de cerf pour le Roi de Danemark avec toiles et *laps* tendus depuis la Muette jusqu'à Pontarmé, pour empêcher le cerf d'aller à Ermenonville.

Le 16 août 1769. Chasse de cerf pour le Roi (Louis XV) avec toiles et laps tendus à certains passages.

Le 15 février 1770. Prise de 5 cerfs dont 2 séparés.

Le 18 janvier 1771. « L. L. A. A. S. S. (M. le prince et M. le duc) et *compagnie* ont *montés (sic)* en traîneaux pour aller chasser le daim. S. A. S. a fait attaquer un daguet dans la plaine des Aigles; le piqueur et les valets de chiens étoient aussi en traîneaux. Il n'y a rien eu de pris. »

Le 5 août 1772. Cerf dix cors détourné par Mgr le duc et M. de Maillé, leurs guettes étant au bois du Ministre.

Le 2 septembre, 2 cerfs détournés par Mgr le duc et Fanfare.

Le 19 septembre 1774. Un très-gros cerf est attaqué aux brisées de Mgr le duc et pris.

Le 9 octobre 1775. L'équipage du cerf part pour Fontainebleau. Il en revient le 15.

Le 1er décembre, Mgr le duc fait le bois.

Le 13 janvier 1776. Chasse au cerf dans le parc d'Apremont par une grande neige. S. A. S. a chassé en traîneau et Mgr le duc à cheval. — Prise d'un cerf dix cors à nez blanc.

Le 14 janvier. Chasse au daim dans le même parc; les princes, seigneurs et piqueurs ont fait toute la chasse en traîneaux; prise d'un daim dix cors.

Le 18 avril. 2 cerfs, l'un de *muette*, l'autre de change, pris ensemble à l'étang de Crécy par les chiens de *muette*.

Le 9 septembre. Mgr le duc fait le bois.

Le 13. Prise d'un cerf dix cors détourné par Mgr le duc.

Le 27 août 1777. Prise de 4 cerfs dont 2 attaqués ensemble.

Le 29 novembre 1777, 4 daims pris de suite.

Le 4 mars 1778. 5 cerfs pris de suite.

Le 23 mars. « S. A. S. Mgr le duc a fait attaquer aux Hautes-Coutumes une troisième tête qui a été prise à l'étang de Commel. Il y a eu de pris à cette chasse, 8 cerfs qui ont été attaqués autour du poteau Nibert et pris tous dans ce canton. »

Le 4 mai. « Mgr le duc a fait attaquer à l'Homme-Mort deux petites bêtes (de compagnie), l'une desquelles a été prise à Baupré (*sic*) et l'autre dans la plaine de Saint-Laurent, par les lévriers. »

Le 3 juin. Chasse de sangliers dans la forêt de Laigle. 5 sangliers tués (il n'est pas dit comment).

N° V.

Récapitulation des chasses de cerf, chevreuil, daim, sanglier à Chantilly et dans la capitainerie d'Halatte de 1753 *à* 1778 *inclusivement.* (*Extrait du* Journal de Toudouze.)

1753. —	Cerfs pris par les officiers et gardes,	3
	Sangliers (chasses aux toiles comprises),	145
	Daims (y compris les chasses aux panneaux),	205
	Chevreuils,	18
	(Plus 71 tués par divers.)	
1754. —	Chasse du sanglier : grands sangliers,	28
	Marcassins,	25
	Chevreuils, chasses,	4
	Plus un faon et 50 chevreuils tués par divers.	
	Cerfs,	0
1755. —	Sangliers et marcassins,	32
	Chevreuils,	4

1756. — Sangliers et marcassins, 41
Chevreuils, 8
1757. — Sangliers et marcassins, 36
Chevreuils, 0
1758. — 72 sangliers et 41 marcassins tués par les officiers et les gardes, sans autre détail.
1759. — Chasse du cerf de Mgr. le comte de la Marche, 14
Chasse du sanglier, 11
1760. — Chasse du cerf de S. A. S., 9
Id. du comte de la Marche, 23
Chasse du sanglier, 19
1761. — Chasse du cerf, 47
Chasse du sanglier, 37
1762. — Chasse du cerf, 40
Chasse du sanglier, 38
1763. — Cerfs pris par S. A. S., 33
Sangliers *id.*, 25
1764. — Chasse du cerf, 37
Chasse du sanglier, 38
1765. — Chasse du cerf, 46
Chasse du sanglier, 21
Chasse du daim, 17
(C'est le commencement des chasses de l'équipage du daim.)
1766. — Chasse du cerf, 67
Chasse du daim, 21
Chasse du sanglier, 2
1767. — Chasse du cerf, 56
Chasse du daim, 39
Chasse du sanglier, 11
(Les chasses du sanglier cessent d'être inscrites depuis cette année jusqu'en 1777.)
1768. — Chasse du cerf, 69
Chasse du daim, 31
1769. — Chasse du cerf, 79
Chasse du daim, 83
1770. — Chasse du cerf, 63
Chasse du daim, 43
1771. — Cerfs, 96
Daims, 47

1772. —	Cerfs,	92
	Daims,	64
1773. —	Cerfs,	92
	Daims,	47
1774. —	Cerfs,	92
	Daims,	73
1775. —	Cerfs,	91
	Daims,	87
1776. —	Cerfs,	119
	Daims,	97
1777. —	Cerfs,	130
	Daims,	126
	Chevreuils, y compris plusieurs animaux tués au fusil,	64
	Sangliers,	85

(Les chasses de sangliers recommencent cette année. On trouve une fois dans le journal 5 sangliers pris le même jour, sans qu'il soit dit de quelle manière, et 7 le 1er juillet 1778.)

1778. —	Cerfs,	165
	Daims,	149
	Chevreuils,	55
	Sangliers,	110

(Ces chiffres sont les plus élevés de toute la période.)

N° VI.

Chasses du cerf faites par l'équipage de Mgr le duc d'Orléans pendant l'année 1755. Ms. de la bibliothèque de la Reine Marie Amélie.

Janvier. — Clichy.
Février à août. — Villers-Coterets.
Septembre à novembre. — Clichy.
Décembre. — Villers-Coterez.
62 chasses, 63 cerfs pris, 7 manqués.

N° VII.

Entrées, sorties et morts des chiens de la vennerie de Monseigneur le Duc d'Orléans pendant l'année 1755. (Même Ms.)

27 entrées. — 22 sorties. — 14 morts.

Chiens existants le 1er janvier 1756.

52 de meute.
20 de vieille meute.
20 de seconde.
11 limiers.
Total, 103 chiens.

N° VIII.

Chasses du comte d'Eu et du prince de Dombes. — « Etat des cerfs pris et manqués année par année avec les noms des valets de limiers qui les ont laissé courre et des lieux où on les a attaquez. » (Extraits d'un Ms. de la bibliothèque de la Reine Marie-Amélie.

1722-1740.

Cerfs pris :	
Sainte-Geneviève et buissons des environs,	7
Verrières, coteaux d'Orsay, Marcoussy et bois du Déluge,	44
Fontainebleau, du côté du Gatinois,	64
Id., du côté de la Brie,	113
Senar et buissons des environs de la Grange,	77
Rambouillet, Saint-Léger, Epernon, etc.,	8
Bois de Notre-Dame, de Saint-Martin, et buissons des environs,	57
Chevreuse, Trape, etc.,	48
L'Isle-Adam,	1
Forest de Bondi, bois et buissons en deçà de la Marne,	474
Saint-Germain, Marly, les Alluets,	48
Meudon et bois de Boulogne,	6
Compiègne, forests de l'Aigue, etc.,	40
Anet,	16
Total,	1003
Cerfs manqués,	268
Laissés courre par :	
Mgr le prince de Dombes,	284
Mgr le comte d'Eu,	241

N° IX.

Équipage de chasse du comte d'Eu. — Liste générale et perpétuelle des chevaux et des chiens qui composent l'équipage de S. A. S. Mgr le comte d'Eu, avec tous les attelages tant de chasse que de carrosse. Présenté à S. A. S. par M. le chevalier de Boucher, un de ses gentilshommes, le 1er janvier 1769. (Extraits d'un volume moitié imprimé, moitié manuscrit de la bibliothèque de Mgr le duc d'Aumale, retenant, par une disposition particulière, des fiches en papier où sont inscrits les noms.)

Chevaux de selle, rang du prince, 5 dont 1 d'arquebuse.

Rang de M. de Bonneguise,	7 dont 1 pour le sanglier.		
— de M. Desfriches,	6	*id.*	
— de M. de Montmorant,	5	*id.*	
— de M. de Raimer,	5	*id.*	
— du chevalier de Boucher,	5	*id.*	
— de M. Ratel,	2	*id.*	
— du Sr Houet,	2	*id.*	
Chenil, rang du Sr Louis, piqueux,			5 chevaux.
Lafeuille, *id.*,	6 dont 1 pour le sanglier.		
Chamonin, *id.*	5	*id.*	
Rang de Vandel, valet de chiens à cheval,			2
Lafleur, *id.*,			2
Chevaux neufs et autres, chevaux de suite,			24
Total des chevaux de selle, y compris un mulet,			114
Total de tous les chevaux,			195
Meute pour le cerf.			
Chiens de meute,			52
Id. de *vielle (sic)* meute,			10
Id. de seconde,			10
Six chiens,			10
Limiers,			11
Total,			93
Meute du sanglier,			27
Limiers,			5
Total général,			125

Remarque. — Dans la meute du cerf, on trouve plusieurs noms anglais comme *Bleucape (sic)*, Ranter, *Danser*, Spanker, Sticler. Dans celle du sanglier : Traveler, Bleucape, Fidler.

FIN DU TOME DEUXIÈME.

ERRATUM.

Page 41, ligne 22, *au lieu de :* Tel n'était pas l'avis de Louis XIII, *tout jaloux* qu'il pût être de ses chasses, *lisez :* si jaloux.

TABLE DES MATIÈRES.

LIVRE SECOND.

HISTOIRE DU DROIT DE CHASSE.

CHAPITRE PREMIER.

DEPUIS LES PREMIERS TEMPS DE LA MONARCHIE JUSQU'À LA FIN DU XVe SIÈCLE.

CHAPITRE II.

DU DROIT DE CHASSE ET DES CAPITAINERIES SOUS LES VALOIS ET LES BOURBONS.

LIVRE TROISIÈME.

DES ANIMAUX CHASSÉS EN FRANCE.

PREMIÈRE SECTION.

MAMMIFÈRES.

CHAPITRE PREMIER.

CHAPITRE II.

MAMMIFÈRES CHASSÉS EN FRANCE JUSQU'A NOS JOURS.

DEUXIÈME SECTION.

OISEAUX.

CHAPITRE PREMIER.

OISEAUX TERRESTRES.

CHAPITRE II.

OISEAUX AQUATIQUES.

CHAPITRE III.

OISEAUX DE PROIE.

LIVRE IV.

HISTOIRE DES CHIENS DE CHASSE.

CHAPITRE PREMIER.

DE L'ORIGINE DES CHIENS DE CHASSE ET DE LEUR EMPLOI CHEZ LES PEUPLES DE L'ANTIQUITÉ.

CHAPITRE II.

DES CHIENS DE CHASSE CHEZ LES GAULOIS ET LES FRANCS.

CHAPITRE III.

CHAPITRE IV.

CHAPITRE V.

DES DIVERSES RACES DE CHIENS EN USAGE DU Xe AU XVIIIe SIÈCLE.

LIVRE V.

LA VÉNERIE.

CHAPITRE PREMIER.

ORIGINE ET HISTOIRE DE LA VÉNERIE.

CHAPITRE II.

CHAPITRE III.

CHAPITRE IV.

ARMES, USTENSILES ET COSTUMES DE VÉNERIE.

CHAPITRE V.

CHAPITRE VI.

DES DIFFÉRENTES CHASSES QUI SE FONT A FORCE DE CHIENS.

FIN DE LA TABLE DES MATIÈRES.

PARIS. — IMPR. DE Mme Ve BOUCHARD-HUZARD, RUE DE L'ÉPERON, 5.

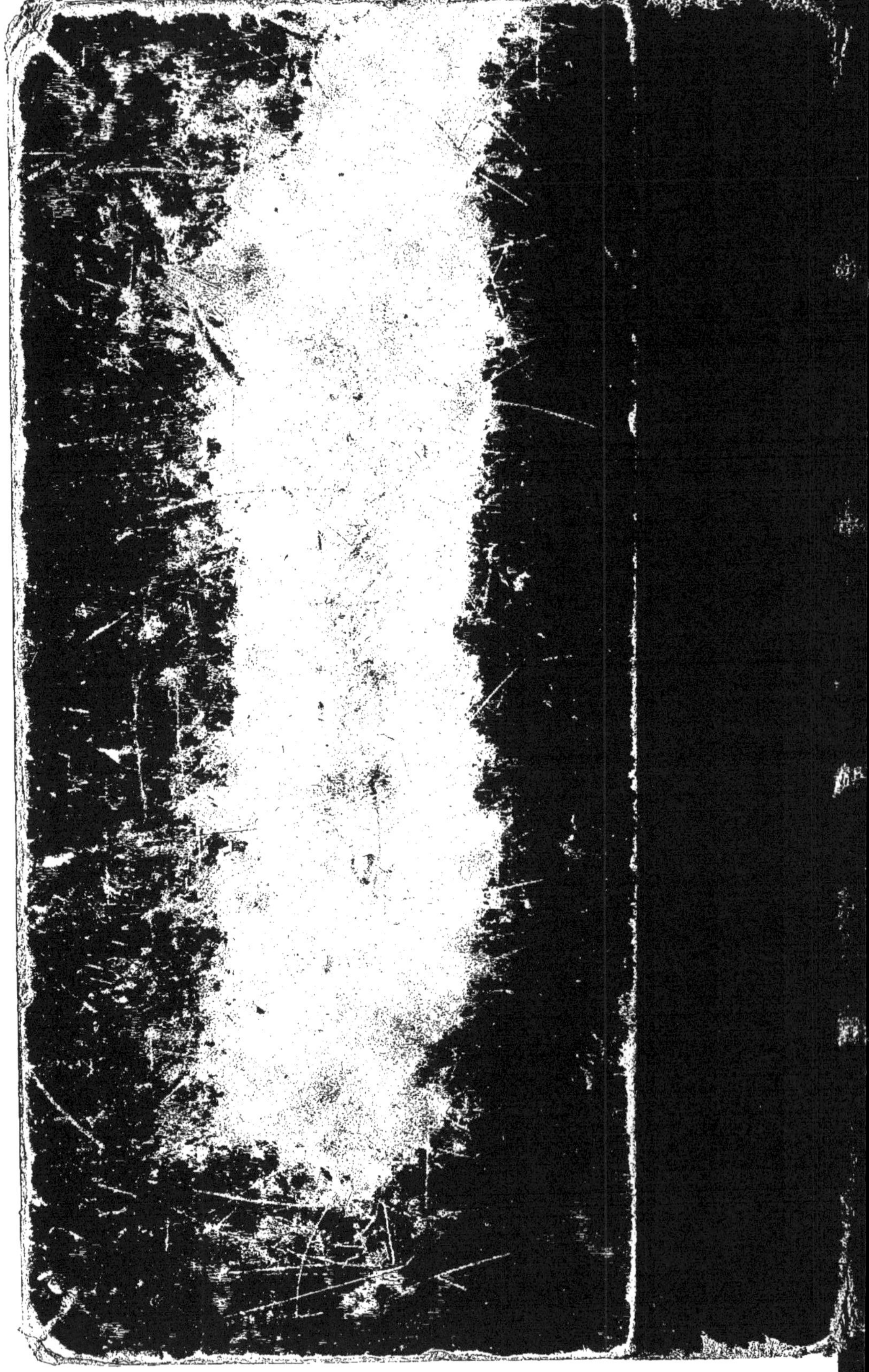

www.ingramcontent.com/pod-product-compliance
Ingram Content Group UK Ltd.
Pitfield, Milton Keynes, MK11 3LW, UK
UKHW021901260726
13966UKWH00006B/113